기적을 부르는 뇌

THE BRAIN THAT CHANGES ITSELF
by Norman Doidge

Copyright ⓒ 2007 by Norman Doidge
All rights reserved.

Korean translation copyright ⓒ 2018 by Chiho Publishing House
Korean translation rights arranged with Norman Doidge c/o The Wylie Agency (UK) Ltd.

이 책의 한국어판 저작권은 The Wylie Agency (UK) Ltd.를 통해 저작권자와 독점 계약한 도서출판 지호에 있습니다.
저작권법에 의해 한국 내에서 보호를 받는 저작물이므로 무단 전재와 무단 복제를 금합니다.

# 기적을 부르는 뇌

노먼 도이지 지음 · 김미선 옮김

*The Brain That Changes Itself*

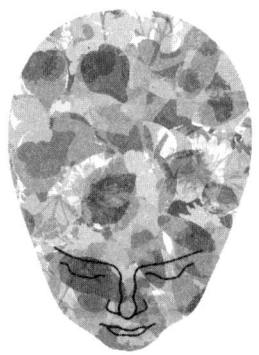

**뇌가소성 혁명이 일구어낸 인간 승리의 기록들**

지호

의학박사 유진 L. 골드버그를 위하여,
그대가 책으로 읽었으면 좋겠다고 말했으므로

## 차례

**00**
서문 11

**01**
감각을 되찾은 여자 17

**02**
더 나은 뇌 만들기 49

**03**
뇌 재설계하기 71

**04**
성과 사랑은 뇌를 어떻게 바꿀까 129

**05**
뇌졸중 환자의 부활 177

**06**
잠긴 뇌를 열다 217

**07**
통증, 뇌의 착각 233

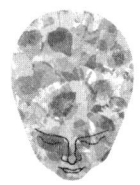

**08**
상상의 힘 257

**09**
프로이트 다시 보기 279

**10**
뇌의 회춘 315

**11**
부분의 합보다 큰 뇌 331

**부록 01**
문화적으로 개조된 뇌 365

**부록 02**
가소성과 진보의 개념 394

감사의 글 402
역자 후기 406
주와 참고 문헌 408
찾아보기 464

**일러두기**

뇌의 가소적 변형을 경험한 사람들의 이름은 표시된 몇 군데에서와 어린이나 그 어린이 가족의 경우를 제외하고 모두 실명이다.
책의 말미에 있는 주와 참고문헌 부분에는 본문과 부록 둘 다의 것이 포함되어 있다.
모든 각주는 옮긴이 주이다.

# 00
## 서문

이 책은 사람의 뇌가 스스로 변화할 수 있다는 혁명적인 발견에 관한 책이다. 이 놀라운 변화를 스스로 만든 과학자, 의사, 환자들이 이 책에서 자신들의 이야기를 직접 들려주고 있다. 그들은 수술이나 약물 치료를 하지 않고 지금까지 알려지지 않았던 뇌의 변화 능력을 이용했다. 그들 가운데에는 불치라고 여겨지는 뇌 질환을 가진 환자도 있었으며, 특별한 문제는 없지만 단순히 뇌 기능을 향상시키고 싶거나, 나이를 먹어가면서도 뇌 기능을 유지하고 싶은 사람도 있었다. 지난 400년 동안 이런 시도는 상상조차 할 수 없는 일이었다. 주류 의학과 과학은 뇌의 해부학적 구조는 고정되어 있다고 굳게 믿고 있었다. 아동기 이후로 뇌가 변화하는 것은 긴 쇠퇴 과정을 시작할 때뿐이며, 뇌 세포가 적절하게 발달하지 않거나, 손상되거나 죽으면 교체할 수 없다는 것이 일반 상식이었다. 뇌가 손상된 일부 구조를 스스로 바꾸고 새로운 방식으로 기능하는 것은 절대 불가능했다. '변화하지 않는 뇌' 이론은 태어날 때부터 뇌나 정신에 한계가 있거나 나중에 뇌 손상을 입은 사람들은, 남은 일생 동안 뇌가 제한되거나 손상된 상태로 있어야 한다고 공언했다. 활동이나 정신 훈련으로 건강한 뇌의 능력을 보존하거나 향상시킬 수 있을지도 모른다고 생각한 과학자들은 사람들로부터 시간 낭비라는 말을 들었다. 신경학적 허무주의—뇌 문제를 해결한다는 많은 치료법은 효과가 없거나 심지어 근거조차 없다는 의견—가 깊게 뿌리를 내렸고, 그 의견은 우리 문화 전체에 확산되면서 인간 본성에 대한 전체적인 시각에도 부정적인 영향을 주었다. 뇌는 변화할 수 없으므로, 뇌로부터 발생하는 인간의 본성 역시 필연적으로 고정되고 변하지 않는 것처럼 보였던 것이다.

뇌가 변화할 수 없다고 믿는 데는 세 가지 주요한 근거가 있었다. 뇌 손상 환자들은 완전히 회복되는 경우가 지극히 드물다는 점, 살아 있는 뇌의 미시적 활동을 관찰할 수 없었다는 점, 그리고 뇌는 휘황찬란한 기계와 같다는 생각—현대 과학의 탄생 시기까지 거슬러 올라가는—이 그 이유였다. 기계는 대단한 일을 많이 하지만, 변화하지도 않고 성장하지도 않는다.

내가 '뇌는 변화한다'는 생각에 관심을 가지게 된 것은, 내 직업이 연구를 병행하는 정신과의사 겸 정신분석가이기 때문이다. 의사들은 환자가 기대했던 만큼 심리학적으로 진전이 없으면, 흔히 기존의 의학적 상식에 따라 환자의 문제가 변화 불가능한 뇌 안에 깊숙이 '배선되었다 hardwired'고 이야기한다. '배선'이라는 말은 뇌가 컴퓨터 하드웨어라는 개념에서 오는 또 하나의 기계적 은유이다. 뇌라는 컴퓨터 안에, 특정한 불변의 기능을 수행하도록 설계된 각 회로들이 영구적으로 연결되어 있다는 것이다.

나는 사람의 뇌가 배선된 것이 아닐지도 모른다는 소식을 접한 순간, 그 증거를 직접 조사하고 저울질해보지 않을 수 없었다. 조사를 하기 위해서는 상담실을 떠나 멀리까지 가야 했다.

일련의 여행을 시작한 나는 그 과정에서 뇌 과학의 최전선에 있는 한 무리의 뛰어난 과학자들을 만났다. 그들은 1960년대 후반에서 1970년대 전반에, 예기치 않은 사실들을 연이어 발견했다. 그들은 뇌가 각기 다른 여러 활동을 수행하는 동시에 뇌의 구조를 변화시키면서, 당면 과제에 더 적합하도록 회로들을 완성해간다는 것을 보여주었다. 만일 뇌의 어떤 '부분'이 작동하지 않으면, 때로는 그 부분이 하던 일을 다른 부분이 넘겨받을 수도 있었다. 뇌가 전문화된 부품들로 이루어진 기계라는 은유로는 눈앞의 변화를 잘 설명할 수 없었으므로, 그 과학자들은 이 근본적인 뇌의 성질을 '뇌가소성neuroplasticity(혹은 신경가소성)'이라고 부르기 시작했다.

'neuro'는 '뉴런neuron', 즉 뇌와 신경계 안의 신경세포를 가리킨다. 'plastic'은 '변화할 수 있는, 순응성이 있는, 조절할 수 있는'이라는 뜻을 지닌다. 처음에 많은 과학자들은 자신의 저술에서 감히 '뇌가소성'이라는 단어를 사용하지 못했고, 동료들은 공상적인 개념을 조장한다고 그들을 깎아내렸다. 그럼에도 그들은 주장을 굽히지 않았고, 뇌는 변화 불능이라는 교리를 서서히 뒤집어갔다. 그들은 어린아이들의 정신적 능력이 언제나 타고난 그대로 고착되어 있는 것은 아니며, 손상된 뇌가 스스로를 재조직하여 제대로 작동하지 않고 있는 한 부분의 기능을 다른 부분에게 넘겨줄 수 있으며, 죽은 뇌 세포도 때때로 교체될 수 있고, 우리가 배선되어 있다고 생각하는 많은 '회로'와 기본적인 반사조차도 사실은 영구히 배선된 것은 아니라는 사실을 보여주었다. 어떤 과학자는 심지어 우리가 하는 생각과 학습과 행동이 유전자를 켜거나 꺼서, 뇌의 해부학적 구조와 행동의 형태까지 조정할 수 있음을 보여주었다. 이것은 분명 20세기의 가장 놀라운 발견들 중 하나일 것이다.

여행 과정에서 나는 선천적 맹인을 볼 수 있게 해준 과학자와 청각장애인의 귀를 열어준 과학자를 만났고, 수십 년 전에 뇌졸중으로 쓰러져 불치선고를 받았다가 뇌가소성을 이용한 치료의 도움으로 회복된 사람들과 이야기를 나누었으며, 학습장애를 치유하고 지능을 향상시킨 사람들을 만났고, 80세 노인이 기억을 단련해서 55세 때의 능력을 회복할 수 있다는 증거를 보았다. 사람들이 생각만으로 자신의 뇌를 재배선하여, 이전에 고치지 못했던 강박증과 트라우마를 치유하는 것을 보았다. 뇌가 끊임없이 변화하고 있음을 알게 된 이상 뇌 모형을 재고해야 한다고 격론을 벌이는 노벨상 수상자들과도 이야기를 나누었다.

뇌가 생각과 활동을 통해서 스스로의 기능과 구조를 변경할 수 있다는 개념은 우리가 뇌를 바라보는 관점을 근본적으로 바꾸어놓았다. 나는 이 변화가 뇌의 기본적인 해부학과 뇌의 기본 단위인 뉴런의 기능을 알게 된 이후 가장 큰 것이라고 믿는다. 모든 혁명이 그렇듯 이 혁명도 파급 효과가 지대할 것이므로, 이 책이 그 효과의 일부를 보여주는 출발점이 되었으면 한다. 몇 가지만 언급하자면 뇌가소성 혁명은 사랑, 성, 슬픔, 인간관계, 학습, 중독, 문화, 기술, 정신요법들이 어떻게 뇌를 변화시키는지를 이해하는 것과 밀접한 관계가 있다. 모든 형태의 훈련과 학습에 영향을 미칠 것이고, 동시에 인간의 본성을 다루는 모든 인문학, 사회과학, 자연과학이 영향을 받을 것이다. 이 모든 분야들이 뇌는 스스로 변화한다는 사실, 그리고 뇌의 구조는 사람마다 다르며 개인적 삶의 과정에서 변화한다는 깨달음과 화해해야 한다.

인간의 뇌 자체가 과소평가되어온 것은 분명하지만, 뇌가소성이 존재한다는 것이 모든 면에서 좋은 소식인 것은 아니다. 뇌가소성은 우리의 뇌를 풍부하게 하기도 하지만, 외부 영향에 취약하게도 한다. 뇌가소성에는 더 유연하지만 동시에 더 경직된 행동을 만들어내는 힘——내가 '가소적 역설the plastic paradox'이라고 부르는 현상——이 있다. 얄궂게도 우리의 가장 고집스런 습관과 장애들 가운데 일부는 우리가 지닌 가소성의 산물이다. 뇌 안에서 한 번 일어나 자리를 잡기 시작한 특정한 가소적 변화는 다른 변화가 일어나는 것을 막아버릴 수 있다. 인간의 가능성이 어느 정도인지를 진정으로 이해하려면, 우리는 가소성의 긍정적 효과와 부정적 효과 모두를 이해해야 한다.

새로운 일을 하는 사람들에게는 새로운 단어를 사용하는 것이 편리하므로, 나는 변화하는 뇌의 새로운 과학을 치료에 활용하는 사람들을 '뇌가소치료사neuroplastician'라고 부른다.

다음은 그들과 나의 만남, 그리고 그들이 다시 태어나게 한 환자들의 이야기이다.

# 01
## 감각을 되찾은 여자

그리고 그들은 그 목소리를 보았다. (출애굽기 20:18)

셰릴 쉴츠Cheryl Schiltz는 자신이 끊임없이 떨어지고 있는 것처럼 느낀다. 그리고 떨어지고 있다고 느끼기 때문에, 실제로 넘어진다.

아무것도 붙잡지 않고 서 있을 때의 그녀는 마치 절벽 위에 서서 뛰어내리기 직전인 것 같다. 먼저 머리가 흔들리고 몸이 한쪽으로 기울면, 자세를 안정시키려고 팔을 뻗는다. 그러다 보면 이내 온몸이 정신없이 앞뒤로 움직인다. 마치 줄을 타다가 균형을 잃어 떨어지려고 해서 주체할 줄 모르고 흔들리는 사람 같다. 그렇지만 넓게 벌린 양발은 줄이 아닌 땅 위에 단단히 놓여 있다. 그녀는 그냥 떨어지는 것을 두려워하는 것이 아니라 떠밀릴까 봐 두려워하는 것 같다.

"외나무다리 위에서 비틀거리는 사람처럼 보이네요." 내가 말한다.

"맞아요, 뛰어내리고 싶지 않은데 뛰어내리게 될 것 같은 느낌이에요."

더 자세히 살펴보니, 가만히 서 있으려고 아무리 애써도 셰릴은 휘청 댄다. 마치 보이지 않는 불량배 패거리가 양편에 서서 번갈아가며 그녀를 무자비하게 떠밀고 있는 것 같다. 다만 이 불량배는 사실 셰릴의 몸 안에 있으며 5년 동안 이 짓을 해오고 있다. 셰릴은 걸으려면 벽을 붙잡아야 하고, 그래도 여전히 술에 취한 사람처럼 비틀거린다.

셰릴에게는 평화가 없다. 심지어 바닥으로 넘어진 후에도.

"넘어지면 느낌이 어때요?" 내가 그녀에게 물었다. "일단 바닥에 닿으면 떨어지고 있다는 느낌이 없어지나요?"

"언제부턴가," 셰릴은 말을 이었다. "문자 그대로 바닥을 느끼는 감각이 사라져버렸어요······. 대신 느닷없이 가상의 함정이 활짝 열리면서 절 삼켜버려요." 넘어졌을 때조차 그녀는 여전히 떨어지고 있다고 느낀다. 끊임없이, 무한의 심연으로.

셰릴의 문제는 전정기관, 즉 균형계를 위한 감각기관이 작동하지 않는다는 것이다. 그녀는 몹시 지쳐 있고 끊임없이 추락하는 느낌 때문에 미쳐버릴 지경이다. 그것 말고는 다른 아무것도 생각할 수 없다. 국제 영업을 하던 셰릴은 문제가 시작된 얼마 뒤에 직업을 잃었고, 지금은 한 달에 천 달러의 장애인 연금으로 생활한다. 셰릴에게는 나이를 먹어간다는 것이 새로운 공포로 다가왔다. 게다가 그녀가 느끼는 불안은 이름조차 없는 희귀한 것이었다.

우리가 굳이 언급하지는 않지만, 행복하게 잘 사는 조건 중 근본적인 한 가지는 균형감각이 정상적으로 기능하는 것이다. 1930년대에 정신과 의사 폴 쉴더Paul Schilder는 건강한 존재감과 '안정된' 신체 이미지가 전정 감각과 어떤 관련이 있는지를 연구했다. 우리가 '안정된' 혹은 '불안정한' 느낌, '균형 잡힌' 혹은 '불균형한', '뿌리 깊은' 혹은 '뿌리 없는', '근거 있는' 혹은 '근거 없는'이라고 말할 때, 사실 우리는 전정기관의 언어를 말하고 있는 것이다. 이런 진실이 셰릴과 같은 사람들에게서만 온전히 드러날 뿐이다. 이러한 장애가 있는 사람들은 흔히 정신적 파탄을 겪기 때문에, 많은 이들이 자살을 기도하는 것도 놀랄 일이 아니다.

우리에게는 잃기 전에는 스스로 가지고 있는지도 모르는 감각들이 있다. 균형은 보통 너무도 잘, 너무도 매끄럽게 작동하는 감각인 탓에 아리스토텔레스가 기술한 오감 목록에 들어가지 못한 채로 수세기 동안 간과되었다.

균형계 덕분에 우리는 공간 속에서 방향 감각을 얻는다. 균형의 감각기관인 전정기관은 속귀 안에 있는 세 개의 반고리관으로 이루어져 있고, 반고리관은 삼차원 공간에서의 움직임을 탐지함으로써 우리가 언제 똑바로 서 있는지, 중력이 우리 몸에 어떻게 영향을 미치는지를 알려준다. 관 하나는 수평면에서의 움직임을 탐지하고, 다른 하나는 수직면에서의 움직임을, 또 다른 하나는 전후 방향으로의 움직임을 탐지한다. 반고리관의 유동액 안에는 작은 털들이 들어 있다. 우리가 머리를 움직이면 유동액이 털을 흔들고, 털은 뇌로 신호를 보내 우리가 특정한 방향으로 속도를 높였다고 말해준다. 각 움직임에 맞춰서 나머지 신체에는 그에 대응하는 조정이 일어난다. 머리가 앞으로 나아가면 뇌가 무의식적으로 몸의 적절한 부분에 조정을 명령하기에, 우리는 무게 중심에서 일어난 변화를 상쇄하고 균형을 유지할 수 있다. 전정기관에서 오는 신호가 신경을 따라가 '전정핵'이라는 뇌 안의 전문적인 뉴런 집단에 다다르면, 전정핵군은 그 신호를 처리한 다음 근육에게 조정하라고 명령한다. 건강한 전정기관은 시각계와도 밀접하게 연결되어 있다. 내가 버스를 뒤쫓아 달리며 고개를 위아래로 끄덕거릴 때도 저만치서 움직이는 버스를 시선 중앙에 유지할 수 있는 이유는, 전정기관이 뇌에게 메시지를 보내 내가 달리고 있는 속도와 방향을 말해주고 있기 때문이다. 이 신호를 받은 뇌가 안구의 위치를 굴리고 조정하므로, 눈은 계속해서 목표물인 버스를 향하는 것이다.

셰릴과 나는 지금 뇌가소성 이해의 위대한 선구자 중 한 사람인 폴 바크-이-리타Paul Bach-y-Rita와 그의 팀원들과 함께 그의 실험실 중 한 곳에 있다. 셰릴은 자제하려 하지만, 오늘의 실험에 희망을 품고 있음을 감추지 못한다. 바크-이-리타 팀의 생물물리학자인 유리 다닐로프Yuri Danilov는 셰릴의 전정계에 관해 모은 데이터로 계산을 하고 있다. 러시아 태생으로 지극히 머리가 좋은 그에게는 모국어의 억양이 깊이 배어 있다. 그가 이야기한다. "셰릴은 전정계를 95퍼센트에서 100퍼센트까지 잃어버린 환자입니다."

셰릴의 경우에 기존의 관점으로는 어떤 기준으로 보아도 희망이 없다. 기존의 관점에서 뇌는 전문화된 처리 모듈의 집단으로 구성되어 있고, 각 모듈은 수백만 년 동안 진화해오면서 발달하고 개선되어 특정한 기능만 수행하도록 유전적으로 배선되어 있다. 일단 손상된 모듈은 교체할 수 없다. 전정 모듈이 손상된 이상, 셰릴이 균형을 되찾을 확률은 망막 손상 환자가 다시 보게 될 확률과 맞먹는다.

하지만 오늘, 우리는 그 모든 것에 도전하려 하고 있다.

셰릴은 건설 현장에서 쓰는 안전모를 쓰고 있다. 모자 옆에 뚫린 구멍 안에는 가속도계라 불리는 장치가 달려 있다. 이제 셰릴은 작은 전극이 달린 얇은 플라스틱 끈을 핥아서 혀 위에 얹는다. 모자 안의 가속도계는 그 끈으로 신호를 보내고, 가속도계와 끈은 둘 다 근처의 컴퓨터에 연결되어 있다. 셰릴은 모자를 쓰고 있는 자신의 꼴을 보고는 소리 내어 웃으며 말한다. "웃지 않으면 울어버릴 것 같아요."

이 기계는 바크-이-리타가 만든 기괴한 모습의 여러 프로토타입prototype 중 하나이다. 기계는 셰릴의 전정기관을 대신해서 혀를 통해 뇌로 균형 신호를 보내줄 것이다. 이 모자는 어쩌면 셰릴의 악몽을 끝내줄 수 있을 것이다. 1997년, 당시 서른아홉 살이었던 셰릴은 흔하디 흔한 자궁절제술을 받고 나서, 수술 후 감염이 되어 항생제인 젠타마이신을 처방받았다. 젠타마이신의 남용은 속귀의 기관에 해를 입혀서 청력 손실, 귀울림, 균형계의 파괴를 가져올 수 있는 것으로 알려져 있다(셰릴의 경우 청력 손실은 없지만 귀울림은 있다). 그러나 젠타마이신은 싸고 효과적이기 때문에, 짧은 기간 동안은 아직도 처방하고 있다. 하지만 셰릴은 그 한계를 넘어서는 약을 받았다. 그렇게 해서 그녀는 젠타마이신 피해자들 가운데 '비틀거리는 사람들'로 알려진 소수 부족의 일원이 되었다.

어느 날 갑자기 셰릴은 자신이 서려고만 하면 영락없이 넘어진다는 것을 알게 되었다. 머리가 돌고 방 전체가 움직였다. 그 움직임을 일으키는 것이 자신인지 벽인지도 알 수 없었다. 결국 벽을 붙잡고 일어서서 전화기에 손을 뻗어 의사에게 전화를 걸었다.

셰릴이 병원에 도착하자 의사들은 그녀의 전정 기능이 작동하고 있는지 알아보기 위해 다양한 검사를 했다. 그들은 셰릴을 눕혀놓고 귀 속에 차가운 물과 뜨거운 물을 흘려 넣은 다음 테이블을 기울였다.* 의사가 눈을 감고 서라고 주문하자, 셰릴은 그대로 넘어졌다. 한 의사가 말했다. "환자분은 전정 기능이 없습니다." 검사 결과, 그녀에게는 전정 기능이 약 2퍼센트밖에 남아 있지 않았다.

"그 의사는," 셰릴이 말을 잇는다. "너무 태연하게 '젠타마이신의 부

---

\* 온도 차를 이용해 전정안구반사를 자극하고 안구의 움직임을 기록하는 온도안진 검사.

작용인 것 같습니다'라고 말하더군요." 셰릴은 감정적이 된다. "세상에 어째서 아무도 부작용 얘기를 해주지 않은 거죠? 의사가 '이 손상은 영구적입니다'라고 하더군요. 저는 그때 혼자였어요. 엄마가 저를 병원으로 데려오셨지만, 그때는 차를 가지러 병원 밖으로 나가 저를 기다리고 계셨거든요. 엄마가 물으셨죠, '괜찮아진다든?' 전 엄마를 쳐다보고 말했어요. '영구적이래요······. 절대로 낫지 않을 거래요'라고요."

전정기관과 시각계 사이의 연결이 손상되었기 때문에, 셰릴의 눈은 움직이는 목표를 원활하게 따라갈 수 없다. "제 눈에는 모든 것이 형편없는 초보자가 찍은 비디오처럼 이리저리 뛰어다녀요." 그녀는 말한다. "마치 세상이 흐물흐물한 젤리로 만들어진 것처럼, 한 발을 내딛을 때마다 모든 것이 흔들려요."

비록 움직이는 물체들을 눈으로 쫓을 수 없지만, 그녀에게 자신이 똑바로 서 있는지 아닌지 알려줄 수 있는 것은 시각뿐이다. 우리는 시선을 평면의 선에 고정해서 우리가 공간 중에서 어디에 위치하는지 아는 데 도움을 얻는다. 불이 꺼지기만 하면 셰릴은 곧장 바닥으로 넘어진다. 하지만 시각은 그녀가 완전히 의지할 수 있는 버팀목이 아니다. 그녀 앞에서 펼쳐지는 움직임은 어떤 종류의 것이든——그녀를 향해 손을 내미는 사람조차——떨어지고 있는 느낌을 악화시키기 때문이다. 심지어 양탄자 위의 지그재그 무늬들도 그녀를 넘어뜨릴 수 있다. 무늬들이 잘못된 메시지를 폭발적으로 일으켜, 사실은 제대로 서 있는데도 비뚤게 서 있다고 생각하게 하는 것이다.

그녀는 항상 고도의 경계 태세를 갖추고 있기 때문에 정신적으로도 시달린다. 자세를 곧게 유지하는 일에는 뇌의 역량이 많이 들어간다. 그녀는 그 역량을 기억력이나 계산력, 추리력과 같은 다른 정신적 기능에서 빼앗아 오는 것이다.

유리가 셰릴을 위해 컴퓨터를 준비하는 동안, 나는 그 기계를 써보게 해달라고 부탁했다. 그 건설 인부의 모자를 쓰고 혀 디스플레이라 불리는 예의 전극 달린 장치를 입 안에 살짝 집어넣었다. 장치는 납작하고 껌보다 얇다.

모자 안의 가속도계는 두 면에서의 움직임을 탐지한다. 내가 고개를 끄덕이면, 팀원이 모니터할 수 있도록 그 움직임이 컴퓨터 화면상의 지도로 변환된다. 같은 지도가 내 혀 위의 플라스틱 끈에 심은 전극 144개의 작은 배열에도 투사된다. 내가 앞으로 숙이자, 혀 앞쪽에 샴페인 거품 같은 느낌의 전기 충격이 나면서 내가 앞쪽으로 너무 멀리 갔다고 알려준다. 컴퓨터 스크린으로도 내 머리가 어디에 있는지 볼 수 있다. 내가 뒤로 눕자, 혀 뒤쪽으로 약한 파도가 일어나며 샴페인 소용돌이가 느껴진다. 옆으로 기울일 때에도 같은 일이 일어난다. 다음엔 눈을 감고 혀로 길을 찾아가는 실험을 한다. 이내 감각 정보가 혀에서 온다는 사실을 잊고 내가 이 공간에서 어디에 있는지를 읽을 수 있다.

셰릴은 모자를 다시 넘겨받고 테이블에 기대어 균형을 유지한다.

"시작합시다." 유리가 말하면서 장치들을 조정한다.

셰릴은 모자를 쓰고 눈을 감는다. 접촉하고 있다는 감각을 위해 손가락 두 개만 테이블 위에 올린 채, 테이블에서 몸을 뗀다. 혀 위에 퍼지는 샴페인 거품의 소용돌이 외에는 위아래를 지시해줄 것이 전혀 없지만 넘어지지 않는다. 손가락을 테이블에서 뗀다. 그녀는 더 이상 비틀거리지 않는다. 울음——트라우마 후에 오는 홍수 같은 눈물——이 복받치기 시작한다. 모자를 쓰고 안정감을 느끼고 있는 지금, 셰릴은 마음껏 울 수 있다. 모자를 쓴 첫 순간, 끊임없이 떨어지고 있는 감각이 셰릴을 떠났다. 5년 만에 처음이다. 오늘의 목표는 서는 것이다. 자유롭게, 20분 동안, 모자를 쓰고, 중심을 유지하려고 애쓰면서. 어떤 사람이든—— '비틀거리는 사람'은 말할 것도 없고——20분 동안 똑바로 서 있으려면 버킹검 궁전에 서 있는 근위병 정도의 훈련과 기술이 필요하다.

셰릴은 평화로워 보인다. 약간씩만 움직였을 뿐이다. 돌발적인 움직임이 멈췄고, 그녀 안에서 그녀를 밀쳐내고 있던 것 같은 불가사의한 악마들도 사라졌다. 그녀의 뇌는 인공 전정기관에서 오는 신호들을 해독하고 있다. 그녀에게 이러한 평화의 순간은 하나의 기적이다. 이는 뇌가소적 기적이다. 왜냐하면 보통은 감각피질이라 불리는 뇌의 부분, 즉 촉각을 처리하는 뇌 표면 위의 얇은 층으로 가야 할 이 따끔거리는 혀 위의 감각이, 어떤 식으로든 뇌 안의 새로운 경로를 통해 균형을 처리하는 뇌 영역으로 나아가고 있기 때문이다.

"우리는 지금 이 장치를 입 속에 숨길 수 있을 정도로 작게 만드는 작업을 하고 있습니다." 바크-이-리타가 말한다. "치열을 교정하는 구강 보철물처럼 말입니다. 그게 우리의 목표입니다. 그러면 셰릴이나 이런 문제를 겪는 사람들 모두가 정상적인 삶을 되찾을 수 있을 겁니다. 셰릴 같은 사람이 아무도 모르게 그 장치를 걸치고서 말도 하고 먹을 수도 있게 되는 거지요."

"그렇지만 이 장치의 효과를 보는 것이 젠타마이신 피해자들만은 아닐 겁니다." 그는 말을 이었다. "어제 〈뉴욕 타임스〉 지에 노인들의 낙상에 관한 기사가 실렸지요.[1] 나이 든 사람들은 강도를 당하는 것보다 넘어지는 것을 더 두려워합니다. 노인들 3분의 1이 넘어지고, 넘어지는 것이 무서워서 집에 있고, 팔다리를 쓰지 않으니까 육체적으로 더 약해지죠. 하지만 저는 문제의 일부는 나이를 먹으면서 전정감각이——청각, 미각, 시각, 기타 감각들과 마찬가지로——약화되는 것에 있다고 봅니다. 이 장치는 그런 노인들에게도 도움이 될 겁니다."

"오늘은 여기까지 하죠." 유리가 말하더니 기계를 끈다.

이제 두 번째 뇌가소적 기적이 일어난다. 셰릴은 혀의 장치를 꺼내고 모자를 벗는다. 얼굴에 큰 미소를 짓고 눈을 감고 혼자 서는데, 넘어지지 않는다. 그런 다음 여전히 테이블은 건드리지도 않은 채, 눈을 뜨고 한 발을 땅에서 들어 올리고 다른 한 발로 균형을 잡는다.

"이분은 제 영웅이에요." 셰릴은 이렇게 말하며 바크-이-리타를 끌어안는다. 내 쪽으로 건너온 그녀는 발밑의 세계가 다시 느껴지는 사실에 감격하고 감정에 북받쳐서 나까지 끌어안는다.

"단단히 정박한 느낌이에요. 내 근육들이 어디에 있는지 전혀 생각할 필요가 없어요. 정말로 다른 생각을 할 수가 있다니까요." 그녀는 유리에게로 돌아가더니 그의 뺨에 입을 맞춘다.

"이것이 왜 기적인지 강조를 해야겠군요." 자칭 데이터만 신뢰하는 회의론자인 유리가 말한다. "셰릴에게는 자연적인 감각이 거의 없습니다. 좀 전의 20분 동안은 우리가 그녀에게 인공적인 감각을 제공한 겁니다. 하지만 진정한 기적은, 장치를 제거해서 인공적이든 자연적이든 전정기관이라곤 하나도 없는 지금 일어나고 있는 일입니다. 우리는 그녀 안에 있는 어떤 능력에 깜짝 놀라고 있습니다."

처음 모자를 써보기로 했을 때, 셰릴은 1분 동안만 모자를 썼다. 팀은 그녀가 모자를 벗은 뒤에도 약 20초 동안 '잔류 효과'가 지속된다는 사실을 알아차렸다. 20초라면 장치를 쓰고 있던 시간의 3분의 1에 해당했다. 다음번에 셰릴은 2분 동안 모자를 썼고, 잔류 효과는 약 40초 동안 지속되었다. 그 다음에는 7분가량의 잔류 효과를 기대하며, 모자 쓰는 시간을 약 20분으로 올렸다. 그러나 효과는 그 시간의 3분의 1 정도가 아니라 세 배인 한 시간 내내 지속되었다. 오늘은 또 장치를 20분을 쓰면 모종의 훈련 효과가 나타나서 잔존 효과가 더욱더 길게 지속될지 어떨지 실험해보는 중이라고 바크-이-리타가 말한다.

셰릴은 익살을 떨면서 뽐내기 시작한다. "이제 다시 여자처럼 걸을 수 있어요. 사람들은 그게 뭐 대수냐고 하겠지만, 커다란 의미가 있다고요. 이제 양발을 쩍 벌리고 걷지 않아도 돼요."

그녀가 의자 위로 올라가더니 껑충 뛰어내린다. 바닥으로 허리를 구부려 물건들을 집어 올리면서 다시 바로 설 수 있음을 보여준다. "지난번에는 남는 시간에 줄넘기를 했다니까요."

"정말 놀라운 것은," 유리가 말한다. "셰릴이 자세를 유지하는 게 다가 아니란 겁니다. 장치를 쓰고 얼마가 지나면, 거의 정상적으로 행동한다는 거죠. 평균대 위에서 균형을 잡는가 하면 차도 운전하죠. 이것은 전정 기능의 회복입니다. 그녀는 머리를 움직이면서도 목표물에 초점을 계속 맞출 수 있어요. 시각계와 전정계 간의 고리 역시 회복된 겁니다."

셰릴은 바크-이-리타와 춤을 추고 있다. 그녀가 리드하고 있다. 셰릴이 춤을 출 수 있고 기계도 없이 전정 기능이 정상으로 돌아갔다니 어찌 된 일일까? 바크-이-리타는 몇 가지 이유가 있다고 생각한다. 한 가지를 들자면, 그녀의 손상된 전정계는 엉망이 되어서 제멋대로인 신호들을 보내느라 '시끄럽다'. 따라서 손상된 조직에서 나오는 잡음이 건강한 조직이 보내는 모든 신호들을 차단한다. 기계는 건강한 조직에서 오는 신호가 강화되도록 돕는다. 바크-이-리타는 기계가 다른 경로를 동원하는 일도 돕는다고 생각한다. 바로 여기서 가소성이 작용하는 것이다. 뇌 체계는 많은 신경 경로들, 다시 말해서 서로 연결되어 있어서 함께 일하는 뉴런들로 이루어져 있다. 어떤 주요 경로가 차단되면, 뇌는 더 오래된 경로를 이용해서 차단된 경로를 우회한다. "저는 이런 식으로 봅니다." 바크-이-리타가 말한다. "만일 제가 여기서 밀워키까지 운전하는 중인데, 제일 중요한 교량이 없어져버렸다면 우선 꼼짝도 할 수 없게 될 겁니다.

그러다가 농장을 통과하는 오래된 2급 도로를 택하게 되겠죠. 그 다음에는 이 길을 더 많이 이용할수록 목적지로 통하는 더 가까운 샛길들을 발견할 것이고, 그러면 목적지에 더 빠르게 도착하기 시작하겠죠." 이러한 '2급' 신경 경로들은 '표출unmasking' 혹은 노출되면서, 사용과 함께 강화된다. 이 '표출'은 일반적으로 가소적 뇌가 스스로를 재조직하는 주된 방법 중 하나라고 여겨진다.

셰릴이 점차 잔류 효과를 늘려가고 있다는 사실은 그 표출된 경로가 더 강해지고 있음을 암시한다. 바크-이-리타는 셰릴이 훈련과 더불어 잔류 효과를 계속해서 늘려나갈 수 있기를 바라고 있다.

며칠 후 바크-이-리타에게 집에서 잔류 시간이 얼마나 길게 지속되었는지를 보고하는 셰릴의 이메일이 도착한다. "총 잔류 시간: 3시간 20분…… 머릿속에서 흔들거림이 시작됨——평소처럼…… 적당한 단어를 찾기가 어려움…… 머릿속에서 헤엄을 치고 있는 느낌. 피곤하고, 지치고…… 우울함."

애처로운 신데렐라 이야기. 정상적인 상태에서 다시 추락하는 것은 매우 가혹한 일이다. 그런 일이 일어날 때, 셰릴은 죽었다 살아났다가, 다시 죽는 느낌이다. 한편 기계를 겨우 20분 동안 쓰고 나서 3시간 20분 동안 효과가 잔류했다면, 장치에 의존한 시간보다 열 배나 길게 정상적으로 활동한 것이다. 그녀는 지금껏 치료가 된 최초의 '비틀거리는 사람'이고 설사 잔류 시간이 더 이상 길어지지 않는다 해도, 이제 하루 네 번 잠깐씩만 장치를 쓰면 정상적인 생활을 할 수 있었다. 그러나 그 이상을 기대할 긍정적인 이유가 있다. 훈련을 거듭할 때마다 뇌가 잔류 시간을 연장하고 있는 것처럼 보이기 때문이다. 이것이 계속된다면……. 그것은 실제로 계속되었다. 다음 해까지도 셰릴은 장치를 더 자주 써서 위안을 얻으면서 잔류 효과를 높였다. 잔류 효과는 여러 시간, 여러 날, 이어서 4개월까지 나아갔다. 이제 셰릴은 장치를 전혀 사용하지 않으며, 더 이상 자신을 '비틀거리는 사람'이라고 생각하지 않는다.

───────

1969년, 유럽의 권위 있는 과학 잡지인 「네이처」지는 완전 공상과학소설 느낌이 나는 짧은 기사를 실었다. 그 기사의 주요 저자인 폴 바크-이-리타는 기초 과학자인 동시에 재활의학과 의사——드문 조합——였다. 기사는 선천적인 맹인들에게 시력을 주는 어떤 장치를 설명하고 있었다.[2] 대상은 모두 망막에 손상을 입어서 완전히 불치라고 여겨지던 사람들이었다.

「네이처」의 기사는 〈뉴욕 타임스〉, 「뉴스위크」, 「라이프」지에 보도되었지만, 아마도 그 주장이 너무 그럴 법하지 않아서였는지 그 장치와 발명자는 곧 조용히 세상에서 잊혀져갔다.

그 기사에는 기괴하게 생긴 기계——진동하는 등받이, 얽힌 전선들, 덩치 큰 컴퓨터가 달린 크고 오래된 치과 의자——의 사진이 딸려 있었다. 버려진 부품들과 1960년대 전자제품을 결합한 그 고안품은 전체 무게가 약 200킬로그램까지 나갔다.

빛이라고는 경험해본 적이 전혀 없는 선천적인 맹인 한 사람이, 당시 텔레비전 스튜디오에서 사용하던 커다란 카메라를 앞에 놓고 그 의자에 앉아 있었다. 그가 손잡이를 돌려 카메라를 움직여 자신의 앞에 있는 장면을 '스캔'하면, 카메라는 그 상의 전기적 신호들을 컴퓨터로 보냈다. 컴퓨터가 처리한 전기적 신호는 의자 등받이 속에 부착한 금속 판 위에 여러 줄로 배열된 400개의 진동하는 자극기로 전달되었다. 자극기는 맹인 피실험자의 피부와 맞닿아 있는 셈이었다. 자극기 하나하나가 일종의 화소처럼 작용하여 어떤 장면의 어두운 부분에 반응해서 진동했으며, 밝은 색조에는 반응하지 않았다. 이 이른바 '촉각-시각 장치'는 맹인 피실험자들이 글을 읽고, 얼굴과 음영을 알아보고, 어느 물건이 가깝고 어떤 것이 먼지를 구분할 수 있게 해주었다. 덕분에 이들은 원근감을 발견하고 보는 각도에 따라 어떻게 물체들의 형태가 변화하는지를 관찰할 수 있었다. 여섯 명의 피실험자는 꽃병에 부분적으로 가려져 있는 전화기와 같은 물체들까지 알아볼 수 있었다. 그들은 심지어 1960년대 당시의 거식증 슈퍼모델 트위기Twiggy*의 사진까지 알아보게 되었다.

상대적으로 투박한 촉각-시각 장치였지만, 이를 사용한 사람들은 모두 촉각을 느끼는 데서 사람과 사물들을 '보는' 데까지 나아가는 놀랄 만한 지각 경험을 했다.

  맹인 피실험자들은 약간의 연습만으로, 마치 등에 붙은 2차원 배열로부터 정보가 들어오기라도 하는 것처럼 자신들 앞의 공간을 3차원으로 경험하기 시작했다. 누군가가 카메라를 향해 공을 던지면, 피실험자는 자동적으로 펄쩍 물러나서 몸을 피하려고 했다. 진동하는 자극기 판을 등에서 배로 옮겨도, 피실험자들은 여전히 카메라 앞에서 일어나고 있는 일을 정확히 감지했다. 자극기 근처를 간질여도 그들은 그 간질임과 시각적 자극을 혼동하지 않았다. 그들의 정신적이고 지각적인 경험은 피부 표면에서 일어나는 것이 아니라, 세상 속에서 일어나고 있었다. 그리고 그들의 지각은 복합적이었다. 연습을 계속하자 피실험자들은 카메라를 이리저리 옮겨 다니면서 "저 이는 베티야. 오늘은 머리를 풀어 내리고 안경을 쓰지 않았군. 입은 벌리고 있고, 오른손을 왼쪽에서 머리 뒤로 움

---

*1960년대를 대표하는 패션모델. 깡마른 체형과 짧은 헤어컷으로 유명하다.

직이고 있어"라는 말들을 할 수 있었다. 사실 그 해상도는 보통 형편없었지만, 바크-이-리타가 기사에서 설명하고자 했듯이 장면이 꼭 완벽해야만 되는 것은 아니다. "우리가 안개 자욱한 거리를 걸어가면서 건물의 윤곽을 볼 때, 해상도가 부족해서 건물이 조금이라도 덜 보입니까? 우리가 무언가를 흑백으로 볼 때, 색깔이 부족해서 보이지 않습니까?"

지금은 아무도 기억하지 않는 이 기계는 최초이면서 가장 대담한 뇌가소성의 응용작품――어떤 감각을 써서 다른 감각을 대체하려는 시도――이었고 실제로 효과가 있었다. 그럼에도 불구하고 믿기 어려운 것으로 여겨지고 무시된 이유는, 뇌 구조는 고정된 것이고 우리의 감각, 즉 경험이 마음에 도달하는 통로들은 이미 배선되어 있다고 가정하는 당시 과학의 고정관념 때문이었다. 아직도 지지자가 많은 이 개념은 '국재局在 localization'라고 한다. 국재 이론은 뇌가 복잡한 기계처럼 부품들로 이루어져 있고, 각 부품은 특정한 정신적 기능을 수행하며 유전적으로 미리 결정되거나 배선된 위치location――여기서 국재라는 이름이 유래한다――에 존재한다는 생각과 밀접한 관련이 있다. 배선되어 있고 정신적 기능 하나하나에 엄격한 위치가 정해져 있는 뇌에는 가소성을 위한 여지가 전혀 없다.

  뇌가 기계와 같다는 생각은 17세기에 처음 나타났을 때부터 영혼과 육체에 관한 좀더 신비스러운 개념들을 대체하면서 신경과학을 고무하고 인도해왔다. 행성들을 역학적 힘으로 움직이는 생명 없는 천체로 이해할 수 있다는 것을 보여준 갈릴레오(1564~1642)에게 감명을 받은 과학자들은, 모든 자연이 커다란 우주적 시계처럼 기능하면서 물리 법칙의 지배를 받는다고 믿게 되었으며, 우리의 신체 기관을 포함한 살아 있는 모든 것들 역시 마치 기계라는 듯이 역학적으로 설명하기 시작했다. 모든 자연은 하나의 거대한 기계장치와 같고 우리의 신체기관들은 기계와 같다는 이 생각이, 모든 자연은 하나의 거대한 살아 있는 유기체이고 우리의 신체기관들은 결코 생명 없는 기계장치만은 아니라고 보았던 2천 년간 지속된 그리스인의 생각을 대체했다.[3] 그러나 이 새로운 '역학적 생물학'이 이룩한 최초의 중대한 업적은 뛰어나고도 독창적인 것이었다. 갈릴레오가 강의하던 이탈리아의 파두아에서 해부학을 공부한 윌리엄 하비William Harvey(1578~1657)가 우리의 혈액이 몸을 통해서 어떻게 순환하는지를 발견하고 심장은 펌프와 같이 기능한다는 것을 증명한 것이다. 곧 많은 과학자들은, 어떤 설명이 과학적이려면 그 설명이 역학적, 즉 운동의 역학적 법칙을 따라야 한다고 생각하게 되었다. 하비의 뒤를 이어 프랑스의 철학자 르네 데카르트René Descartes(1596~1650)는 뇌와 신경계 역시 펌프처럼 기능한다고 주장하였다. 그는 우리의 신경이 실제로 관이며 팔다리로부터 뇌로 갔다가 되돌아온다고 주장했다. 그는 반사reflection가 어떻게 작용하는지를 처음으로 이론화했다. 그가 내놓은 의견은, 사람의 피부를 건드리면 신경관 안에 있는 액체 같은 물질이 뇌로 흘러갔다가 역학적으로 '되튀어reflected' 다시 그 신경관을 타고 내려와서 근육을 움직인다는 것이었다. 허술하게 들리긴 해도, 데카르트가 그렇게 빗나간 것은 아니다. 과학자들은 곧 그의 원시적인 그림을 다듬어서 액체가 아니라 모종의 전류가 신경을 통해 움직인다고 주장했다. 뇌가 복잡한 기계라는 데카르트의 생각은 쭉 이어져오다가, 뇌는 국재되어 있는 컴퓨터라는 우리의 현재 생각에서 정점에 달했다. 뇌는 여러 부품으로 이루어진 하나의 기계처럼 여겨지게 되었다.[4] 각 부품은 미리 배정된 위치에서 단일한 기능을 수행하기 때문에, 한 부품이 손상되면 대체할 방법이 전혀 없었다. 어쨌거나 기계는 새로운 부품을 키우지는 않으니까.

국재론은 감각에도 적용되어, 각각의 감각——시각, 청각, 미각, 촉각, 후각, 균형감각——에는 전문적인 수용세포가 있어서 우리 주변에 있는 여러 형태의 에너지 중 한 가지 에너지만 탐지한다는 이론이 되었다.[5] 자극을 받은 수용세포는 신경을 따라 전기 신호를 특정한 뇌 영역에 보내어 받아들인 감각을 처리한다. 대부분의 과학자들은 이 뇌 영역들이 워낙 전문화되어 있어서, 한 영역은 결코 다른 영역의 일을 할 수 없다고 믿었다.

동료들로부터 거의 고립되면서도, 폴 바크-이-리타는 이러한 국재론적 주장들을 거부했다. 그의 발견에 따르면 우리의 감각에는 뜻밖에도 가소적 본성이 있었고, 한 감각이 손상되면 다른 한 감각이 그것을 넘겨받는, 그가 '감각치환sensory substitution'이라 부르는 과정이 일어날 수 있었다. 그는 감각치환을 유발하는 방법과 우리에게 '초감각super-sense'을 주는 장치들을 개발했다. 신경계가 망막 대신에 카메라를 써서 보는 일에 적응할 수 있다는 것을 발견함으로써 바크-이-리타는 맹인의 가장 큰 희망, 즉 눈에 외과적으로 삽입할 수 있는 인공 망막을 만들 기틀을 마련했다.

한 분야를 고집하는 대부분의 과학자들과 달리, 바크-이-리타는 많은 분야——의학, 정신약리학, 눈의 신경생리학(눈 근육의 연구), 시각 신경생리학(시각과 신경계의 연구), 생의학적 공학——에서 전문가가 되었다. 그는 나중에 어떻게 되든지 간에 생각대로 행한다. 그는 5개 국어를 하며 오랜 기간 동안 이탈리아, 독일, 프랑스, 멕시코, 스웨덴, 미국 전역을 거치며 살아왔다. 주요 과학자와 노벨상 수상자들의 여러 실험실에서 일했지만, 다른 사람들이 생각하는 것에는 별다른 관심을 가진 적이 없었고, 많은 연구자들이 출세를 위해 하는 정치 게임도 하지 않는다. 의사가 된 뒤, 그는 의학을 포기하고 기초 연구로 방향을 바꾸었다. 그는 "시각을 위해서 눈이, 혹은 청각을 위해서 귀가, 미각을 위해서 혀가, 후각을 위해서 코가 반드시 필요한가?"와 같은 일반 상식에 위배되는 질문들을 제기했다. 잠시도 가만히 머물지 못하는 마음의 소유자인 그는 마흔네 살에 의학으로 돌아가, 모든 재활의학 분야 중에서도 가장 따분한 전문분야에서 일이 끝이 없고 밤에도 잘 수 없는 수련의 생활을 시작했다. 그의 야심은 자신이 가소성에 관해 알게 된 것을 과학에 적용하여 과학의 지적 흐름을 역류시키는 것이었다.

바크-이-리타는 지극히 수수한 사람이다. 그는 값비싼 옷보다 싸구려 양복을 더 좋아하고, 아내가 허락만 하면 구세군복을 걸친다. 그 자신은 12년 된 녹슨 차를 몰고, 아내는 폭스바겐의 새 모델을 몰고 다닌다.
  숱이 많고 굽실굽실한 회색 머리에 스페인계와 유태계의 지중해 남자에게서 볼 수 있는 거무스름한 피부를 가진 그는 나직하고 빠른 말씨에 예순아홉이라기에는 훨씬 젊어 보인다. 그는 분명히 지적인 사람이지만, 마야의 후손인 멕시코인 아내 에스더에게는 소년처럼 천진한 정을 준다.
  그는 늘 아웃사이더였다. 브롱크스에서 자란 그는 8년 동안 성장을 방해한 알 수 없는 병 때문에 150센티미터에도 못 미치는 키로 중학교에 들어갔고, 두 번이나 초기 결핵이라는 진단을 받았다. 날마다 더 큰 학생들한테 두들겨 맞았고, 그런 나날을 보내는 동안 통증에 대한 역치만큼은 엄청나게 높아졌다. 열두 살 때 맹장이 터지면서 비로소 미지의 병이 드문 형태의 만성 맹장염이라는 제대로 된 진단을 받았다. 이후 키가 20센티미터나 더 자랐고 생전 처음으로 싸움에서 이겼다.
  우리는 차를 타고, 그가 멕시코에 있지 않을 때 머무는 곳인 위스콘신주 메디슨을 통과하고 있었다. 자만이라곤 전혀 없는 그는 나와 함께 여러 시간 이야기를 나누고 나서야 단 한 마디의 자부심을 털어놓았다. 하지만 그 한 마디조차 자화자찬과는 거리가 멀었다.

"전 말이죠, 아무거나 아무데나 연결할 수 있습니다"라고 말하며 미소 짓는다.

"우리는 눈으로 보는 게 아니라, 뇌로 봅니다." 그가 이야기한다.

이 주장은 우리가 눈으로 보고, 귀로 듣고, 혀로 맛보고, 코로 냄새 맡고, 피부로 느낀다는 상식적인 개념에 역행한다. 누가 감히 이런 사실에 도전을 하겠는가? 그러나 바크-이-리타가 볼 때 눈은 단지 빛 에너지의 변화를 감지할 뿐, 지각하고 실제로 보는 일은 뇌가 한다.

하나의 감각이 어떻게 해서 뇌로 들어가는가는 바크-이-리타에게 중요하지 않다. "맹인은 지팡이 전체를 앞뒤로 휘두르지만, 손에 있는 피부 수용체를 통해 그에게 정보를 제공하고 있는 것은 지팡이 꼭대기라는 단 한 지점입니다. 그렇지만 이 휘두름 때문에 문설주나 의자가 어디에 있는지를 알아내고 지팡이가 다른 사람의 발을 쳤을 때를 구분할 수 있지요. 손에 미묘한 느낌이 오기 때문입니다. 그런 다음 그는 이 정보를 이용해서 혼자 힘으로 의자에 앉습니다. 그가 정보를 얻고 지팡이가 '접속'하는 곳은 손의 센서들이지만, 그가 주관적으로 지각하는 것은 손에 닿는 지팡이의 압력이 아니라 의자, 벽, 사람의 발을 포함한 그 방의 배치, 즉 3차원 공간입니다. 손에 있는 실제의 수용체 표면은 단지 정보를 이어주는 중계 장치, 곧 데이터 포트가 되는 거죠. 수용체 표면이 본래 뭐였는지는 중요하지 않습니다."

바크-이-리타는 피부와 촉각 수용체들이 망막을 대체할 수 있다고 결론지었다.[6] 피부와 망막은 둘 다 감각 수용체로 뒤덮인 2차원의 얇은 판이므로, 그 위에 '사진'을 찍을 수 있기 때문이라고 했다.

새로운 데이터 포트, 다시 말해서 뇌에 감각이 도달하는 새로운 길을 발견하는 일과 뇌가 이 피부 감각을 해독해서 사진으로 바꾸는 일은 별개이다. 후자의 일을 하기 위해서는 뇌는 뭔가 새로운 것을 배워야 하고, 촉각 처리를 전담하는 뇌의 부분은 새로운 신호에 적응을 해야 한다. 이 적응성은 뇌의 감각-지각 체계를 재조직할 수 있다는 의미에서 뇌가 가소적이라는 의미를 내포한다.

뇌가 스스로 재조직할 수 있다면, 단순한 국재론은 뇌를 올바르게 묘사하고 있다고 할 수 없다. 처음에는 바크-이-리타 또한 국재론의 뛰어난 업적들에 감명을 받은 국재론자였다. 본격적인 국재론은 1861년에 처음 제기되었다. 당시 외과의사였던 폴 브로카Paul Broca에게는 뇌졸중으로 말하는 능력을 잃고 오로지 한 단어밖에 입 밖에 낼 수 없는 환자가 있었다. 무슨 질문을 해도 그 불쌍한 남자는 "탕, 탕"이라고만 대답했다. 그가 죽은 뒤 뇌를 해부한 브로카는 왼쪽 전두엽에서 손상된 조직을 발견했다. 브로카는 언어가 뇌의 단일한 부분에 국지적으로 존재할 수 있다는 것을 의심하던 회의론자들에게 그 환자의 손상된 조직을 보여주고, 이어서 같은 위치에 손상을 입고 역시 말하는 능력을 잃은 다른 환자들에 관해서도 보고했다. 이후로 사람들은 그 자리를 '브로카 영역'이라 불렀고, 그 영역이 입술과 혀 근육의 움직임을 조정한다고 추정했다. 그 뒤 얼마 지나지 않아 내과의사인 카를 베르니케Carl Wernicke는 브로카 영역보다 뒤편에 있는 또 다른 뇌 영역의 손상을 언어의 이해 불능 문제와 연결시켰다. 베르니케는 손상된 그 영역이 단어의 정신적 표상과 이해를 맡고 있다는 의견을 내놓았다. 그 영역은 '베르니케 영역'으로 알려지게 되었다. 그 뒤 백 년에 걸쳐서 새로운 연구들이 거듭 뇌 지도를 개선해감에 따라, 국재론은 더욱더 구체화되었다.

하지만 유감스럽게도 곧이어 국재론의 사례가 과장되어버렸다. 일련의 흥미로운 관계(특정한 뇌 영역의 손상이 특정한 정신적 기능의 손실로 이어진다는 관찰)에 불과했던 국재론은, 뇌 기능들은 오직 특정한 위치에 배선되어 있다고 선언하는 일반론——이 생각은 '한 기능, 한 위치'[7]라는 문구로 요약되며, 한 부분이 손상되면 뇌는 스스로 재조직되거나 그 잃어버린 기능을 회복할 수 없음을 의미한다——이 되어버렸다.

가소성의 암흑기가 시작되었고, '한 기능, 한 위치'라는 개념의 예외는 모두 무시되었다. 1868년, 쥘 코타르Jules Cotard는 일찍이 광범위한 뇌 장애를 가진 어린이들을 연구했다. 이 어린이들은 좌반구(브로카 영역을 포함한)가 쇠약해져 있었는데도 불구하고 여전히 정상적으로 말을 할 수 있었다.[8] 이는 브로카가 주장했듯이 언어가 좌반구에서 처리되는 경향이 있다 하더라도, 뇌가 필요하다면 스스로 재조직할 만큼 충분히 가소적일 수 있음을 뜻했다. 1876년에 오토 졸트만Otto Soltmann은 운동피질——움직임을 담당하는 것으로 생각하는 뇌의 부분——을 제거한 새끼 개와 새끼 토끼가 여전히 움직일 수 있다는 사실을 발견했다.[9] 하지만 이러한 발견들은 열광적인 국재론의 파도 밑에 가라앉아버렸다.

바크-이-리타는 1960년대 초, 독일에 있는 동안에 국재론을 의심하게 되었다. 그는 고양이 뇌의 시각 처리 영역에 전극을 꽂아 전기 방전을 측정하는 방법으로 시각의 작동 원리를 연구하고 있던 연구팀에 합류했다. 팀원들은 고양이에게 이미지를 보여주면, 시각 처리 영역이 전기 극파spike를 보내어 그 영역에서 이미지가 처리되고 있음을 보여줄 것이라고 철석같이 기대했다. 기대는 실제로 들어맞았다. 하지만 우연히 고양이의 앞발을 건드렸을 때에도 바로 그 시각 영역이 발화했다.[10] 그 사실은 시각 영역이 촉각 또한 처리하고 있다는 사실을 암시하는 것이었다. 그들은 아울러 그 시각 영역이 고양이가 소리를 들을 때에도 활동한다는 것을 발견했다.

바크-이-리타는 '한 기능, 한 위치'라는 국재론의 생각이 옳을 수 없다고 생각하기 시작했다. 그 고양이 뇌의 '시각' 부분은 최소한 촉각과 청각이라는 두 가지 다른 기능을 처리하고 있었다. 그는 뇌의 많은 부분이 '다중감각적'이라는——한 감각 영역이 하나 이상의 감각에서 오는 신호들을 처리할 수 있다는——생각을 품기 시작했다.

이런 일이 일어날 수 있는 이유는, 우리의 모든 감각 수용체는 외부 세계로부터 오는 에너지의 종류가 어떤 것이든 간에 모두 전기적 패턴으로 변환해서 신경에 내려 보내기 때문이다. 전기적 패턴은 뇌 안쪽에서 '통하는' 보편적 언어이다. 뉴런 안쪽에는 시각적 이미지도, 소리도, 냄새도, 움직이는 느낌도 없다. 바크-이-리타는 이 전기 신호를 처리하는 영역들이 신경과학자들이 알고 있던 것보다 훨씬 더 균질하다는 사실을 깨달았다.[11] 시각피질, 청각피질, 감각피질이 모두 유사한 여섯 층의 처리 구조를 가지고 있다는 신경과학자 버넌 마운트캐슬Vernon Mountcastle의 발견으로 이 믿음은 더욱 강해졌다. 바크-이-리타가 볼 때 이 발견은, 피질은 어떤 부분이든지 틀림없이 모든 종류의 전기적 신호를 처리할 수 있으며, 결국 우리의 뇌 모듈이 그렇게 전문화되어 있는 것은 아니라는 사실을 의미했다.

이후 바크-이-리타는 몇 년에 걸쳐서 국재론을 부정하는 모든 예외들을 연구하기 시작했다.[12] 그는 자신의 남다른 언어 지식을 가지고 번역되지 않은 오래된 과학 문헌들을 파고들어, 확고한 형태의 국재론이 자리를 잡기 이전에 이루어진 과학적 연구 결과를 재발견했다. 그는 1820년대에 뇌가 스스로 재조직될 수 있음을 보여준 마리-장-피에르 플로랑스Marie-Jean-Pierre Flourens의 연구 결과를 발견했다.[13] 그리고 그는 흔히 인용되면서도 별로 번역되지는 않는 불어로 된 브로카의 연구 결과를 읽었고, 브로카조차도 그의 추종자들과는 달리 가소성에 대해 문을 닫아

1. 감각을 되찾은 여자 **37**

놓지는 않았음을 발견했다.

자신이 만든 촉각-시각 기계의 성공에 힘입어 바크-이-리타는 인간의 뇌에 관한 자신의 그림을 완전히 다시 그렸다. 결국 기적적인 것은 그의 기계가 아니라, 살아 움직이고 변화하고 새로운 종류의 인공 신호들에 적응한 뇌였던 것이다. 그는 뇌 재조직의 한 과정에서, 촉감으로부터 오는 신호(원래는 뇌 꼭대기 부근의 감각피질에서 처리되던 신호)가 다른 종류의 처리를 위해 뇌 뒤쪽에 있는 시각피질로 경로를 바꾼다고 추측했다. 이것은 피부로부터 시각피질로 가는 모종의 신경 경로가 발달한다는 것을 의미했다.

  40년 전, 국재론의 제국이 가장 멀리까지 영역을 뻗친 바로 그 시점에 바크-이-리타는 저항을 시작했다. 그는 국재론의 업적을 상찬했지만, "한 무더기의 증거들이 뇌의 운동 가소성과 감각 가소성 둘 다를 실증한다"[14]고 주장했다. 그의 논문 중 하나는 학술지 게재를 여섯 번이나 거절당했는데, 그 이유는 증거가 의심스러워서가 아니라 그가 감히 제목에 '가소성'이라는 단어를 집어넣었기 때문이었다. 마침내 「네이처」에 논문이 실리자, 바크-이-리타의 친애하는 스승인 랑나르 그라니트Ragnar Granit가 차나 한 잔 하자며 그를 초대했다. 그라니트는 1965년에 망막 연구로 노벨 생리학상을 받았고, 바크-이-리타의 의대 졸업논문 출판을 주선하기도 한 사람이었다. 그라니트는 아내를 방에서 내보내더니 안구 근육에 관한 바크-이-리타의 연구 성과를 칭찬한 후, 제자에게—제자 자신을 위해서—어째서 '그 어른 장난감'에 시간을 낭비하느냐고 물었다. 그래도 바크-이-리타는 굽히지 않고, 일련의 책과 수백 개의 글에서 뇌가소성의 증거를 늘어놓고 가소성의 작동 원리를 설명할 수 있는 이론을 발전시키기 시작했다.[15]

바크-이-리타의 가장 깊은 관심사는 가소성을 설명하는 것이 되었지만, 그는 계속해서 감각치환 장치들을 발명했다. 그는 공학자들과 함께 맹인을 위한 치과의자-컴퓨터-카메라 장치를 축소하는 작업을 했다. 등에 부착했던 진동하는 자극기들의 투박하고 무거운 판은 이제 1달러 동전만 한, 전극들로 뒤덮인 종이 두께의 플라스틱 끈으로 대체하여 혀 위에 살짝 얹을 수 있게 되었다. 그는 혀를 이상적인 '뇌-기계 접속점'이라고 불렀다. 혀가 뇌로 들어가는 훌륭한 입구가 되는 이유는, 혀에는 무감각한 죽은 피부 층이 전혀 없기 때문이다. 컴퓨터 역시 빠른 속도로 축소되었고, 한때 여행가방만했던 카메라도 이젠 안경테에 묶어서 쓸 수 있게 되었다.

그는 다른 감각치환 발명을 위한 작업도 해오고 있다. 그는 미국 항공우주국NASA에서 자금을 받아 우주에서 일하는 우주비행사들을 위해 촉감을 '느끼는' 전자 장갑을 개발했다. 기존의 우주 장갑은 너무 두꺼워서 작은 물체를 만지거나 섬세한 동작을 하기는 어려웠다. 그래서 그는 장갑 바깥쪽에 전기 센서를 달아 전기 신호가 손으로 전달되게 했다. 그 후에 그는 우주 장갑을 만들면서 배운 것을 응용해 나환자용 장갑을 발명했다. 나병은 피부를 파고들어 말초신경을 파괴하여 손의 감각을 없애 버린다. 그가 만든 나환자용 장갑은 우주비행사의 장갑처럼 바깥쪽에 센서가 있어서, 신경이 손상되지 않은 건강한 피부로 신호를 보냈다. 그곳이 손 감각을 위한 문이 되었다. 이어서 그는 컴퓨터 스크린을 읽을 수 있는 맹인용 장갑을 연구하기 시작했고, 심지어는 음경에 아무 느낌이 없는 척추 손상 피해자가 오르가슴에 이를 수 있게 해주는 콘돔을 만들 계획까지 하고 있다. 이 계획은 성적인 흥분도 다른 감각 경험들과 마찬가지로 '뇌 안에' 있으므로, 성적인 동작의 감각을 콘돔에 달린 센서로 포착해서 전기 신호로 변환한 다음 그 충격을 성적 흥분을 처리하는 뇌 부위로 전송할 수 있다는 가정을 기반으로 한다. 그가 하는 연구의 기타 잠재적 용도로는 사람들에게 적외선이나 야간 시력과 같은 '초감각'을 주는 것도 있다. 그는 해군 특수부대Navy SEALs를 위해 몸이 바다 밑에서 어떤 방향을 향하고 있는지 감지하도록 도와주는 장비를 개발했다. 그리고 프랑스에서 시험에 성공한 또 한 가지 발명품으로는, 의사에게 잡고 있는 메스의 정확한 위치를 알려주는 장치도 있다. 메스에 부착시킨 전기 센서가 외과의사의 혀에 부착된 작은 장치로 신호를 보내면 그 신호가 의사의 뇌로 전달되는 것이다.

---

바크-이-리타가 뇌 재활을 이해하게 된 근원에는 아버지의 극적인 회복이 있다. 카탈루냐 시인이자 학자였던 그의 아버지, 페드로 바크-이-리타는 뇌졸중으로 불구가 되었다가 기적적으로 회복했다. 1959년, 당시 예순다섯 살의 홀아비였던 페드로는 뇌졸중으로 안면과 반신이 마비되면서 말도 할 수 없게 되었다.

현재 캘리포니아에서 정신과 의사로 있는 폴의 동생 조지는 당시에 아버지가 회복될 가망이 없으니 어디 시설에나 들여보내야 할 것이라는 말을 들었다. 멕시코에서 의대를 다니던 조지는 그 말을 따르는 대신, 뉴욕에서 거주하던 아버지를 멕시코로 모시고 돌아가 함께 살았다. 처음에 그가 아버지를 위해 아메리칸브리티시 병원에서 재활 일정을 잡으려고 하자, 병원 측은 겨우 4주간의 전형적인 재활 프로그램을 제시했다. 아무도 그 이상의 장기 처치가 뇌에 도움이 된다고 믿지 않았기 때문이다. 4주 뒤에도 아버지는 조금도 나아지는 기색이 없었다. 여전히 무력해서 변기에도 누군가가 올렸다 내렸다 해야 하고 샤워도 해줘야 했다. 조지는 정원사의 도움을 받아야 했다.

"다행히 아버지가 53킬로그램밖에 나가지 않는 체구가 작은 분이라서 우리끼리 감당할 수 있었죠"라고 조지는 말한다.

조지는 재활에 관해서 아무것도 몰랐지만, 결국은 이런 무지가 축복이었다. 그는 당시의 상식적인 재활 방식을 모두 무시하고 비관적인 이론에 구애받지 않음으로써 아버지의 재활에 성공했다.

"전 아버지에게 걷는 법을 가르치는 대신에 먼저 기는 법을 가르치자고 마음먹었습니다. 저는 말했죠. '아버지, 아버지도 기는 것부터 배우셨으니까 한동안은 다시 기어 다니셔야 해요.' 저희는 아버지에게 무릎 보호대를 해드렸습니다. 처음엔 우리가 아버지의 사지를 모두 붙잡아드렸지만, 아버지 팔다리가 몸을 제대로 지탱하지 못했죠. 정말 그건 힘겨운 일이었어요." 아버지가 스스로를 어느 정도 지탱할 수 있게 되자, 조지는 아버지에게 이번엔 힘없는 어깨와 팔을 벽에 의지하고 기도록 했다. "벽에 붙어서 기는 일은 여러 달 동안 계속되었습니다. 그 뒤에는 정원에서 연습을 하시게 했는데 이웃들 사이에 좀 문제가 생겼죠. 이웃들은 교수님을 개처럼 기게 하는 건 점잖지 않다고 보기 흉하다고 말들을 하더군요. 저는 아기들이 학습하는 법을 마음에 두었습니다. 그래서 우리는 제가 바닥에서 구슬을 굴리면 아버지가 받는 게임을 하곤 했죠. 아니면 바닥에 동전들을 던져두고 아버지가 약한 오른손으로 안간힘을 써서 집어 올리시게 하고요. 우리가 시도한 모든 것은 평범한 일상 경험을 훈련으로 바꾸는 일과 관계가 있었습니다. 우리는 손 씻는 항아리도 훈련용으로 변신시켰죠. 아버지는 괜찮은 손으로 항아리를 붙잡고 약한 손——거의 통제가 되지 않아 경련이 일어나던——을 억지로 빙글빙글 돌렸죠. 15분은 시계 방향으로, 15분은 반시계 방향으로 돌렸습니다. 항아리의 테두리가 손을 그 안에 잡아두었지요. 여러 단계가 있었고, 뒷 단계들은 부분적으로 전 단계와 겹쳤습니다. 아버지는 조금씩 나아지셨어요. 얼마 뒤에는 아버지가 나서서 다음 단계 계획을 도와주셨지요. 아버지는 당신 힘으로 앉아서 저랑 다른 의대생들과 같이 식사를 할 수 있다면 더 이상 바랄 것이 없겠다고 하셨어요." 이런 훈련은 많은 시간이 걸렸지만, 페드로는 점차적으로 기는 데서 무릎으로 서서 움직이는 데로, 일어서는 데로, 걷는 데로 나아갔다.

페드로는 혼자서 말을 해보려고 온힘을 다했고, 약 3개월이 지나자 말하는 기능 또한 돌아오고 있다는 신호가 보였다. 여러 달이 지나자 그는 쓰기를 다시 시작하고 싶었다. 그는 타자기 앞에 앉아서 누르고 싶은 글쇠 위에 가운뎃손가락을 올려놓은 다음, 팔 전체를 떨어뜨려서 그 글쇠를 쳤다. 이 방식에 숙달되자 손목만 떨어뜨렸고, 마지막으로 손가락들을 한 번에 하나씩 떨어뜨릴 수 있었다. 마침내 그는 다시 정상적으로 타자를 익힐 수 있었다.

어느 해 연말에 충분히 회복된 페드로는 예순여덟의 나이로 뉴욕의 시티 칼리지에서 다시 전임으로 강의를 시작할 수 있었다. 그는 그 일을 정말 사랑하며 계속하다가 일흔 살에 은퇴했다. 그 뒤에 샌프란시스코에서 강의 일자리를 구하며 재혼을 했고, 계속해서 일하고 등산을 가고 여행을 다녔다. 그러던 어느 날 콜롬비아의 보고타에 있는 친구들을 만나러 갔다가 높은 산에 올라가 2,700미터 높이에서 심장마비로 즉사했다. 그의 나이 일흔둘이었다.

나는 조지에게 아버지의 발작 이후 그토록 오래 걸려서 이루어진 이 회복이 얼마나 흔치 않은 일인지 알고 있냐고, 또 그 당시의 회복이 뇌가소성의 결과라 생각하느냐고 물어보았다.

"저는 그 일을 그저 아버지를 보살펴드리는 관점에서만 보았습니다. 하지만 폴은 여러 해가 지나서 그 일을 뇌가소성의 관점에서 이야기하더군요. 그때 당시는 아니었고요. 아버지가 돌아가신 다음에 그랬죠."

페드로의 시신이 폴이 일하고 있던 샌프란시스코에 왔다. 당시는 1965년이었고, 뇌 스캔 이전인 그 시절엔 검시가 정해진 절차였다. 검시만이 의사들이 뇌 질환과 환자의 사인에 관해 뭔가 알 수 있는 유일한 길이었기 때문이다. 폴은 메리 제인 아길라Mary Jane Aguilar 박사에게 검시를 부탁했다.

"며칠 뒤 메리 제인이 전화를 걸어 말하더군요. '폴, 이리 와봐요. 보여줄 게 있어요.' 옛 스탠포드 병원에 도착하자, 거기엔 테이블 위에 온통, 슬라이드 위에 얹힌 우리 아버지의 뇌 조각들이 흩어져 있더군요."

그는 할 말을 잃었다.

"속이 뒤집힐 것 같았지만, 메리 제인이 흥분했다는 사실도 알 수 있었지요. 슬라이드들은 우리 아버지가 뇌졸중으로 입으신 손상이 아주 컸다는 것과 아버지가 모든 기능을 회복하시긴 했지만 그 손상이 결코 치유된 적이 없다는 사실을 보여주었습니다. 전 충격을 받았습니다. 정신이 다 멍해지더군요. 저는 '이 손상들 좀 봐!' 하고 생각했습니다. 그때 메리는 슬라이드를 향해 이렇게 말했죠, '어떻게 이렇게 손상을 지닌 채로 회복할 수 있으셨어요?'"

슬라이드를 자세히 들여다 본 폴은, 아버지의 7년 된 손상 부위가 주로 뇌간——척수에 가장 가까운 뇌의 부위——에 있었고, 운동을 조절하는 피질의 다른 주요 뇌 중추들도 발작으로 파괴되어 있다는 것을 알았다. 대뇌피질에서 척추로 가는 신경의 95퍼센트가 파괴되어 있었다. 마비를 일으키는 것이 당연한 아주 무참한 손상이었다.

"저는 이것이 조지와 함께 한 그 노력으로 아버지의 뇌가 어떤 식으로든 완전히 스스로 재조직되었음을 뜻한다는 사실을 알았습니다. 우리는 그 순간까지 아버지의 회복이 얼마나 놀라운 것이었는지를 몰랐지요. 그 시절에는 뇌 스캔이 없어서 아버지가 입으신 손상의 정도를 알 길이 없었거든요. 사람들이 회복을 하면 사실 애초에 그렇게 큰 손상이 아니었던 거라고 가정하는 경향이 있었지요. 메리는 이 사례에 관해 그녀가 쓴 논문[16]에 제가 공동 저자가 돼주길 바랐지만, 전 그렇게는 못하겠더군요."

그의 아버지의 이야기는 노인에게 광범위한 손상이 있을 때조차 '더딘' 회복이 일어날 수 있다는 직접적인 증거였다. 그렇지만 폴은 손상 부위를 자세히 살펴보고 논문을 검토하며 파괴적인 뇌졸중 이후에도 뇌가 스스로 재조직되어 기능을 회복할 수 있다는 그 이상의 증거를 찾다가, 1915년에 미국의 심리학자인 셰퍼드 아이보리 프란츠Shepherd Ivory Franz가 뇌를 자극하는 훈련으로 20년 동안 마비되어 있던 환자들에게 더딘 회복이 일어났음을 보여주었다는 사실을 발견했다.[17]

아버지의 '더딘 회복'은 폴 바크-이-리타가 직업을 바꾸는 계기가 되었다. 마흔넷의 나이에 그는 의업으로 돌아가 신경과와 재활의학과에서 수련의 생활을 했다. 그는 환자가 회복을 하기 위해서는 그의 아버지가 그랬던 것처럼 실생활 활동에 근접한 훈련과 함께 동기부여가 필요하다는 것을 알았다.

그는 뇌졸중 치료로 주의를 돌려 '더딘 재활'에 초점을 맞추었다. 일어난 지 여러 해가 지난 주요한 신경학적 문제를 가진 사람들을 도와 문제를 극복하도록 하면서, 뇌졸중 환자들이 다시 팔을 움직이도록 훈련시키는 컴퓨터와 비디오 게임들을 개발했다. 그리고 자신이 가소성에 관해 아는 사실들을 이 훈련 계획에 통합시키기 시작했다. 전통적인 재활 훈련들은 전형적으로 몇 주 후, 환자가 더 이상 진전을 보이지 않거나 '정체기에 들어가' 의사들이 계속할 동기를 잃으면 그대로 종료된다. 하지만 바크-이-리타는 신경성장에 관한 자신의 지식을 바탕으로, 이러한 학습 정체기는 일시적인 것이라고——학습 단계들마다 공고화 기간이 따르는 가소성 기반 학습 주기의 일부라고——주장하기 시작했다. 비록 공고화 단계에서는 외견상의 발전이 없더라도, 내부에서는 새로운 기술이 더 자동화되고 섬세해지면서 생물학적 변화들이 일어나고 있다고 말이다.[18]

바크-이-리타는 안면 운동신경이 손상되어 얼굴 근육을 움직이지 못하는, 따라서 눈을 감거나 제대로 말하거나 감정을 표현할 수 없어서 흉측한 자동인형처럼 보이는 사람들을 위한 프로그램을 개발했다. 바크-이-리타는 외과적 시술을 해서 보통은 혀로 가는 '여분의' 신경 하나를 환자의 얼굴 근육들에 가져다 붙였다. 그런 다음 그 '혀 신경'(그리고 특히, 그 신경을 통제하는 뇌의 부분)이 얼굴 신경처럼 행동하도록 훈련하는 뇌 훈련 프로그램을 실시했다. 이 환자들은 정상적인 표정을 표현하고, 말하고, 눈을 감는 법을 배웠다. '아무거나 아무데나 연결하는' 바크-이-리타의 능력을 보여주는 또 하나의 실례이다.

바크-이-리타의 「네이처」 논문이 나온 지 33년이 지난 뒤, 과학자들은 뇌 스캔 장치를 써서 환자들이 바크-이-리타가 만든 촉각-시각 기계의 소형화된 최신형을 사용했을 때 혀를 통해 들어가는 촉각 이미지가 정말로 뇌의 시각피질에서 처리된다는 것을 확인했다.[19]

감각을 재배선할 수 있다는 생각에 대한 당연한 의심은, 최근 실시한 우리 시대의 가장 놀라운 가소성 실험들 중 하나로 인해 모두 잦아들었다. 그 실험은 바크-이-리타가 했던 것처럼 촉각과 시각 경로를 재배선하는 것이 아니라, 문자 그대로 청각과 시각을 재배선하는 실험이었다. 신경과학자인 므리강카 수르Mriganka Sur는 아주 어린 흰족제비의 뇌를 외과적으로 재배선했다.[20] 보통 시신경은 눈에서 시각피질을 향해 가지만, 수르는 시각피질로 가는 흰족제비 시신경의 방향을 수술로 바꾸어 청각피질로 가게 했다. 수르는 그래도 이 흰족제비가 보는 기능을 학습한다는 것을 발견했다. 수르는 흰족제비의 뇌에 꽂은 전극을 이용해서, 녀석이 무언가를 보고 있을 때면 청각피질에 있는 뉴런들이 발화하면서 시각을 처리한다는 것을 증명했다. 바크-이-리타가 항상 상상해왔던 대로 가소적인 청각피질이 스스로 재조직되어 시각피질의 구조로 바뀐 것이다. 그 흰족제비의 시력은 20/20(1.0)은 못 되었어도 약 그 3분의 1인 20/60(약 0.3)은 족히 되었다. 안경을 쓰는 일부 사람들보다 나쁠 것이 없는 시력이다.

바크-이-리타는 뇌가 가소적이며, 이 능력을 감각과 운동 문제의 새로운 치료법 발명에 이용할 수 있다는 사실을 이해한 최초의 과학자였다. 그는 우리의 뇌가 국재론이 인정하는 것보다 훨씬 더 유연함을 보여주었고, 뇌를 바라보는 새로운 시각 창조에 도움을 주었다. 그가 밝혀내기 전에는, 누구나 대부분의 신경과학자들이 말하듯이 후두엽에는 시각을 처리하는 '시각피질'이 있고, 측두엽에는 청각을 처리하는 '청각피질'이 있다고 말할 수 있었다. 우리는 바크-이-리타에게서 문제가 사실 훨씬 더 복잡하다는 것, 뇌의 영역들은 가소적 처리장치들이며 서로 연결되어 있고 예상 밖의 다양한 입력을 처리할 수 있다는 사실을 배웠다.

셰릴이 지금까지 바크-이-리타의 이상한 모자 덕을 본 유일한 사람은 아니다. 그 팀은 이후로도 그 장치를 써서 50명의 환자들을 더 훈련시켜 균형과 걷기 능력을 향상시켰다. 그중에는 셰릴과 똑같은 피해를 입은 환자도 있었고, 뇌 외상, 뇌졸중, 파킨슨 병 병력을 가진 환자도 있었다.

폴 바크-이-리타의 중요성은 그가 그 세대의 신경과학자들 중에서 처음으로 뇌가 가소적임을 이해한 동시에, 이 지식을 실용적으로 적용하여 인간의 고통을 덜어주었다는 데 있다. 그의 모든 활동에는, 우리 모두는 우리가 이해했던 것보다 훨씬 더 적응력 있고, 다목적이고, 편의주의적인 뇌를 가지고 태어난다는 생각이 함축되어 있다.

셰릴의 뇌가 전정 감각을 재건했을 때——또는 맹인 피실험자들의 뇌가 사물이나 원근감, 혹은 움직임의 인식을 학습하면서 새로운 경로들을 발달시켰을 때——일어난 변화는 법칙에서 벗어나는 불가사의한 예외가 아니라, 감각피질은 가소적이고 적응력이 있다는 법칙 그 자체였다. 셰릴의 뇌가 손상된 수용체 대신에 인공 수용체에 반응하는 것을 학습할 때, 그 일은 지극히 예사로운 일이었던 것이다. 최근에 바크-이-리타의 작업에서 영감을 얻은 인지과학자 앤디 클라크Andy Clark는 기지를 발휘해서, 우리는 '자연이 낳은 사이보그'라고 주장한다.[21] 우리는 뇌가소성 덕분에 우리 자신을 컴퓨터나 전자 도구와 같은 기계에 아주 자연스럽게 접속시킬 수 있다는 의미이다. 하지만 우리의 뇌는 맹인의 지팡이처럼 가장 단순한 도구로부터 오는 입력에 반응해서 스스로를 재구성하기도 한다. 어쨌거나 가소성은 선사시대부터 뇌 안에 있어온 타고난 성질이다. 뇌는 우리가 상상했던 것보다 훨씬 더 열린 계이다. 자연은 우리가 주변의 세계를 지각하고 받아들이는 일에 심대한 도움을 주었다. 자연은 우리에게, 심지어 스스로를 변화시키는 방법을 써서라도 변화하는 세계에서 살아남도록 진화한 뇌 구조를 준 것이다.

# 02
## 더 나은 뇌 만들기

뇌에 관해 중요한 발견을 한 과학자들은 흔히 그 자신의 뇌가 뛰어난 사람들이며, 뇌가 손상된 사람들은 그들의 연구 대상이다. 중요한 발견을 한 사람이 결함을 가진 당사자인 경우는 거의 없지만, 여기에도 약간의 예외는 있다. 바버라 애로우스미스 영Barbara Arrowsmith Young이 바로 그런 사람들 가운데 하나다.

바버라의 학창 시절 정신 상태를 묘사하는 가장 적절한 말은 '비대칭'이다. 1951년 토론토에서 태어나 온타리오 주의 피터버러에서 자란 바버라는 어려서부터 일부 영역에서 뛰어난 재능을 보였다. 그녀의 청각적 기억력과 시각적 기억력은 검사에서 둘 다 99퍼센트를 기록했다. 놀랄 만큼 발달한 전두엽 덕분에 그녀에게는 자신도 어쩔 수 없을 만큼 강고한 기억력이 있었다. 그러나 그녀의 뇌는 '비대칭'이었다. 예외적으로 뛰어난 부분들이 모자란 영역들과 공존했다는 뜻이다.

이러한 비대칭은 그녀의 몸 여기저기에 낙서를 남겼다. 그녀의 어머니는 우스갯소리로 "산부인과 의사가 네 오른쪽 다리를 확 잡아당긴 게 틀림없다니까"라고 말하곤 했다. 그녀는 오른다리가 왼다리보다 길었고, 그 때문에 골반까지 변형되었다. 그녀의 오른팔은 한 번도 똑바로 펴진 적이 없었고, 오른쪽 반신은 왼쪽 반신보다 컸으며, 왼쪽 눈은 오른쪽 눈보다 총기가 덜했다. 등뼈는 척추만곡으로 인해 비대칭으로 비틀려 있었다.

바버라에게는 분류 혼동confusing assortment이라는 심각한 학습장애가 있었다. 그녀는 말을 주관하는 뇌 영역인 브로카 영역이 제대로 작동하지 않아서, 단어들을 제대로 발음하지 못했다. 공간추리 능력도 부족했다. 우리는 몸을 움직이고 싶을 때 동작을 실행하기 전에 공간추리를 이용해서 머릿속에서 가상의 경로를 그린다. 공간추리는 아기가 기고, 치과의사가 드릴로 이를 뚫고, 하키 선수가 어떻게 움직일지 계획하는 데 아주 중요한 역할을 한다. 바버라가 세 살이던 어느 날, 그녀는 '투우사와 황소' 놀이를 하기로 했다. 그녀가 황소였고, 차도에 있는 차가 투우사의 망토였다. 바버라는 방향을 틀어서 피하리라 마음먹고 달려 나갔지만, 공간을 잘못 판단해서 차로 돌진했고 머리가 터졌다. 그녀의 어머니는 사람들에게 바버라가 일 년만 더 살아도 기적이라고 했다.

공간추리는 머릿속에 사물들이 있는 위치를 표시한 지도를 그리는 데도 꼭 필요하다. 우리는 이러한 종류의 추리를 이용해서 책상을 정리하거나 열쇠를 어디다 두었는지 기억한다. 바버라는 줄곧 모든 것을 잃어버리고 다녔다. 머릿속에 사물의 위치를 표시한 지도가 없어서 문자 그대로 눈에서 멀어지면 마음에서도 멀어졌다. 그래서 바버라는 '쌓는 사람'이 되어 놀거나 작업하고 있는 모든 것을 계속해서 눈앞에 쌓아둬야 했고, 옷장과 서랍도 언제나 열어두어야 했다.

그녀는 '운동감각'에도 문제가 있었다. 운동감각적 지각 덕분에 우리는 우리 몸이나 팔다리가 공간 중에 어디에 있는지 알 수 있고, 그로써 움직임을 통제하고 조화시킬 수 있다. 운동감각적 지각은 우리가 촉각을 통해 대상을 인식하는 것을 돕기도 한다. 하지만 바버라는 자신의 팔이나 다리가 왼쪽으로 얼마나 멀리 움직였는지 전혀 이해할 수 없었다. 마음은 말괄량이였지만, 몸이 뜻대로 움직여주지 않았다. 왼손으로는 주스 한 잔을 들어도 꼭 엎질렀다. 걸려 넘어지거나 데굴데굴 구르는 일이 다반사였다. 언제 계단에서 굴러 떨어질지 알 수 없었다. 또한 왼편에 닿는 촉감이 무뎌져서 그쪽은 항상 멍이 들어 있었다. 천신만고 끝에 운전을 배우고 났을 때도 끊임없이 차의 왼편을 들이박았다.

바버라에게는 시각적인 장애도 있었다. 그녀는 시야가 너무 좁아서 한 페이지를 볼 때도 한 번에 몇 글자밖에 알아볼 수 없었다.

하지만 바버라를 가장 무력하게 하는 문제는 따로 있었다. 바버라는 기호들 간의 관계를 이해하도록 돕는 뇌의 부분이 정상적으로 기능하지 않았기 때문에, 문법, 수학 개념, 논리, 인과관계를 제대로 이해하지 못했다. 그녀는 '아버지의 형'과 '형의 아버지'를 구분할 수 없었다. 그녀가 이중 부정을 해독한다는 것은 불가능했다. 그녀는 시계바늘들 사이의 관계를 이해할 수 없었으므로, 시계도 읽을 수 없었다. 문자 그대로 왼손과 오른손을 구별하지 못했는데, 그녀에게 공간 지도가 없어서이기도 했지만, 그녀가 '왼쪽'과 '오른쪽'의 관계를 이해할 수 없어서이기도 했다. 엄청난 정신적 노력과 끊임없는 반복을 통하지 않고서는 기호들을 서로 연관 짓는 법을 배울 수 없었다.

그녀에게는 b와 d, p와 q를 뒤집어서 쓰고, 'was'를 'saw'로 읽고, 오른쪽에서 왼쪽으로 글씨를 쓰는, 거울상 쓰기mirror writing라 불리는 장애가 있었다. 그녀는 오른손잡이였지만 글씨를 오른쪽에서 왼쪽으로 썼기 때문에 먼저 쓴 것을 모두 문질러버렸다. 선생님들은 그녀가 산만한 것이라고 생각했다. 그녀는 난독증 때문에 읽을 때 실수들을 저질렀고, 그 대가는 상당히 비쌌다. 한번은, 그녀가 코가 막혀서 혼자 어떻게 해볼 생각으로 전에 쓰던 약병을 찾았는데, 오빠들이 그 병에 실험용 황산을 담고 새로 쓴 라벨을 잘못 읽었다. 그녀는 침대에 누운 채 황산이 목구멍으로 흘러 들어가는데도 또다시 이런 사고를 일으킨 것이 너무 창피해 어머니에게 말도 꺼내지 못했다.

바버라는 인과관계를 이해할 수 없었으므로 사회적으로 이상한 행위들을 했다. 행동과 그 결과를 연결할 수 없었기 때문이다. 유치원에 다닐 때 그녀는 오빠들이 같은 학교에 있다면 어째서 가고 싶을 때 오빠들에게 갈 수 없는지를 이해할 수 없었다. 수학적 절차는 외울 수 있었지만 수학적 개념은 이해할 수 없었다. 5 곱하기 5가 25라는 것을 기억은 할 수 있었지만 어째서 그런지는 알 수가 없었다. 선생님들은 그녀에게 추가의 연습문제를 주는 것으로 대응했고, 아버지는 시간을 들여서 딸에게 개인지도를 했지만, 아무런 소용이 없었다. 어머니는 간단한 수학 문제와 그 답이 앞뒤에 적혀 있는 카드를 들어서 보여주는 방법을 동원했다. 바버라는 계산을 할 수가 없었기 때문에, 햇빛에 종이의 뒷면이 비치는 자리를 찾아 앉는 방법으로 해답을 읽었다. 하지만 장애 개선을 위한 이런 시도들은 문제의 근원에 접근하지 못하고 괴로움만 더 크게 만들 뿐이었다.

그녀는 잘하고 싶다는 간절한 바람으로 점심시간에도 방과 후에도 끊임없이 외워서 초등학교를 무사히 마쳤다. 고등학교에서 그녀의 성적은 극과 극이었다. 그녀는 자신의 기억력을 이용해서 단점을 보완하는 법을 배웠고, 연습을 거듭하여 사실들을 몇 쪽이고 외울 수 있었다. 시험 전에는 문제가 사실을 기반으로 한 것이기를 빌었다. 그렇다면 100점도 문제없었다. 문제가 관계 이해를 기반으로 한다면, 아마도 15점을 밑돌 것이었다.

바버라는 실시간으로는 아무것도 이해할 수 없었다. 오직 사건이 일어난 뒤 시간이 지나야만 이해할 수 있었다. 주변에서 사건이 일어나고 있는 동안에는 무슨 일이 일어나고 있는지 이해할 수 없었기 때문에, 그녀는 몇 시간씩 과거를 재검토해서 혼란스러운 조각들을 한데 맞추어 이해할 수 있는 것으로 만들었다. 단순한 대화, 영화 대사, 노래 가사도 머릿속에서 스무 번은 다시 돌려보아야 했다. 한 문장의 끝에 도달할 때쯤이면 시작 부분이 무슨 뜻이었는지 기억할 수 없었다.

감정적인 발달도 지장이 있었다. 그녀는 논리적으로 생각하지 못했기 때문에 유창하게 말하는 사람들의 이야기를 들을 때 모순을 집어낼 수 없었고, 그래서 누구를 믿어야 할지 도무지 확신할 수 없었다. 그러니 우정을 쌓기가 어려웠고, 한 번에 한 관계 이상을 맺을 수도 없었다.

하지만 바버라를 가장 괴롭힌 것은 모든 것들에 대한 만성적인 의심과 불확실성이었다. 그녀는 모든 곳에 의미가 널려 있음을 느꼈지만 그 의미를 확인할 수 없었다. 그녀의 좌우명은 '나는 모른다'였다. 그녀는 자신에게 말했다. "난 안개 속에 사는 거야. 세상은 제멋대로 변하는 솜사탕과 조금도 다를 게 없어." 심한 학습장애가 있는 많은 아이들이 그렇듯, 그녀는 자신이 미친 건지도 모른다고 생각하기 시작했다.

───────

바버라가 성장하던 시절에는 그녀를 도와줄 만한 것이 거의 없었다.

"1950년대에 피터버러같이 작은 마을 안에서는 아무도 이런 것들에 관해 이야기하지 않았어요." 그녀는 말한다. "모두들 하든지 못하든지 둘 중 하나라는 태도였어요. 특수교육 교사는커녕 전문의나 정신과 의사에게 가는 일도 전혀 없었죠. '학습장애'라는 용어는 그 뒤로도 20년 동안은 널리 쓰이지 않았을 거예요. 저를 맡았던 1학년 선생님은 우리 부모님한테 제게 '정신적 차단물mental block'*이 있어서 결코 다른 아이들과 같은 식으로는 배우지 못할 거라고 이야기했어요. 사람들의 판단은 더할 수 없이 구체적이었죠. 아이들이란 똑똑하거나, 평균이거나, 느리거나, 아니면 정신적으로 지진아였죠."

정신적 지진아는 '특수학급'에 배치되었다. 그러나 특수학급은 기억력이 뛰어나서 단어 시험에 1등을 할 수 있는 여자아이를 위한 장소가 아니었다. 바버라의 어린 시절 친구이자 현재 조각가인 도널드 프로스트Donald Frost는 말한다. "바버라는 엄청나게 큰 공부의 압박을 받고 있었어요. 그 집안사람들은 모두 성공한 사람들이었거든요. 바버라의 아버지 잭은 캐나다 제너럴일렉트릭GE 소유의 특허를 서른네 개나 가지고 있는 전기공학자이자 발명가이시죠. 식사시간에도 바버라의 아버지를 책에서 떼어낸다는 건 기적이었죠. 어머니는 '넌 성공할 거야, 틀림없어', '문제가 있거든 해결해라'라는 태도였고요. 바버라는 항상 믿기 힘들 만큼 민감하고, 따뜻하고, 친절했어요." 프로스트는 말을 이었다. "하지만 자신의 문제를 잘 숨겼죠. 그런 문제는 다들 쉬쉬했어요. 전후 시기에 양식이 있는 사람이라면 장애를 광고해서는 안 되었죠. 여드름으로 호들갑을 떠는 꼴이니까요."

바버라는 자기 자신의 문제를 해결하고 싶은 바람으로 아동발달학에 끌리게 됐다. 구엘프 대학교의 학부생이었을 때도 그녀의 커다란 정신적 불균형은 뚜렷했다. 그러나 다행히도 아동 관찰실에서 비언어적 단서들

---

* 감정적 요인에 의한 생각·기억의 차단.

을 집어내는 그녀의 뛰어난 능력을 본 교수들은 그녀에게 그 과정의 지도를 맡겼다. 그녀는 무언가 착오가 있는 것이 틀림없다고 느꼈다. 이어서 그녀는 온타리오 교육연구소Ontario Institute for Studies in Education, OISE 대학원에 들어갈 수 있었다. 대부분의 학생들은 연구 논문을 한두 번밖에 읽지 않았지만, 바버라는 보통 한 논문을 스무 번씩 읽는 것은 물론 그 의미를 순간적으로 감이라도 잡기 위해서 첨부된 많은 자료들까지 읽어야 했다. 그녀는 하루 네 시간 수면에 의지해서 살아남았다.

바버라는 아주 많은 방면에서 뛰어났고 아동 관찰의 달인이었기 때문에, 대학원 교수들은 그녀에게 장애가 있다고 생각할 수 없었다. 바버라의 장애를 가장 먼저 안 사람은 재능은 있으나 학습장애가 있는 OISE의 또 다른 학생, 조슈아 코헨Joshua Cohen이었다. 그는 학습장애 아동들을 위한 소규모 클리닉을 운영하면서 당시의 공식 이론, 즉 뇌 세포가 일단 죽거나 발달하지 못하면 복구될 수 없다는 이론에 근거한 '보상compensation'이라는 표준 치료법을 사용하고 있었다. 보상은 문제를 그럭저럭 해결한다. 읽기에 문제가 있는 사람은 오디오테이프를 듣게 한다. '느린' 사람에게는 시험을 볼 때 더 많은 시간을 준다. 논의를 따라가는 데 문제가 있는 사람에게는 색으로 요점들을 구분하라고 한다. 조슈아는 바버라를 위해서 보상 프로그램을 짰지만, 그녀는 이 방법은 시간이 너무 많이 소모된다는 사실을 알게 되었다. 게다가 바버라의 학위논문인 OISE 클리닉에서 보상 치료를 받은 학습장애 아동들에 관한 연구에 따르면, 그들 대부분은 실제로 향상되고 있지 않았다. 그리고 그녀에게는 결함이 워낙 많았으므로, 그 결함들을 그럭저럭 해결해줄 만한 건강한 기능을 찾기도 쉽지 않았다. 그녀는 자기는 기억력을 발달시키면서 그만한 성공을 거두었기 때문에, 자기에게는 분명히 더 나은 방법이 있을 것이라 생각한다고 조슈아에게 말했다.

어느 날 조슈아는 그녀에게 자기가 읽고 있던 알렉산드르 루리아Aleksandr Luria의 책 몇 권을 자세히 읽어보라는 말을 꺼냈다. 그녀는 그 책들에 달려들어 어려운 구절들을 거듭 읽었고, 특히 루리아의『신경언어학의 기본적 문제들』중 뇌졸중이나 부상으로 인해 문법, 논리, 시계 읽기에 문제를 겪는 사람들을 다룬 한 단락을 수도 없이 읽고 또 읽었다. 1902년에 태어난 루리아는 혁명기의 러시아에서 성장했다. 그는 정신분석에 깊은 흥미를 가지고 있었으며, 프로이트와 서신을 교환했고, 환자들이 마음에 떠오르는 모든 것을 말하는 '자유연상free association'이라는 정신분석 기법에 관해 논문들을 썼다.[1] 그의 목표는 프로이트의 개념들을 객관적으로 평가하는 방법을 개발하는 것이었다. 아직 20대였을 때, 그는 거짓말 탐지기의 원형을 발명했다. 스탈린의 대 숙청기가 시작되자, 정신분석학자들은 '달갑지 않은 과학자scientia non grata'가 되었고, 루리아도 고발을 당했다. 그는 자신이 어떤 '이념적 실수'를 저질렀다고 공식적인 철회 연설을 했다. 그런 다음 의대에 들어가 다른 사람들의 시야에서 사라졌다.

그러나 그가 정신분석을 완전히 그만둔 것은 아니었다. 그는 남들의 주의를 끌지 않으면서, 정신분석의 방법과 심리학의 측면들을 신경학으로 통합함으로써 신경심리학의 창시자가 되었다. 그의 사례 기록은 증상에만 집중한 간단한 스케치가 아니며, 환자를 매우 상세히 묘사하고 있다. 올리버 색스Oliver Sacks가 썼듯이, "루리아의 사례 기록들은 그 정밀함, 생동감, 세부사항의 풍부함과 깊이가 오직 프로이트의 사례 기록에나 비견될 수 있다". 루리아의 책들 가운데 한 권인『산산이 부서진 세계의 남자』는, 매우 기묘한 상태의 환자가 쓴 일기를 요약하고 주석을 단 것이었다.

1943년 말, 리오바 자제츠키 동지Comrade Lyova Zazetsky라는, 소년 같아 보이는 사내가 재활 병원에 있는 루리아의 진료실로 찾아왔다. 자제츠키는 젊은 러시아 중위로, 형편없는 장비의 러시아군이 나치 전쟁 기계의 침략에 대항하다가 나가떨어진 스몰렌스크 전투에서 부상을 입은 지 얼마 안 된 상태였다. 그는 머리에 총상을 입어 왼쪽 뇌 깊숙한 곳에 광범위한 손상이 있었다. 오랫동안 그는 혼수상태로 누워 있었다. 자제츠키가 깨어났을 때, 그의 증상은 매우 이상했다. 유탄이 기호들 간의 관계를 이해하는 데 도움을 주는 뇌의 부분에 박혔던 것이다. 그는 더 이상 논리나 인과관계나 공간적 관계를 이해할 수 없었다. 왼쪽과 오른쪽도 구별할 수 없었다. 관계를 다루는 문법 요소들도 이해할 수 없었다. '안에', '밖에', '전에', '뒤에', '함께', '없이'와 같은 전치사들은 그에게 의미가 없어졌다. 그는 완전한 한 단어를 알아듣지도, 완전한 한 문장을 이해하지도, 완전한 기억을 되살리지도 못했는데, 어느 한 가지를 하려 해도 기호들을 연관시켜야 했기 때문이다. 그는 순간적인 조각들밖에 손에 쥘 수 없었다. 그럼에도 전두엽──무엇이 관련 있는 것인지 찾아내고, 계획하고, 전략을 짜고, 의도를 형성하고, 의도를 추구하게 해주는──은 그대로 남아 있었으므로, 그는 자신의 결함을 인식할 능력과 그 결함을 극복하려는 소망을 가지고 있었다. 그는 지각적 활동인 읽기는 할 수 없었지만 의도적 활동인 쓰기는 할 수 있었다. 그는 『나는 계속 싸우리라』라고 스스로 이름붙인 단편적인 일기를 쓰기 시작했는데, 분량이 3천 페이지에 달했다. "나는 1943년 3월 2일에 죽었다"고 그는 썼다. "하지만 내 유기체의 어떤 활력 때문에 나는 기적적으로 살아남았다."

루리아는 30년에 걸쳐 자제츠키를 관찰하면서 그의 부상이 그의 정신적 활동에 영향을 미치는 방식을 곰곰이 생각했다. 그는 자제츠키의 "단순히 존재하는 것이 아니라, 살아가려는" 집요한 싸움을 목격할 수 있었다.

자제츠키의 일기를 읽으면서 바버라는 생각했다. '그는 내 이야기를 하고 있어.'

"나는 '어머니'와 '딸'이란 단어가 무슨 뜻인지 알았지만, '어머니의 딸'이란 표현은 알 수 없었다"고 자제츠키는 썼다. "'어머니의 딸'과 '딸의 어머니'라는 표현들은 내게 그냥 똑같은 소리로 들렸다. '코끼리가 파리보다 큽니까?'와 같은 표현도 나를 힘들게 했다. 내가 알 수 있는 것은 파리는 작고 코끼리는 크다는 것이 전부였다. '더 크다'나 '더 작다'라는 말은 이해할 수 없었다."

영화를 보면서 자제츠키는 적었다. "배우들이 말하는 것이 무엇인지 이해할 기회를 잡기도 전에, 새로운 장면이 시작된다."

루리아는 문제의 의미를 깨닫기 시작했다. 자제츠키가 맞은 총알은 좌반구 중에서도 측두엽(보통 소리와 언어를 처리하는 부분), 후두엽(보통 시각적 상들을 처리하는 부분), 두정엽(보통 공간적 관계를 처리하고 서로 다른 감각들로부터 정보를 통합하는 부분)이라는 주요 지각 영역 세 군데의 교차점에 박혔다. 이 교차점에서는 세 영역에서 오는 지각 입력이 한데 모여 결합된다. 루리아는 자제츠키가 지각은 적절하게 할 수 있는 반면 서로 다른 지각 대상이나 사물의 부분들을 전체로 연관 짓지 못한다는 사실을 깨달았다. 가장 중요한 문제는, 보통 우리가 단어들을 가지고 생각을 할 때 많은 기호들을 서로 연관 짓는 일에 그가 큰 어려움을 겪는다는 것이었다. 그래서 자제츠키는 말할 때 엉뚱한 단어들을 쓰는 일이 잦았다. 아마도 그에게는 단어와 그 의미를 한꺼번에 붙잡아 가둘 만큼 큰 그물이 없어서인지, 그는 자주 단어를 그 의미나 정의에 연결시키지 못했다. 그는 조각들을 가지고 살았고, 조각들을 가지고 글을 썼다. "나는 언제나 안개 속에 있다……. 내 마음을 순간적으로 스치는 모든 것은 이미지들이다……. 갑자기 나타났다가 마찬가지로 갑자기 사라지는 아련한 광경들……. 나는 이 광경들이 무슨 뜻인지 전혀 이해하거나 기억할 수 없다."

바버라는 처음으로 자신의 뇌 결함의 정체를 알게 되었다. 그러나 루리아는 그녀에게 필요한 한 가지, 바로 치료법은 주지 않았다. 자신이 실제로 얼마나 잘못되었는지를 깨닫게 되자, 그녀는 더 지치고 우울해하는 자신을 발견했고, 이런 식으로는 계속 살 수 없다는 생각이 들었다. 그녀는 지하철 승강장에 서서 어느 지점에서 뛰어내리면 가장 큰 충격을 받을 수 있을까 생각했다.

바버라가 스물여덟이고 아직 대학원에 다닐 때인 이 시점에 한 논문이 그녀의 책상에 놓였다. 캘리포니아 대학교 버클리 캠퍼스의 마크 로젠츠바이크Mark Rosenzweig가 자극을 주는 환경과 주지 않는 환경에서 쥐들을 비교 연구한 내용이었다. 그는 쥐가 죽은 뒤 검사하면서, 자극을 받은 쥐의 뇌는 덜 자극받은 쥐의 뇌보다 신경전달물질이 더 많고, 더 무겁고, 혈액 공급이 더 잘 되었다는 것을 발견했다. 그는 활동이 뇌의 구조에 변화를 만들어낼 수 있다는 것을 보여줌으로써 신경가소성을 증명한 최초의 과학자들 가운데 한 사람이다.

바버라는 벼락을 맞은 듯한 충격을 받았다. 로젠츠바이크는 뇌가 바뀔 수 있음을 보여준 것이었다. 많은 사람들이 그 결과를 의심했지만, 그녀에게 이것은 보상 치료가 유일한 해답이 아닐 수도 있다는 것을 뜻했다. 자신의 돌파구는 로젠츠바이크의 연구와 루리아의 연구를 연결하는 일에 있는 것 같았다.

그녀는 혼자 떨어져 자신이 고안한 정신 훈련에 몰두하기 시작했다. 그 훈련이 자신을 어디로든 이끌어주리란 보장은 없었지만, 잠을 자기 위해 잠깐 멈출 때를 빼고는 그녀는 지칠 때까지 여러 주 동안 훈련을 거듭했다. 보상을 연습하는 대신, 그녀는 자신의 가장 약화된 기능──많은 기호들을 서로 연관 짓기──을 훈련했다. 한 훈련은 서로 다른 시간이 그려진 수백 장의 시계 카드들을 읽는 것이었다. 그녀는 조슈아 코헨에게 뒷면에 정확한 시간을 써달라고 했다. 그녀는 자신이 답을 외울 수 없도록 카드들을 뒤섞었다. 시계가 위로 가도록 카드 한 장을 내려놓고 시간을 말하고서 답을 확인한 다음, 최대한 빠르게 다음 카드로 넘어갔다. 답을 맞히지 못했을 때는 진짜 시계를 붙들고 바늘을 천천히 돌려가며, 2시 45분에는 어째서 시침이 3으로 가는 길의 4분의 3에 있는지를 이해하려고 애쓰며 몇 시간을 보내곤 했다.

마침내 답을 맞히기 시작하자, 그녀는 시계에 초침과 60분의 1초침까지 추가했다. 많은 주를 보내며 기진맥진한 끝에, 그녀는 보통 사람들보다 더 빨리 시계를 읽을 수 있었다. 뿐만 아니라, 기호와 관련된 다른 문제들에서도 진전이 있음을 깨달았으며, 처음으로 문법, 수학, 논리를 납득하기 시작했다. 가장 중요한 사실은 사람들이 무슨 말을 하고 있는지를 처음으로 말하고 있는 동안에 이해할 수 있다는 것이었다. 생전 처음으로 그녀는 실시간으로 살기 시작했다.

첫 성공에 힘입어 그녀는 다른 장애들──공간에서 겪는 어려움, 팔다리의 위치를 모르는 어려움, 시각적 장애──을 위한 훈련을 고안해서, 장애가 있던 기능들을 평균 수준으로 올려놓았다.

바버라와 조슈아 코헨은 결혼해서 1980년 토론토에 애로우스미스 학교를 열었다. 그들은 함께 연구했고 바버라는 계속 뇌 훈련을 개발해 하루

하루 학교를 운영했지만, 그들은 결국 헤어졌고 조슈아는 2000년에 세상을 떠났다.

신경가소성에 관해 알거나 그것을 인정하는, 혹은 뇌가 마치 근육처럼 훈련될 수 있을지 모른다고 믿는 다른 사람들이 너무나 소수였으므로, 그녀가 하는 일을 이해할 만한 정황은 거의 없었다. 어떤 사람들은 그녀가 입증할 수 없는──학습장애가 치료될 수 있다는──주장을 하고 있다고 비판했다. 하지만 그녀는 확신이 흔들리기는커녕, 계속해서 학습장애가 있는 사람에게서 가장 일반적으로 약화되는 뇌 영역과 기능을 위한 훈련들을 고안했다. 첨단 뇌 스캔이 가능해지기 이전인 이 시기에, 뇌의 어떤 영역에서 일반적으로 어떤 기능을 처리하는지를 이해하기 위해 그녀가 의존한 것은 루리아의 연구 결과였다. 루리아는 자제츠키와 같은 환자들을 연구함으로써 자신만의 뇌 지도를 만들었다. 그는 어느 병사의 부상이 어디에 일어났는지를 관찰해서, 이 위치와 잃어버린 정신적 기능을 연관지었다. 바버라는 학습장애라는 것이 보통 루리아의 환자들에게서 나타난 사고 결함의 약한 형태라는 사실을 발견했다.

애로우스미스 학교의 지원자들은, 어린이나 성인이나 모두 최대 40시간까지 어떤 뇌 기능이 약하고 그 기능이 도움을 받을 수 있을지 없을지를 정확히 판단하기 위해 고안된 평가를 받는다. 학교에 들어온 학생들은 자신의 컴퓨터 앞에서 할 일을 하며 조용히 앉아 있다. 대다수가 정규 학교에서는 산만하던 학생들이다. 학습장애는 물론 주의력 결핍으로 진단된 일부 학생들은 학교에 들어올 당시 리탈린\*을 복용하고 있었다. 그들 중 일부는 훈련이 진전되면서 투약을 중단할 수 있었다. 왜냐하면 그들의 주의력 문제는 보다 근원적인 학습장애에서 비롯된 문제였기 때

---

\* 주의력 결핍 장애를 보이는 청소년들에게 처방되는 약물.

문이다.

바버라처럼 학교에서 시계를 읽을 수 없었던 어린이들은 이제 마음속으로 숫자를 세며 컴퓨터에서 바늘이 열 개(시침, 분침, 초침뿐만 아니라 연, 월, 일과 같은 시간을 분할하는 바늘까지) 달린 복잡한 시계를 단 몇 초 만에 읽는 훈련을 한다. 그 아이들은 충분히 답을 맞혀서, 컴퓨터 스크린에 축하의 불꽃이 터지고 큰 소리로 "좋았어!" 하고 외치며 다음 단계로 넘어갈 수 있게 될 때까지, 강한 집중력을 보이며 조용히 앉아 있다. 과정을 마칠 때쯤 되면 그 아이들은 '보통' 사람이 읽는 것보다 훨씬 더 복잡한 시계도 읽을 수 있다.

다른 테이블의 어린이들은 시각적 기억력을 강화하기 위해 파키스탄의 공용어인 우르두어와 페르시아어 글자들을 공부하고 있다. 이 글자들의 모양은 친숙하지 않기 때문에, 학생들이 이 낯선 모양을 재빨리 인식하기 위해서는 뇌를 훈련시켜야 한다.

어떤 아이들은 꼬마 해적처럼 왼쪽 눈에 눈가리개를 하고 펜으로 얽혀 있는 끈, 꼬불꼬불한 곡선, 한자들을 열심히 따라 그린다. 눈가리개는 시각적 입력을 강제로 오른쪽 눈으로 들여보내므로, 그 입력은 문제가 있는 왼쪽 뇌로 들어간다. 이 어린이들은 단순히 글씨를 더 잘 쓰는 학습을 하고 있는 것이 아니다. 그들 중 대부분은 세 가지 연관된 문제, 곧 유창하게 말하고, 깔끔하게 쓰고, 읽는 일을 제대로 못해 이곳에 왔다. 바버라는 루리아의 의견대로, 이 세 가지 문제 모두가 우리가 이 과제들을 정상적으로 수행할 때 수많은 동작들을 조화시켜 한데 엮는 뇌 기능이 약화된 데서 비롯된다고 믿는다.

우리가 말을 할 때 뇌는 일련의 기호들—생각하고 있는 글자들과 단어들—을 혀와 입술 근육이 만들어내는 일련의 동작으로 전환한다. 바버라는 역시 루리아의 의견에 따라, 이 동작들을 한데 묶는 기능을 하는 뇌의 부분이 왼쪽 전운동피질이라고 믿는다. 나는 이 부분의 뇌 기능이 약한 여러 사람들을 바버라의 학교에 맡겼다. 이 문제가 있는 한 소년은 항상 좌절을 겪고 있었다. 말로 전환할 수 있는 속도보다 생각이 빨리 떠올라서, 그는 정보를 뭉텅이로 빼놓거나, 단어를 찾느라 힘들어하거나, 두서없는 말을 늘어놓기 일쑤였기 때문이다. 그는 아주 붙임성 있는 소년이었지만, 자신을 표현할 수 없었기 때문에 대부분 시간에 침묵을 지켰다. 반에서 질문을 받으면, 답을 알 때가 많았지만 답을 말하는 데에는 너무도 고통에 찬 긴 시간이 걸렸으므로 그는 실제보다 훨씬 덜 똑똑해 보였으며, 스스로를 의심하기 시작했다.

우리가 생각을 글로 쓸 때, 뇌는 단어들——기호들——을 손가락과 손의 동작으로 전환한다. 위에서 언급한 소년의 글씨는 제멋대로 날뛰었다. 그는 기호를 동작으로 전환하는 처리 능력에 쉽게 과부하가 걸려서, 길게 흘러가는 동작들 대신에 분리된 여러 개의 작은 동작들로 글씨를 써야 했다. 그는 필기체를 배웠음에도 불구하고 인쇄체를 선호했다(이 문제를 가진 사람들은 어른이 되어서도 알아볼 수 있는 경우가 많다. 이 사람들은 인쇄체나 타자를 선호하기 때문이다. 인쇄체를 쓸 때 우리는 펜을 조금만 움직여서 각 글자를 따로따로 쓰므로, 뇌의 기능이 덜 필요하다. 필기체에서는 여러 글자들을 한 번에 쓰므로, 뇌가 더 복잡한 동작들을 처리해야 한다). 그 소년에게 글쓰기가 특히 고통스러웠던 이유는, 시험에서 옳은 답을 알면서도 쓰는 것이 너무 느려서 답을 적지 못하는 경우가 잦았기 때문이다. 아니면 어떤 단어나 글자, 혹은 숫자를 생각해놓고는 다른 것을 쓰기도 했다. 이런 아이들은 종종 부주의하다는 꾸중을 듣지만, 사실은 과부하 걸린 뇌에서 잘못된 운동 동작이 발화하는 것이다.

이 장애가 있는 학생들은 글을 읽는 데에도 문제가 있다. 일반적으로 우리가 무언가를 읽을 때 뇌는 한 문장의 일부를 읽은 다음 눈의 방향을 바꾸어 페이지를 가로질러 정확한 거리를 이동해서 그 문장의 다음 부분을 읽는다. 여기에는 연속적인 일련의 정확한 눈 동작이 필요하다.

그 소년의 읽기가 매우 느렸던 이유는 단어들을 빼먹고, 읽던 자리를 잊어버리고, 이어서 집중력을 잃기 때문이었다. 읽기는 그를 압도하고 지치게 했다. 그는 시험에서 종종 문제를 잘못 읽곤 했다. 답을 확인하려고 다시 읽을 때에도 문장을 통째로 건너뛰곤 했다.

애로우스미스 학교에서 실시한 이 소년의 뇌 훈련은 복잡한 선을 따라 그림으로써 약화된 전운동 영역의 뉴런을 자극하는 연습이 포함되어 있었다. 바버라는 따라 그리기 훈련이 세 영역 모두——말하기, 쓰기, 읽기——에서 아이들을 향상시킨다는 것을 발견했다. 졸업할 무렵 그 소년의 읽기 수준은 같은 학년보다 높았고, 그는 생전 처음으로 독서를 즐길 수 있었다. 그는 더 자발적으로 더 길고 더 완전한 문장들을 말했으며 쓰기도 향상되었다.

애로우스미스 학교에서 어떤 학생들은 약한 청각적 기억력을 향상시키기 위해 시를 CD로 들으며 외운다. 그런 학생들은 종종 지시 사항을 잊어버려 무책임하거나 게으르다는 질책을 듣지만, 사실은 뇌에 문제가 있는 것이다. 평균적인 사람은 일곱 가지의 관련 없는 항목들(일곱 자리의 전화번호와 같은)을 기억할 수 있는 반면, 이 문제가 있는 사람들은 둘이나 세 항목밖에는 기억하지 못한다. 그래서 어떤 사람들은 잊어버리지 않으려고 강박감 때문에 메모를 한다. 심한 경우는 라디오를 듣다가도 노래 한 곡의 가사를 처음부터 끝까지 따라가지 못해서, 부담이 지나친 나머지 그냥 라디오를 꺼버린다. 어떤 사람들은 말뿐만 아니라 자신의 생각조차 잘 기억하지 못한다. 언어를 가지고 생각하는 것이 느리기 때문이다. 이 결함은 기계적인 암기 훈련으로 치료할 수 있다.

바버라는 비언어적 단서를 읽는 뇌 기능이 약해서 사회적으로 서툰 어린이들을 위한 뇌 훈련도 개발했다. 전두엽에 결함이 있어서 충동적이거나, 계획하고 전략을 개발하고 관련된 것을 정돈하고 목표를 설정하여 정진하는 데 문제가 있는 사람들을 위한 훈련도 있다. 그들은 흔히 정신없고, 무책임하고, 실수를 해도 그 경험에서 아무것도 배우지 못하는 것 같다. 바버라는 '신경증적' 혹은 '반사회적'이라는 딱지가 붙은 많은 사람들이 사실은 이 영역이 약한 것이라고 믿는다.

뇌 훈련은 삶을 변화시킨다. 미국의 한 대학 졸업생은 자신이 열세 살에 처음 애로우스미스 학교에 갔을 때는 수학과 읽기 능력이 아직 3학년 수준이었다고 나에게 말했다. 그는 맨 처음 터프츠 대학교에서 신경심리 검사를 받은 뒤로, 어딜 가서도 결코 나아지지 않으리라는 말만 들었다. 그의 어머니는 아들을 학습장애자를 위한 학교 열 군데에 보내보았지만, 하나도 도움이 되지 않았다. 그랬던 그가 애로우스미스에 있은 지 3년 뒤에는 고등학교 1학년 수준으로 읽기와 수학을 할 수 있었다. 지금 그는 대학을 졸업하고 벤처 투자회사에서 일한다. 한 학생은 열여섯 살 때 읽기가 초등학교 1학년 수준인 상태로 애로우스미스 학교에 왔다. 둘 다 교사였던 그의 부모는 표준적인 보상 기법들을 모조리 시도해보았다. 그러다 애로우스미스 학교에서 열네 달을 보낸 그는 지금 중학교 1학년 수준으로 읽고 있다.

우리 모두에게는 어느 정도는 약한 뇌 기능이 있으므로, 신경가소성을 기반으로 한 이러한 기법에는 거의 모든 사람에게 도움이 될 수 있는 크나큰 잠재력이 있다. 대부분의 직업에는 다양한 뇌 기능이 필요하기 때문에 우리의 약점들은 직업적 성공에 커다란 영향을 미칠 수 있다. 바버라는 뇌 훈련을 이용해서, 그림 실력과 색감은 일류이면서도 대상의 형태를 인식하는 능력이 약했던 한 재능 있는 미술가를 살려냈다(형태를 인식하는 능력은 그림을 그리거나 색깔을 보는 데 필요한 기능과 전혀 다른 뇌 기능에 의존한다. 그 능력은 어떤 사람들을 '월리를 찾아라'*와 같은 게임에 뛰어나게 만드는 것과 똑같은 능력이다. 일반적으로 여자는 남자보다 이 게임을 더 잘한다. 남자들이 냉장고 안에 있는 것들을 여자보다 잘 못 찾는 이유와 같다).

바버라는, 전도유망한 법조인이면서도 브로카 영역의 결함 때문에 생기는 발음 문제로 법정에서 형편없이 변론하는 한 변호사에게도 도움을 주었다. 우리는 약한 영역을 뒷받침하기 위해 추가로 소모하는 정신적 자원을 강한 영역으로부터 끌어오는 듯 싶기에, 브로카 영역에 문제가 있는 사람은 자신이 말하는 동안에는 생각하는 것이 더 힘들다고 느낄 수 있다. 브로카 영역에 초점을 둔 뇌 훈련을 수행한 뒤로, 그 변호사는 법정 경력을 성공적으로 이어갔다.

애로우스미스 학교의 접근법과 일반적인 뇌 훈련은 교육에 큰 의미를 가지고 있다. 분명히 많은 아이들이 뇌 영역을 기반으로 한 평가로부터 자신의 어떤 기능이 약한지, 그리고 그 약점을 강화하는 방법은 어떤 것인지 알게 되는 혜택을 얻을 수 있을 것이다. 단순히 수업을 반복하고 끝없는 절망으로 인도하는 과외보다는 훨씬 더 생산적인 접근법일 것이다. 이 '사슬 안의 약한 고리들'이 강화될 때, 사람들은 예전에 성장이 가로막혀 있었던 기술들을 개발할 수 있게 되면서 엄청난 해방감을 느낀다. 내 어떤 환자는 뇌 훈련을 받기 전에는 자신이 매우 똑똑하지만 지능을 완전히 이용하지 못하고 있다는 느낌을 가지고 있었다. 오랫동안 나는 그의 문제가 주로 경쟁에 대한 두려움이나 부모형제를 능가하는 것에 관한 잠재된 갈등 같은 심리적 문제에 기초한 것이라고 잘못 생각했다. 그

---

* 복잡하고 알록달록한 배경 그림 안에서 월리라는 특정 캐릭터를 찾는 게임.

러한 갈등이 실제로 존재하고 그를 묶어둔 것도 사실이다. 하지만 학습에 관한 그의 갈등——학습을 피하고 싶은 소망——은 대부분 여러 해에 걸친 좌절과 그의 뇌가 지닌 한계에서 비롯된 매우 합리적인 실패의 공포에 기초하고 있다는 것을 알게 되었다. 그가 일단 애로우스미스 학교의 훈련으로 자신의 어려움에서 해방되자, 내재해 있던 그의 배움에 대한 욕구는 힘껏 뿜어져 나왔다.

이 새로운 발견의 역설적인 점은, 지난 수백 년 동안 교육자들은 뇌 기능을 강화하는 점점 더 난이도 높은 훈련들로 아이들의 뇌를 성장시킬 수 있다는 사실을 알고 있었던 것 같다는 점이다. 19세기와 20세기 초에 다다를 때까지 고전적인 교육에는 줄곧 외국어로 된 긴 시들을 기계적으로 암기하는 과목이 들어 있었는데, 이는 청각적 기억력(즉 언어로 생각하기)을 강화시켰을 것이다. 더불어 필체에 대한 거의 광적인 요구는 아마도 운동 능력의 강화를 도와 필체 향상 자체를 도왔을 뿐 아니라 읽고 말하는 데 속도와 유창성을 더해주었을 것이다. 그때는 정확한 웅변술과 단어의 완벽한 발음에 엄청난 주의를 쏟는 일이 많았다. 그러다 1960년대에 교육자들은 지나치게 딱딱하고, 지루하고, '상관이 없다'는 이유로 그러한 전통적 훈련을 교육과정에서 빼버렸다. 그러나 이러한 연습들을 없앤 대가는 컸다. 이 훈련은 많은 학생들이 기호를 유창하고 세련되게 사용하는 데 필요한 뇌 기능을 체계적으로 연습하는 유일한 기회였을 것이다. 이런 기회의 상실은 일반적으로 달변가가 줄어드는 데 기여했을 것이다. 달변에 필요한 기억력과 일정 수준의 청각적 지력은 이제 우리에게 낯선 것이 되어버렸다. 1858년 링컨 대 더글러스 논쟁*에서 토론자들

---

* 일리노이 주 상원의원 선거에서 민주당 소속 상원의원인 더글러스와 공화당 후보 링컨이 맞붙으면서 노예제 확대 문제를 주요 쟁점으로 벌인 논쟁으로, 일리노이

은 원고도 없이, 암기한 긴 단락들을 가지고 한 시간 넘게 아무렇지도 않게 떠들곤 했다. 오늘날 1960년대 이래 최고의 엘리트 학교에서 길러진 가장 학식 있는 많은 사람들은 전세계에 동시에 선보일 수 있는 파워포인트 발표——약한 전운동피질에 대한 궁극적인 보상——를 선호한다.

우리는 바버라 애로우스미스 영의 성과에서, 만일 뇌가소성이 최고인 어린 시절에 모든 어린이들이 뇌 기반 평가를 받고, 문제가 발견되었을 때는 필수적인 영역을 강화하는 맞춤 프로그램을 제공받는다면 얼마나 큰 이익이 될 수 있을지를 상상해보지 않을 수 없다. 어린이들이 뇌 안에 자신이 '바보'라는 생각을 배선해서 학교와 학습을 싫어하기 시작하고 약해진 영역의 활동을 멈추어 잠재된 온갖 힘을 잃어가는 것과, 봉오리 때에 뇌 문제의 싹을 자르는 것은 비교할 수도 없는 일이다. 어린이는 일반적으로 청년보다 뇌 훈련을 통해 더 빨리 발전한다. 아마도 채 성숙되지 않은 뇌 안에 있는 뉴런이나 시냅스 간 연결의 숫자가 성인의 뇌보다 50퍼센트 더 많기 때문일 것이다.[2] 우리가 청년기에 이르면, 뇌 안에서 대량의 '가지치기' 작업이 시작되면서 널리 사용되지 않았던 시냅스 연결과 뉴런들이 갑작스럽게 죽어 없어진다. 이는 '쓰지 않으면 잃는다'는 사실의 고전적인 사례이다. 따라서 이 모든 여분의 피질 부동산을 이용할 수 있는 동안에 약화된 영역을 강화하는 것이 가장 좋을 것이다. 그럼에도 뇌 기반 평가는 모든 학교 과정을 통틀어, 심지어 대학에서도 유용할 수 있다. 특히나 고등학교에서 공부를 잘 했던 많은 학생들이 대학에 들어가 실패하는 이유가 공부에 대한 요구가 증가해서 약한 뇌 기능에 과부하가 걸리기 때문이라면 말이다. 이런 위기 상황까지는 아니어도, 모든 성인이 뇌 기반 인지 평가, 인지적 적합도 검사에서 자신의 뇌를 더

---

주의 일곱 개 선거구에서 각각 3시간씩 모두 일곱 차례에 걸쳐 진행되었다.

잘 이해하는 데 도움을 받을 수 있을 것이다.

바버라에게 영감을 준, 풍부한 환경과 자극이 뇌를 성장시킨다는 마크 로젠츠바이크의 쥐 실험이 처음 시행된 지도 여러 해가 지났다. 여러 해에 걸쳐서 그의 실험실과 다른 실험실의 사람들은 뇌를 자극하면, 생각할 수 있는 거의 모든 방식으로 뇌가 성장한다는 것을 보여주고 있다. 풍부한 환경——다른 동물, 탐험할 대상, 굴릴 장난감, 오를 사다리, 쳇바퀴 등——에서 키운 동물은 빈약한 환경에서 기른 유전적으로 동일한 동물보다 훨씬 더 잘 배운다. 학습에 필수적인 뇌 화학물질인 아세틸콜린은 단순한 공간 문제로 훈련받은 쥐들보다 어려운 문제로 훈련받은 쥐들에 더 높은 농도로 존재한다.[3] 정신 훈련을 받거나 풍부한 환경에서 생활한 동물은 대뇌피질 무게가 5퍼센트가량 증가하고,[4] 그 훈련으로 직접 자극받는 뇌 영역의 무게는 9퍼센트까지 증가한다.[5] 훈련받거나 자극받은 뉴런은 25퍼센트 더 많은 가지를 뻗어,[6] 뉴런의 크기,[7] 뉴런 하나당 연결 수,[8] 혈액 공급이 늘어난다.[9] 나이 많은 동물에서의 뉴런 발달은 어린 동물만큼은 빠르지 않지만, 이런 변화는 늦은 시기에도 일어날 수 있다.[10] 지금까지 시험한 모든 유형의 동물에서 이런 훈련의 유사한 효과와 뇌 해부 구조상의 풍부함을 확인할 수 있었다.[11]

사람의 경우는 사후 부검을 통해, 교육이 뉴런들 간의 가지 수를 증가시킨다는 것을 볼 수 있었다.[12] 가지 숫자가 많아진 뉴런은 더 멀리 뻗어가면서 뇌의 부피와 두께를 증가시킨다.[13] 뇌가 훈련을 통해 성장하는 근육과 같다는 생각은 단지 은유가 아니다.

어떤 것들은 결코 다시 구성될 수 없다. 리오바 자제츠키의 일기는 대부분 마지막까지 일련의 단편적인 생각들로 채워져 있었다. 그 단편들의 의미를 알아낸 알렉산드르 루리아도 자제츠키를 실제로 도울 수는 없었다. 그러나 자제츠키의 인생 이야기 덕분에 바버라 애로우스미스 영은 자신을 치유하고 이제 다른 사람들까지 치유할 수 있게 되었다.

　현재의 바버라 애로우스미스 영은 예리하고 재미있는 사람이다. 아무도 그녀의 정신 과정에 막히는 곳이 있다는 것을 눈치채지 못한다. 그녀는 이 활동에서 저 활동으로, 이 어린이에게서 저 어린이로 분주히 찾아가는 다중처리multitasking의 달인이다.

　그녀는 학습장애가 있는 어린이들의 내재적인 문제가 종종 보상을 넘어서서 교정될 수 있다는 것을 보여주었다. 모든 뇌 훈련 프로그램이 그렇듯, 그녀의 프로그램도 문제가 있는 영역이 단 몇 군데뿐인 사람들에게서 가장 훌륭하고 가장 빠른 효과를 보인다. 하지만 그녀는 워낙 많은 뇌 기능장애를 위해 훈련들을 개발해왔기 때문에, 동시에 여러 학습장애가 있는 어린이들을 도울 수 있다. 그녀가 스스로 더 나은 뇌를 만들기 이전의 자신과 같은 어린이들을.

# 03
## 뇌 재설계하기

마이클 머제니치Michael Merzenich는 수십 건의 뇌가소적 개혁과 실용적인 발명의 숨은 주인공이다. 나는 그를 찾으러 캘리포니아의 산타 로사로 가는 길이다. 그의 이름은 다른 뇌가소치료사들이 가장 빈번히 칭송하는 이름이지만, 그 사람은 세상에서 가장 행방을 알기 어려운 사람이다. 나는 그가 텍사스에서 열리는 회의에 참석하리라는 사실을 알아내고, 그곳에 가서 직접 그의 옆에 앉은 뒤에야 비로소 샌프란시스코에서 그와 만날 약속을 잡을 수 있었다.

"이 이메일 주소로 연락하세요." 그가 말한다.

"그래도 또 당신이 답하지 않으면요?"

"끈기를 가지셔야죠."

마지막 순간에, 그는 우리가 만날 장소를 산타 로사에 있는 그의 별장으로 바꾼다.

머제니치는 이렇게 해서라도 연구해볼 가치가 있는 사람이다.

영국의 신경과학자인 이언 로버트슨Ian Robertson은 그를 '뇌가소성 연구의 세계 최고의 권위자'라고 표현한다. 머제니치의 특기는 뇌 지도라 불리는 뇌 안의 특정 처리 영역들을 훈련시킴으로써 뇌를 재설계하여, 사람들의 사고력과 지각력을 향상시키는 것이다. 그렇게 하여 사람들은 더 많은 정신적 활동을 할 수 있다. 그는 우리의 뇌 처리 영역이 어떻게 변화하는지를 다른 어떤 과학자보다도 상세하게 과학적으로 보여준 사람이기도 하다.

산타 로사 언덕에 있는 이 별장은 머제니치가 긴장을 늦추고 다시 태어나는 곳이다. 이 공기, 이 나무들, 이 포도밭들은 토스카나 지방의 땅 한 뙈기를 북아메리카로 옮겨 심은 것처럼 보인다. 나는 그와 그의 가족들과 함께 하룻밤을 보낸 다음, 아침에 샌프란시스코에 있는 그의 실험실로 출발한다.

그와 함께 일하는 사람들은 그를 '메르츠'라고 부른다. 그는 지붕을 접을 수 있는 자신의 소형차를 몰고 모임들——오후 시간은 온통 예약이 겹쳐 있었다——에 가면서 회색 머리를 바람에 날리며, 예순한 살 자신의 인생 후반기에 가장 생생한 기억은 대부분 과학적 아이디어에 관한 대화들이라고 말한다. 나는 그가 그 아이디어들을 톡톡 튀는 목소리로 휴대전화에 쏟아 붓는 것을 듣는다. 그는 우리가 이야기하고 있는 개념들에 너무 몰입해서, 샌프란시스코의 멋진 다리들 중 하나를 지나면서 지불하지 않아도 되는 통행료까지 낸다. 그에게는 동시에 진행 중인 공동연구와 실험이 수십 건이고 회사도 여럿을 설립했다. 그는 자신을 '미치기 일보직전'이라고 표현한다. 미친 건 아니지만 그는 강렬함과 비격식이 혼합된 흥미로운 사람이다. 그는 오리건 주 레바논에서 태어났고 독일계 사람이다. 그가 가진 독일 이름과 엄격한 직업적 성실함에도 불구하고, 태평하고 현실적인 말투는 전형적인 서부 해안 사람의 것이다.

자연과학의 확실한 신임장을 가진 뇌가소치료사들 중에서도 가장 야심적인 주장들을 한 사람이 바로 머제니치이다. 그는 정신분열증과 같이 심한 질병을 치료하는 데도 뇌 훈련이 약물만큼 유용할 수 있고, 가소성은 요람에서 무덤까지 존재하며, 노인들조차도 인지 기능을 급격하게 향상시킬 수 있다고 주장한다. 그가 낸 최근의 특허들은 성인들이 힘들게 암기하지 않고도 언어 기술들을 학습할 수 있다는 가능성을 보여주는 여러 기법에 관한 것이다. 머제니치는 어떤 새로운 기술을 올바른 조건에서 연습하면, 뇌 지도에 있는 신경세포들 간의 연결을 수억 개, 어쩌면 수십억 개도 변화시킬 수 있다고 주장한다.[1]

이렇게 원대한 주장이 의심스럽다면 이 주장이 한때 난치라고 여겨지던 일부 질병들을 치료하는 데 어느 정도 성공한 사람에게서 나오고 있음을 유념하라. 머제니치는 경력 초기에 자신의 연구 집단과 함께 가장 널리 사용되는 인공 달팽이관 디자인을 개발해서 날 때부터 청각에 문제가 있던 아이들을 들을 수 있게 해주었다. 현재 그가 하고 있는 가소성 관련 작업은 학습장애가 있는 학생들의 인지와 지각 발달을 돕는 것이다. 이 기법들, 가소성 기반 컴퓨터 프로그램인 '패스트 포워드Fast ForWord' 시리즈는 이미 수백만 명에게 도움을 주었다. 패스트 포워드는 아동용 게임인 것처럼 꾸며져 있다. 패스트 포워드의 놀라운 점은 그 변화가 일어나는 속도이다. 평생 동안 인지적 어려움을 겪었던 사람들이 겨우 30시간에서 60시간의 치료를 받고서 나아질 때도 있다. 그 프로그램은 예기치 않게 수많은 자폐아들에게도 도움을 주었다.

머제니치는 우리가 뇌가소성을 지배하는 법칙과 일치하는 방식으로 학습을 하면, 뇌의 정신적 '기계장치'가 향상되어 우리가 더 큰 정확성과 속도, 기억력으로 학습하고 지각할 수 있다고 주장한다.

우리가 학습을 하면 아는 것이 많아지는 것은 분명하다. 그러나 머제니치의 주장은 우리가 뇌 그 자체의 구조를 변화시켜서 뇌의 학습 용량을 증가시킬 수도 있다는 것이다. 컴퓨터와 달리 뇌는 끊임없이 적응하고 있다.

"대뇌피질은," 그가 뇌의 얇은 바깥층을 이야기한다. "실제로 각각의 당면한 과제에 맞도록 처리 용량을 선택적으로 조정하고 있습니다." 이것은 단순한 학습이 아니다. 대뇌피질은 언제나 '학습하는 법을 학습'하고 있다.[2] 머제니치가 묘사하는 뇌는 우리가 채워 넣는 생명 없는 그릇이 아니라, 생리적 욕구가 있고 적절한 영양 공급과 운동을 통해 스스로를 성장시키고 변화시킬 수 있는 하나의 생명체에 더 가깝다. 머제니치의 연구 이전에, 우리는 뇌를 기억력, 처리 속도, 지능에 움직일 수 없는 한계가 있는 복잡한 하나의 기계로 보았다. 머제니치는 이 가정들 하나하나가 틀리다는 것을 보여주었다.

머제니치가 처음부터 뇌가 어떻게 변화하는지 이해하려고 한 것은 아니다. 그는 그저 뇌가 스스로의 지도를 재조직할 수 있다는 깨달음과 우연히 마주치게 되었다. 그가 뇌가소성을 증명한 최초의 과학자는 아니었지만, 주류 신경과학자들이 뇌의 가소성을 받아들이게 된 것은 그가 초기에 지휘한 실험들을 통해서였다.

뇌 지도가 어떻게 변화될 수 있는지를 이해하기 위해서, 우리는 먼저 뇌의 그림을 알 필요가 있다. 사람의 뇌 지도를 최초로 선명하게 그린 사람은 1930년대에 몬트리올 신경학 연구소에 있던 신경외과의 와일더 펜필드Wilder Penfield 박사였다.[3] 펜필드에게 환자의 뇌 '지도 그리기'는 뇌 안의 어느 부분이 어느 신체 부분을 표상하고 그 부분의 활동을 처리하는지를 찾는 일을 의미했다. 이는 곧 완벽히 국재론적인 과제였다. 국재론자들은 전두엽이 뇌의 운동계의 자리로서, 근육의 움직임을 유발하고 조화시킨다는 것을 발견했다. 전두엽 위에 있는 세 개의 엽葉인 측두엽, 두정엽, 후두엽은 뇌의 감각계를 구성해서 우리의 감각 수용기들——눈, 귀, 접촉 수용기 등——이 뇌로 보내는 신호들을 처리하고 있다.

펜필드는 뇌의 감각 부분과 운동 부분 지도를 작성하는 데 여러 해를 보냈다. 그는 수술을 받는 동안에도 의식이 있는 뇌종양 환자와 간질 환자의 뇌를 수술하면서 그 작업을 했다. 뇌에는 통증을 느끼는 수용체가 없기 때문에 수술받는 환자가 의식이 있을 수가 있다. 감각 지도와 운동 지도는 둘 다 뇌의 표면에 있는 대뇌피질의 부분이므로, 탐침으로 쉽게 접근할 수 있다. 펜필드는 전기 탐침으로 환자의 감각 뇌 지도를 건드리면, 그 자극이 환자의 몸에서 느껴지는 감각들을 유발한다는 것을 발견했다. 그는 제거해야 하는 병든 종양이나 조직을 보존하고자 하는 건강한 조직과 구분하기 위해 전기 탐침을 사용했다.

본래 누군가 손을 만졌을 때 우리가 그것을 느끼는 이유는 전기 신호가 척수와 그 위의 뇌로 전달되어 감각 뇌 지도 안에 있는 세포들을 발화시키기 때문이다. 펜필드는 뇌 지도의 손 영역을 직접 전기적으로 발화시켜도 환자가 자신의 손을 누군가가 만진다고 느낀다는 것을 발견했다. 그가 지도의 다른 한 부분을 자극하면 환자는 팔에서 감각을 느꼈고, 또 다른 부분을 자극하면 얼굴에서 감각을 느꼈다. 펜필드는 뇌를 자극할 때마다 환자들에게 느낌이 오는지 물어봐서, 건강한 조직을 잘라버리는 일이 없도록 했다. 그런 수술 결과가 누적되면서 펜필드는 뇌의 감각 지도 어디에서 신체 표면의 어떤 부분들을 표상하는지를 모두 보여줄 수 있었다.

그는 움직임을 통제하는 뇌의 부분인 운동 지도도 같은 식으로 실험했다. 이 지도의 어떤 부분을 건드리냐에 따라 환자의 팔이나 다리, 얼굴, 그 밖의 기타 근육에서 움직임이 유발되었다.[4]

펜필드의 가장 놀라운 발견 중 하나는 뇌의 감각 지도와 운동 지도가 실제의 지리 지도처럼 지형학적이었다는 것이다. 즉, 신체에서 가까이 있는 부분은 뇌의 지도에서도 가까이 붙어 있었다. 또한 그는 자신이 뇌의 어떤 부분들을 건드리면, 환자가 오랫동안 잃어버렸던 어린 시절의 기억이나 꿈결 같은 장면을 떠올린다는 것도 발견했다. 이 사실은 고차원의 정신 활동도 뇌 안에서 지도로 그려질 수 있다는 의미를 내포하고 있다.

펜필드의 지도는 여러 세대 동안 계속 이어진 뇌에 관한 시각을 형성했다. 과학자들은 뇌가 변화할 수 없다고 믿었기 때문에,[5] 그 지도가 고정된 것이며 변화될 수 없으며 보편적인 것이라고, 또한 우리 개개인의 뇌 지도가 똑같다고 가정하고 그렇게 가르쳤다.[6] 그렇지만 펜필드 자신은 그런 주장을 하지 않았다.

머제니치는 이 지도들이 단일한 뇌 안에서 변화할 수 없는 것도 아니고 보편적인 것도 아니며, 개인에 따라 그 경계선과 크기가 다르다는 사실을 발견했다. 그는 일련의 뛰어난 실험을 통해서 뇌 지도의 형태는 우리가 삶의 과정을 거치는 동안 무엇을 하는가에 따라 변화한다는 사실을 알려주었다. 그러나 이것을 증명하기 위해서는, 펜필드의 전극보다 훨씬 섬세해서 단 몇 개의 뉴런들 안에서도 단번에 변화를 탐지할 수 있는 도구가 필요했다.

포틀랜드 대학교의 학부생이던 시절, 머제니치와 한 친구는 전자 실험 장치를 써서 곤충의 뉴런에서 일어나는 폭풍 같은 전기 활동을 실제로 보여주었다. 이 실험을 눈여겨본 한 교수가 머제니치의 재능과 호기심을 높이 사서 그를 하버드와 존스 홉킨스 대학원 양쪽에 추천했고, 양쪽 다 그를 받아들였다. 머제니치는 당시의 위대한 신경과학자들 중 한 사람인 버넌 마운트캐슬 밑에서 생리학 박사학위를 따려고 존스 홉킨스를 선택했다. 1950년대에 마운트캐슬은 핀 모양의 미세전극들을 가지고 미세지도를 작성하는 새로운 기술을 사용하여 뉴런의 전기 활동을 연구하면 뇌 구조의 미묘함을 발견할 수 있다는 사실을 보여주었다.

미세전극은 워낙 작고 민감해서 단 하나의 뉴런 옆에도 삽입할 수 있으므로, 하나의 개별적인 뉴런이 언제 다른 뉴런들에게 전기 신호를 발화하는지를 탐지할 수 있다. 그 뉴런의 신호는 미세전극으로부터 증폭기를 지나 오실로스코프* 화면으로 가서 뾰족한 극파로 나타난다. 머제니치는 이 뒤로 그의 주요한 발견 대부분을 이 미세전극을 이용해서 해냈다.

이 중대한 발명 덕분에 신경과학자들은 성인 인간의 뇌에 대략 천억 개나 들어 있는 뉴런들[7] 간의 교신을 해독할 수 있게 되었다. 과학자들은 펜필드가 썼던 것과 같은 큰 전극을 사용하면 한 번에 발화하는 수천 개의 뉴런들을 관찰할 수 있었으며, 미세전극을 사용하면 한 번에 한 개나 여러 개의 뉴런들이 서로 교신하는 것을 '엿들을' 수 있었다. 미세지도 작성법은 지금 세대의 뇌 스캔보다 아직도 천 배가량 더 정확하다. 뇌 스캔은 수천 개의 뉴런들 안에서 1초 동안 지속되는 폭발적인 활동을 탐지한다. 하지만 뉴런 하나의 전기 신호가 지속되는 시간은 보통 천분의 1초 동안이므로, 뇌 스캔은 엄청난 양의 정보를 놓친다.[8] 그렇지만 미세지도 작성법이 뇌 스캔을 대체하지 않는 현실적인 이유는 미세지도를 작성하려면 현미경 아래에서 미세 수술 기구들을 가지고 극히 지루한 외과 수술을 실시해야 하기 때문이다.

---

*전류 · 빛 · 음향 따위의 진동상태를 가시적인 곡선으로 나타내거나 기록하는 장치.

머제니치는 즉시 이 기법에 몰두했다. 머제니치는 손에서 오는 느낌을 처리하는 뇌 영역의 지도를 그리기 위해 원숭이 감각피질 위에 있는 두개골 한 조각을 잘라내어 1에서 2밀리미터의 가느다란 폭으로 뇌를 노출시킨 다음 하나의 감각 뉴런 옆에 미세전극 한 개를 심었고, 다음엔 원숭이의 손을 여기저기 건드려서 어디를 건드리면 그 뉴런이 발화하여 전기 신호가 미세전극 안으로 들어가는지를 찾아냈다. 그는 그 손가락 끝을 표상하는 뉴런의 위치를 기록하여 지도상의 첫 번째 점을 정했다. 그런 다음 그는 미세전극을 빼서 가까이 있는 다른 뉴런에 다시 꽂아 손의 다른 부분들을 건드려가며 그 뉴런을 발화시키는 부분을 찾았다. 그는 이 일을 손 전체의 지도를 그릴 때까지 했다. 단 한 지점의 위치를 정하기 위해 전극을 5백 번 꽂아야 할 때도 있었고 그러기에 여러 날이 걸리곤 했다. 머제니치와 그의 동료들은 자신들의 발견을 위해서 무한한 인내심을 요구하는 이 수술을 수천 번 반복했다.

이 무렵, 머제니치의 연구에 항구적인 영향을 미친 중요한 발견이 이루어졌다. 1960년대에 머제니치가 막 뇌에 미세전극을 사용하기 시작했을 때, 마운트캐슬과 일하고 있던 두 사람의 다른 과학자들이 역시 미세전극을 이용해서 아주 어린 동물의 뇌가 가소적이라는 것을 우연히 발견했던 것이다. 데이비드 허블David Hubel과 토르스텐 비셀Torsten Wiesel은 시각이 어떻게 처리되는지를 알기 위해 시각피질의 미세지도를 그리고 있었다. 그들은 새끼 고양이의 시각피질 안에 미세전극들을 꽂아서, 시각적으로 지각되는 대상의 색과 선과 움직임들이 서로 다른 피질 부분에서 처리된다는 것을 발견했다. 그들은 태어난 지 3주에서 8주 사이에 '임계기critical period'가 있어서, 갓 태어난 새끼 고양이의 뇌가 정상적으로 발달하기 위해서는 그 시기에 시각적 자극을 받아야만 한다는 것도 발견했다. 허블과 비셀은 결정적인 한 실험에서, 새끼 고양이의 한쪽 눈꺼풀을 꿰매 그 눈에 아무런 시각적 자극도 들어가지 못하게 했다. 그들은 이 닫힌 눈을 열어주었을 때, 그 새끼 고양이가 일생 동안 앞을 보지 못하게 되었다는 것을 발견했다. 그것은 정상적일 경우 그 닫힌 눈에서 와야 할 입력을 처리하는 뇌 지도의 시각 영역이 발달하지 못해서였다. 새끼 고양이의 뇌는 분명히 임계기 동안 가소적이었고, 그 구조는 문자 그대로 경험에 의해서 형성되었다.

허블과 비셀은 보이지 않는 눈의 뇌 지도를 점검하면서 가소성에 관해 예기치 않은 발견을 하나 더 하게 되었다. 닫힌 눈에서 들어와야 할 입력을 박탈당한 새끼 고양이 뇌의 부분은 그냥 놀고 있지 않았다. 마치 뇌가 어떤 '피질 부동산'도 낭비하고 싶지 않아서 땅을 재배선할 방법을 찾은 것처럼, 그 부분이 열린 눈에서 오는 시각 입력을 처리하기 시작한 것이다. 그것은 임계기에 뇌가 가소적이라는 또 하나의 징후였다. 이 연구 결과로 허블과 비셀은 노벨상을 받았다. 그러나 그들은 유년기의 가소성을 발견했지만 여전히 국재론을 고수했다. 그들은 유년기 말에는 배선이 다 끝나서 성숙한 뇌는 고정된 위치에서 기능을 수행한다는 생각을 옹호했다.

임계기의 발견은 20세기 후반의 생물학에서 가장 유명한 발견 중 하나였다. 과학자들은 곧 다른 뇌 체계들도 발달을 위해서는 환경적 자극이 필요하다는 것을 보여주었다. 각 신경계에는 서로 다른 임계기가 있어서, 특히 그 기간 동안에 가소적이고 환경에 민감한 상태로 급격한 형성을 위한 성장을 하는 것처럼 보였다. 예를 들어 언어 발달에는 유아기에 시작해서 여덟 살과 사춘기 사이에 끝나는 임계기가 있다. 이 임계기가 끝나면 사람들은 제2언어를 배워도 억양까지 완벽하게 구사하지는 못한다. 실제로 임계기 이후에 배운 제2언어는 모국어가 처리되는 뇌의

부분과 다른 부분에서 처리된다.⁹

임계기라는 개념은 새끼 거위들이 생후 열다섯 시간에서 3일 사이의 짧은 기간 동안 어미 대신에 인간과 접하면 평생 동안 어미가 아닌 그 사람과 유대를 형성한다는 행동학자 콘라트 로렌츠Konrad Lorentz의 관찰에도 뒷받침이 되었다. 그 개념을 증명하기 위해 그는 새끼 거위들과 유대를 형성해서 새끼 거위들이 자신의 주위를 따라다니게 만들었다. 그는 이 과정을 '각인imprinting'이라 불렀다. 사실 임계기에는 프로이트까지 거슬러 올라가는 다양한 심리학적 버전이 있다. 프로이트는 우리 모두가 짧은 시기 동안의 발달 단계들을 거치며, 우리가 건강해지기 위해서는 그 기간 동안 특정한 경험들을 해야만 한다고 주장했다. 그는 이 기간들이 남은 일생 동안 우리의 모습을 형성한다고 말했다.

임계기 가소성은 의학계를 변화시켰다. 허블과 비셀의 발견 덕분에 백내장을 가지고 태어난 어린이들은 더 이상 실명에 이르지 않았다. 그들은 이제 유아기에 교정 수술을 받아 임계기 동안 뇌가 중요한 연결들을 형성하는 데 필요한 빛을 받을 수 있었다. 미세전극은 어린 시절에 가소성이 존재한다는 사실을 명백히 보여주었다. 대뇌가 유연한 이 기간은 우리의 어린 시절과 마찬가지로 생명이 짧다.

―――――

머제니치가 성인기의 가소성을 처음 엿본 것은 우연이었다. 1968년, 박사과정을 마친 뒤 그는 위스콘신의 메디슨 대학교에서 연구하는 펜필드의 동료인 클린턴 울시Clinton Woolsey 밑에서 박사후과정을 밟게 되었다. 울시는 머제니치에게 신경외과 의사인 론 폴Ron Paul 박사와 허버트 굿맨Herbert Goodman 박사 두 사람을 감독하도록 했다. 세 사람은 원숭이 손에 있는 말초신경들 중 하나를 자른 다음, 신경이 재생을 시작할 때 뇌에서 어떤 일이 일어나는지를 관찰하기로 했다.

여기서 우리는 신경계가 두 부분으로 나뉜다는 것을 이해할 필요가 있다. 첫 번째 부분인 중추신경계(뇌와 척수)는 체계에 명령을 내리고 조절하는 중추로서, 가소성은 없는 것으로 알려졌었다. 두 번째 부분인 말초신경계는 감각 수용기로부터 척수와 뇌로 메시지를 전달하고 뇌와 척수에서 온 메시지를 근육과 분비선들로 보낸다. 말초신경계는 예전부터 가소적인 것으로 알려져 있었는데, 손에 있는 신경은 잘려도 '재생'되거나 저절로 치유되었기 때문이다.

뉴런들은 세 부분으로 구성되어 있다. 수상돌기는 나무처럼 생긴 가지들로 다른 뉴런들로부터 입력을 받는다. 이 수상돌기들은 세포의 DNA를 담고 있으며 그 세포의 생명을 유지하는 세포체로 들어간다. 마지막 부분인 축색돌기는 다양한 길이(뇌 안에 있는 미시적 길이부터, 다리까지 뻗어 내려갈 수 있는 최대 180센티미터의 길이까지)의 살아 있는 케이블이다. 축색돌기가 종종 전선에 비교되는 이유는, 매우 빠른 속도(시속 3~300킬로미터)로 이웃한 뉴런의 수상돌기를 향해 전기 신호를 전달하기 때문이다.

하나의 뉴런은 두 종류의 신호, 즉 흥분시키는 신호와 억제하는 신호를 받을 수 있다. 한 뉴런이 다른 뉴런들로부터 흥분성 신호를 많이 받으면, 그 뉴런은 자기 고유의 신호를 발화한다. 억제성 신호를 많이 받으면, 그 뉴런은 발화할 가능성이 아주 적어진다. 축색돌기는 이웃한 수상돌기와 맞닿아 있지 않다. 축색돌기와 수상돌기는 시냅스라고 불리는 미시적인 공간으로 분리되어 있다. 전기 신호는 축색돌기를 따라 전달되다가 일단 축색돌기의 끝에 도달하면 시냅스 안으로 신경전달물질이라 불리는 화학적 전령을 방출한다. 화학적 전령은 인접한 뉴런의 수상돌기로 떠내려가서, 수상돌기를 흥분시키거나 억제한다. 뉴런들이 '재배선된다'는 말은 시냅스에 변화가 일어나서 뉴런들 간의 수많은 연결들이 강화 또는 증가되거나, 약화 또는 감소됨을 뜻한다.

중추신경계와 말초신경계 그 자체는 잘 알려져 있었지만, 머제니치, 폴, 굿맨은 불가사의한 그 관계를 연구하고 싶었다. 많은 축색돌기들로 이루어진 커다란 말초신경을 자르면, 때때로 재생 과정에서 그 신경이 '혼선'이 되는 수가 있다. 축색돌기가 원래의 신경과 다른 신경의 축색돌기에 잘못 붙으면 '거짓 국재false localization'가 일어나서, 그 신경을 소유한 사람은 검지에 닿는 접촉을 엄지에서 느끼는 등의 경험을 하게 된다. 과학자들은 이 거짓 국재가 일어나는 이유가 재생 과정에서 신경들을 '뒤섞으면서' 검지에서 오는 신호를 엄지의 뇌 지도로 보내기 때문이라고 가정했다.

과학자들이 가지고 있던 뇌와 신경계 모형은, 신체 표면의 각 지점에는 하나의 신경이 있어서, 그 신경이 받은 신호를 날 때부터 해부학적으로 배선되어 있는 뇌 지도의 특정한 한 지점으로 직접 전달한다는 것이었다. 따라서 엄지를 위한 신경 가지는 받은 신호를 항상 엄지를 위한 감각 뇌 지도의 지점에 직접 전달해야 했다. 머제니치 그룹은 이 '점 대 점' 뇌 지도 모형을 받아들였고, 그에 관해서는 아무 의심 없이 이 신경들이 뒤섞이는 동안에 뇌 안에서 과연 무슨 일이 일어나고 있는지를 기록하기 시작했다.

그들은 몇 마리의 어린 원숭이 손의 미세 뇌 지도를 작성한 다음, 손으로 가는 말초신경 하나를 절단하고 즉시 봉합했다. 그들은 신경이 저절로 재생되는 동안 축색돌기 선들이 혼선되기를 바라며 잘린 두 끝이 서로 가깝지만 완전히 닿지는 않게 했다. 일곱 달이 지난 후 그들은 뇌 지도를 다시 작성하였다. 머제니치 그룹은 자신들이 몹시 교란되어 혼돈스러운 뇌 지도를 보게 되리라 예상했다. 엄지와 검지를 위한 신경들이 혼선되었다면, 검지를 건드렸을 때 엄지의 지도 영역에서 활동이 일어날 것이라고 기대했다. 그러나 그들이 실제로 본 것은 전혀 그렇지 않았다. 그 지도는 거의 정상이었다.

"우리가 본 것은," 머제니치가 말을 잇는다. "정말이지 놀라 자빠질 만한 것이었습니다. 도저히 이해할 수 없었죠." 그 지도는 마치 뇌가 혼선된 신경에서 오는 뒤섞인 신호들을 다시 정리해서 되돌려놓은 것처럼, 지형학적으로 배열되어 있었다.

이 획기적인 발견은 머제니치의 삶 전체를 바꿔놓았다. 그는 자신과 주류 신경과학이 여태껏 사람의 뇌가 지도를 형성해서 신체와 세계를 표상하는 방식을 근본적으로 잘못 해석해왔다는 것을 깨달았다. 뇌 지도가 비정상적인 입력에 반응해서도 그 구조를 정상화할 수 있다면, 우리가 배선된 체계를 가지고 태어난다는 기존의 시각은 틀린 것이어야 했다. 뇌는 가소적이어야만 했다.

뇌는 어떻게 구조를 정상화할 수 있었을까? 게다가 머제니치는 그 새로운 지형학적 지도가 전과는 약간 다른 위치에 형성되고 있다는 사실도 관찰했다. 그렇다면 각각의 정신적 기능이 항상 뇌 안의 같은 위치에서 처리된다는 일반적인 국재론적 관점은 틀렸거나, 아니면 근본적으로 불완전한 것이 분명했다. 머제니치는 이를 어떻게 생각했을까?

그는 도서관으로 돌아가서 국재론에 반대되는 증거를 뒤졌다. 1912년에 그레이엄 브라운Graham Brown과 찰스 셰링턴Charles Sherrington은 운동피질을 한 곳만 자극했는데도 동물이 다리를 한 번은 구부리고 한 번은 폈다는 것을 보여주었다.[10] 과학 문헌에서 사라진 이 실험에는 뇌의 운동 지도와 주어진 동작 간에는 점 대 점 관계가 전혀 없다는 뜻이 들어 있었다. 1923년 칼 래쉴리Karl Lashley는 원숭이 운동피질을 노출시켜 미세전극보다 훨씬 조잡한 장치로 특정한 피질 부분을 자극한 다음 그 결과로 나타나는 움직임을 관찰하고 다시 봉합했다. 얼마가 지난 뒤 그는 같은 실험을 반복하면서 원숭이 뇌의 같은 지점을 자극했다. 그렇지만 그 결과로 나타나는 움직임은 바뀌기 일쑤였다.[11] 당시 하버드의 위대한 심리사학자인 에드윈 보링Edwin G. Boring은 이렇게 말했다. "오늘 그린 지도는 내일이면 더 이상 쓸모가 없을 것이다."

지도는 역동적이었다.

머제니치는 이 실험들의 혁명적인 의미를 곧바로 알아보았다. 그는 래쉴리의 실험을 국재론자인 버넌 마운트캐슬과 논의했다. 머제니치는 내게 말했다. "마운트캐슬은 사실상 래쉴리의 실험을 성가셔했습니다. 그는 본능적으로 가소성을 믿고 싶어 하지 않았어요. 그는 모든 것이 영원히 제자리에 있기를 원했죠. 그리고 마운트캐슬은 이 실험이 뇌를 바라보는 기존의 사고방식에 대한 중대한 도전을 대변한다는 것을 알았습니다. 그는 래쉴리가 터무니없는 허풍쟁이라고 생각했어요."

신경과학자들은 유아기에 가소성이 존재한다는 허블과 비셀의 발견은 기꺼이 받아들일 용의가 있었다. 유아기의 뇌가 발달의 한복판에 있다는 사실은 그들도 인정했다. 하지만 그들은 가소성이 성인기에서도 이어진다는 머제니치의 발견은 거부했다.

머제니치는 거의 슬픔에 잠긴 표정으로 뒤로 기대어 회상한다. "저한테도 뇌가 이렇게까지 가소적인 것은 아니라고 믿고 싶은 이유가 얼마든지 있었죠. 그런데 그것들이 일주일 만에 뒤집혀버린 겁니다."

머제니치는 이제 셰링턴과 래쉴리 같은 죽은 과학자의 유령들 속에서 스승을 찾아야 했다. 그는 뒤섞인 신경 실험에 관한 논문을 썼고, 토의사항 란에는 여러 장에 걸쳐 성인기의 뇌도 가소적—그 단어를 사용하지는 않았지만——이라는 주장을 넣었다.

그러나 그 토의사항은 결코 발표되지 않았다. 그의 지도교수인 클린턴 울시가 커다랗게 X표를 치면서, 그것은 지나친 억측이고 머제니치가 데이터의 한계를 넘어서고 있다고 말했던 것이다. 발표된 논문에는 가소성에 관한 어떤 언급도 없었고, 새로운 지형학적 조직에 관한 내용은 아주 약간만 강조되어 있을 뿐이었다.[12] 머제니치는 대항하지 않고 물러났다, 최소한 논문 지면에서는. 그는 어쨌거나 아직 울시의 실험실에서 일하고 있는 박사후 연구원이었으니까.

하지만 그는 화가 나서 부글부글 끓고 있었다. 그는 가소성이 인간에게 경쟁에서의 강점을 주기 위해 진화된 뇌의 기본적 성질일지 모르며, '굉장한 것'일지도 모른다고 생각하기 시작했다.

1971년에 머제니치는 캘리포니아 대학 샌프란시스코 캠퍼스에 귀의 질병을 연구하는 이비인후학 및 생리학과 교수로 부임했다. 이제 그 자신이 대장이었으므로 그는 가소성의 존재를 의심의 여지없이 증명할 수 있는 일련의 실험들을 시작했다. 이 영역은 여전히 논란의 대상이었으므로, 그는 좀더 인정받을 만한 것들로 겉모습을 가장하여 가소성 실험들을 했다. 그리하여 그는 1970년대 초의 많은 시간을 서로 다른 동물 종들의 청각피질 지도를 그리는 일에 보내면서, 다른 사람들이 인공 달팽이관을 발명하고 완성하도록 도와주었다.

달팽이관은 귀 안에 든 마이크이다. 달팽이관은 바크-이-리타의 환자인 셰릴이 다쳤던 균형감각을 다루는 전정기관 옆에 자리잡고 있다. 바깥의 세상이 소리를 만들면, 서로 다른 여러 진동수가 달팽이관 안에 있는 서로 다른 작은 모毛세포들을 진동시킨다. 3천 개나 되는 그런 모세포들이 소리를 전기 신호의 패턴으로 바꾸면, 그 신호는 청각 신경을 따라 청각피질로 들어간다. 미세지도를 작성하는 사람들은 진동수가 청각피질에 '음 높낮이에 따라' 그려진다는 것을 발견했다. 곧 청각피질은 피아노 건반처럼 낮은 음의 진동수들이 한쪽 끝으로, 높은 음의 진동수들이 다른 쪽 끝으로 가도록 정돈되어 있다.

인공 달팽이관은 보청기가 아니다. 보청기는 난청이 좀 있지만 부분적으로 기능하고 있는 달팽이관이 어느 정도의 소리는 충분히 탐지할 수 있을 만큼 잘 작동하는 사람들을 위한 것으로 소리를 증폭시키는 기계이다. 반면에 인공 달팽이관은 달팽이관이 근본적으로 손상되어서 귀가 들리지 않는 사람들을 위한 것이다. 그 인공물은 달팽이관을 대체해서 음성을 폭발적인 전기 신호들로 변환시켜 뇌로 보낸다. 물론 머제니치와 동료들은 3천 개의 모세포가 지닌 천연 기관의 복잡성을 전기적 장치로 완벽히 흉내낼 수는 없었다. 문제는 '그토록 많은 모세포에서 오는 복잡한 신호를 해독하도록 진화한 뇌가 훨씬 더 간단한 장치에서 오는 전기 신호를 해독할 수 있는가?'였다. 그럴 수 있다면 그것은 청각피질이 가소적이라서 스스로를 개조하여 인공적인 입력에 반응할 수 있다는 뜻일 것이다. 그 인공물은 소리 수신기 하나, 소리를 전기 신호로 바꾸어주는 변환기 하나, 귀에서 뇌로 가는 신경 안에 외과의사가 삽입하는 전극들로 구성되어 있다.

1960년대 중반의 많은 과학자들은 인공 달팽이관이라는 개념 자체에 적대적이었다. 어떤 사람들은 그 계획이 불가능하다고 말했다. 어떤 사람들은 그 인공물이 청각장애 환자들을 더 큰 위험에 빠뜨릴 것이라고 주장했다. 그런 위험이 있었지만 환자들 본인은 이식 수술에 자원했다. 처음에 어떤 환자들은 잡음밖에 듣지 못했고, 어떤 환자들은 그저 몇 개의 높고 낮은 음, 쉿 하는 소리, 났다 끊겼다 하는 소리들만 들었다.

머제니치가 한 기여는 청각피질의 지도를 그리면서 배운 것을 이용해서 환자가 말을 해독할 수 있기 위해 인공물로부터 받아야 할 입력의 종류와 이식할 전극의 위치를 결정한 것이었다.[13] 그는 통신 공학자들과 함께 일하면서 복잡한 말을 대역폭 채널의 수가 적은 상태에서도 여전히 알아들을 수 있게 전송할 수 있는 장치를 설계했다. 그들은 매우 정확한 다중채널 인공물을 개발해서 듣지 못하는 사람들을 듣게 해주었고, 그 설계는 오늘날 구할 수 있는 두 종류의 주요 인공 달팽이관 중 한 가지를 위한 기초가 되었다.

머제니치가 가장 원했던 것은 물론 가소성을 직접 연구하는 것이었다. 마침내 그는 뇌 지도로 들어가는 모든 감각 입력을 차단했을 때 뇌 지도가 어떻게 반응하는지를 보는, 간단하고도 급진적인 실험을 하기로 결심했다. 그는 친구이자 동료 신경과학자인 존 카스Jon Kaas를 찾아갔다. 그는 내시빌의 밴더빌트 대학교에 있으면서 어른 원숭이들을 연구하고 있었다. 원숭이의 손에는 사람의 손과 마찬가지로 세 개의 주요 신경, 즉 요골신경radial nerve, 정중신경median nerve, 척골신경ulnar nerve이 있다. 정중신경은 대개 손의 중앙에서 오는 감각을 전달하고, 다른 둘은 손의 양 옆에서 오는 감각을 전달한다. 머제니치는 모든 입력이 차단되었을 때 정중신경의 뇌 지도가 어떻게 반응하는지를 보기 위해, 원숭이 한 마리의 정중신경을 절단했다. 그는 샌프란시스코로 돌아가서 때가 되기를 기다렸다.

머제니치는 두 달 뒤에 내시빌로 돌아왔다. 그는 그 원숭이의 뇌 지도를 그리면서, 예상한 대로 그가 손의 중앙 부분을 건드려도 뇌 지도에서 정중신경을 위해 일하던 부분이 아무 활동을 하지 않는 것을 보았다. 그러나 그는 다른 이유 때문에 충격을 받았다.

그가 원숭이 손의 바깥쪽——요골신경과 척골신경을 통해 신호를 보내는 영역——을 때리자, 정중신경 지도에도 불이 들어왔다! 요골신경과 척골신경을 위한 뇌 지도들이 거의 두 배 크기가 되어 이전에 정중신경 지도였던 부분을 침범했던 것이다. 그리고 이 새로운 지도는 지형학적이었다. 그와 카스는 그날의 발견을 기록하면서, 이번에는 그 변화를 '눈부시다'고 부르며 그 변화를 설명하는 데 '가소성'이라는 단어를 사용했다.[14] 비록 그것을 따옴표 안에 넣기는 했지만 말이다.

그 실험이 보여준 것은 정중신경이 잘리면, 전기적 입력이 가장자리까지 넘쳐흐르는 다른 신경들이 사용되지 않는 지도 공간을 넘겨받아 자기들의 입력을 처리하는 데 사용한다는 것이다. 뇌의 처리 능력을 배분하는 과정에서, 뇌 지도는 희소한 자원을 둘러싼 경쟁과 쓰지 않으면 잃는다는 원칙에 따라 좌우된다.

가소성의 경쟁적인 본성은 우리 모두에게 영향을 미친다. 우리 모두의 뇌 안에서는 신경들 간의 끝없는 전쟁이 계속되고 있다. 우리가 정신적 기술의 훈련을 멈추면, 우리는 그것을 잃고 끝나는 것이 아니다. 곧 그 기술을 위한 뇌 지도 공간이 우리가 그 기술 대신에 연습하는 다른 기술에게로 넘어간다. 우리가 스스로에게 "불어나 기타 연주나 수학 실력을 최상으로 유지하려면 얼마나 자주 연습을 해야 할까?"하고 질문할 때, 이는 사실상 경쟁적인 가소성에 관해 묻고 있는 것이다. 그 질문은 한 활동의 뇌 지도 공간을 다른 활동에 빼앗기지 않으려면 얼마나 자주 그 활동을 연습해야 하는지를 묻고 있는 것이다.

성인의 경쟁적인 가소성은 우리의 한계까지도 일부 설명한다. 대부분의 성인들이 제2언어를 배울 때 겪는 어려움을 생각해보라. 현재의 상투적인 시각에 따르면, 그 어려움은 언어 학습을 위한 임계기가 끝나버리면서 뇌가 스스로의 구조를 큰 규모로 변화시키기에는 너무 굳었기 때문에 일어난다. 하지만 경쟁적인 가소성의 발견은 그 이상의 이유가 있음을 시사한다. 우리가 나이를 먹어가면서 모국어를 더 많이 사용할수록, 모국어는 우리의 언어 지도 공간을 더 많이 차지하게 된다. 따라서 새로운 언어를 배워서 모국어의 독재를 종식시키기가 그토록 어려운 것은 우리의 뇌가 가소적이기 때문——그리고 가소성이 경쟁적이기 때문——이기도 하다.

그러나 이것이 사실이라면, 어째서 우리가 어렸을 때는 제2언어 학습이 더 쉬운 것일까? 어릴 때도 역시 경쟁이 있지 않은가? 꼭 그런 것은 아니다. 임계기 동안 동시에 두 언어를 배우면, 두 언어가 하나의 발판을 얻는다. 머제니치에 따르면, 2개 국어를 하는 어린이의 뇌를 스캔해보면 두 언어의 모든 소리가 하나의 커다란 지도, 즉 두 언어의 소리들이 보관된 커다란 자료실을 공유한다는 것을 볼 수 있다.

경쟁적인 가소성은 우리가 나쁜 습관을 깨거나 '탈학습'을 하기가 어째서 그토록 힘든지도 설명한다. 우리들 대부분은 뇌를 하나의 그릇으로 생각하고, 학습은 그 안에 무언가를 넣는 것으로 생각한다. 따라서 어떤 나쁜 습관을 깨고자 할 때, 우리가 생각하는 해결책은 그 그릇 안에 무언가 새로운 것을 넣는 것이다. 그러나 우리가 나쁜 습관을 배울 때, 그 습관은 하나의 뇌 지도를 넘겨받으며 우리가 그 습관을 반복할 때마다 그 지도를 더 세게 움켜쥐게 돼서 '좋은' 습관이 그 공간을 사용하기가 점점 힘들어진다. 그것이 바로 '탈학습'이 종종 학습보다 훨씬 더 어려운 이유이고, 조기 교육이 그토록 중요한 이유이다. 그러므로 '나쁜 습관'이 경쟁에서 이점을 얻기 전에 일찍 바로잡는 것이 최선이다.

머제니치의 감탄할 만큼 간단한 다음 실험은 신경과학자들 사이에서 가소성을 유명하게 만들고, 결국은 그 이전이나 그 이후의 어떤 가소성 실험보다도 회의론자들을 끌어들이는 데 큰 역할을 했다.

그는 한 원숭이의 뇌에 있는 손 지도를 그렸다. 그런 다음 그 원숭이의 중지를 절단했다.[15] 여러 달이 지난 후 그 원숭이의 뇌 지도를 다시 그린 그는 절단된 손가락의 뇌 지도가 사라져버리고 바로 옆 손가락들의 지도가 원래 중지의 지도였던 공간 안으로 파고 들어간 것을 발견했다. 이 실험은 뇌 지도는 역동적이며, 피질 부동산을 차지하기 위한 경쟁이 존재하고, 뇌 자원은 쓰지 않으면 잃는다는 원리에 따라 배분된다는 것을 보여주는 가장 명확한 증거가 되었다.

머제니치는 특정한 종의 동물들이 유사한 지도를 가질 수는 있지만, 그 지도들이 결코 똑같지 않다는 사실도 깨달았다. 머제니치는 미세지도 덕분에 더 큰 전극을 사용한 펜필드가 볼 수 없었던 차이들을 구분해낼 수 있었다. 그는 정상적인 신체 부위의 지도들도 몇 주마다 한 번씩 바뀐다는 것을 발견했다. 그가 정상적인 원숭이의 얼굴을 지도로 그릴 때마다, 지도는 확실히 알아볼 수 있을 만큼 달라졌다. 가소성은 반드시 신경을 자르거나 손발을 잘랐을 때만 나타나는 것이 아니었다. 가소성은 지극히 정상적인 현상이고, 뇌 지도는 끊임없이 변화하고 있는 것이다. 이 새로운 실험을 기록하면서 머제니치는 마침내 '가소성'이라는 단어를 따옴표 밖으로 끄집어내었다. 그러나 그의 실험의 정확성에도 불구하고, 반대는 하룻밤 사이에 눈 녹듯 사라지지 않았다.

그는 이런 말을 하면서 껄껄 웃는다. "내가 뇌는 가소적이라는 선언을 시작했을 때 무슨 일이 일어났는지 말해줄까요? 저를 완전히 적으로 간주하더군요. 달리 그렇게밖에 얘기할 수 없어요. 사람들은 논평에서 '사실이라면 정말 흥미로운 일이겠지만, 사실일 리가 없다'는 식으로 말하더군요. 마치 내가 거짓으로 꾸며내기라도 한 것처럼 말이에요."

머제니치가 성인기에 들어서서도 뇌 지도가 경계선과 위치를 바꿀 수 있고 기능 역시 변화할 수 있다고 주장하고 있었기 때문에, 국재론자들은 등을 돌렸다. "신경과학의 주류에서 내가 아는 거의 모든 사람들은 제 이론이 말하자면 약간 귀 기울일 만한 잠꼬대라고 생각했지요. 실험도 엉성하고, 설명한 효과도 확실치 않다고요. 하지만 실제로 실험은 충분히 여러 번 했기 때문에, 저는 다수의 위치라는 것이 원래 오만하고 근거가 없는 것임을 깨달았지요."

가장 크게 의심의 목소리를 낸 사람들 가운데 하나는 토르스텐 비셀이었다. 자신이 바로 임계기에 가소성이 존재한다는 것을 보여준 장본인이면서도, 비셀은 가소성이 성인에게 존재한다는 생각에는 여전히 반대했으며 그와 허블은 "피질 연결이 성숙한 형태로 자리잡고 나면 그 자리에 영구히 고정된다고 확신한다"라고 썼다. 사실상 그는 시각적 처리가 일어나는 위치를 확립함으로써 노벨상을 받았으며, 그것은 국재론 최고의 승리 가운데 하나로 여겨지는 발견이었던 것이다. 그런 비셀도 이제는 성인의 가소성을 받아들여, 오랫동안 자신이 틀렸었고 머제니치의 선구적인 실험들이 궁극적으로 그와 동료들의 마음을 바꾸었다고 글에서 깨끗하게 승복했다.[16] 골수 국재론자들도 비셀 정도 되는 사람이 마음을 바꾸자 관심을 가지기 시작했다.

"당시에 가장 실망스러웠던 것은," 머제니치가 말한다. "신경가소성이 모든 종류의 의학 요법, 사람의 신경병리학이나 정신의학의 해석과 잠재적 관련이 있다는 사실이 눈에 빤히 보였는데도 아무도 전혀 관심을 보이지 않았던 겁니다."[17]

가소적 변화는 하나의 과정이므로, 머제니치는 그 변화가 뇌 안에서 시간의 경과에 따라 펼쳐지는 것을 볼 수 있어야만 완전히 이해할 수 있다는 사실을 깨달았다. 그래서 그는 한 원숭이의 정중신경을 절단한 다음,

여러 달에 걸쳐서 수차례 지도를 작성했다.[18]

신경을 자른 직후의 첫 번째 지도는 그가 기대한 대로였다. 정중신경의 뇌 지도는 원숭이의 손 가운데를 때렸을 때는 완전히 침묵을 지키다가 바깥쪽 신경과 관련된 부분을 때리자 즉시 발화했다. 바깥쪽 신경인 척골신경과 요골신경의 지도가 이제 정중신경의 지도 공간에서 나타난 것이다. 이 지도는 워낙 빨리 튀어나와서, 마치 초기 발달 때부터 거기에 계속해서 숨어 있다가 이제야 '본성을 드러낸' 것 같았다.[19]

22일째 되던 날 머제니치는 그 원숭이의 뇌 지도를 다시 그렸다. 처음 나타났을 때는 세밀함이 부족하던 척골신경과 요골신경의 지도가 더 정교하고 세밀하게 뻗어나가 이제 정중신경 지도의 거의 전부를 차지하고 있었다[20](원래 초기의 지도에는 세부사항이 없다. 개선된 지도에는 세부사항이 많고, 따라서 더 많은 정보를 전달한다).

144일째가 되자 지도 전체가 어느 모로 보나 보통 지도와 똑같이 세밀해졌다.

시간의 경과에 따라 수차례 지도를 더 그림으로써 머제니치는 새로운 지도들이 경계선이 변하고, 더욱 세밀해지고, 심지어 뇌 안에서 옮겨 다니기까지 하는 것을 관찰했다. 한 번은 지도 하나가 아틀란티스처럼 통째로 사라지는 경우까지 보았다.

완전히 새로운 지도가 형성되고 있는 것이라면, 뉴런들 사이에 새로운 연결들이 형성되고 있다고 가정하는 것이 타당해 보였다. 이 과정을 이해하기 위해 머제니치는 펜필드와 함께 일했던 캐나다의 행동주의 심리학자인 도널드 헵Donald O. Hebb의 개념을 가져왔다. 1949년 헵은 학습을 통해 뉴런들이 새로운 방식으로 연결된다는 의견을 내놓았다. 그의 의견은 두 뉴런이 반복적으로 동시에 발화하면(또는 한 뉴런의 발화가 다른 뉴런의 발화를 일으킨다면), 양쪽에서 화학적 변화가 일어나 둘이 더 강하게 연결되는 경향이 있다는 것이었다.[21] 헵의 개념—사실상 60년 전에 프로이트가 제안한[22]—은 신경과학자인 칼라 샤츠Carla Shatz가 다음과 같이 깔끔하게 요약하였다. 함께 발화하는 뉴런들은 함께 배선된다.

헵의 이론은 뉴런의 구조가 경험에 의해 바뀔 수 있다는 것이었다. 머제니치는 헵의 이론을 발전시켜 뇌 지도 안의 뉴런들이 동시에 자극을 받으면 서로 간에 강한 연결망이 발달한다는 새 이론을 세웠다.[23] 그리고 머제니치가 생각하기에, 지도들이 변화할 수 있다면 뇌 지도에서 처리 영역에 문제가 있는 사람들—학습 문제, 심리적 문제, 뇌졸중, 혹은 뇌 손상이 있는 사람들—이 새로운 지도를 형성할 수도 있을 듯했다. 자신이 그 사람들을 도와 건강한 뉴런들을 함께 발화시키고 함께 배선시켜서 새로운 뉴런 연결망을 형성한다면 충분히 가능한 일이었다.

1980년대 말을 시작으로 머제니치는 뇌 지도가 시간을 기준으로 하는지, 그리고 지도 안의 뉴런을 입력의 타이밍에 맞추어 '연주'하여 지도의 경계와 기능을 조작할 수 있는지를 시험하는 뛰어난 연구들을 설계하거나 그 연구에 참여했다.

독창적인 한 실험에서 머제니치는 정상적인 원숭이 손의 뇌 지도를 그린 다음, 그 원숭이의 손가락 두 개를 꿰매서 두 손가락이 하나처럼 움직이도록 했다.[24] 그는 원숭이가 꿰매진 손가락을 여러 달 동안 사용하도록 놓아둔 뒤 다시 지도를 그렸다. 그러자 원래 분리되어 있던 두 손가락의 지도는 이제 단 하나의 지도로 융합되어 있었다. 실험자가 이 두 손가락의 어느 부위를 건드리든지 간에 이 새로운 단일 지도가 발화했다. 두 손가락의 모든 동작과 감각이 항상 동시에 일어났기 때문에, 둘은 같은 지도를 형성한 것이다. 이 실험은 지도 안의 뉴런이 입력을 받는 타이밍이 지도를 형성하는 열쇠라는 것을 보여주었다. 때맞추어 함께 발화한 뉴런들이 함께 배선되어 하나의 지도를 만드는 것이다.

다른 과학자들은 사람을 대상으로 머제니치의 발견을 시험했다. 어떤 사람들은 손가락이 붙은 채 태어나는데, 그 상태를 합지증 또는 '물갈퀴 손가락 증후군'이라 부른다. 그런 증상을 가진 두 사람의 뇌 지도를 작성하면서 실시한 뇌 스캔은 각자에게 두 개의 분리된 지도가 아니라 합쳐진 손가락들을 위한 하나의 커다란 지도가 있음을 보여주었다.[25] 외과의사가 물갈퀴 손가락들을 분리한 뒤 피실험자들의 뇌 지도를 다시 작성하자, 떨어진 두 손가락을 위한 별개의 두 지도가 나타났다. 두 손가락이 독립적으로 움직일 수 있었기 때문에 뇌의 뉴런들도 더 이상 동시에 발화하지 않았던 것이다. 이는 가소성의 또 다른 원리, 즉 뉴런으로 가는 신호들을 때맞추어 분리하면 분리된 뇌 지도가 만들어진다는 원리를 예시하고 있었다. 신경과학에서 이 발견은 이제 다음과 같이 요약할 수 있다. 따로 발화하는 뉴런들은 따로 배선된다. 혹은 동조하지 않는 뉴런들은 연결되지 않는다.

이어진 다음 실험에서 머제니치는 다른 손가락들에 수직으로 지나가는, 존재하지 않는 손가락의 지도를 만들었다.[26] 그의 팀은 한 원숭이의 다섯 손가락의 끝 전부를 하루 5백 번씩 한 달 동안 자극하는 동시에 그 원숭이가 손가락들을 한 번에 한 손가락씩은 사용하지 못하게 했다. 이내 그 원숭이의 뇌 지도에는 다섯 손가락 끝의 지도가 합쳐진 기다란 손가락 지도 하나가 새로 생겼다. 새 지도는 다른 손가락 지도에 수직으로 지나갔고, 이제 모든 손가락 끝은 쓰지 않아서 사라지기 시작한 각 손가락 지도의 일부가 아니라 그 새 지도의 일부가 되었다.

마지막이면서 가장 뛰어난 예증에서, 머제니치와 그의 팀은 지도가 해부학을 근거로 하지 않는다는 것을 증명했다.[27] 그들은 한 손가락에서 피부 조각을 조금 떼어내어, 이것이 핵심인데, 뇌 안의 지도로 연결된 신경은 여전히 원래 그대로 붙여놓은 채 외과적으로 피부만 옆의 손가락 위로 이식했다. 이식한 피부 조각과 그 신경은 이제 붙어 있는 손가락이 일상적으로 사용되면서 움직이거나 다른 것에 닿을 때마다 자극을 받았다. 종래의 해부학적이고 고정된 배선 모형에 따르면, 신호는 여전히 그 피부에서 신경을 따라 그 피부와 신경이 원래 있었던 손가락의 뇌 지도로 보내져야 했다. 하지만 연구팀이 그 피부 조각을 자극했을 때 반응한 것은 새 손가락의 지도였다. 그 피부 조각의 지도가 원래 손가락의 뇌 지도에서 새 손가락의 뇌 지도로 이동한 이유는 피부 조각과 새 손가락이 동시에 자극되었기 때문이다.

머제니치는 성인의 뇌가 가소적이라는 것을 발견한 지 몇 해 지나지 않아, 과학계의 회의론자들에게 이것이 사실임을 납득시켰고, 우리의 경험이 뇌를 변화시킨다는 것을 보여주었다. 그러나 그는 여전히 결정적인 수수께끼를 설명하지 못했다. 뇌 지도는 어떻게 스스로를 지형학적으로 조직하고 우리에게 유용한 방식으로 기능하게 되는 것일까?

뇌 지도가 지형학적으로 조직되어 있다는 말은 그 지도가 신체 자체의 순서대로 정돈되어 있다는 뜻이다. 예를 들어, 우리의 중지는 검지와 약지 사이에 자리잡고 있다. 똑같은 사실이 뇌 지도에서도 적용된다. 즉, 중지의 지도는 검지의 지도와 약지의 지도 사이에 자리잡고 있다. 지형학적 조직에서는 함께 일하는 경우가 많은 뇌의 부분들이 서로 가까이에 있어서 뇌 자체 안에서도 신호가 멀리 갈 필요가 없기에 효율적이다.

머제니치의 의문은 뇌 지도 안에서 이 지형학적 순서가 어떻게 나타나게 되는가였다.[28] 그와 그의 팀은 독창적인 해답을 찾아냈다. 지형학적 순서가 나타나게 되는 이유는 우리 일상 활동의 많은 부분이 정해진 순서로 반복되는 연속 동작으로 일어나기 때문이다.[29] 사과나 야구공 크기의 물건을 집어들 때, 우리는 보통 먼저 엄지와 검지로 쥔 다음 나머지 손가락을 한 손가락씩 그 주위로 감싼다. 엄지와 검지는 거의 동시에 닿는 경우가 많으므로, 손가락에서 뇌로 보내는 신호도 거의 같이 도착해서, 엄지의 지도와 검지의 지도는 뇌에서 서로 가까이 형성되는 경향이 있다(함께 발화하는 뉴런들은 함께 배선된다). 우리가 물건을 손으로 감쌀 때 중지는 검지 다음에 물건을 건드릴 것이므로, 중지의 뇌 지도는 검지 옆이면서 엄지보다 떨어진 곳에 있는 경향이 있을 것이다. 이 쥐는 연속 동작이 정해진 순서대로 수천 번 반복되면서—엄지가 첫 번째, 검지가 두 번째, 중지가 세 번째—엄지의 지도는 검지의 지도 옆에 있고, 검지의 지도는 중지의 지도 옆에 있는 식의 뇌 지도가 그려진다. 엄지와 새끼손가락처럼 시간적으로 떨어져 도착하는 경향이 있는 신호들은 뇌 지도가 더 떨어져 있다. 따로 발화하는 뉴런들은 따로 배선되기 때문이다.

 전부는 아니더라도 많은 뇌 지도들은 함께 일어나는 사건들을 공간적으로 함께 묶어서 처리한다. 앞서 보았듯이 청각 지도는 피아노처럼 낮은 음의 영역이 한쪽 끝에, 높은 음의 영역이 다른 쪽 끝에 배열되어 있다. 어떻게 그렇게 질서정연할까? 낮은 진동수의 소리들은 원래 자기들끼리 모여 있는 경향이 있다. 우리가 저음의 목소리를 들을 때는 그 소리 대부분의 진동수가 낮아서 함께 묶이는 것이다.

머제니치의 실험실에 빌 젠킨스Bill Jenkins가 도착하면서, 연구는 머제니치의 발견을 실용적으로 응용하는 새로운 국면으로 접어들었다. 행동주의 심리학자인 젠킨스는 우리가 어떻게 학습하는지를 이해하는 데 특히 관심이 있었다. 그는 동물들에게 새로운 기술을 가르쳐서 학습이 그 동물들 뇌의 뉴런과 지도에 어떤 영향을 미치는가를 관찰해보자고 제안했다.

그들은 기본 실험으로 원숭이의 감각피질 지도를 그렸다. 다음에는 원숭이를 훈련시켜 회전하는 원반에 손가락 끝을 대고 적절한 정도의 압력을 10초 동안 유지하면 상으로 바나나를 주었다. 이 동작을 하려면 원숭이는 바짝 주의를 기울이면서 원반을 아주 살짝 건드리는 법과 시간을 정확하게 판단하는 법을 배워야 했다. 수천 번의 시도 끝에 원숭이가 적절한 만큼의 압력으로 원반을 건드리는 법을 배웠을 때, 머제니치와 젠킨스는 그 원숭이 뇌의 지도를 다시 그렸고 그 손가락 끝을 나타내는 지도 영역이 커졌다는 것을 발견했다.[30] 실험은 동물에게 학습의 동기를 주면 뇌가 가소적으로 반응한다는 것을 보여주었다.

이 실험은 뇌 지도가 커지면서 개별적인 뉴런들도 두 단계를 거쳐 더 효율적이 된다는 사실도 보여주었다. 처음에는 원숭이가 훈련되면서 그 손가락 끝의 지도가 점점 더 많은 공간을 차지하기 시작했다. 그러나 얼마간이 지나자 지도 안에 있는 각 뉴런의 능률이 높아져, 마침내는 과제를 수행하는 데 필요한 뉴런이 더 적어졌다.

피아노를 배우는 아이들은 처음에는 상체 전부——손목, 팔, 어깨——를 사용해서 건반을 치고는 한다. 심지어 얼굴 근육까지 조여들어 찌푸린 얼굴이 된다. 연습과 함께 피아니스트로서의 싹이 자라기 시작한 아이는 상관없는 근육의 사용을 멈추고 이내 올바른 손가락만을 사용하여 음을 친다. 아이는 '더 가벼운 터치'를 익히고, 능숙해지면 긴장을 풀고 '우아하게' 연주하게 된다. 이렇게 되는 이유는 아이가 처음에는 엄청난 숫자의 뉴런들을 사용하다가 익숙해지면 그 과제에 알맞은 소수의 뉴런을 사용하게 되기 때문이다. 뉴런을 더 효율적으로 사용하게 되는 현상은 우리가 어떤 기술에 능숙하게 될 때면 언제나 일어나는 일이고 우리가 가진 기술 목록에 새로운 기술을 더해도 지도 공간이 부족해지지 않는 이유를 설명해준다.

머제니치와 젠킨스는 개별적인 뉴런들이 훈련과 더불어 더 선택적이 된다는 사실도 보여주었다. 촉각을 담당하는 뇌 지도 안에 있는 각 뉴런에는 일정한 '수용 영역', 곧 그 뉴런에게 촉각을 '보고하는' 피부 위의 구역이 있다. 원숭이들이 원반을 느끼도록 훈련되면서 뉴런 하나하나의 수용 영역은 점점 작아져 손가락 끝의 작은 부분들이 원반에 닿을 때에만 뉴런이 발화하게 되었다. 따라서 뇌 지도의 크기는 커졌지만 지도 안의 각 뉴런은 피부 표면의 더 작은 부분을 책임지게 되어 더 미세한 감촉을 구분하게 해주었다. 결국 지도가 더 정확하게 된 것이다.

머제니치와 젠킨스는 뉴런들이 훈련되고 더 효율적으로 변하면서, 처리가 더 빨라질 수 있다는 것도 발견했다. 이 사실은 우리가 생각하는 속도 자체가 가소적임을 의미한다. 사고의 속도는 우리의 생존에 필수적이다. 사건들은 종종 급격하게 일어나므로, 뇌가 느리면 중요한 정보를 놓칠 수 있다. 한 실험에서 머제니치와 젠킨스는 원숭이들을 점점 더 짧은 시간 안에 소리들을 구분하도록 훈련시키는 데 성공했다. 훈련된 뉴런은 소리에 더 빨리 반응해 발화했고, 소리를 더 짧은 시간 안에 처리했고, 발화와 발화 사이에 '쉬는' 시간도 덜 필요했다.[31] 더 빠른 뉴런은 궁극적으로 더 빠른 생각으로 이어진다. 빠른 생각은 결코 사소한 문제가 아니며 그렇기 때문에 우리는 지능 검사에서 답이 옳은지만 보는 것이 아니라 그것을 얻는 데 걸리는 시간까지 측정한다. 우리 인생에서도 역시 단순히 옳은 답을 얻는 것만이 아니라 늦지 않게 얻는 것이 중요하다.

그들은 동물들을 훈련시키면 뉴런들이 더 빨리 발화할 뿐만 아니라, 발화가 더 빠르기 때문에 발화의 신호도 더 분명해진다는 사실 역시 발견했다. 빠른 뉴런들일수록 서로 동조해서 발화하여——더 나은 팀이 되어——더 많이 함께 배선되고, 더 분명하고 강한 신호를 내보내는 뉴런 집단을 형성할 가능성도 더 높을 것이다. 이는 매우 중요한 점이다. 강한 신호는 뇌에 더 커다란 충격을 주기 때문이다. 우리가 무언가를 듣고서 나중에 기억하기 위해서는 그 소리를 분명히 들어야 하는데, 이는 기억 또한 원래의 신호가 분명했던 만큼만 분명할 수 있기 때문이다.

 마지막으로, 머제니치는 장기적인 가소적 변화가 일어나려면 바짝 주의를 기울이는 것이 필수적임을 발견했다.[32] 그는 오래가는 변화는 오직 원숭이들이 바짝 주의를 기울였을 때에만 일어났음을 수많은 실험에서 발견했다. 동물이 주의를 기울이지 않고 과제를 기계적으로 수행해도 뇌 지도가 변화되긴 했지만, 그 변화는 지속되지 않았다. 우리는 종종 '다중 작업 능력'을 높게 평가한다. 물론 주의를 분산해도 학습을 할 수는 있지만 그렇게 학습한 것은 뇌 지도에서 영속적인 변화로 이어지지는 않는다.

 머제니치가 어렸을 때, 위스콘신에서 초등학교 교사로 있던 어머니의 사촌이 미국 전체를 대표해서 그 해의 교사로 뽑힌 적이 있었다. 그녀는 백악관에서의 시상식을 마친 다음 오리건에 있는 머제니치 가족을 방문했다.

 "우리 어머니는," 머제니치가 회상한다. "그냥 대화 중에 별 뜻 없이 물었습니다. '언니는 가르칠 때 가장 중요한 원칙이 뭐야?' 그러자 그 분이 대답했지요. '글쎄, 먼저 애들이 학교에 들어오면 그 애들을 시험해 봐. 그리고 그 애들이 시간을 들일 가치가 있는지 없는지 알아내지. 그리고 그럴 가치가 있는 애들에게는 신경 써서 주의를 기울이고, 그럴 가치가 없는 애들에게는 시간을 낭비하지 않지.' 이렇게 얘기하더군요. 아시겠지만 사람들이 언제나 서로 다를 수밖에 없는 아이들을 다루어온 방식에는 어떤 식으로든 그런 생각이 반영되어 있습니다. 하지만 우리의 신경학적 자원이 영구적이어서 본질적으로 개선되거나 변화될 수 없다고 상상하는 것은 우리에게 몹시 해로울 뿐입니다."

머제니치는 루트거스 대학에 있는 파울라 탈랄Paula Tallal의 연구 내용을 알게 되었다. 그녀는 어린이들이 어째서 읽기 학습을 어려워하는지를 분석하고 있었다. 취학 전 아동의 5~10퍼센트 정도가 언어장애가 있어서 읽고 쓰거나 심지어 지시를 따르는 것도 힘들어한다. 때로 이런 증상을 난독증이라고도 부른다.

아기들은 자모음 조합인 "다, 다, 다"나 "바, 바, 바"와 같은 소리를 내면서 말을 시작한다. 많은 언어에서 아기가 말하는 첫 단어들은 그러한 조합으로 이루어진다. 영어에서 첫 단어는 흔히 "마마(엄마)", "다다(아빠)", "피피(쉬)" 같은 것들이다. 탈랄의 연구는 언어장애가 있는 아이들이 사람들이 빠르게 말해서 '빠른 품사the fast parts of speech'라고 부르는 흔한 자모음 조합을 청각적으로 처리하는 데 문제가 있음을 보여주었다. 이 아이들은 빠른 품사를 정확하게 알아 듣지 못하기 때문에, 결과적으로 그것을 정확하게 재생하는 데도 어려움을 겪는다.

머제니치는 이 아이들의 청각피질 뉴런이 너무 느리게 발화해서, 두 개의 매우 유사한 소리를 구분하거나 두 소리가 근접해서 일어났을 때 어떤 소리가 먼저이고 어떤 소리가 나중인지 확신할 수 없는 것이라고 생각했다. 그들은 흔히 음절의 시작을 듣지 못하거나 음절 안에서의 소리 변화를 듣지 못했다. 정상적인 뉴런은 하나의 소리를 처리하고 나면 약 30밀리초의 휴식을 취한 뒤 다시 발화할 준비 상태가 된다. 언어장애가 있는 아이들의 80퍼센트는 그 과정에 최소한 세 배의 시간이 걸리므로, 많은 양의 언어 정보를 잃어버린다. 그 아이들의 뉴런이 발화하는 패턴을 살펴보자 신호들이 분명치 않았다.

"그 아이들은 안팎이 다 흐리멍덩했던 겁니다." 머제니치가 말한다. 부족한 듣기 능력은 모든 언어 과제에서 약점이 되었으므로 아이들은 어휘, 이해, 회화, 읽기, 쓰기 모두에 약했다. 아이들은 단어를 해독하는 데 너무 많은 에너지를 썼기 때문에 문장을 짧게 쓰는 경향이 있었고, 긴 문장을 통해 기억력을 훈련시키지 못했다. 그 아이들의 언어 처리 수준은 영아 쪽에 가깝거나 '지체되어' 있었기 때문에 아직도 "다, 다, 다"나 "바, 바, 바"를 구분하는 연습을 해야 했다.

처음 그들의 문제를 발견했을 때 탈랄은 그들의 뇌 결함이 워낙 근본적인 것이라, "이 아이들이 '망가졌는데' 내가 할 수 있는 게 아무것도 없다"는 사실이 괴로웠다.[33] 그러나 그것은 그녀가 머제니치와 힘을 합치기 전의 일이었다.

1996년에 마이클 머제니치, 파울라 탈랄, 빌 젠킨스, 그리고 탈랄의 동료인 심리학자 스티브 밀러Steve Miller가 중심이 되어 사이언티픽 러닝Scientific Learning이라는 회사를 세웠다. 사이언티픽 러닝은 뇌가소적 연구를 이용하여 오로지 사람들이 스스로 자신의 뇌를 재배선하도록 돕는 회사이다.

그들의 본사는 그 자체가 미술 작품인 원형 건물 안에 들어 있다. 건물은 유리로 된 타원형의 둥근 천장, 36미터의 높이, 24K 금박으로 칠해진 테두리를 뽐내며 캘리포니아 오클랜드 시내 한복판에 서 있다. 안으로 들어가면 별천지가 따로 없다. 사이언티픽 러닝의 직원 명단에는 아동 심리학자, 가소성 연구원, 인간 동기 전문가, 언어 병리학자, 공학자, 프로그래머, 만화영화 제작자들이 있다. 이 연구원들은 자신의 책상에서 자연광으로 일광욕을 하며 눈부신 원형 지붕을 올려다볼 수 있다.

패스트 포워드는 그들이 언어장애와 학습장애가 있는 어린이들을 위해 개발한 훈련 프로그램의 이름이다. 이 프로그램은 소리의 해독에서 이해에 이르기까지 뇌의 모든 기본적인 언어 기능을 훈련——일종의 대뇌 교차훈련——시킨다.

이 프로그램은 일곱 가지의 뇌 훈련을 제공한다. 그 가운데 하나가 긴 소리와 짧은 소리를 구분하는 능력을 향상시킨다. 소 한 마리가 컴퓨터 스크린을 가로질러 날아가면서 연이어 음매 음매 운다. 아이는 컴퓨터 커서로 소를 쫓아가서 마우스 단추를 눌러 소를 잡아야 한다. 그러면 갑자기 음매 소리의 길이가 미세하게 바뀐다. 이때, 아이는 소를 풀어줘서 날아가게 해야 한다. 소리가 변하고 바로 소를 풀어주면 점수를 얻는다. 어떤 게임에서는 어린이들이 '바'와 '다'처럼 잘 혼동하는 자모음 조합을 처음엔 정상 언어에서보다 느린 속도로, 다음엔 점차 더 빠른 속도로 구분하는 법을 배운다. 어떤 게임은 어린이들에게 더 높은 속도와 빈도로 활음(滑音, '우와아아아'처럼 쓸고 지나가는 소리)을 듣도록 가르친다. 어떤 게임은 소리들을 기억해서 짝을 짓도록 가르친다. 모든 종류의 훈련에서 '빠른 품사'들이 사용되지만 컴퓨터의 도움으로 속도를 늦추어놓았으므로, 언어장애가 있는 어린이들도 그 품사를 듣고 명확한 지도를 만들 수 있다. 그런 다음엔 훈련이 진행될수록 점차 이 품사들의 속도가 빨라진다. 목표를 하나씩 달성할 때마다 뭔가 재미있는 일이 일어난다. 예컨대 만화영화의 등장인물이 해답을 먹고 소화불량에 걸려 우스꽝스러운 표정을 짓거나 법석을 떨어댄다. 그런 예기치 않은 장면들이 아이들을 훈련에 집중하게 한다. 이 '보상'은 프로그램의 중요한 특성이다. 보상을 받을 때마다 어린이의 뇌는 도파민이나 아세틸콜린과 같은 신경전달물질을 분비해서, 방금 변화한 지도를 공고히 하도록 돕기 때문이다(도파민은 보상을 강화하고, 아세틸콜린은 뇌가 '채널을 맞추고' 기억을 연마하도록 돕는다).

장애가 심하지 않은 아이들은 일반적으로 패스트 포워드를 하루에 1시간 40분씩 일주일에 5일을 4, 5주 동안 하고, 좀더 심한 아이들은 8주에서 12주 동안 한다. 사이언티픽 러닝의 컴퓨터는 매일 인터넷으로 아이들의 데이터를 받아 아이가 언제 다음 단계로 넘어가야 할지를 결정한다.

1996년 1월에 「사이언스」지에 보고된 첫 연구 결과는 놀라웠다.[34] 언어장애가 있는 아이들이 두 집단으로 나뉘어 한 집단은 패스트 포워드를 했고, 대조군인 나머지 한 집단은 패스트 포워드와 유사하지만 소리를 조정하지 않고 시간적 처리 훈련을 시키지 않는 컴퓨터 게임을 했다. 두 집단은 나이, IQ, 언어처리 기술에 우열이 없었지만 패스트 포워드를 한 아이들이 표준적인 회화, 언어, 청각적 처리 검사에 상당한 진전을 보여 결국은 표준이거나 표준보다 나은 점수에 도달했고, 훈련을 끝낸 지 6주가 지나서 다시 검사했을 때도 그 점수를 유지했다. 그들은 대조군의 어린이들보다 훨씬 더 향상되었다.

후속 연구는 서른다섯 군데——병원, 집, 클리닉——에 있는 500명의 아이들을 대상으로 했다. 모든 아이들은 패스트 포워드 훈련을 받기 전과 받은 후에 표준적인 언어 검사를 받았다. 연구는 아이들 대부분의 언어 이해 능력이 패스트 포워드 이후에 정상적으로 변했다는 것을 보여주었다.[35] 그들의 이해력은 많은 경우 평균 이상으로 올라갔다. 그 프로그램을 거친 아이는 평균적으로 6주 만에 언어 발달에서 1.8년을 앞서 나갔다. 놀랍도록 빠른 진전이었다. 스탠포드의 한 그룹은 패스트 포워드 전후에 난독증 어린이 스무 명의 뇌를 스캔했다. 처음의 스캔은 그 아이들이 읽을 때 정상적인 아이들과 다른 뇌 부위를 사용한다는 것을 보여주었다. 패스트 포워드 이후에 실시한 새로운 스캔은 그들의 뇌가 정상적으로 변하기 시작했음을 보여주었다[36](예를 들어, 평균적으로 왼쪽 측두 두정 피질에서 활동이 증가되었고, 읽기 문제가 없는 어린이의 뇌 스캔과 유사한 패턴을 보이기 시작했다).

윌리 아버Willy Arbor는 웨스트버지니아 태생의 일곱 살 소년이다. 윌리는 빨강 머리에 주근깨가 있고, 보이스카우트 단원이고, 쇼핑가는 것을 좋아하고, 키는 겨우 120센티미터를 넘겼지만 레슬링을 무척 좋아한다. 윌리는 패스트 포워드를 거쳐 막 변신한 참이다.

"윌리의 가장 큰 문제는 다른 사람들의 말을 분명히 듣지 못하는 것이었어요." 그의 어머니 리사가 설명한다. "내가 '카피'라고 말하면, 우리 애는 내가 '커피'라고 했다고 알아듣곤 했죠. 주변이 시끄럽기라도 하면 특히 듣는 걸 힘들어했어요. 유치원 생활은 문제를 더 악화시켰죠. 그 애의 불안은 눈에 보였어요. 옷이나 소매를 물어뜯는 신경질적인 습관이 있었죠. 다른 애들은 모두 답을 맞히는데 윌리는 그러지 못했거든요. 실은 선생님도 우리 애를 1학년에 다시 다니게 하는 것이 어떻겠냐고 이야기했어요." 윌리는 읽기에 문제가 있었다. 혼자 속으로 읽을 때에도, 큰 소리로 읽을 때에도.

"윌리는," 그의 어머니가 말을 이었다. "음높이의 변화를 제대로 들을 수 없었어요. 그래서 어떤 사람이 탄성을 지르는 건지 아니면 그냥 보통 말을 하는 건지 구분하지 못하고, 억양을 알아듣지 못하니까 사람들의 감정을 잘 읽지 못했죠. 음의 높낮이가 없으니 사람들이 신나서 외치는 와 소리도 윌리는 알아듣지 못했어요. 윌리에게는 모든 소리가 똑같은 것 같았죠."

어머니는 윌리를 청각 전문가에게 데려갔고, 윌리의 '듣기 문제'는 뇌가 청각을 처리하는 능력에 문제가 있다는 진단이 나왔다. 윌리가 연달아 이어지는 단어들을 기억하지 못하는 이유는 청각계에 너무 쉽게 과부하가 걸리기 때문이었다. "'신발을 위층에 가져가서 신발장 안에 넣고 저녁 먹으러 내려옴'처럼 세 가지 이상을 시키면, 윌리는 잊어버리곤 했어요. 신발을 벗고 계단을 올라가서는 '엄마 제게 뭘 하라고 했죠?' 하고 물었죠. 선생님들도 줄곧 지시를 반복해야 했어요." 윌리는 재능 있는 아이인 듯했지만——수학을 잘했다——월리의 문제는 월리를 수학에서조차 뒤쳐지게 했다.

그의 어머니는 월리를 1학년을 다시 다니게 하지 않고, 여름에 그를 8주 동안 패스트 포워드에 보냈다.

월리의 어머니는 회상한다. "패스트 포워드를 하기 전에는 컴퓨터 앞에 앉혀만 놓으면 몹시 스트레스를 받았어요. 그런데 이 프로그램을 하면서는 꼬박꼬박 하루에 100분씩 8주를 컴퓨터 앞에서 보냈죠. 월리는 패스트 포워드를 하는 것도 정말 좋아했고 그 점수가 나오는 것도 정말 좋아했어요. 자신이 쑥, 쑥, 쑥 올라가는 걸 볼 수 있었으니까요." 월리는 향상되어가면서 말에서 억양을 읽을 수 있게 되었고, 다른 사람의 감정을 더 잘 읽게 되었고, 불안을 덜 느끼게 되었다. "정말 많은 것이 변했죠. 중간고사 시험지를 집에 가지고 왔을 때 그러더군요. '작년보다는 나아요, 엄마.' 월리는 그 이후로 시험지에 거의 항상 A나 B를 받아서 집에 가져오기 시작했어요. 정말 확연한 차이였죠······. 이제 월리는 '전 할 수 있어요. 이게 제 점수예요. 앞으로는 더 잘 할 거예요'라고 말해요. 저는 제 기도가 응답을 받아서 그토록 많은 것이 우리 애에게 이루어진 느낌이에요. 정말 놀라워요." 그 뒤 1년이 지나서도 월리는 계속해서 나아지고 있다.

머제니치의 팀은 패스트 포워드에 수많은 부수적인 긍정적 효과가 있다는 이야기를 듣기 시작했다. 아이들의 필체가 좋아졌다고 했다. 많은 부모들이 아이가 지속적인 주의와 집중을 보이기 시작했다고 보고했다. 머제니치가 생각하기에 이 놀라운 수확이 일어난 이유는 패스트 포워드의 효과가 정신적 처리의 어떤 일반적인 향상으로 이어졌기 때문이다.

가장 중요한 뇌 활동들 중 하나——하지만 우리가 보통은 생각도 하지 않는 것——는 모든 것이 얼마나 오래 지속되는지를 판단하는 것, 다시 말해서 시간적 처리이다. 사건이 얼마나 오래 지속되는지를 판단할 수 없으면, 우리는 적당히 움직일 수도, 적당히 지각할 수도, 적당히 예측할 수도 없다. 머제니치는 피부에서 75밀리초밖에 지속되지 않는 매우 빠른 진동을 구분할 수 있도록 훈련받은 사람들은 75밀리초의 소리도 탐지할 수 있다는 사실을 발견했다.37 패스트 포워드는 시간을 재는 뇌의 일반적인 능력을 향상시키고 있는 듯했다. 어떤 때는 이 향상의 여파가 시각 처리에도 흘러들어갔다. 패스트 포워드 이전에 윌리는 엉뚱한 자리에 있는 물건들—나무 꼭대기의 부츠, 지붕 위의 깡통—을 찾는 게임을 할 때면 눈이 페이지 전체를 여기저기 뛰어다녔다. 윌리는 한 번에 작은 부분을 취하는 대신 전체 페이지를 보려 애썼으므로, 학교에서는 읽을 때 행과 행을 건너뛰었다. 패스트 포워드 이후 윌리는 눈이 더 이상 페이지를 뛰어다니지 않았으므로 시각적 주의를 집중할 수 있었다.

　패스트 포워드를 마친 바로 뒤 표준적인 검사를 받은 수많은 아이들은 언어, 말하기, 읽기에서뿐만 아니라 수학, 과학, 사회에서도 향상되었다. 이 아이들은 아마도 교실에 돌아가서도 더 잘 듣거나 더 잘 읽게 되었을 것이다. 하지만 머제니치는 그 향상이 좀더 복잡한 것일지 모른다고 생각했다.

　"아시다시피," 그가 말한다. "IQ가 올라가거든요. 우리는 시각을 기반으로 한 IQ 측정법인 매트릭스 검사를 쓰는데, 그래도 IQ가 올라간다는 겁니다."

　IQ의 시각적 요소가 올라간다는 사실은 IQ 향상이 단순히 패스트 포워드 덕분에 아이들이 문자로 되어 있는 시험 문제를 더 잘 읽게 된 결과가 아니라는 것을 의미했다. 어쩌면 아이들의 시간적 처리가 향상되기에, 일반적인 정신적 처리가 향상되고 있는지도 모른다. 게다가 다른 예기치 않은 수확들이 있었다. 자폐증이 있는 일부 어린이들도 어느 정도 일반적인 발전을 하기 시작한 것이다.

───────

자폐증의 불가사의—다른 마음들을 상상할 수 없는 마음—는 정신의학에서 가장 당혹스럽고 안타까운 것에 속하며 아동의 가장 심각한 발달장애에 속한다. 그것은 '전반적 발달장애'라고 불리는데, 지능, 지각, 사회화 기능, 언어, 감정과 같은 발달의 매우 많은 측면을 저해하기 때문이다.

대부분의 자폐아는 IQ가 70 이하이다. 그들은 다른 사람들과 사회적으로 관계를 맺는 데 심각한 문제가 있는데, 심한 경우는 사람을 생명이 없는 사물처럼 취급해서 인사도 하지 않고 인간으로 인정하지도 않을 수도 있다. 때때로 자폐인에게는 세상에 '다른 마음들'이 존재한다는 감각이 없는 것처럼 보인다. 그들은 지각적 처리에도 어려움이 있어서, 소리나 접촉에 과민반응을 보이고, 자극에 쉽게 과중한 부담을 느끼곤 한다(그래서 자폐아들은 흔히 눈 마주치기를 피한다. 그들에게는 다른 사람들로부터 오는 자극이, 특히 한꺼번에 여러 감각으로부터 올 때에는 너무나 강렬해서 잘 받아들이지 못한다). 검사해보면 자폐아들의 신경망은 과도하게 활동적인 것으로 나타나고, 많은 아이들에게 간질 증상이 있다.

아주 많은 자폐아들에게 언어장애가 있기 때문에, 임상의들은 자폐아들에게도 패스트 포워드 프로그램을 제안하기 시작했지만, 의사들도 어떻게 될지는 전혀 예측하지 못했다. 패스트 포워드를 했던 자폐아의 부모들은 머제니치에게 아이들이 좀더 사교적이 되었다고 말했다. 머제니치는 자문하기 시작했다. 아이들이 단지 더 주의 깊은 청취자로 훈련되고 있는 것뿐일까? 그는 패스트 포워드와 함께 언어 증상과 자폐 증상이 둘 다 한꺼번에 사라지고 있는 듯하다는 사실에 매료되었다. 그렇다면 이것은 언어 문제와 자폐 문제가 공통적인 한 문제의 다른 표현이라는 의미가 아닐까?

두 자폐아 연구를 통해 머제니치는 자신이 들은 이야기들을 확인할 수 있었다. 언어를 대상으로 한 첫 번째 연구는 패스트 포워드가 단지 자폐아들의 심한 언어장애를 정상적인 수준으로 빠르게 향상시켰다는 것만을 보여주었다.[38] 그러나 100명의 자폐아를 조사한 다른 하나의 시험적 연구는 패스트 포워드가 자폐 증상에도 상당한 영향을 미쳤음을 보여주었다.[39] 패스트 포워드를 한 자폐아들은 주의의 폭이 넓어졌다. 유머 감각이 나아졌다. 사람들과 더 잘 사귀기 시작했다. 눈을 더 잘 마주치고, 사람들을 반가이 맞이하면서 이름을 부르기 시작했고, 대화를 했고, 만남의 끝에 '안녕'이라고 말했다. 세상을 다른 사람들의 마음이 가득한 곳으로 경험하기 시작하고 있는 것처럼 보였다.

여덟 살의 자폐 소녀인 로라리Lauralee는 세 살 때 경증 자폐증이라는 진단을 받았다. 로라리는 여덟 살이 되어서까지도 언어를 거의 사용하지 않았다. 자신의 이름을 불러도 부모에게도 대답하지 않았고, 부르는 소리를 전혀 듣지 못하는 듯했다. 때로는 말을 하려고 했지만, 말을 할 때는 "우리 애만의 언어가 있었어요"라고 로라리의 어머니는 말한다. "다른 사람들은 그걸 알아들을 수 없는 때가 많았죠." 로라리는 주스가 마시고 싶어도 달라고 말하지 않았다. 몸짓을 하며 부모를 선반으로 끌고 가서 원하는 것을 얻곤 했다.

로라리에게는 다른 자폐 증상들도 있었다. 거기에는 자신이 압도당하는 느낌을 억누르기 위해 자폐아들이 사용하는 반복적인 동작이 포함되었다. 어머니가 말하기를 로라리는 "온갖 행동을 모조리 — 양손 펄럭이기, 발끝으로 걷기, 넘치는 에너지, 물어뜯기——했어요. 그런데도 저한테 무엇을 느끼고 있는지는 말하지 못했죠."

로라리는 나무에 몹시 집착했다. 부모가 아이의 기운을 소진시키기 위해 저녁에 데리고 나가 산책을 시키면, 로라리는 수시로 멈춰 서서 나무를 만지고 껴안고 나무에다 말을 걸곤 했다.

로라리는 소리에 유난히 민감했다. "우리 애는 초인적인 귀를 가졌어요." 어머니가 말한다. "어렸을 때는 자주 자기 귀를 막고는 했죠. 라디오에서 클래식이나 다른 느린 음악이 나오면 참지를 못했어요." 소아과 진료실에서는 다른 사람들은 듣지 못하는 위층에서 나는 소리를 들었다. 집에서는 싱크대로 가서 물을 가득 채운 다음, 온몸으로 배수관을 껴안고 물이 빠져나가는 소리를 들었다.

로라리의 아버지는 2003년에 이라크 전쟁에 참전하기도 한 해군이다. 가족이 캘리포니아로 이사를 가게 되면서 로라리는 특수교육 학급이 있는 공립학교에 들어갔는데, 그 학급은 패스트 포워드를 채택하고 있었다. 로라리는 하루 두 시간씩 8주에 걸쳐 그 프로그램을 마쳤다.

프로그램을 마치자 로라리에게서 "언어의 폭발이 일어났다"고 어머니가 말한다. "말을 더 많이 하고 완전한 문장을 쓰기 시작했어요. 저한테 그날 학교에서 어땠는지 말해주더라니까요. 전에는 제가 그저 '좋은 날이었니, 좋지 않은 날이었니?' 하고 물어봤을 뿐이었죠. 이제는 애가 저한테 뭘 했는지 말할 수 있었고, 자세한 것들을 기억했어요. 좋지 않은 상황에 처해도 이제 저한테 말을 해서, 제가 부추겨서 알아낼 필요가 없었죠. 우리 애도 자기가 뭐든지 더 쉽게 기억한다는 걸 알았어요." 로라리는 전에도 항상 읽는 것을 좋아했지만, 지금은 논픽션이나 백과사전 같은 더 긴 책들을 읽고 있다. "이제는 더 조용한 소리들을 듣고 라디오에서 나오는 다른 소리들도 잘 참아요." 어머니가 말한다. "우리 애는 새롭게 눈을 떴죠. 그리고 더 나은 의사소통 덕분에 우리 모두는 새롭게 눈을 떴고요. 정말 큰 축복이에요."

머제니치는 실험실로 돌아가 자폐증과 그에 동반하는 많은 발달 지체를 더 깊이 이해해보기로 결심했다. 머제니치는 이 일에 착수하는 최선의 길은 먼저 '자폐 동물'——자폐아처럼 여러 면에서 발달이 지연된 동물——을 만들어내는 일이라고 생각했다. 그러고 나서 그 동물을 연구하면 치료법을 찾을 수 있을 것 같았다.

머제니치는 자신이 자폐증의 '유아기 재난'이라고 부르는 현상을 곰곰이 생각하기 시작하면서, 자폐아는 가소성이 절정에 있고 엄청난 양의 발달이 일어나야 하는 결정적인 시기인 유아기에 뭔가가 잘못된 것인지 모른다는 직감이 들었다. 하지만 자폐증은 대개 유전되는 병이었다. 일란성 쌍둥이 한쪽이 자폐이면, 다른 한쪽도 자폐일 확률이 80~90퍼센트나 된다. 이란성 쌍둥이의 경우도, 한쪽이 자폐이면 자폐가 아닌 다른 한쪽도 어느 정도 언어와 사회성에 문제가 있는 경우가 꽤 있다.

하지만 자폐증의 발병률은 유전적 특질만으로는 설명할 수 없는 어마어마한 속도로 증가해왔다. 40년 전 그 증상을 처음 알게 되었을 때에는 5,000명 중 한 명꼴로 자폐증이 있었다. 이제는 5,000명 중 열다섯 명꼴로 자폐증 환자를 볼 수 있다. 그 숫자가 올라간 부분적인 이유는 자폐증으로 진단되는 경우가 더 많아지기 때문이고, 치료를 위한 공공 자금을 얻기 위해서도 일부 아이들에게 일부러 약한 자폐증이라는 꼬리표를 달기 때문이다. "하지만," 머제니치는 말을 잇는다. "아주 고지식한 역학자 疫學者가 온갖 보정을 한다고 해도, 그 수치는 지난 15년에 걸쳐서 대략 세 배 정도는 증가한 것 같습니다. 자폐증의 위험 인자에 관해서는 세계적인 위기가 온 것이지요."

그는 어떤 환경적인 인자가 이 어린이들의 신경회로에 영향을 미쳐 뇌 지도가 완전히 분화되기 전에 강제로 임계기를 일찍 닫아버리는 것인지 모른다는 생각을 하게 되었다. 태어날 때 우리의 뇌 지도는 보통 세부사항이 없고 분화되지 않은 '대략의 초안' 또는 스케치 상태이다. 그 대략의 초안은 일반적으로 임계기에 우리가 처음으로 세상 경험들을 하면서 뇌 지도의 구조가 문자 그대로 모양을 갖추어갈 때, 세밀해지고 분화하게 된다.

머제니치와 그의 팀은 임계기에 지도가 어떻게 형성되는가를 보기 위해 갓 태어난 쥐의 미세지도를 작성하였다. 태어난 직후 임계기가 시작될 때에 쥐의 청각 지도는 피질 안의 넓은 두 영역으로 나뉘어 있을 뿐 분화되지 않은 상태였다. 지도의 반은 진동수가 높은 아무 소리에나 반응했고, 다른 반은 진동수가 낮은 아무 소리에나 반응했다.

그 쥐를 임계기 동안 특정한 한 진동수에 노출시키자 단순한 조직이 변화했다. 그 동물을 반복해서 높은 '도' 음에 노출시키면, 얼마 후 단 몇 개의 뉴런들만 높은 '도' 음에 선택적으로 발화했다. 그 동물을 '레', '미', '파' 등에 노출시켜도 같은 일이 일어났다. 이제 지도에는 두 개의 넓은 영역 대신 각각 다른 음에 대응하는 다른 여러 영역이 생겼다. 비로소 청각 지도가 분화한 것이다.

여기서 주목할 만한 점은 임계기의 피질은 너무나 가소적이어서 새로운 자극에 노출만 시켜도 구조가 변할 수 있다는 것이다. 그러한 민감성 덕분에 언어 발달의 임계기에 있는 아기들과 아주 어린아이들은 단순히 부모가 말하는 것을 듣는 것만으로 새로운 소리와 단어들을 수월하게 익힌다. 단순한 노출이 그들의 뇌 지도를 변화에 맞춰서 바꾸는 것이다. 임계기가 지난 나이가 좀더 많은 아이들과 어른들도 물론 언어를 배울 수 있지만, 그들은 정말로 노력해서 주의를 기울여야 한다. 머제니치는 임계기 가소성이 성인기 가소성과 다른 점은, 임계기에는 '학습 기계가 계속해서 켜져 있기' 때문에 뇌 지도가 그저 세상에 노출되는 것만으로도 변화한다는 점이다.

이 '기계'가 항상 켜져 있다는 말은 생물학적으로 상당히 그럴듯하다. 아기들은 인생에서 무엇이 중요하게 될지 알 수 없어서인지, 모든 것에 주의를 기울이기 때문이다. 이미 어느 정도 조직화한 뇌만이 주의를 기울일 가치가 있는 것이 무엇인지를 구분할 수 있다.

머제니치가 자폐증을 이해하는 데 필요한 다음 단서는 제2차 세계대전 도중 파시스트 이탈리아에서 숨어 지내던 젊은 유태인 여성 리타 레비-몬탈치니Rita Levi-Montalcini가 처음 시작한 연구의 연장선상에서 유래했다. 레비-몬탈치니는 1909년 토리노에서 태어나 그곳에서 의대를 다녔다. 1938년에 무솔리니가 유대인의 의료업 종사와 과학 연구를 금지시키자 그녀는 브뤼셀로 도망쳐 연구를 계속했다. 그러다 나치가 벨기에를 위협하자 토리노로 다시 돌아와 자신의 침실에다 비밀 실험실을 차리고, 바느질용 바늘로 간이 외과수술 장비를 만들어 신경이 어떻게 형성되는지를 연구했다. 1940년 연합군이 토리노를 폭격하자 그녀는 피난을 갔다. 1940년 어느 날, 레비-몬탈치니는 여객 열차로 개조한 가축 운반차를 타고 작은 북이탈리아 마을로 가면서 바닥에 앉아 빅토르 함부르거 Viktor Hamburger의 과학 논문을 읽었다. 함부르거는 병아리의 배아를 연구하며 뉴런의 발달에 관한 선구적인 작업을 해오고 있었다. 레비-몬탈치니는 시골 농장에서 달걀을 얻어다가 산 속 집 식탁 위에서 함부르거의 실험들을 재현하고 발전시켜보기로 마음먹었다. 그리고 그녀는 실험이 끝나면 그 달걀들을 먹었다. 함부르거는 전쟁이 끝나자 레비-몬탈치니를 찾아와 세인트루이스에 있는 자신의 연구팀에 합류해서, 병아리의 신경 섬유가 생쥐에게서 이식한 종양이 있을 때 더 빨리 자란다는 자신들의 발견을 계속해서 연구해보자고 제안했다. 레비-몬탈치니는 그 종양이 신경 성장을 촉진하는 어떤 물질을 분비하고 있을지도 모른다고 추측했다. 레비-몬탈치니는 생화학자인 스탠리 코헨Stanley Cohen과 함께 원인이 되는 단백질을 분리해서 그것을 신경성장인자nerve growth factor, 혹은 NGF라고 이름 붙였다. NGF를 찾은 공로로 레비-몬탈치니와 코헨은 1986년에 노벨상을 받았다.

레비-몬탈치니의 연구는 이후에 이루어진 수많은 신경성장인자의 발견에 선구적인 역할을 했다. 머제니치는 그 가운데 하나인 뇌 유래 신경영양인자brain-derived neurotrophic factor, 또는 BDNF에 주목했다.

BDNF는 임계기에 뇌에서 이루어지는 가소적 변화를 강화하는 데 결정적인 역할을 한다.[40] 머제니치에 따르면 BDNF는 네 가지 다른 방식으로 그 역할을 한다.

우리가 특정한 뉴런들이 함께 발화해야 하는 어떤 활동을 수행할 때, 그 뉴런들은 BDNF를 방출한다. 이 성장인자는 그 뉴런들 간의 연결망을 공고히 하고 함께 배선되는 것을 도와서, 그 뉴런들이 나중에 상호의존적으로 함께 발화하도록 한다. BDNF는 각 뉴런을 둘러싸는 얇은 지방 피막의 성장을 촉진해서 전기 신호의 전송 속도를 높이기도 한다.

임계기 동안 BDNF는 주의 집중에 관여하는 뇌 부위인 마이네르트 기저핵nucleus basalis을 발화시킨다. 그리고 임계기 전체에 걸쳐 발화 상태를 계속 유지하게 한다. 마이네르트 기저핵은 일단 발화하면 주의 집중뿐만 아니라 경험의 기억도 도와준다. 지도의 분화와 변화가 힘들이지 않고 일어나는 것은 이 덕분이다. 머제니치는 이렇게 말한다. "마치 뇌 안에서 선생님 한 분이 '자 이건 정말 중요한 겁니다. 인생이라는 시험을 위해 꼭 알아야 합니다'라고 말해주고 있는 셈이지요." 머제니치는 마이네르트 기저핵과 그 주의 체계를 '가소성의 조절계'——발화되면 뇌를 지극히 가소적인 상태로 만드는 신경화학 체계——라고 부른다.

BDNF가 수행하는 네 번째이자 마지막 역할은 뇌가 주요 연결망들의 강화를 마쳤을 때 임계기를 닫도록 돕는 일이다.[41] 일단 주요 신경망들이 설치되면 그 망은 안정될 필요가 있고, 여기서 체계 안의 가소성이 감소하는 결과가 나온다. BDNF가 충분히 방출되고 나면, 마이네르트 기저핵은 발화를 멈추고 노력이 필요하지 않는 학습의 마술적인 시대를 마감한다. 이때부터 마이네르트 기저핵은 무언가 중요하거나 놀랍거나 새로운 것이 일어날 때에만, 또는 우리가 노력해서 바짝 주의를 기울일 때에만 활성화된다.

임계기와 BDNF에 관한 머제니치의 연구는 어떻게 자폐증이라는 커다란 한 문제에서 그토록 많은 다른 문제들이 파생될 수 있는가를 설명하는 이론 발전에 도움이 되었다. 그의 주장은 임계기 동안 어떤 상황이 자폐증에 걸리기 쉬운 유전자를 지닌 아이의 뉴런들을 과도하게 흥분시키면서 BDNF를 다량으로 때 이르게 방출시킨다는 것이다. 따라서 중요한 연결만 강화되는 것이 아니라 모든 연결이 강화된다. 너무 많은 BDNF가 방출되어 임계기가 일찍 끝나면서 이 모든 연결이 그대로 굳어지고, 그 아이에게는 수십 개의 분화되지 않은 뇌 지도만 남아 이로부터 전반적인 발달장애가 발생한다. 그러한 뇌는 과도하게 흥분하고 과도하게 민감하다. 이런 아이는 한 진동수를 들어도 청각피질 전체가 발화를 시작한다.[42] 이것이 음악을 들을 때면 자신의 '초인적인' 귀를 막아야 했던 로라리에게서 일어난 일인 듯하다. 어떤 자폐아들은 접촉에 과민해서 옷에 붙은 꼬리표만 살갗에 닿아도 고문을 당하는 것처럼 느낀다. 머제니치의 이론은 자폐증에서 나타나는 높은 간질 발병률도 설명한다. 곧,

BDNF의 방출로 인해 뇌 지도가 제대로 분화되지 않은 상태로 뇌 안에 너무 많은 연결이 무차별하게 강화되어 있기 때문에, 일단 몇 개의 뉴런이 발화하기 시작하면 뇌 전체가 발화를 시작하게 되는 것이다. 이는 자폐아들의 뇌가 어째서 더 큰지를 설명하기도 한다.[43] 앞서 봤듯이 BDNF는 뉴런 둘레의 지방 피막을 증가시킨다.

BDNF 방출이 자폐증과 언어 문제의 한 원인이라면, 머제니치는 무엇이 어린 뉴런들을 '과도하게 흥분시켜' 다량의 BDNF를 방출하게 하는가를 이해할 필요를 느꼈다.

여러 연구들이 그에게 환경적 인자가 어떤 식으로 관여할 수 있는에 대한 주의를 환기시켰다. 마음에 걸리는 한 연구는, 독일 프랑크푸르트의 어린이들이 시끄러운 공항에 가까이 살수록 지능이 낮음을 보여주었다. 시카고의 댄 라이언 고속도로 위쪽에 있는 공공주택에 사는 어린이들에 대한 유사한 연구는, 고속도로에 가까운 곳에 사는 어린아이일수록 지능이 낮다는 사실을 보여주었다. 그로부터 머제니치는 모든 사람에게 영향을 주지만 유전적 소인이 있는 어린이들에게 특히 더 해로운 결과를 미치는 새로운 환경적 위험 인자가 무슨 역할을 하는지 궁금해지기 시작했다. 그가 의심한 환경적 인자는 백색소음white noise이라고 불리기도 하는, 기계들로부터 나오는 연속적인 배경 소음이다. 백색소음은 수많은 진동수로 이루어져 있고 청각피질에 매우 자극적이다.

"어린아이들은 갈수록 더 시끄러운 환경에서 자라납니다. 주변에서 항상 무엇인가가 소음을 내고 있죠." 그가 말한다. 이제 백색소음은 전자제품 안의 송풍기, 에어컨, 난방기, 차 엔진 소리를 비롯해 어디에서나 존재한다. 그런 소음이 발달 중인 뇌에 어떤 영향을 미칠 것인가? 머제니치는 궁금했다.

머제니치의 가설을 시험하기 위해 쥐의 새끼를 임계기 내내 백색소음에 노출시킨 연구팀은 그 새끼들의 피질이 황폐화된 것을 발견했다.

"소음을 들을 때마다," 머제니치는 말을 잇는다. "우리는 청각피질 안의 모든 것을 흥분시킵니다. 모든 뉴런을요." 발화하는 뉴런이 아주 많으면, 결국 엄청난 BDNF 방출이 일어난다. 그리고 그의 모형이 예측했듯이 이 방출은 임계기를 조기 마감시킨다.[44] 그 동물에게 남는 것은 분화되지 않은 뇌 지도와 아무 진동수에나 완전히 무차별적으로 발화하는 뉴런들이다.[45]

머제니치는 이 쥐의 새끼들이 자폐아처럼 간질을 쉽게 일으킨다는 사실을 발견했다. 그 쥐들은 평범한 말소리에 노출되어도 간질성 발작을 일으켰다(록 콘서트에서 비추는 섬광이 인간 간질 환자들에게 발작을 일으키기도 한다. 섬광은 여러 진동수의 빛을 규칙적으로 방출하는 것이므로 일종의 시각적 백색소음이다). 머제니치는 바야흐로 자폐증 연구를 위한 동물 모델을 가질 수 있었다.

근래의 뇌 스캔 연구를 통해 자폐아들이 실제로 소리를 비정상적으로 처리한다는 사실을 확인할 수 있다.[46] 머제니치는 자폐아들이 학습하는 데 문제가 있는 이유를 미분화된 피질로 설명할 수 있다고 생각한다. 피질이 미분화된 아이는 주의를 기울이기가 몹시 어렵다. 이 어린이들은 한 가지에 집중하라는 요구를 받으면 '쿵쿵'거리고 '윙윙'거리는 소리가 들리는 것 같은 착각을 경험한다. 자폐아들이 흔히 세상에서 시선을 돌리고 자기가 만든 껍질 속에 틀어박히는 이유가 바로 그것이다. 머제니치는 이와 똑같은 문제가 좀 약한 형태로 보다 흔한 주의 장애도 일으킬 것이라고 생각한다.

이제 머제니치에게 주어진 문제는 '미분화된 뇌를 정상으로 돌리기 위해 임계기 이후에 무엇을 할 수 있을까?' 하는 것이었다. 그의 팀이 그 일을 할 수 있다면, 자폐아들에게 희망을 줄 수 있을 것이다.

그들은 먼저 백색소음을 이용해서 쥐들의 청각 지도를 탈분화시켰다. 손상을 가한 뒤 그들은 매우 단순한 음들을 한 번에 하나씩 이용해서 지도를 정상으로 돌리고 재분화시켰다.[47] 실제로 지도는 훈련과 더불어 정상적인 수준으로 돌아왔다. "바로 이 일을," 머제니치가 말을 잇는다. "지금 저희가 자폐아들에게 하려고 애쓰고 있습니다." 현재 그는 로라리를 도왔던 프로그램을 다듬어서, 자폐증을 위한 변형 패스트 포워드를 개발하고 있다.

---

어른들이 임계기 가소성을 다시 열어서 아이들처럼 노출만으로 언어를 습득하는 것이 가능하다면 어떨까? 머제니치는 이미 가소성이 성인기로도 연장된다는 것, 그리고 노력하면──바짝 주의를 기울임으로써──우리의 뇌를 재배선할 수 있다는 것을 보여주었다. 하지만 그가 지금 묻고 있는 것은 다르다. 배우는 데 노력이 필요 없는 시기가 연장될 수 있을까?

임계기 동안의 학습에 노력이 들지 않는 것은 그 기간 동안 마이네르트 기저핵이 언제나 발화 상태로 있기 때문이다. 그래서 머제니치와 그의 젊은 동료인 마이클 킬가드Michael Kilgard는 한 실험을 계획했다. 그들은 다 자란 쥐의 마이네르트 기저핵을 인공적으로 발화시키고 그 쥐에게 학습 과제를 주었는데, 쥐들은 거기에 주의를 기울일 필요도 없었고 학습에 보상을 받지도 않았다.

그들은 쥐의 마이네르트 기저핵 안으로 미세전극들을 삽입하고 전류를 사용해서 계속 발화시켰다. 그런 다음 그 쥐를 9헤르츠 소리 진동수에 노출시켜 그 쥐가 임계기의 새끼들처럼 힘들이지 않고 뇌 지도에서 그 소리를 위한 자리를 발달시킬 수 있는지 알아보았다. 일 주일 뒤에 킬가드와 머제니치는 그 특정한 소리 진동수를 위한 쥐의 뇌 지도가 엄청나게 확장되어 있음을 발견했다. 그들은 성인기에 임계기를 다시 여는 인공적인 방법을 발견한 것이다.⁴⁸

다음에 그들은 같은 기법을 써서 뇌의 처리 속도를 높였다. 보통 다 자란 쥐의 청각 뉴런은 최대 초당 12박자로밖에 음에 반응할 수 없다. 하지만 그들은 마이네르트 기저핵을 자극함으로써, 그 뉴런들이 훨씬 더 빠른 입력에 반응하도록 '교육'시킬 수 있었다.

이 연구는 인생 후기에 고속 학습을 할 수 있는 가능성을 활짝 열었다. 우리는 마이네르트 기저핵을 전극으로, 특정 화학물질의 미량 주입으로, 또는 약물로 발화시킬 수 있다. 과학적, 역사적, 전문적 사실들을 큰 노력 없이 잠깐 훑어보는 것만으로 통달할 수 있게 해주는 기술이 있다면, 결과야 어떻든 간에 끌리지 않을 사람이 있으리라고 상상하기 힘들다. 새로운 나라에 이민 오는 사람들이 이제 그 나라의 언어를 억양까지 완벽히 쉽게 몇 달만에 습득할 수 있다고 상상해보라. 직장에서 쫓겨난 노인들이 어린 시절처럼 민첩하게 새로운 기술을 배울 수 있다면 그 삶이 어떻게 바뀔 수 있겠는지 상상해보라. 그러한 기법들은 고등학생이나 대학생이 공부하거나 경쟁적인 입시를 치르는 데도 사용될 것이 틀림없다 (이미 많은 학생들이 주의 결핍 장애가 없으면서도 공부할 때 흥분제를 사용한다). 그러한 적극적 개입은 물론 뇌에——우리가 스스로를 다스리는 능력은 말할 것도 없이——예기치 않은 역효과를 가져올 수도 있다. 그러나 기꺼이 위험을 감수할 만큼 긴박한 의학적 필요가 있을 경우에는 선구적인 역할을 할 수 있다. 마이네르트 기저핵을 발화시키는 것은 뇌 손상 환자들에게 도움이 될 수도 있다. 많은 뇌 손상 환자들이 충분히 바짝 주의를 기울이지 못하는 까닭에 읽기, 쓰기, 말하기, 걷기의 잃어버린 기능을 다시 배울 수 없기 때문이다.

---

머제니치는 포지트 사이언스Posit Science라는 새로운 회사를 차렸다. 포지트 사이언스는 사람들이 나이를 먹어서도 뇌의 가소성을 보존하고 정신적 수명을 연장하도록 돕는 일을 하는 회사이다. 머제니치는 예순한 살이지만 자신을 늙은이라고 부르기를 주저하지 않는다. "저는 연륜 있는 분들을 사랑합니다. 늘 그랬어요. 제가 세상에서 가장 좋아했던 사람은 아마 우리 친할아버지였을 겁니다. 할아버지는 제가 살면서 만나본 가장 지적이고 재미있는 서너 분에 들어가는 한 분이셨죠." 그의 할아버지는 아홉 살에 독일에서 미국으로 건너오는 마지막 쾌속선을 타고 왔다. 그는 독학으로 공부해서 건축가이자 건설업자가 되었고, 평균 수명이 마흔에 가깝던 당시에 일흔아홉까지 살았다.

"지금 예순다섯 살인 누군가가 죽을 때쯤 되면, 평균 수명은 80대 후반이 될 것으로 추정됩니다. 그런데 여든다섯 살에 알츠하이머에 걸릴 확률은 47퍼센트이지요." 머제니치가 껄껄 웃는다. "그러니 우리는 사람들이 아주 오래 살 수 있게 만드는 바람에, 오래 산 노인들 중 평균적으로 절반은 죽기도 전에 마음속의 천국에 가 있는 기괴한 상황을 만들어버린 겁니다. 사람이 정신적 수명을 연장해서 육체의 수명에 이르게 하기 위해서는 무언가를 해야만 하는 상황입니다."

머제니치는 우리가 나이를 먹어가면서 강도 높은 학습을 무시하면, 가소성을 조절하는 뇌 안의 체계가 쇠약해져버린다고 생각한다. 이에 대응해서 그는 노화와 관련된 인지적 감퇴——기억력, 사고력, 처리 속도의 일반적인 감퇴——를 막기 위한 뇌 훈련을 개발했다.

머제니치가 정신적 감퇴를 물리치는 방식은 주류 신경과학과 사이가 좋지 않다. 노화하는 뇌에서 일어나는 물리적이고 화학적인 변화를 주제로 한 수만 건의 논문들은 뉴런이 죽어가면서 일어나는 과정들을 묘사한다. 시장에는 이 과정들을 막고 뇌 안에서 바닥나고 있는 화학물질의 양을 올리려는 의도로 만들어진 수십 가지의 약들이 소비자를 향해 줄을 서 있다. 머제니치는 매출 수십억 불의 가치가 있는 아리셉트Aricept, 레미닐Reminyl, 엑셀론Exelon*과 같은 약들이 그럼에도 단지 4개월에서 6개월 정도밖에 효과를 내지 못한다는 점을 지적한다. 약의 역사상 "그렇게 약한 효과를 가지고, 그렇게 널리 팔리며 확산된" 약은 하나도 없다고 이야기한다.

"그리고 정말 잘못된 점이 있습니다." 머제니치가 말한다. "모두가 평범한 기술과 능력을 유지하는 데 필요한 것은 무시한다는 겁니다……. 마치 어느 정도 젊은 시절에 뇌 안에 들어온 기술과 능력은 물리적인 뇌가 황폐해짐에 따라 같이 황폐해질 운명이라는 듯이 말입니다." 그는 주류들의 접근법이 뇌 안에서 새로운 기술을 발달시키려면 무엇이 필요한가를 진정으로 이해하지 않고 있음은 물론, 습득한 기술을 유지하는 데도 전혀 신경을 쓰지 않는다고 주장한다. "주류 접근법은 이렇게 상상하는 거죠." 그가 말을 잇는다. "약으로 적절한 신경전달물질의 수준을 조작하면…… 기억력이 돌아오고, 인지력도 쓸 만해지고, 우리는 가젤처럼 다시 돌아다니기 시작할 것이라고요."

주류적 접근은 선명한 기억력을 '유지'하는 데 무엇이 요구되는가는 고려의 대상에 넣지 않는다. 나이를 먹어가면서 기억력 손실이 일어나는

---

\* 모두 시판되고 있는 치매치료제.

주요한 이유 가운데 하나는 우리가 새로운 사건을 신경계 안에 기록하는 데 문제가 있기 때문이다. 즉, 뇌의 처리 속도가 떨어져서 지각의 정확도, 강도, 선명도가 떨어지기 때문이다. 무언가를 분명하게 기록하지 못하면 우리는 잘 기억하지도 못한다.

노화의 가장 흔한 문제들 중 하나인 단어를 잘 찾지 못하는 문제를 생각해보자. 머제니치의 생각에 단어를 찾지 못하는 문제가 잘 일어나는 이유는 가소적 변화를 위해 열심히 일해야 할 뇌의 주의 체계와 마이네르트 기저핵을 점차 무시해서 위축시키기 때문이다. 이러한 위축이 일어나면 우리는 자연히 '흐린 기억의 심상fuzzy engram'을 가지고 말을 하게 된다. 다시 말해서 기억의 심상을 부호화하는 뉴런들이 강력하고 선명한 신호를 보내는 데 필수적인, 조정되고 빠른 방식으로 발화하지 않기 때문에 소리나 단어가 나타내는 표현이 선명하지 않다는 뜻이다. 말을 표상하는 뉴런이 하류에 있는 모든 뉴런에게 흐릿한 신호를 전달하기('혼탁하게 들어가면 혼탁하게 나오기') 때문에 우리가 그 단어들을 기억하고, 찾고, 사용하는 데에도 문제가 생기는 것이다. 이는 앞서 보았던 언어장애가 있는 어린이들의 뇌에서 일어나는 문제와 유사하다. 그 어린이들의 뇌도 역시 '잡음이 많은 뇌'였다.

뇌에 '잡음이 많으면', 뇌에 혼잡스러운 전기 활동이 너무 많아져서 새로운 기억을 위한 신호가 이에 대항할 수 없으므로, '신호 대 잡음 문제'가 일어난다.

머제니치는 그 체계가 두 가지 이유로 더 잡음이 많아진다고 말한다. 첫째는 누구나 알고 있듯이 "모든 것이 점차 죽어버리기" 때문이다. 그러나 "잡음이 많아지는 주된 이유는 뇌를 적절하게 훈련하지 않고 있기 때문"이다. 훈련을 그만두는 것은 아세틸콜린──말했듯이, 뇌가 '채널을 맞추고' 선명한 기억을 형성하도록 돕는 물질──을 분비하는 마이네르트 기저핵을 완전히 방치하는 것이다. 사람에게 경미한 인지적 장애만 있어도, 마이네르트 기저핵에서 만들어지는 아세틸콜린은 측정할 수 없을 정도로 줄어든다.

"우리에게는 어린 시절에 강력한 학습 기간이 있었습니다. 그때는 날마다 새로운 것이 가득했었죠. 그 다음 우리는 취직한 초창기에 맹렬히 학습에 몰두해서 새로운 기술과 능력을 습득합니다. 그리고 우리는 살아가면서 점점 더 숙달된 기술과 능력을 운영하기만 합니다."

심리학적으로, 중년은 종종 매력적인 시기이다. 다른 모든 것이 동등하다면, 중년은 이전까지의 기간에 비해 비교적 평온한 기간일 수 있기 때문이다. 중년의 몸은 청년기 때처럼 변화하지 않는다. 중년인 사람은 자신이 누구인지 확고한 느낌을 가지고 있고 한 직업에 숙달해 있을 가능성이 높다. 그는 자신이 여전히 활동적이라고 여기지만, 스스로를 속이며 자신이 예전에 하듯이 학습하고 있다고 생각하는 경향이 있다. 젊었을 때 새로운 어휘를 학습하거나 새로운 기술을 익히면서 했듯이 바짝 주의를 집중해야 하는 과제에 몰입하는 일은 극히 드물다. 신문을 읽고, 여러 해 동안 한 직업에 종사하고, 모국어를 말하는 것과 같은 활동들은 대개 숙달된 기술의 재연이지 학습이 아니다. 70대에 다다를 무렵이면, 이미 50년쯤은 가소성을 조절하는 뇌 안의 체계들을 규칙적으로 바쁘게 하지 않고 지냈을 것이다.

바로 그렇기 때문에 나이가 들어서 새로운 언어를 배우면 일반적으로 기억력을 향상시키고 유지하는 데 크게 도움이 된다. 새로운 언어를 공부하는 것은 강한 집중을 요구하기 때문에, 가소성의 조절계를 가동시켜서 모든 종류의 기억을 선명하게 저장할 수 있는 훌륭한 건강 상태를 유지한다. 패스트 포워드가 생각하는 능력을 일반적으로 대단히 향상시키는 역할을 한다는 것은 의심의 여지가 없다. 부분적인 이유는 패스트 포워드가 아세틸콜린과 도파민의 생산을 유지하는 가소성 조절계를 자극하기 때문이다. 높은 주의 집중을 요구하는 활동이라면 어떤 것이든—집중을 요구하는 새로운 신체 활동, 난해한 수수께끼 풀기, 새로운 기술과 내용을 숙달해야 하는 직업 전환—그 체계의 자극을 도울 것이다. 머제니치 자신은 나이 들어서 새로운 언어 배우기를 지지한다. "우리는 덕분에 모든 것을 점점 더 다시 예민하게 다듬게 되고, 그 일은 우리에게 정말 커다란 득이 됩니다."

움직이는 것도 마찬가지이다. 그저 여러 해 전에 배웠던 춤을 추는 것은 뇌의 운동피질이 건강을 유지하는 데 도움이 되지 않을 것이다. 정신이 살아 있도록 하려면 진정으로 새로운 무언가를 강도 높게 집중해서 학습하는 것이 필요하다. 그것이 바로 우리가 새로운 기억을 저장하고, 오래된 기억에 더 쉽게 접근하고, 그 기억을 보존할 수 있는 체계를 가질 수 있는 길이다.

포지트 사이언스에 속한 서른여섯 명의 과학자들은 대체로 나이를 먹어감에 따라 망가지는 다섯 영역을 연구하고 있다. 적절한 훈련을 개발하는 열쇠는 뇌에 적절한 자극을, 적절한 순서로, 가소적 변화를 가동시키기에 적절한 타이밍으로 주는 것이다. 과학적인 과제의 일부는, 실생활에 적용할 수 있는 정신 기능 훈련법을 찾음으로써 뇌를 훈련시키기에 가장 효율적인 방식을 찾는 것이다.[49]

머제니치는 말한다. "젊은 뇌에서 일어나는 모든 것은 늙은 뇌에서도 일어날 수 있습니다." 유일한 조건은 그 사람이 계속해서 주의를 기울이기에 충분한 보상이나 벌이 반드시 있어야 한다는 것이다. 그렇지 않으면 훈련 기간이 지루해진다. 그는 말한다. "조건만 갖춘다면 그 변화는 어느 모로 보나 갓 태어난 아기에게서 일어나는 변화만큼 대단할 수도 있습니다."

포지트 사이언스는 성인의 단어와 언어 학습에 필요한 기억력을 향상시키기 위해서, 패스트 포워드와 유사한, 청각적 기억을 위한 듣기 훈련과 컴퓨터게임을 이용한 훈련들을 설계했다. 이 훈련은, 많은 자기계발 서적들이 추천하듯이 기억력이 희미해진 사람들에게 암기할 단어들의 목록을 주는 대신, 사람들에게 느리고 또박또박하게 조정한 말소리를 들려줌으로써 소리를 처리하는 뇌의 기본적인 능력을 재건한다. 머제니치는 사람들에게 그들이 할 수 없는 것을 시켜서는 희미해져가는 기억력을 향상시킬 수 없다고 믿는다. "훈련을 한답시고 죽은 말에 채찍질을 하고 싶지는 않습니다." 그가 말한다. 성인들은 우리가 아기 때 누워서 엄마의 목소리를 다른 소음으로부터 분리해내려고 애쓰던 이후로는 해본 적 없는 방식으로, 듣기 능력을 개선하는 훈련을 한다. 그 훈련은 뇌가 도파민과 아세틸콜린을 생산하도록 자극하는 동시에 뇌의 처리 속도를 높이면서 기본 신호를 더 강하고, 더 선명하고, 더 정확하게 만든다.

여러 대학들이 지금 표준화된 기억력 검사를 이용해서 머제니치의 기억력 훈련을 시험하고 있다. 포지트 사이언스는 첫 번째 대조군 연구를 「미국 국립과학원회보」에 발표했다.[50] 60세에서 87세 연령의 성인들이 청각적 기억 프로그램을 하루 한 시간씩 일주일에 5일을 8주에서 10주 동안, 합쳐서 40~50시간 동안 연습하여 그 일에 숙달되었다. 훈련 이전에 피실험자들은 표준 기억력 검사로 볼 때 평균적으로 전형적인 70세와 같은 수행력을 보였다. 훈련 이후, 그들은 40~60세라는 넓은 영역에 속한 사람들과 같은 수행력을 보였다. 많은 피실험자들이 자신의 기억력 시계를 10년 이상, 어떤 사람들은 25년이나 돌려놓은 셈이다. 이러한 향상은 3개월 뒤 사후 점검까지도 유지되었다. 윌리엄 재거스트William Jagust가 이끄는 남캘리포니아 대학 버클리 캠퍼스의 한 팀은 훈련을 받은 사람들의 '이전'과 '이후'를 양전자방출단층촬영술PET로 스캔했다.

그들의 뇌에는 그 연령대의 사람들에게서 전형적인 '대사적 감퇴'의 신호들, 곧 점진적으로 활동성이 떨어져가는 뉴런들이 나타나지 않았다.[51] 그 연구는 청각적 기억 프로그램을 사용한 71세의 피실험자들과 신문을 읽거나 오디오북을 듣거나 컴퓨터게임을 하면서 같은 양의 시간을 보낸 같은 연령의 다른 피실험자들을 비교하기도 했다. 프로그램을 사용하지 않은 사람들은 전두엽에서 대사적 감퇴가 계속되고 있다는 신호들을 보인 반면, 프로그램을 사용한 사람들은 그렇지 않았다. 프로그램을 사용한 사람들은 오히려 오른쪽 두정엽과 기타 여러 뇌 영역에서 대사 활동이 증가했고, 이는 기억력과 주의력 검사에서 더 나은 수행력을 보인 것과 상관관계가 있는 영역들이다. 이 연구는 뇌 훈련이 노화와 관련된 인지적 감퇴를 늦출 뿐만 아니라, 기능의 향상을 가져올 수도 있음을 보여준다. 그리고 중요한 점은 이 변화들이 단지 40시간에서 50시간의 뇌 훈련으로 나타났다는 것이다. 더 많이 훈련하면, 더 큰 변화가 가능할지도 모른다.

머제니치는 자신의 팀이 사람들의 인지 기능 시계를 돌려놓음으로써 그들의 기억력, 문제 해결 능력, 언어 기술을 다시 젊어지게 했다고 말한다. "우리는 사람들을 훨씬 더 젊은 사람이나 가질 수 있는 능력을 발휘하도록 만들었습니다. 20년이나 30년쯤 역전시키는 거죠. 나이 여든인 사람도 언제든지 활동에 돌입할 태세로 쉰이나 예순 먹은 사람처럼 행동하고 있어요." 이 훈련은 현재 서른 개의 자립 생활 공동체에서 채택하고 있고, 개인적으로는 포지트 사이언스 웹사이트를 통해 만나볼 수 있다.

포지트 사이언스는 시각 처리의 문제도 연구를 하고 있다. 나이가 들면서 우리는 언제부터인가 분명하게 보지를 못하게 된다. 그것은 그저 눈이 나빠져서가 아니라 뇌 안에 있는 시각 처리장치들이 약화되기 때문이다. 노인들은 더 쉽게 주의가 흩어지므로 '시각적 주의'의 통제를 잃기도 더 쉽다. 포지트 사이언스는 사람들에게 컴퓨터 스크린에서 다양한 물건들을 찾는 과제를 계속해서 수행하게 하면서 시각적 처리 속도를 높이는 컴퓨터 훈련을 개발하고 있다.

목표에 집중하기, 지각하는 대상에서 주제 뽑아내기, 판단 내리기와 같은 '관리 기능'을 지원하는 전두엽을 위한 훈련도 있다. 이 훈련은 사람들이 사물을 종류대로 나누고, 복잡한 지시를 따르고, 사람과 장소와 물건을 제자리에 두도록 만드는 연상적 기억을 강화한다.

포지트 사이언스는 미세한 운동 조절에 관한 연구도 하고 있다. 나이가 들면서 많은 사람들이 그림, 뜨개질, 악기 연주, 목공과 같은 작업을 포기하는 이유는 세밀한 손동작을 할 수 없게 되기 때문이다. 이에 관련해서 지금 개발 중인 훈련은 희미해져가는 뇌 안의 손 지도를 더 정밀하게 만들어줄 것이다.

마지막으로 그들은 '대근 운동 조절gross motor control'에 대한 연구를 하고 있다. 나이가 들면서 이 기능이 감퇴하면 균형을 잃고, 잘 넘어지고, 움직임이 힘들어진다. 전정적 처리 불능과는 별개로 이 기능의 감퇴는 발에서 되돌아오는 감각의 감소 때문에 일어난다. 머제니치에 따르면, 우리가 수십 년 동안 신어온 신발은 발에서 뇌로 되돌아가는 감각을 제한한다. 우리가 맨발로 다닌다면, 뇌는 우리가 울퉁불퉁한 표면을 건너갈 때 다양한 종류의 많은 입력을 받을 것이다. 신발은 자극을 분산하는 비교적 평평한 발판이며, 우리가 걷는 표면은 점점 더 인공적으로 평평해지고 있다. 이 때문에 우리는 한 벌밖에 없는 우리 발의 지도를 탈분화시켜서, 접촉의 안내로 발을 조절하는 방식이 제한을 받는다. 그러고는 우리는 비틀거리지 않으려고 지팡이, 보행 보조기, 목발을 사용하거나 다른 감각에 의지하기 시작한다. 우리는 망가져가는 뇌 체계를 훈련시키는 대신 이러한 보상에 안주함으로써 뇌 기능의 감퇴를 재촉한다.

나이가 들어 계단을 내려가거나 약간 험한 지형을 지나갈 때 발을 내려다보고 싶어지는 이유는, 우리가 발에서 많은 정보를 얻지 못하고 있기 때문이다. 머제니치는 장모를 모시고 별장 계단을 내려가면서 아래를 내려다보지 말고 발의 감각으로 가보시라고 설득했다. 이렇게 하여 그의 장모는 발이 점점 더 쇠약해지도록 내버려두지 않고 발의 감각 지도를 유지하고 발달시킬 수 있을 것이다.

---

머제니치는 뇌 지도를 확장하는 데 여러 해를 바치고 나자 이제는 우리가 뇌 지도를 줄이고 싶을 때도 있다고 믿는다. 그는 문제를 일으키는 뇌 지도를 제거할 수 있는 정신적 지우개를 개발하는 연구를 해오고 있다. 이 기법은 사고를 당한 다음 그 경험이 자꾸 떠오르거나(플래시백), 강박관념이 반복되거나, 특정한 공포 증상이 있거나, 문제 있는 장면들을 자주 연상하는 사람들에게 대단히 유용할 것이다. 물론, 악용될 가능성을 생각하면 오싹하기는 하지만.

머제니치는 우리가 태어날 때 가지고 나온 뇌가 그대로 고정된다는 관점에도 계속 도전하고 있다. 머제니치의 뇌는 세상과 끊임없이 협력하며 만들어진다. 경험으로 형성되는 것은 세상에, 곧 감각에 가장 많이 노출되는 뇌의 부위들만이 아니다. 우리가 겪은 경험의 결과로 일어나는 가소적 변화는 뇌 안으로 깊숙이, 궁극적으로 우리의 유전자 속으로까지 침투해 들어가 유전자의 틀까지도 바꾸어놓는다. 나중에 우리는 이 주제로 돌아오게 될 것이다.

머제니치가 많은 시간을 보내는 이 지중해풍의 별장은 낮은 산들 가운데 자리하고 있다. 우리는 그가 얼마 전에 일군 포도밭 사이를 걷는다. 밤이 되어 그가 철학을 공부하던 젊은 시절에 관해 이야기를 나누는 동안, 네 세대에 걸쳐 있는 그의 원기왕성한 가족들은 서로 짓궂게 놀려대며 왁자지껄한 웃음을 터뜨린다. 소파에는 태어난 지 몇 개월밖에 안 된 머제니치의 손녀가 있다. 아기는 수많은 임계기의 한복판에 있다. 아기는 워낙 훌륭한 청취자이기에 주위의 모든 사람을 행복하게 만든다. 우리가 아기를 향해 '까꿍' 소리만 내도, 아기는 그 소리를 듣고 자지러진다. 우리가 발가락을 간질이면, 아기는 완전히 거기에 몰두한다. 아기는 방을 둘러보면서 모든 것을 빨아들인다.

# 04
## 성과 사랑은 뇌를 어떻게 바꿀까

A라는 미혼의 잘 생긴 젊은 남성이 우울증 때문에 나를 찾아왔다. 그는 남자친구가 있는 아름다운 어떤 여성에게 빠져들게 되었는데, 그녀는 자신을 성적으로 학대하라고 그를 부추겼다. 그녀는 매춘부 차림을 하고 그에게는 '포주' 역할을 맡겨 폭력적인 내용의 성 판타지를 연기하고 싶어 했다. 점차 그녀를 만족시켜주고 싶은 위험한 욕망을 느끼기 시작한 그는 몹시 당황하여 관계를 끊고 치료할 길을 찾았던 것이다. 그에게는 이미 다른 남자와 밀접한 관계이면서도 감정을 통제하지 못하는 여성들과 관련된 전력이 있었다. 그의 여자친구들은 요구가 많고, 소유욕이 강하고, 거세라도 할 듯이 잔혹했다. 그렇지만 그를 짜릿하게 하는 여성은 바로 이들이었다. '착한' 여자들, 사려 깊고 친절한 여성들은 그를 따분하게 했으며 부드럽고 단순한 방식으로 그를 사랑한 여자는 모두 결함이 있다고 느꼈다.

그의 어머니가 심한 알코올 중독이다. 유혹적이었으며, 그의 어린 시절 내내 감정의 폭풍과 격렬한 분노에 휩싸여 있었다. A는 어머니가 누나의 머리를 라디에이터에 들이박은 적도 있고, 의붓동생이 성냥을 가지고 놀았다고 벌로 손가락을 지진 적도 있다고 회상했다. 그의 어머니는 자주 우울증에 빠져 자살하겠다고 위협하고는 했으므로, 그의 역할은 경계를 늦추지 않고 어머니를 진정시켜 자살을 막는 것이었다. 그와 어머니의 관계는 성적인 색채가 짙기도 했다. 어머니는 훤히 들여다보이는 잠옷을 입고 그가 연인이라도 되는 듯이 말을 걸었다. 그에겐 어렸을 때 침대로 불려간 기억과 어머니가 자위를 하는 동안 발을 어머니의 질 속에 넣고 앉아 있는 영상이 희미하게 남아 있었다. 그는 그 장면에서 남몰래 흥분을 느꼈다. 그의 기억에 어머니에게서 멀리 떨어져 있던 아버지가 드물게 집에 있을 때면 자신은 '숨 쉴 틈 없이 헐떡이며' 부모들 간의 싸움을 말리려 했지만, 그의 부모는 결국 이혼했다.

A는 어린 시절의 대부분을 어머니와 아버지 모두에 대한 분노를 억누르며 보냈고, 때로는 자신을 터지기 직전의 화산처럼 느꼈다. 그에게 있어 친밀한 관계란, 자신을 괴롭히고 위협하는 다양한 형태의 폭력인 듯했다. 그렇지만 그런 어린 시절을 보내고 나서도 그는 바로 그렇게 자신을 다루는 여성들을 향한 성적 취향을 가지게 되었다.

인간은 다른 동물들에 비해 유별날 정도의 성적 가소성을 나타낸다. 사람마다 파트너와 성적 행위를 할 때 특별히 좋아하는 행위는 다양하다. 신체의 어디에서 성적인 흥분과 만족을 느끼는지도 다양하다. 하지만 무엇보다도 다양한 것은 누구, 또는 무엇에 끌리는가이다. 사람들은 흔히 특별한 '타입'에 끌린다고, 혹은 '달아오른다'고 이야기하는데, 이 '타입'은 사람마다 엄청나게 다르다.

어떤 이들의 경우에는 여러 시기를 거치고 새로운 경험들을 하면서 이 '타입'이 변화한다. 동성애 성향이 있는 어떤 남자는 한 인종 또는 한 민족 출신의 남성들과 연이어 관계를 가지다가, 다음에는 다른 인종 또는 민족 출신의 남성들과 연이어 관계를 가졌는데, 그 시기 안에서는 그 집단에 속한 남성들에게밖에는 끌리지 않았다. 한 시기가 끝난 뒤에는 그 이전 집단 출신의 남성에게 두 번 다시 끌리지 않았다. 그는 빠르게 새 '타입'에 맛을 들였으며, 그 사람 개인이 아니라 그 사람의 범주나 유형('아시아인' 혹은 '아프리카계 미국 흑인' 하는 식으로)에 더 열중하는 것 같았다. 이 남자의 성적 기호에서 나타난 가소성은 일반적인 진리를 강조하여 보여주고 있다. 곧, 인간의 성적 충동은 배선되어서 변화할 수 없는 생물학적 충동이 아니며, 이상하리만치 변덕스러워서 개인의 심리와 이제까지의 성적 경험으로 쉽게 변화할 수 있다는 것이다. 이와 달리 많은 과학 문헌은 성적 본능을 생물학적인 의무, 늘 굶주린 짐승, 항상 채워지지 않는 만족, 바로 미식가라기보다는 대식가로 표현한다. 하지만 인간은 미식가에 더 가까워서 다양한 '타입'에 끌리며 좋고 싫음이 분명하다. 자기만의 '타입'이 있기 때문에 우리는 원하는 대상을 찾을 때까지 만족하지 못한다. 우리가 선호하는 '타입'은 한정적이기 때문이다. '금발에 후끈 달아오르는' 사람은 암암리에 검은 머리나 빨간 머리는 젖혀놓는 것이다.

성적 기호조차도 변화할 수 있다.[1] 비록 일부 과학자들은 우리가 근본적인 성적 이끌림 성향을 타고난다고 점점 더 강조하고 있기는 하지만, 어떤 사람들은 살면서 전혀 양성애적인 경험 없이 이성애자로 살아오다가 나중에 '추가'로 동성에 끌리기도 하며, 그 반대의 경우도 있다.

성적 가소성은 파트너를 다양하게 바꾸면서도 새 연인에 새롭게 잘 적응하는 사람들에게서 가장 두드러지게 나타난다고 여길 수도 있다. 하지만 성생활을 훌륭하게 지속하면서 나이를 먹어가는 부부에게서 나타나는 가소성을 생각해보라. 그들이 20대에 서로를 만났을 때의 모습과 60대가 되어서의 모습은 매우 다르지만 부부는 여전히 서로 끌린다. 성적 충동이 적응하는 것이다.

그러나 성적 가소성은 여기에서 그치지 않는다. '페티시스트fetishist'는 움직이지 않는 물건에 욕망을 느낀다. 남성 '페티시스트'는 진짜 여성보다 털 장식이 달린 하이힐이나 여자 속옷에 더 흥분하기도 한다. 고대로부터 일부의 시골 사람들이 동물과 성교를 해왔다. 어떤 사람들은 파트너가 될 사람 자체보다 파트너가 사디즘과 마조히즘, 관음증과 노출증을 혼합해 각종 성 도착과 관련된 역할을 연기하는 복잡한 성적 각본에 더 끌리는 것 같다. 그런 사람들이 구인란에 광고를 실어 어떤 연인을 찾는지 설명한 것을 보면, 그 내용이 그들이 사귀고 싶어 하는 어떤 사람에 관한 것이 아니라 직무 내용 설명서에 더 가까운 경우가 많다.

'섹슈얼리티sexuality'는 하나의 본능이고, 본능이란 전통적으로 한 종에 고유한 유전적 행동으로서 구성원에 따라 거의 변하지 않는 것으로 정의한다면, 우리가 가진 성적 기호의 다양성은 정말로 기묘한 것이다. 본능은 일반적으로 변화에 저항하며, 생존 본능처럼 명백하고, 타협할 수 없으며, 강고하게 배선된 목적이 있는 것으로 여겨진다. 하지만 다른 동물의 성적 본능이 정말 본능처럼 작용하는 것과는 달리, 사람의 성적 '본능'은 핵심 목적인 번식에서 자유롭게 풀려난 것 같으며, 당황스러울 정도로 모습을 자주 바꾼다.[2]

다른 어떤 본능도 생물학적 목적을 달성하지 않으면서도 그토록 만족을 줄 수 없고, 다른 어떤 본능도 목적으로부터 그토록 분리되지 않는다. 인류학자들이 알려준 사실에 따르자면, 인간은 번식을 하려면 성교가 필요하다는 것을 오랫동안 몰랐다. 우리 조상들은 오늘날 아이들이 배워야 하는 것처럼, 이 '피할 수 없는 삶의 현실'을 배워야 했다. 아마도 성교가 일차적인 목적에서 이탈했다는 사실이야말로 성적 가소성의 결정적인 신호일 것이다.

사랑 역시 놀랄 만큼 융통성 있고, 사랑의 표현 또한 역사를 거치며 변화해왔다. 우리는 낭만적인 사랑을 감정들 중에서 가장 자연스러운 것이라고 이야기하지만, 사실 성인이 죽음이 갈라놓을 때까지 친밀함, 다정함, 욕정을 한 사람에게만 바라는 것은 모든 사회에 공통된 것이 아니라, 서구 사회에서 지극히 최근에 퍼진 것에 지나지 않는다. 수천 년 동안 대부분의 결혼은 여러 가지 현실적인 이유로 부모들끼리 정했다. 분명 성경의 아가서처럼 결혼과 연관된 영원토록 이어질 낭만적인 사랑 이야기들이 있으며, 중세 음유시인들의 시와 셰익스피어의 작품에도 커다란 불행과 연관된 사랑 이야기들이 있다. 하지만 낭만적 사랑은 12세기 유럽의 귀족 정치와 법정에서 비로소 사회적 승인을 얻기 시작했으며, 원래 미혼 남성과 유부녀 간의 간통 아니면 이루어질 수 없는 관계를 말하는 것으로, 대개 좋지 않게 끝났다. 연인들이 스스로 짝을 선택할 수 있어야 한다는 개념이 자리를 잡아 점차 자연스럽고 양보할 수 없는 개념으로 인식되기 시작한 것은 오로지 개인주의라는 민주주의적 이상이 전파되면서부터이다.

우리의 성적 가소성이 뇌가소성과 관련이 있냐고 묻는 것은 타당한 질문이다. 연구에 따르면 뇌가소성은 뇌의 특정 분과에만 해당하는 것이 아니며, 우리가 이미 둘러본 감각, 운동, 인지의 처리 영역들에 국한되어 있는 것도 아니다. 성을 포함해 본능적인 행동을 조절하는 시상하부나, 감정과 불안을 처리하는 편도체나 가소적인 뇌 구조인 것은 마찬가지다.[3] 뇌에서 피질과 같은 어떤 부분은 변화할 수 있는 뉴런과 연결이 많기 때문에 가소성의 잠재력이 더 크겠지만, 우리는 피질 이외의 영역에서도 가소성을 볼 수 있다. 가소성은 모든 뇌 조직의 성질이다. 호흡을 조절하고[4] 원초적인 감각[5]과 통증을 처리하는 영역들[6]은 물론 해마(우리의 기억을 단기기억에서 장기기억으로 전환시키는 영역)에도 가소성이 존재한다.[7] 과학자들이 보여주었듯이, 가소성은 척수에도 존재한다.[8] 심한 척추 손상을 입었던 배우 크리스토퍼 리브Christopher Reeve는 혹독한 훈련으로 사고 후 7년 만에 일부 느낌과 능력을 되찾아 움직이게 되어 그러한 가소성을 몸으로 보여주었다.

머제니치는 이렇게 표현한다. "가소성은 따로 떼어서 가지고 있을 수 없습니다……. 그런 것은 절대로 불가능합니다." 그의 실험들은 하나의 뇌 체계가 변화하면 연결되어 있는 다른 체계들도 마찬가지로 변화한다는 사실을 보여주었다.[9] 똑같은 '가소성 법칙들'—쓰지 않으면 잃는다, 또는 함께 발화하는 뉴런들은 함께 연결된다—이 뇌에 전체적으로 적용된다. 그렇지 않다면 뇌의 서로 다른 영역들은 함께 기능할 수 없을 것이다.

감각, 운동, 언어의 피질에 있는 뇌 지도에 적용되는 것과 똑같은 가소성 법칙들이 성적 관계나 기타 관계들을 표상하는 더 복잡한 지도에도 적용될까? 머제니치는 복잡한 뇌 지도도 간단한 지도와 똑같은 가소성 원리들에 지배받는다는 것을 보여주었다. 단순한 음에 노출된 동물에게는 그 음을 처리하기 위한 단일한 뇌 지도 영역이 발달한다. 여섯 음의 멜로디와 같은 복잡한 패턴에 노출된 동물의 경우는 단순히 여섯 개의 서로 다른 지도 영역이 한데 연결되는 것이 아니라, 전체 멜로디를 부호화하는 하나의 영역이 발달한다. 이렇듯 더 복잡한 멜로디 지도도 단일 음의 지도와 똑같은 가소성 원리들을 따른다.[10]

"성적 본능은 그 가소성, 즉 목표를 바꿀 수 있는 능력 때문에 우리의 이목을 끈다"고 프로이트가 썼다.[11] 프로이트가 '섹슈얼리티'가 가소적이라고 주장한 첫 번째 인물은 아니지만——플라톤은 사랑에 관한 대화에서 인간의 에로스는 많은 형태를 띤다고 주장했다[12]——그는 성과 로맨스의 가소성을 신경과학적으로 이해하기 위한 기초를 쌓았다.

그의 가장 중요한 공헌 가운데 한 가지는 성적 가소성의 임계기를 발견한 것이다. 프로이트는, 성적으로 친밀히 사랑할 수 있는 성인의 능력은 유아가 부모에게 품는 최초의 강렬한 애착에서 시작되어 단계적으로 펼쳐진다고 주장했다. 그는 자신의 환자와 어린이들을 관찰함으로써, 사춘기가 아닌 유아기 초기가 '섹슈얼리티'와 친밀감의 첫 번째 임계기이며, 어린아이들도 성적 느낌의 원형과 같은 강렬한 느낌——홀딱 반함, 사랑하는 느낌, 어떤 경우는 A처럼 성적인 흥분까지——을 가질 수 있다는 사실을 깨달았다. 프로이트는 '섹슈얼리티'의 임계기에 있는 아동을 성적으로 학대하면, 차후 성에 관한 기호와 사고를 형성하는 데 심대한 영향을 끼치기 때문에 매우 해롭다는 사실을 발견했다. 어린아이들은 무력하므로 아이들에게는 전형적으로 부모에 대해 강렬한 애착이 발달한다. 부모가 따뜻하고 너그럽고 믿음직스러우면 아이에게는 훗날 흔히 그런 종류의 관계를 향한 기호가 발달하고, 부모가 무관심하고 차갑고 거리를 두고 자기 세계에 빠져 있으며 화를 잘 내고 모호하거나 변덕스러우면, 그 아이는 커서 그와 비슷한 성향이 있는 짝을 찾아낼 것이다. 예외가 있기는 하지만, 타인과의 관계와 애착 형성의 초기 유형에 문제가 있을 경우, 그 유형이 어린 시절에 뇌 안에 '배선'되어 성인기에 반복될 수 있다는 프로이트의 기본적인 통찰은 오늘날 방대한 양의 연구를 통해 확인되고 있다.[13] A가 처음 나를 보러 왔을 당시, 그가 연기했던 성적 각본의 많은 부분들은 그의 정신에 깊은 상처를 낸 어린 시절의 경험을 희미하게 위장하여 반복한 것이었다. 이를테면 정상적인 성적 경계를 넘어선 불안정한 여자와의 은밀한 관계에 이끌리고, 거기에 적대감과 성적 흥분이 뒤섞이고, 그 사이에 바람을 피는 여자의 정식 파트너가 다시 등장해서 위협을 가하고 하는 등의 각본들 말이다.

임계기라는 개념을 공식화한 주인공은 프로이트가 성과 사랑에 관해 쓰기 시작할 무렵, 배아에서 신경계가 단계적으로 발달한다는 사실과 이 단계들이 방해를 받으면 그 동물이나 사람은 평생 동안 파국적인 해를 입게 되는 경우가 많다는 사실을 관찰한 발생학자들이었다.[14] 프로이트가 임계기라는 용어를 쓰지는 않았지만, 그가 성적 발달의 초기 단계를 두고 말한 것은 우리가 알고 있는 임계기의 내용과 합치한다. 임계기란 주어진 환경에서 사람들로부터 받는 자극의 도움으로 새로운 뇌 체계와 지도들이 발달하는 짧은 기간이다.[15]

성인의 사랑과 '섹슈얼리티'에 남아 있는 어린 시절 정서의 흔적은 우리의 일상 행동에서 쉽게 찾아볼 수 있다. 서구 문화의 성인들은 부드럽게 전희를 하거나 가장 친밀한 애정 표현을 할 때 흔히 서로를 '베이비 baby' 또는 '베이브 babe'라고 부른다. 그들은 어렸을 때 어머니가 자신에게 사용했던 '허니 honey'나 '스위티 파이 sweetie pie'와 같은 애칭들, 곧 어머니가 아기인 자신을 먹이고 쓰다듬고 달콤하게 말을 걸면서 사랑을 표현하던 인생 최초 시절의 기억을 불러일으키는 용어를 사용한다. 이 시기는 프로이트가 구강기 oral phase라고 부른 '섹슈얼리티'의 첫 번째 임계기이며, 이 임계기의 요체는 '양육'이나 '육성'이라는 단어, 즉 세심한 보살핌, 사랑, 그리고 먹이기로 집약된다. 아기는 엄마와 이어졌다는 감정을 느끼고, 품에 안겨 달콤한 젖을 먹고 자라나면서 다른 사람들에 대한 신뢰를 발달시킨다. 사랑과 보살핌과 먹을 것을 함께 받는 것은 우리가 생후의 첫 형성적 경험을 하는 동안 마음속에서 연합되고 뇌 안에서 함께 배선된다.

성인들이 서로를 부르면서 '스위티 파이'나 '베이비'와 같은 단어들을 써서 아기 때 하던 말을 하고 대화에 구강기의 정취를 가미할 때, 프로이트의 관점으로 보면 그들은 성숙한 정신 상태의 관계에서 생의 더 이전 시기들로 '퇴행'하고 있는 것이다. 가소성의 관점에서 말하자면, 나는 그러한 퇴행이 가려져 있던 예전의 신경 경로들이 표출되면서 예전의 그 시기와 연관된 모든 것을 촉발하는 과정과 관련 있다고 믿는다. 퇴행은 전희에서처럼 기분 좋고 무해할 수도 있지만, 유아기의 공격적인 경로가 표출되면서 성인이 분을 참지 못하고 울화통을 터뜨린다면 문제가 될 수도 있다.[16]

'음담패설'조차도 유아기 성적 단계들의 흔적을 보여준다. 어째서 성은 '불결하다'고 여겨지는 걸까? 이러한 태도는 용변 교육, 즉 배뇨와 배변을 의식하는 시기에 있는 아이가 성을 바라보는 관점을 반영한다. 이 시기의 아이는 배뇨와 관련이 있고 항문에 그토록 가까운 생식기가 성과도 관련이 있고, 엄마가 아빠로 하여금 그의 '불결한' 기관을 엄마의 항문에 아주 가까운 어떤 구멍에 집어넣도록 허락한다는 사실을 알고 놀라게 된다. 성인들이 일반적으로 이를 괘념치 않는 이유는 청년기에 또 다른 성적 가소성의 임계기를 거치는 동안 뇌가 다시 조직되어 성의 쾌감이 다른 모든 혐오감을 무시하기에 충분할 만큼 강해지기 때문이다.

프로이트는 성과 관련된 많은 수수께끼를 임계기 고착으로 이해할 수 있다는 것을 보여주었다. 프로이트 이후 우리는 어릴 때 아버지를 잃은 소녀가 아버지뻘인 맺어질 수 없는 남자를 좇거나, 냉정한 엄마 밑에서 자란 사람이 임계기에 감정이입을 전혀 경험해보지 못해서 뇌의 전반적인 부위가 발달하지 못하며, 자주 배우자로 엄마와 같은 사람을 찾아내고, 때로는 그 자신이 '얼음장 같은' 사람이 되는 것에 더 이상 놀라지 않는다. 그리고 많은 성 도착을 가소성과 어린 시절에 겪은 갈등의 지속으로 설명할 수 있다. 요점은 우리가 임계기 동안 성과 로맨스의 기호와 성향을 습득할 수 있고, 그것이 뇌 안에 배선되어 남은 일생 동안 강력한 영향을 미칠 수 있다는 것이다. 그리고 우리가 서로 다른 성적 기호를 습득할 수 있다는 사실은 우리들 사이의 엄청난 성적 다양성에 기여한다.

임계기가 성인들의 성적 욕구 형성에 영향을 준다는 생각은 우리가 어디에 끌리는가가 개인의 경험에 달려 있다기보다는 우리 모두의 공통적인 생물학적 욕구에 달려 있다는 최근 우세한 주장과는 대립된다. 어떤 사람들——예컨대 모델과 영화배우들——은 여러 사람들이 아름답고 섹시하다고 인정한다. 어떤 계통의 생물학이 가르치는 것에 따르면, 우리가 이 사람들을 매력적이라고 여기는 이유는 그들이 건강하다는 신호, 즉 번식력과 체력을 보증하는 생물학적 신호를 드러내 보이기 때문이다. 예를 들어 깨끗한 피부와 대칭적인 생김새는 잠재적인 파트너가 병이 없음을 의미하고, 허리가 잘록한 여성의 체형은 아이를 잘 낳는다는 신호이고, 남성의 근육은 그가 여자와 자손들을 보호할 능력이 있다는 광고인 셈이다.

 그러나 이는 생물학의 진정한 가르침을 단순화하는 것이다. "그 목소리를 처음 듣는 순간 그가 내 남자라는 걸 알았다"고 말하는 여자가 있듯이, 모든 사람이 육체와 사랑에 빠지는 건 아니다. 목소리라는 음악은 아마도 한 남자가 가진 육체라는 껍데기보다는 그의 영혼을 더 잘 표시할 것이다. 그리고 성적 기호는 여러 세기에 걸쳐 변화해왔다. 루벤스Rubens가 그린 미인들은 현재의 표준으로 치면 거구들이고, 「플레이보이」 화보의 여성 신체 치수는 수십 년에 걸쳐 육감적인 것에서 양성兩性

적인 것으로 변화해왔다. 성적 기호는 명백하게 문화와 경험의 영향을 받고, 자주 습득된 다음에 뇌 안에 배선된다.

'습득된 기호acquired taste'는 보통의 '기호'가 타고나는 것과는 달리, 정의상 학습된 것이다. 아기는 젖이나 물, 단것에 대한 기호를 습득할 필요가 없다. 이 대상들은 곧바로 기분 좋은 것으로 지각되기 때문이다. 습득된 기호는 처음엔 아무 느낌이 없거나 싫은 느낌이지만 나중에 좋아지기 시작한다. 치즈, 이탈리안 비터스\*, 드라이와인\*\*, 커피, 파테\*\*\*의 냄새, 튀긴 콩팥에서 희미하게 느껴지는 오줌 냄새가 그런 것들이다. 사람들이 비싼 값을 치러가면서 '미각을 개발하는' 많은 진미들이, 어려서는 맛보고 구역질을 하던 바로 그 음식들이다.

엘리자베스 여왕 시대의 연인들은 서로의 체취를 몹시 탐닉하여, 여자가 껍질 벗긴 사과를 겨드랑이에 끼고 사과에 자신의 땀과 냄새를 흡수시키는 일이 흔했다. 그녀가 이 '사랑의 사과'를 연인에게 주면, 연인은 그녀가 없을 때는 그 사과의 냄새를 맡는 것이다. 반면 우리는 과일과 꽃의 합성 향을 사용해서 연인에게 우리의 체취를 숨긴다. 이 두 방식 가운데 어느 것이 습득된 것이고 어느 것이 타고난 것인지를 결정하기란 결코 쉽지 않다. 소의 오줌처럼 '자연적으로' 우리의 비위에 거슬리는 어떤 물질을 동아프리카의 마사이족은 헤어로션으로 사용한다. 그것은 소를 중시하는 그들 문화의 직접적인 결과이다. 우리가 '자연스러운' 것으로 생각하는 많은 기호들은 학습으로 습득되어 우리의 '제2의 본성'이 된 것이다. 우리가 '원래의 본성'과 '제2의 본성'을 구분할 수 없는 이유는, 우리의 가소적 뇌가 일단 재배선되어 새로운 본성이 발달하면, 생물

---

\* 칵테일에 넣는 쓴맛의 술.
\*\*단맛이 없는 와인.
\*\*\*고기나 간을 짓이긴 요리.

학적으로는 어느 모로 보나 원래의 본성과 똑같기 때문이다.

―――――――

현재의 포르노 유행은 성적 기호가 습득될 수 있다는 생생한 증거를 제공한다. 고속 인터넷 연결망으로 전송되는 포르노그래피는 뇌가소적 변화에 필수적인 조건들 하나하나를 모두 만족시킨다.[17]

포르노그래피는 얼핏 순수하게 본능적인 물건으로 보인다. 얼핏 보기에 포르노는 성적으로 노골적인 영상들로 수백만 년의 진화에 기초한 본능적 반응들을 자극하는 것이다. 하지만 정말 그렇다면, 포르노그래피는 변치 않아야 할 것이다. 우리 조상들의 마음을 움직였던 신체 부위들과 그와 똑같은 비율, 그와 똑같은 자극이 우리를 흥분시킬 것이다. 포르노 제작자들은 우리를 그렇게 믿도록 만들고 싶어 한다. 그들은 자신들이 성적 억압, 금기, 두려움과 전투를 벌이는 중이고, 자신들의 목표는 본래의 갇혀 있는 성적 본능을 자유롭게 풀어주는 것이라고 주장하기 때문이다.

그러나 사실 포르노그래피의 내용은 기호가 습득되는 과정을 완벽하게 예시하는 역동적 현상이다. 30년 전의 '하드코어' 포르노그래피라면 대개 성기를 노출시키고, 흥분한 파트너 간의 섹스를 노골적으로 묘사한 것을 의미했다. '소프트코어'는 대개 침대 위나 욕실 아니면 적당히 로맨틱한 배경에서 가슴을 드러낸 채 다양한 상태로 옷을 벗고 있는 여자들의 영상을 의미했다.

바야흐로 하드코어는 진화해왔고, 갈수록 강간, 여성의 얼굴을 향한 사정, 격렬한 항문 섹스와 같이 온통 섹스를 증오나 수치와 융합시킨 내용으로 이루어진 '사도마조히즘'적 주제들이 지배하고 있다. 하드코어 포르노그래피가 이제 변태의 세계를 탐험하는 반면, 수십 년 전에 하드코어였던 성인들 간의 노골적인 섹스는 이제는 소프트코어가 되어 케이블 텔레비전에서도 볼 수 있게 되었다. 왕년의 비교적 온건한 소프트코어 영상들——다양한 상태의 벗은 여성들——은 이제 모든 것이 포르노화하면서 텔레비전, 록 비디오, 드라마, 광고 등을 포함한 주류 대중매체에 온종일 등장한다.

그동안 포르노그래피의 성장 속도는 놀라울 정도였다. 포르노그래피는 대여되는 비디오의 25퍼센트를 차지하고, 사람들이 인터넷에 접속하는 이유 가운데 4위이다. 2001년 MSNBC.com 시청자 조사에서는 80퍼센트가 포르노그래피 사이트에서 너무 많은 시간을 보내서 인간관계나 일을 위태롭게 하고 있다고 느낀다고 답했다. 지금 가장 심각한 것은 소프트코어 포르노그래피의 영향이다. 더 이상 숨겨져 있지 않은 소프트코어 포르노그래피가 성 경험이 거의 없는 미성년자들, 특히 성적 기호와 욕구를 형성하는 과정에 있는 가소적 정신의 소유자들에게 영향을 미치기 때문이다. 물론 성인들에게 미치는 포르노그래피의 가소적 영향 역시 심각할 수 있는데, 포르노그래피를 사용하는 사람들은 포르노그래피가 자신의 뇌를 어느 정도까지 재형성하는지를 전혀 느끼지 못한다.

1990년대 중반에서 후반까지, 인터넷이 빠르게 성장하면서 포르노그래피도 함께 폭발하고 있을 때, 나는 본질적으로는 모두 같은 내용의 문제를 가진 숱한 남성들을 치료하거나 검사했다. 그들의 이야기인즉슨, 자신이 특정한 종류의 포르노그래피에 푹 빠지게 되었는데, 심하든 덜하든 간에 고민이 되거나 심지어 역겨우며, 자신의 성적 흥분의 유형을 어지럽혀서 결국에는 파트너와의 관계와 성적 능력에까지 영향을 주게 되었다는 것이다.

이 남성들 중에 근본적으로 미숙하거나, 사회적으로 서툴거나, 집 안에만 틀어박혀서 진짜 여성과 관계를 맺는 대신에 산더미같이 수집한 포르노그래피에 빠져든 사람은 아무도 없었다. 이들은 유쾌하고 전반적으로 사려 깊은 남성들로서, 상당히 성공적인 관계나 결혼을 유지하고 있었다.

전형적인 예로 어떤 남자 환자는 다른 어떤 문제로 치료를 받는 과정에서, 거북해하며 거의 혼잣말처럼, 자신이 인터넷에서 포르노그래피를 보면서 자위하는 데 점점 더 많은 시간을 보내고 있다는 사실을 알았다고 말했다. 그는 나에게 모든 사람들이 그 짓을 한다고 주장하면서 자신의 불쾌감을 달래려 하기도 했다. 그는 「플레이보이」 같은 사이트를 보다가, 또는 누군가가 장난삼아 보내온 누드 사진이나 비디오 파일을 열었다가 발동이 걸리곤 했다. 어떤 경우는 무해한 사이트에 방문했다가도 외설 사이트로 다시 이끄는 암시적인 광고에 이내 걸려들곤 했다.

이들 중 많은 남성들이 흔히 지나가는 말처럼 다른 어떤 사실을 이야기했는데 그 이야기가 내 주의를 끌었다. 그들은 실제의 파트너나 배우자, 여자친구를 여전히 객관적으로 매력적이라고 생각하는데도, 상대 여성들에게 달아오르는 것이 점점 더 어려워지고 있다고 했다. 내가 그 현상이 포르노그래피를 보는 것과 조금이라도 관계가 있냐고 묻자, 그들은 처음에는 포르노그래피가 섹스를 하는 동안 그들을 더 달아오르게 하는 데 도움이 되었지만 시간이 흐르면서 그 반대의 효과를 가져온다고 대답했다. 이제 그들은 자신의 감각을 사용해서 파트너와 성교를 벌이는 것을 즐기는 대신, 점점 더 포르노의 내용에 자신을 대입시켜 상상해야만 정사를 벌일 수 있었다. 일부는 포르노 배우들처럼 연기해보자고 파트너를 슬슬 설득하면서 점점 더 '사랑을 나누는 것'과는 반대로 '음란한 교집'에 관심을 가지게 되었다. 그들의 성 판타지 실연은 점점 더, 말하자면 뇌에 다운로드 받은 영화 각본에 지배를 받았으며 새 각본은 이전의 성 판타지보다 더 원초적이고 더 폭력적인 경우가 많았다. 나는 이 남성들에게서, 그들이 가진 성적 창의성이란 창의성은 모두 죽어가고 있고 점차 인터넷 포르노그래피에 중독되어가고 있다는 인상을 받았다.

내가 관찰한 변화는 치료를 받고 있는 소수의 사람들에 국한된 것이 아니다. 일종의 사회적 변동이 일어나고 있다. 일반적으로 개인의 성적 습관에 관한 정보를 얻는 일은 어려운 반면, 오늘날 포르노그래피에 관한 정보를 얻는 것은 어려운 일이 아니다. 포르노그래피의 사용은 점점 더 공공연해지고 있다. 이러한 변동은 우리가 '포르노그래피'를 부르기 더 편하게 점점 '포르노'라고 부르게 되는 것과 맥락을 같이한다. 톰 울프Tom Wolfe는 대학 캠퍼스에서 학생들을 여러 해 동안 관찰하고서 미국의 캠퍼스 생활을 다룬 책, 『나는 샬로트 시몬스』를 썼다. 책에서 아이비 피터스라는 한 학생이 남자 기숙사에 들어와 말한다. "누구 포르노 있는 사람?"[18]

울프가 글을 잇는다. "이는 별다른 요구가 아니었다. 많은 학생들이 자신이 최소한 하루에 한 번씩 자위를 한하며, 마치 그 행위가 성심리 체계를 신중하게 유지 관리하는 모종의 비법이라도 되는 것처럼 내놓고 떠들었다." 한 학생이 아이비 피터스에게 말한다. "3층에 가봐. 걔들은 한 손에 들고 볼 만한 잡지들을 좀 갖다 놨더라." 하지만 피터스는 응수한다. "난 잡지엔 내성이 생겼거든······. 비디오가 필요해." 다른 학생이 말한다. "아, 제발 부탁인데 아이비, 지금 밤 열 시인데······. 한 시간만 있으면 걸레들이 여기서 밤을 보내러 건너오기로 되어 있단 말이야. 그런데 넌 손장난이나 치려고 포르노 비디오를 찾고 있을 거냐?" 그러자 아이비는 "손바닥을 위로 뒤집으며 어깨를 으쓱했다. 마치 '난 포르노를 원해. 뭐가 문젠데?'라고 말하는 듯이."

문제는 그의 내성이다. 그는 자신이 마약 중독자처럼, 한때 자신을 흥분시켰던 영상들에 더 이상 만족하지 못한다는 것을 인식한다. 그리고 위험한 것은 내가 돌보고 있던 환자들이 그랬듯이, 이 내성이 실제 관계 안으로 넘어 들어와 성 기능 문제로 이어지고, 새롭지만 동시에 환영받지 못하는 성적 취향들로 이어진다는 것이다. 자기네가 새로운, 즉 더 거친 주제들을 소개함으로써 인간의 한계를 넓히고 있다고 떠벌이는 포르노 제작자들의 말이 실제로 의미하는 것은 고객들이 이전의 내용에 내성을 키우고 있기 때문에 더 거친 내용을 집어넣어야 했다는 뜻이다. 남성 대상의 외설 잡지 뒷장과 인터넷 포르노 사이트에는 비아그라류의 약──원래 노화가 진행되면서 음경 안의 혈관이 막혀서 발기에 문제가 있는 남성들을 위해 개발된 치료제──광고들이 가득하다. 오늘날 포르노를 탐색하는 젊은 남성들은 발기불능, 혹은 완곡하게 표현해서 '발기 기능장애'를 엄청나게 두려워한다. 그 오해하기 쉬운 용어는 이 남성들의 음경에 문제가 있다는 뜻을 내포하지만, 문제는 그들의 머릿속에, 즉 성을 관장하는 뇌 지도 안에 있다. 그들의 음경은 포르노그래피에는 잘 반응한다. 그들이 열중하고 있는 포르노그래피가 발기불능과 관계가 있는 일은 드물다(그 남성들 중 몇 명은 컴퓨터 포르노 사이트에서 보내는 시간을 '뇌를 자위하며' 보내는 시간이라고 인상적으로 묘사했다).

울프의 책에 나오는 학생은 남자친구와 섹스를 하러 오는 여자애들을 '걸레'*라고 표현했다. 이 또한 포르노 영상의 영향이다. '걸레'는 여성을 포르노 영화에 나오는 많은 여자들처럼 언제나 성욕이 가득하여 언제든지 데리고 놀 수 있는 정액받이에 지나지 않는다고 비하하는 말이다.

---

* 원문은 cum dumpster. cum은 정액을 뜻하는 비속어이고, dumpster는 철로 된 쓰레기통을 가리킨다.

포르노그래피가 중독성이 있다는 말은 은유가 아니다. 중독자라고 마약이나 알코올에만 중독되는 것은 아니다. 사람들은 도박이나 심지어 달리기에도 심각하게 중독될 수 있다. 모든 중독자들은 자신의 활동을 통제하지 못하고, 부정적인 결과를 알면서도 강박감을 가지고 추구하고, 내성이 커지면서 만족을 위해 점점 더 높은 수준의 자극을 필요로 하고, 중독성 행동을 멈추면 금단현상을 경험한다.

모든 중독에는 장기적인, 어떤 때는 평생 동안 가는 가소적인 뇌 변화가 따른다. 중독자에게 절제란 불가능하므로, 중독성 행동을 그만두려 한다면 그 물질이나 활동으로부터 완전히 벗어나야만 한다. 미국 알코올중독방지회Alcoholics Anonymous는 세상에 '전前 알코올 중독자'란 없다고 단언하며, 수십 년 동안 술을 끊었던 사람들도 모임에서 "제 이름은 존이고, 저는 알코올 중독자입니다"라는 말로 자신을 소개하게 한다. 가소성의 관점에서 본다면, 그들이 옳을 때가 많다.

거리에 나도는 불법 마약의 중독성이 얼마나 강한가를 측정하기 위해 메릴랜드에 있는 국립보건원National Institute of Health, NIH의 연구자들은 쥐를 훈련시켜 쥐가 막대를 누르면 마약 주사 한 방을 놔주는 실험을 했다. 쥐가 자발적으로 막대를 더 열심히 누르고자 할수록 그 약은 중독성이 더 강한 것이다. 코카인을 비롯해 기타 거의 모든 불법 약물들, 심지어 달리기와 같은 비약물 중독도 뇌 안에서 신경전달물질인 도파민을 활성화한다.[19] 보상 신경전달물질로 불리는 도파민은 원래 우리가 무언가를 해서 달성했을 때 뇌에서 분비가 촉진되어 쾌감을 얻게 해준다. 예를 들어, 마라톤을 해서 우승했을 때 우리는 기진맥진했음에도 불구하고 분출하는 에너지와 짜릿한 쾌감, 자신감을 얻어 양손을 들고 승리를 자축하며 운동장을 한 바퀴 더 돌기까지 한다. 반면 도파민이 분출되지 않은 패자는 당장 에너지가 떨어져 결승선에 주저앉아 비참함을 곱씹는다. 중독성 물질은 뇌의 도파민 체계를 강탈하여, 힘들이지 않고 쾌감을 얻을 수 있게 한다.

머제니치의 연구에서 보았듯이 도파민은 가소적 변화에도 관련이 있다. 목표를 달성해서 분출된 도파민은 우리를 흥분에 떨게도 하지만, 동시에 우리가 목표 달성을 위해 하는 행동들을 맡고 있는 신경 연결망을 강화하기도 한다. 머제니치가 동물에게 어떤 음을 들려주면서 전극을 사용해 도파민 보상 체계를 자극하자, 도파민이 방출되어 가소적 변화를 자극하면서, 그 동물의 청각 지도 안에 그 소리를 위한 부분이 확대되었다.[20] 중독과 포르노와의 중요한 고리는, 남성이나 여성 모두 성적으로 흥분했을 때 역시 도파민이 방출되면서 성 욕구를 증가시키고, 오르가슴을 촉진하면서, 뇌의 쾌감중추를 자극한다는 것이다.[21] 여기에서 포르노그래피 중독성의 위력이 나온다.

텍사스 대학의 에릭 네슬러Eric Nestler는 중독이 동물의 뇌 안에 어떻게 영구적인 변화를 일으키는가를 보여주었다. 많은 중독성 약물은 단 한 번 투여해도 델타포스B∆FosB라는 단백질을 생성하여 뉴런 안에 쌓는다. 그 약물을 사용할 때마다 델타포스B가 더 많이 축적되어 마침내는 유전자 스위치를 건드려 어떤 유전자가 켜지거나 꺼지는 것에 영향을 끼친다. 이 스위치가 뒤집히면 약물 투입이 멈춘 후에도 오랫동안 변화가 지속되므로, 뇌의 도파민 체계가 돌이킬 수 없이 손상되면서 그 동물은 중독에 훨씬 더 취약해진다. 달리기나 탄산음료 중독과 같은 비약물성 중독도 마찬가지로 델타포스B를 축적해서 도파민 체계에 영구적인 변화를 일으킨다.[22]

포르노 제작자들은 건강한 쾌락과 성적 긴장으로부터의 해방을 약속하지만, 그들이 가져다주는 것은 보통 중독, 내성, 그리고 궁극적인 쾌감의 감소이다. 역설적이지만, 내가 보았던 남자 환자들은 포르노그래피를 간절히 원하면서도 포르노그래피를 좋아하지는 않는 경우가 많았다.

우리는 통상적으로, 중독자는 마약 주사가 주는 쾌감이 좋고 금단현상의 고통이 싫어서 마약을 더 구하러 되돌아간다고 생각한다. 그러나 중독자들이 마약을 구하는 때는 쾌감의 전망이 없을 때, 곧 가지고 있는 양으로는 자신이 흥분하기에 부족하다는 것을 알 때이며, 이들은 금단현상이 시작되기 전에도 마약을 갈망한다. 원하는 것과 좋아하는 것은 별개 문제이다.

중독자가 갈망을 느끼는 것은 그의 가소적 뇌가 그 마약이나 경험에 민감해졌기 때문이다.[23] 민감화sensitization는 내성tolerance과는 다르다. 내성이 발달하면 중독자는 일정한 쾌감을 얻는 데 어떤 물질이나 포르노가 더욱더 많이 필요해지지만, 민감화가 발달하면 중독자는 더욱더 적은 양의 물질로도 강한 갈망을 느끼게 된다. 따라서 민감화는 중독자가 그 중독성 물질을 반드시 좋아하지는 않음에도 불구하고 점점 더 원하게 만든다.[24] 그 민감화를 유도하는 것이 바로 중독성 물질이나 활동에 노출되면서 발생하는 델타포스B의 축적이다.

포르노그래피가 만족감 이상의 흥분을 주는 이유는 우리 뇌 안에 두 가지 별개의 쾌감계가 있기 때문이다.[25] 하나는 흥분성 쾌감과 연관되어 있고 다른 하나는 만족성 쾌감과 연관되어 있다. 흥분성 체계는 우리가 섹스나 훌륭한 식사와 같이 원하는 무언가를 상상하면서 얻는 '욕구증진'의 쾌감과 관계가 있다. 그 체계의 신경화학에는 대부분 도파민이 작용하고, 우리의 긴장 수준을 높인다.

두 번째 쾌감계는 만족감이나 성취의 쾌감과 관련이 있다.[26] 곧, 실제로 섹스를 하거나 식사를 할 때 얻는 안정과 충족의 쾌감이다. 그 체계의 신경화학은 엔도르핀의 방출에 기초한다. 일종의 아편인 엔도르핀은 평화롭고 도취적인 희열을 제공한다.

　포르노그래피는 성적 대상들의 하렘을 끝없이 제공함으로써, 욕구증진 체계를 과도하게 활성화시킨다. 포르노를 보는 사람들은 그들이 보는 사진과 비디오를 기반으로 뇌 안에 새로운 지도를 발달시킨다. 우리의 뇌는 '사용하지 않으면 잃는' 뇌이므로, 어떤 지도 영역이 발달하면 우리는 그 영역이 계속해서 활성화되기를 고대하게 된다. 하루 종일 앉아만 있으면 근육이 운동하고 싶어서 견딜 수 없어 하는 것과 마찬가지로, 우리의 감각들 역시 자극받기를 갈망한다.

　내가 치료하고 있던 남성들은 국립보건원 실험실 우리 안에서 도파민이나 그에 상당하는 약물의 주사를 얻기 위해 막대를 누르는 쥐들과 오싹할 정도로 닮아 있었다. 그들은 자신도 모르는 사이에 유혹에 빠져, 뇌 지도의 가소적 변화를 일으키는 모든 조건을 만족하는 포르노그래피 훈련 프로그램에 등록을 한 것이다. 함께 발화하는 뉴런들은 함께 배선되므로, 이 남성들은 엄청난 양의 훈련을 받으면서 가소적 변화에 필수적인 열중을 하며 이 영상들을 뇌의 쾌감중추 안으로 배선하고 있었다. 그들은 컴퓨터에서 떨어져 있을 때나 여자친구와 섹스를 하고 있는 동안에도 이 영상들을 떠올리면서 그 배선을 강화했다. 그들이 자위를 하면서 성적 흥분을 느끼고 오르가슴에 이를 때마다, 보상 신경전달물질인 '도파민의 분출'은 뇌 안에 만들어진 연결망들을 공고히 했다. 보상은 중독된 행동을 촉진했을 뿐만 아니라 그들이 가게에서「플레이보이」를 사면서도 전혀 거북함을 느끼지 않도록 만들었다. '벌'은 전혀 없이 보상만 있었다.

　웹사이트가 주제와 각본들을 새로 도입하면, 그들이 흥분을 느끼는 부분도 달라졌고, 알아차리지 못하는 사이에 그들의 뇌도 변화했다. 가소성은 경쟁적이기 때문에, 흥분시키는 새 영상을 위한 뇌 지도는 이전에 그들을 매료시켰던 지도를 희생시키면서 증가했다. 나는 그들이 여자친구를 덜 섹시하게 느끼게 된 이유가 바로 이 때문이라고 믿는다.

영국의 「스펙테이터」지에 처음 발표된 션 토마스Sean Thomas의 이야기는 포르노 중독으로 빠져 들어가는 한 남자에 관한 인상적인 기록으로, 포르노가 뇌 지도를 어떻게 변화시키고 성적 기호를 어떻게 바꾸는지와 더불어 그 과정에서 임계기 가소성이 맡고 있는 역할까지 명백하게 보여주고 있다.[27] "난 포르노그래피를 별로 좋아하지 않았다. 물론 70년대에 내가 십대였을 때는 「플레이보이」 한두 권을 베게 밑에 놓곤 했지만 전반적으로 도색 잡지나 영화에 그렇게 끌리지는 않았다. 난 그것들이 따분하고, 반복적이고, 터무니없다는 걸 알고 있었고, 어디 가서 사기도 몹시 민망했다." 그는 음침한 포르노 장면과 그 안에 있는 콧수염 단 정력가들의 음란함을 역겨워했다. 그러나 2001년에 처음 인터넷에 접속한 뒤, 그는 인터넷을 온통 차지하고 있다고 모두가 이야기하는 포르노에 궁금증이 생겼다. 많은 사이트들이 공짜——구매를 꼬드기는 광고, 또는 사람들을 더 센 내용으로 끌어들이는 '출입문 사이트'——였다. 그곳엔 성적 환상을 부추기는 흔해빠진 유형의 벌거벗은 여자들의 사진들이 있었다. 그 사진들은 인터넷 서핑하는 사람의 뇌에 들어 있는 단추——눌렀다는 사실조차 모르고 그도 눌러버린——를 누르도록 설계된 것이었다. 거기에는 욕조 거품 안의 레즈비언들, 포르노 만화, 변기 위에 앉아서 담배 피우는 여자, 여대생들, 그룹 섹스, 복종적인 아시아 여자에게 정액을 뒤집어씌우는 남자의 사진들이 있었다. 대개의 사진에는 하나의 줄거리가 있었다.

토마스는 그의 마음을 끄는 몇 가지 영상과 내용들을 발견했으며, 그것들은 "다음 날 더 보라고 내 뒷덜미를 잡아끌었다. 그리고 그 다음 날도. 그리고 그 다음 날도." 머지않아 그는 짬이 날 때마다 "인터넷 포르노를 걸신들린 듯 하나하나 확인해나가기 시작"하는 자신을 발견했다.

그러던 어느 날, 그는 스팽킹* 영상을 주로 다루는 한 사이트를 발견했다. 그는 스스로도 놀랄 만큼 그 영상에 흥분되었다. 토마스는 곧 '버니의 스팽킹 페이지'니 '스팽킹 대학'이니 하는 온갖 종류의 관련 사이트들을 찾아냈다.

"이때가 바로 진짜 중독이 시작되는 순간이었다"고 그는 적는다. "스팽킹에 관심을 가지게 되면서 나는 생각에 빠졌다. '내게 다른 어떤 변태가 숨겨져 있을까? 비밀스럽고 즐거움을 주는 다른 어떤 성향들이 나의 섹슈얼리티 안에 감추어져 있을까? 이제는 혼자 남몰래 알아볼 수 있겠지?' 그런 부분은 아주 많은 것으로 드러났다. 나는 내게서 심각한 취향들을, 그중에서도 특히 레즈비언 산부인과 의사, 다른 인종들 간의 하드코어, 핫팬츠를 벗고 있는 일본 여자들의 영상에 강하게 끌린다는 것을 발견했다. 나는 아랫도리를 벗은 채 네트볼**을 하는 여자들, 술에 취해 몸을 드러낸 러시아 여자들, 그리고 지배하는 역할을 맡은 여자 파트너들이 복종하는 역할을 맡은 덴마크 여배우들의 몸을 샤워 중에 샅샅이 면도하는 뒤얽힌 내용에도 빠져들었다. 다시 말해서, 인터넷은 내가 셀 수 없이 다양한 성적 환상과 기벽을 가지고 있다는 것을 드러냈으며, 온라인에서 이 욕구들을 만족시키는 과정이 거기에 더 많은 관심을 기울이도록 이끌었다."

그가 스팽킹 사진들을 만나기 전에 본 영상들, 아마도 벌을 받는 것과

---

\* 손이나 회초리 등으로 엉덩이를 찰싹 때리는 체벌.
\*\*농구 비슷한 여성들의 경기.

관련된 모종의 어릴 적 경험이나 환상을 조금씩 건드리는 영상들은 그의 '흥미'는 끌었어도 그를 굴복하게 하지는 않았다. 다른 사람들의 성적 환상은 우리를 따분하게 한다. 토마스의 경험은 내 환자들의 경험과 유사했다. 곧, 그들은 무엇을 찾고 있는지 확실히 모른 채로 정말로 흥분시키는 어떤 주제를 찾을 때까지 수백 편의 영상과 각본들을 훑었던 것이다.

일단 그 영상을 찾아내자, 토마스는 변화했다. 그 스팽킹 영상은 이제 그의 주의 집중, 곧 가소적 변화를 위한 조건을 얻었다. 그리고 진짜 여자에게는 그럴 수 없는 것과 달리, 그는 이 포르노 영상에 날마다 하루 온종일 컴퓨터로 접근할 수 있었다.

바야흐로 토마스는 걸려들었다. 자신을 통제하려 했지만 그는 하루 최소한 다섯 시간을 자신의 노트북에 쏟아 부었다. 하룻밤에 세 시간밖에 자지 못하면서 비밀스럽게 인터넷을 이용했다. 그의 여자친구가 그의 피곤함을 눈치채고, 다른 누군가를 만나고 있는 것이 아닌지 의심했다. 너무도 잠을 빼앗긴 그는 건강을 해쳤고, 뒤이어 얻은 감염 때문에 병원 응급실에 눕고 나서야 마침내 사태의 심각성을 파악했다. 그는 동성의 친구들에게 너희들은 어떠냐고 물어보았고, 많은 친구들이 자기처럼 걸려들었다는 것을 알았다.

토마스의 '섹슈얼리티'에는 느닷없이 표면화하기는 했지만 분명 그가 자각하지 못하는 무언가가 있었다. 포르노가 기벽과 변태를 드러내기만 하는 것뿐일까, 아니면 그것들을 만들어내도록 돕는 것일까? 나는 포르노가 그동안 사람의 의식적 자각 바깥에 있던 '섹슈얼리티'의 여러 측면들로부터 새로운 환상들을 만들어내며, 이 요소들을 합쳐 새로운 신경망들을 형성한다고 생각한다. 복종적인 덴마크 여배우들을 지배하는 여자 파트너들이 샤워를 하면서 그 배우들의 몸을 샅샅이 면도한다니, 수천 명의 남자들을 조사해보아도 그 가운데 누구 하나 그런 것을 목격하거나 상상해보지도 않았을 것이다. 프로이트는 그러한 환상들이 마음을 사로잡는 이유가 그 안의 개별적인 요소들 때문이라는 것을 발견했다. 예를 들자면, 어떤 이성애자 남자들은 나이가 더 많은 여성이 어린 여성을 지배해서 동성애에 빠져들도록 끌어들이는 포르노 시나리오에 관심을 보인다. 이는 아동기 초기의 사내아이들이 입히고 벗기고 씻기는 '보스' 같은 어머니에게 지배받는다는 느낌을 받기 때문일 것이다. 아동기 초기에 일부 사내아이들은 어머니와 강하게 동일시되어 자신이 '여자아이인 것처럼' 느끼는 시기를 거칠 수 있기에, 훗날 그들이 보이는 여성 동성애에 대한 관심은 그들에게 남아 있는 무의식적인 여성 동일시를 표현하는 것일 수 있다.[28] 하드코어 포르노는 성적 발달의 임계기에 형성된 초기 신경망의 일부를 드러내고, 잊히거나 억압된 이른 시기의 모든 요소들을 한데 모아, 그 모든 특성들이 함께 얽힌 새로운 망을 형성한다. 포르노 사이트들은 흔한 변태의 목록을 만들어 영상에 섞어 넣는다. 포르노 사이트를 이용하는 사람은 머지않아 자신의 많은 성적 단추들을 단번에 누르는 강렬한 조합을 발견한다. 그 다음엔 자위를 하며 그 영상을 반복적으로 보면서 도파민을 방출함으로써 이 신경망을 강화한다. 그 사람은 일종의 '새로운 성neosexuality', 곧 묻혀 있던 성적 경향에 뿌리를 깊게 내려 다시 구성한 성적 욕구를 창조한 것이다. 그렇지만 흔히 내성이 발달하기 때문에 성적인 배설의 쾌감에 공격적 방출의 쾌감이 보충되어야만 하고, 따라서 성적인 영상과 공격적 영상은 점점 더 한 덩어리가 된다. 이런 이유로 하드코어 포르노에서 사도마조히즘적 주제들이 증가하는 것이다.

우리는 임계기를 거치면서 자신에게 맞는 '타입'의 기틀을 마련하지만, 청년기나 그 이후에 사랑에 빠지면서 거대한 가소적 변화를 가져오는 두 번째 장이 펼쳐진다. 19세기의 소설가이자 수필가인 스탕달은 사랑이라는 감정이 어디에 매력을 느끼는가를 근본적으로 변화시킬 수 있다는 사실을 깨달았다. 낭만적인 사랑은 너무나 강력한 감정을 유발하므로, 심지어 '객관적인' 미의 기준을 넘어서면서까지 우리가 매력적이라고 느끼는 대상을 재구성할 수 있다. 『연애론』에서 스탕달이 묘사하는 청년 알베릭은 자신의 연인보다 훨씬 더 아름다운 한 여자를 만난다. 그렇지만 알베릭은 이 여자보다 자신의 연인에게 훨씬 더 끌린다. 그의 연인은 그만큼 더 많은 행복을 약속하기 때문이다. 스탕달은 이를 '아름다움이 사랑에 찬탈당했다'라고 표현했다. 사랑이 끌림을 변화시키는 힘은 그토록 강력하기에, 알베릭은 연인의 얼굴에 난 곰보 자국과 같은 작은 결함을 보아도 달아오른다. 그것이 그를 흥분시키는 이유는, "그 자국이 있는 그녀와 너무도 많은 감정을, 그것도 가장 격렬하고 가장 열렬한 감정들을 경험했기 때문에, 그의 어떤 감정이든지 이 신호만 보면, 심지어 다른 여성의 얼굴에서 보더라도 믿을 수 없이 생생하게 되살아나…… 이 경우 추함마저 아름다움이 되기" 때문이다.[29]

이러한 기호의 변형이 일어날 수 있는 이유는, 우리가 외모만으로 사랑에 빠지지는 않기 때문이다. 우리는 평범한 상황에서도 누군가를 매력적이라고 여기게 되면 바로 사랑에 빠질 수 있지만, 우리를 기분 좋게 만드는 능력을 포함한 그 사람의 특징과 수많은 속성은 사랑에 빠지는 그 과정을 구체적으로 만든다. 사랑에 빠진다는 것은 너무나 좋은 느낌의 감정을 유발해서, 곰보 자국까지도 매력적인 것으로 만들면서 우리의 미

4. 성과 사랑은 뇌를 어떻게 바꿀까

적 감각을 가소적으로 재배선할 수 있다. 여기에 바로 그 과정의 작동 방식이 있다고 나는 믿는다.

1950년에는 감정 처리에 비중 있게 관여하는 뇌의 부위인 변연계에서 '쾌감중추'가 발견되었다.[30] 사람을 대상으로 한 로버트 히스Robert Heath 박사의 실험——변연계의 격막 영역 안으로 하나의 전극을 삽입하여 자극을 보내는——에서, 대상 환자들은 너무도 강렬한 황홀감을 경험한 나머지, 실험을 끝내려고 하는 연구자를 몸으로 밀치기까지 했다. 격막 영역은 환자가 즐거운 주제로 이야기할 때나 오르가슴을 느끼는 동안에도 발화했다. 이 쾌감중추는 뇌의 보상 체계인 중간변연계 도파민 체계의 일부인 것으로 밝혀졌다. 1954년에 제임스 올즈James Olds와 피터 밀너Peter Milner는 어떤 동물에게 과제를 가르치는 동안 그 동물의 쾌감중추에 전극을 꽂으면, 동물이 학습을 너무나 기분 좋게 느껴서 그 보상 때문에 더 쉽게 학습한다는 것을 보여주었다.

쾌감중추가 켜지면, 우리가 경험하는 모든 것이 쾌감을 준다. 코카인과 같은 마약은, 쾌감중추가 발화하는 역치를 낮추어 더 쉽게 켜지게 만든다. 우리에게 쾌감을 주는 것은 단순히 코카인이 아니다. 사실은, 우리의 쾌감중추가 이제 너무도 쉽게 발화하기에 우리가 경험하는 모든 것을 더 강렬하게 느끼는 것이다.[31] 코카인만이 쾌감중추가 발화하는 역치를 낮출 수 있는 것은 아니다. (이전에는 조울증이라 불렸던) 양극성 장애가 있는 사람들이 조증의 절정을 향해 가기 시작하면, 그들의 쾌감중추는 더 쉽게 발화하기 시작한다. 사랑에 빠지는 일도 쾌감중추가 발화하는 역치를 낮춘다.[32]

누군가 코카인에 취하거나, 조증 상태가 되거나, 사랑에 빠지면, 그는 열정적인 상태가 되고 모든 것에 낙관적이 된다. 그 이유는 세 가지 상태 모두가 욕구증진 쾌감계, 곧 원하는 무언가를 기대하는 쾌감과 관련된 도파민 기반 체계의 발화 역치를 낮추기 때문이다. 중독자, 조증 환자, 사랑에 빠진 사람은 점점 더 희망적인 기대로 가득 차고 쾌감을 줄 가능성이 있는 모든 것에 민감해져서, 꽃들과 신선한 공기에도 고무되고, 대수롭지 않지만 친절한 몸짓 하나에도 온 인류 가운데 가장 기쁜 사람이 된다. 나는 이 과정을 '세계화globalization'라고 부른다.[33]

세계화는 사랑에 빠졌을 때 강력해지며 나는 이 때문에 낭만적인 사랑이 가소적 변화에 그토록 강력한 촉매가 된다고 믿는다. 쾌감중추가 너무도 자유롭게 발화하기 때문에, 사랑에 빠진 사람은 그가 사랑하는 사람뿐 아니라 온 세상과 사랑에 빠지며, 모든 것을 낭만적으로 바라본다. 이때 뇌는 가소적 변화를 굳히는 도파민의 분출을 경험하고 있으므로, 사랑이 싹틀 때의 이 기분 좋은 경험들은 뇌에 배선된다.

세계화의 영향으로 우리는 세상에서 더 많은 쾌감을 얻을 뿐만 아니라, 통증과 불쾌함, 또는 혐오감을 경험하기가 더 힘들어지기도 한다. 히스는 우리의 쾌감중추가 발화할 때는 근처의 통증과 혐오중추들의 발화가 더 어려워진다는 사실을 보여주었다.[34] 그럴 때 우리는 평소라면 괴로워했을 일을 괘념치 않는다. 우리가 그토록 사랑에 빠지고 싶어 하는 까닭은 단지 사랑으로 행복해져서가 아니라, 좀처럼 불행해지지 않기 때문이기도 하다.

알베릭에게 그렇게 큰 쾌감을 주는 곰보 자국처럼, 세계화는 우리가 새로운 것을 매력적으로 느끼게 되는 계기이기도 하다. 함께 발화하는 뉴런들은 함께 배선되므로, 우리가 보통은 아무 감흥을 주지 않는 이 곰보 자국에서 쾌감을 느끼면, 이후에는 이 곰보 자국은 기쁨의 출처로서 뇌 안에 배선되게 된다. '개심한' 코카인 중독자가 자신이 처음 마약을 했던 뒷골목을 지나다가 너무도 강한 유혹에 사로잡혀 그곳으로 되돌아갈 때도 유사한 메커니즘이 일어난다. 마약에 취했을 때 느낀 쾌감이 너무도 강했던 나머지, 그는 그 지저분한 골목마저도 매혹적인 곳으로 경험하는 것이다.

따라서 문자 그대로 '사랑의 화학'이 존재한다. 로맨스의 각 단계는 사랑의 절정과 지독한 아픔을 겪는 동안 우리의 뇌에서 일어나는 변화들을 반영한다. 코카인의 정신적 효과를 처음으로 기술한 프로이트는 젊은 시절에 코카인의 의학적 용도를 최초로 발견하고, 화학 작용을 엿보았다. 1886년 2월 2일에 그는 약혼녀인 마르타에게 편지를 쓰면서 자신이 편지를 쓰는 동안 코카인을 사용하고 있다고 적었다. 코카인은 신체에 워낙 빠르게 작용하므로, 이 편지는 우리가 코카인의 효과를 엿볼 수 있는 놀라운 창이 돼준다. 그는 먼저 코카인이 자신을 얼마나 수다스럽고 솔직하게 만드는지 묘사한다. 처음에 나타나던 자기변명조의 말들은 편지가 진행되면서 사라지고, 그는 이내 대담무쌍해져서 예루살렘 성전을 수호하던 용감한 조상들과 자신을 동일시한다. 그는 자신의 피로를 치유하는 코카인의 능력을, 마르타와 함께 있는 낭만적인 시간에서 얻는 마술적인 치유에 비유한다. 다른 편지에서 그는 코카인이 자신의 수줍음과 우울을 감소시키고, 자신을 황홀하게 만들고, 에너지, 열정, 자부심을 늘려주고, 최음 효과도 있다고 쓴다. 그가 묘사하는 상태는 '연애 중독romantic intoxication'과 아주 흡사하다.[35] 연애 중독 상태의 사람들은 고양감을 느끼고, 밤새 이야기하고, 에너지와 성적 충동, 자부심, 열정이 증가하지만, 모든 것이 다 좋다고 생각하기 때문에 잘못된 판단을 내릴 수도 있다. 이 모든 현상이 코카인과 같은 도파민 촉진 약물을 사용해도 일어난다. 지금 사귀는 애인의 사진을 보고 있는 연인들의 기능성 자기공명영상fMRI 스캔은 뇌의 한 부분이 도파민이 매우 밀집된 상태로 활성화되어 있음을 보여준다.[36] 그들의 뇌는 코카인에 취한 사람들의 뇌처럼 보였다.

그러나 사랑은 그 아픔에도 화학이 있다. 연인들은 너무 오랫동안 떨어져 있으면 금단현상을 경험하면서 무너져내린다. 그들은 사랑하는 이를 갈망하면서 불안해하고, 자신을 의심하고, 에너지를 잃고, 낙담하지는 않을지라도 쇠약해진다. 그런 상태에서 사랑하는 이로부터 받은 편지나 이메일, 또는 전화 메시지 한 통은, 소량의 마약 주사처럼 그들에게 일시적인 에너지 주사를 한 방 놓아준다. 그러다가 만약 관계가 깨지게 되면, 그들은 조증에서 오는 황홀감과 반대인 우울증을 얻는다. 이러한 '중독 증상'——황홀감, 붕괴, 갈망, 금단현상, 반짝 효과——은, 그들이 사랑하는 이의 존재나 부재에 적응하는 동안 뇌의 구조 안에서 가소적 변화들이 일어나고 있다는 개인적인 신호이다.

마약에 내성이 생기는 것과 흡사하게, 행복한 연인들에게서도 그들이 서로 익숙해짐에 따라 내성이 발달할 수 있다. 도파민은 새로운 것을 좋아한다. 일부일처의 배우자들이 서로에게 내성이 생기면서 그들이 한때 가졌던 낭만적 황홀감을 잃을 때, 그 변화는 그들 중 한쪽이 부적합하거나 따분하다는 신호가 아니라, 그들의 가소적 뇌가 서로에게 너무 잘 적응해서 서로에게서 이전과 같은 쾌감을 얻기가 더 힘들어졌다는 신호라 할 수 있다.[37]

다행히도, 연인들은 자신들의 관계에 새로운 요소들을 첨가함으로써 도파민을 자극해서 황홀감을 계속 유지할 수 있다. 부부가 낭만적인 여행을 다니거나 함께 새로운 활동을 시도하거나, 새로운 유형의 옷차림을 하거나 서로를 놀라게 할 때, 그들은 참신한 시도로 쾌감중추를 겹으로써 그들이 경험하는 그 모든 것들이 그들을 들뜨고 즐겁게 하도록 만드는 것이다. 물론 그때는 다시 서로가 서로에게 두근거림을 느끼게 될 것이다. 일단 쾌감중추가 켜지고 세계화가 시작되면, 사랑하는 이의 새로운 이미지는 다시 예기치 않은 쾌감과 함께 결합하여 새로운 것에 반응하도록 진화된 뇌 안에 가소적으로 배선된다. 삶을 진정 생생하게 느끼고 싶다면, 우리는 언제나 배우고 있어야만 한다. 삶이나 사랑이 너무 뻔해지고 배울 것이 더 이상 남지 않은 것처럼 보일 때, 우리는 안정을 잃게 된다. 이는 가소적 뇌가 더 이상 자신의 본질적인 임무를 수행할 수 없을 때 내놓는 항의가 아닐까.

사랑은 마음을 관대한 상태로 만든다. 사랑을 하면 우리는 별다를 것 없는 상황이나 신체적 특징을 기분 좋은 것으로 경험하고, 또 하나의 가소적 현상으로, 부정적인 연상들을 잊기도 한다.

탈학습unlearning, 곧 잊음의 과학은 아주 새로운 것이다. 가소성은 경쟁적이기 때문에, 우리가 어떤 신경망을 발달시키면 그 신경망은 효율을 높여 스스로를 유지하므로, 그 신경망을 지우는 일은 습관을 없애는 것이 어려운 것처럼 어렵다. 앞서 본 것처럼 머제니치는 변화를 가속시키고 나쁜 습관을 잊도록 돕기 위해서 '지우개'를 찾고 있다.

학습의 화학과 탈학습의 화학은 다르다. 뉴런이 함께 발화하고 함께 배선될 때는 뉴런 수준에서 '장기 증강long-term potentiation, LTP'이라 불리는 화학적 과정이 일어나서 뉴런들 간의 연결을 강화한다. 뇌가 연상을 탈학습하고 뉴런들 간의 연결을 끊을 때는 '장기 억압long-term depression, LTD'(depression은 흔히 우울증을 말하지만, LTD는 우울한 기분 상태와 아무 관련이 없다)이라 불리는 다른 화학 과정이 일어난다. 탈학습과 뉴런들 간의 연결 약화는 학습과 뉴런들 간의 연결 강화와 꼭 같은 정도로 가소적이고, 꼭 같은 정도로 중요한 과정이다. 우리가 연결을 오로지 강화하기만 한다면, 우리의 신경망들은 언젠가는 포화 상태에 이를 것이다. 여러 증거들이 신경망에 새로운 기억을 위한 공간을 만들려면 존재하는 기억을 탈학습하는 것이 필수적임을 시사한다.[38]

탈학습은 우리가 하나의 발달 단계에서 다음 단계로 이동할 때 꼭 필요하다. 예를 들어 십대의 끝자락인 한 소녀가 다른 지방에 있는 대학에 가기 위해 집을 떠날 때, 소녀와 소녀의 부모는 모두 깊은 슬픔과 큰 가소적 변화를 겪으면서 예전의 감정적 기질, 일상의 과정, 자아상들을 바꾸어간다.

첫사랑에 빠지는 것도 새로운 발달 단계에 들어가는 것을 뜻하므로 엄청난 양의 탈학습을 요구한다. 서로에게 자신을 내어줄 때 사람들은 새로운 사람을 자신의 삶에 포함시키기 위해서 자신의 존재와 이기적인 의도를 근본적으로 바꾸어야만 하고, 다른 모든 집착을 조정해야만 한다. 삶은 이제 계속되는 협력을 필요로 하고, 감정, 섹슈얼리티, 자아를 다루는 뇌 중추들의 가소적 재조직을 요구한다. 수백만 개의 신경망이 흔적도 없이 사라져 새로운 망으로 대체되어야 한다. 그렇기에 그토록 많은 사람들이 사랑에 빠지는 일을 자기동일성의 상실처럼 느끼기도 한다. 사랑에 빠진다는 것은 과거의 사랑에서 빠져나옴을 의미하기도 하므로, 이 역시 뉴런 수준에서는 탈학습을 요구한다.

첫사랑의 약혼이 깨진 남자는 가슴이 부서진다. 그는 많은 여자들을 보지만, 그가 자신의 단 하나 진정한 사랑이라고 믿었던 약혼녀의 이미지에 사로잡혀 모든 여자를 그녀에 비교하는 가운데 다들 시야에서 희미해진다. 그는 자신을 매료시켰던 첫사랑의 유형을 탈학습하지 못하는 것이다. 다른 예로, 20년 동안 결혼 생활을 한 한 여자는 젊은 미망인이 되어서도 데이트를 거절한다. 그녀는 자신이 다시 사랑에 빠질 수 있으리라고는 상상도 할 수 없으며, 남편을 '교체'한다는 생각은 그녀를 화나게 한다. 여러 해가 지나 친구들이 새 출발을 권해도 그녀는 요지부동이다.

종종 그런 사람들이 새 출발을 할 수 없는 이유는 그들이 아직도 진정으로 슬퍼하지 못하기 때문이다. 사랑하는 그 사람 없이 산다는 생각이 너무 고통스러워서 견딜 수 없는 것이다. 뇌가소적 관점에서 그 낭만주의자나 미망인이 마음의 짐을 벗어던지고 새로운 관계를 시작하려면, 먼저 자신의 뇌 안에 있는 수십억 개의 연결들을 재배선해야만 한다. 프로이트는 애도의 효과는 한 발짝씩 온다고 적었다.[39] 현실은 우리에게 사랑하는 사람이 가버렸다고 말하지만, 우리는 "그 명령에 당장 복종할 수 없다". 우리가 애도를 하는 방법은 한 번에 한 기억을 불러내고, 그 기억을 다시 체험하고, 그런 다음 그 기억을 떠나보내는 것이다. 뇌 수준에서는, 함께 배선된 상태로 그 사람에 대한 지각을 형성하고 있는 신경망들의 스위치를 하나하나 켜서 그 기억을 매우 생생하게 경험한 다음, 한 번에 한 신경망씩 작별을 고하는 것이다. 우리는 죽은 이를 애도하면서 사랑하는 그 사람 없이 사는 것을 학습하지만, 이 수업이 그렇게 힘든 이유는 우리가 먼저 그 사람이 존재해서 아직도 의지할 수 있다는 생각을 탈학습해야 하기 때문이다.

버클리의 신경과학과 교수인 월터 프리먼Walter J. Freeman은 사랑과 대량의 탈학습을 처음으로 연결지은 사람이다. 그는 삶의 두 단계에서, 곧 사랑에 빠졌을 때와 부모가 되었을 때 대량의 신경 재조직이 일어난다는 결론을 보여주는 다수의 생물학적 증거들을 모았다. 프리먼의 주장에 따르면 대량의 가소적 뇌 재조직, 보통의 학습이나 탈학습에서보다 훨씬 더 대량으로 재조직이 가능한 것은 뇌의 신경조절물질neuromodulator 때문이다.

  신경조절물질은 신경전달물질과는 다르다. 신경전달물질은 시냅스에서 방출되어 뉴런을 자극하거나 억제하는 반면, 신경조절물질은 시냅스 연결의 전체적인 효율성을 높이거나 낮추어 영속적인 변화를 가져온다. 우리가 사랑에 몸을 던지면, 뇌의 신경조절물질인 옥시토신이 방출되어 기존에 있던 신경 연결망들을 녹여 없앰으로써 대규모의 변화가 뒤따른다는 것이 프리먼의 믿음이다.

포유류의 유대감을 강화하기에 헌신 신경조절물질이라 불리는 옥시토신은 두 가지 주요한 상황에서, 곧 연인들이 긴밀하게 사랑을 나눌 때——사람의 경우 남녀가 오르가슴을 느끼는 동안[40]——와 부모가 아이를 낳아 기를 때 방출된다. 여성은 출산과 수유 도중에 옥시토신을 방출한다. 기능성 자기공명영상장치 연구에 따르면, 어머니가 아이들 사진을 볼 때 활성화되는 뇌 영역에는 옥시토신이 풍부하다.[41] 수컷 포유류는 아버지가 될 때 이와 매우 비슷한 바소프레신이라는 신경조절물질을 방출한다. 자신이 부모가 되는 책임을 감당할 수 있을지 의심스러워하는 많은 젊은이들은, 옥시토신이 어느 정도로 그들의 뇌를 변화시켜서 그 일에 대처하도록 해주는지를 잘 알지 못하는 것이다.

프레리 들쥐라는 일부일처 동물에 대한 연구는, 짝짓기하는 동안 뇌에서 방출되는 옥시토신이 그 동물들을 평생 동안 같이 살게 만든다는 사실을 알려준다. 암컷 들쥐의 뇌에 옥시토신을 주입하면, 그 암컷은 근처의 수컷 한 마리와 평생 동안 짝을 이룬다. 수컷 들쥐에게 바소프레신을 주입하면, 근처의 암컷 한 마리를 끌어안는다. 옥시토신은 새끼가 부모에게 애착을 품게 만드는 것으로도 보이며, 옥시토신의 분비를 조절하는 뉴런에는 그 뉴런만의 임계기가 있는 것 같다. 애정 어린 친밀한 접촉이 없이 고아원에서 자란 아이들은 나이를 먹어서 유대를 맺는 데 문제가 있는 경우가 많다. 그들의 옥시토신 수준은 애정을 쏟는 가족에 입양된 뒤에도 여러 해 동안 낮은 채로 머물러 있다.[42]

도파민은 흥분을 유도하고 우리를 활동 상태로 만들어 성적 각성을 유발하는 반면, 옥시토신은 안정되고 따뜻한 기분을 유도해서 다정한 느낌과 애착을 증가시켜 우리의 경계심을 낮춘다. 최근의 연구는 옥시토신이 신뢰를 유발하기도 한다는 것을 보여준다. 옥시토신 냄새를 맡고 나서 경제 게임에 참여한 사람들은 다른 사람을 믿고 돈을 맡길 가능성이 더 높다.[43] 옥시토신이 사람에게 미치는 효과에 관한 연구는 아직도 계속해서 진행 중이지만, 여러 증거가 프레리 들쥐에게 미치는 효과와 유사하다고 시사하고 있다. 즉, 옥시토신은 우리가 배우자에게 헌신하고 자식들에게 전념하도록 만든다.[44]

그러나 옥시토신은 독특한 방식으로 탈학습에도 관여하여 작용한다. 양은 새끼가 새로 태어날 때마다 냄새 지각에 관련된 뇌의 한 부분인 후각망울에서 옥시토신이 방출된다. 양들과 다른 많은 동물들은 냄새를 통해 자손과 결속감을 갖는다. 다시 말해서 냄새를 통해 자손을 '각인'한다. 양들은 자기 새끼에게만 모성을 나타내고 낯선 새끼는 내친다. 하지만 낯선 새끼를 보고 있는 어미 양에게 옥시토신을 주입하면, 어미 양은 그 새끼 양에게도 모성을 나타낸다.[45]

그러나 옥시토신은 첫 새끼를 낳을 때는 방출되지 않고, 그 이후의 출산에서만 방출된다. 이 사실은 옥시토신이 어미와 첫 새끼를 하나로 묶는 신경회로들을 지워버리는 역할을 해서 어미가 둘째 새끼와 유대를 맺을 수 있도록 한다는 것을 시사한다(프리먼은 어미가 첫 번째 새끼와 유대를 맺을 때는 다른 신경화학물질을 사용하는 것이 아닐까 생각한다[46]). 학습된 행동을 지우는 옥시토신의 능력 때문에 과학자들은 옥시토신을 기억상실 호르몬이라 불러왔다.[47] 프리먼은 옥시토신이 현재의 애착을 가져오는 현재의 신경 연결들을 녹여 없앰으로써 새로운 애착의 형성을 가능하게 한다고 생각한다.[48] 이 이론에서 옥시토신은 부모들에게 부모 노릇을 가르치는 것이 아니다. 연인들을 협동적이고 상냥하게 만드는 것도 아니다. 그보다는 그들이 새로운 패턴을 배울 수 있도록 해주는 것이다.+

프리먼의 이론은 사랑과 가소성이 서로에게 어떻게 영향을 미치는지를 설명할 수 있게 한다. 가소성 덕분에 우리 뇌는 너무나 독특하게 발달하므로, 우리는 좀처럼 다른 이들이 보는 것처럼 세상을 보거나, 다른 이들이 원하는 것을 원하거나, 서로 협동을 하기가 어렵다. 그러나 우리 종의 성공적인 번식에는 협동이 필요하다. 자연은 우리에게 옥시토신과 같은 신경조절물질을 주어, 사랑에 빠진 두 사람의 뇌가 가소성이 높아진 일정 기간을 거치면서 서로에게 적응해가며 서로의 바람과 이해를 맞출 수 있게 해주었다. 프리먼이 생각하기에 뇌는 기본적으로 사회화의 기관이므로, 지나치게 개인화되고 지나치게 자기 세계에 몰입하고 너무나 자기 중심적이 되려는 경향을 때때로 해제하는 메커니즘을 가지고 있어야만 한다.

프리먼이 말하듯이, "성적 경험의 가장 깊은 의미는 쾌감이나 심지어 번식에 있는 것도 아니다. 자기중심주의의 심연을 극복할 기회를 제공해주고, 앞으로의 일을 책임지고 함께 헤쳐 나갈지 아닐지 문을 열어주는 것이다. 신뢰를 쌓는 데 중요한 것은 전희前戱가 아니라 후희後戱이다."[49]

프리먼의 개념은 우리에게 사랑의 많은 변주곡을 떠올리게 한다. 아침까지 머무르면 여자에게 지나치게 빠져들까봐 밤 동안에 사랑을 나눈 뒤 황급히 여자를 떠나는 불안한 남자, 섹스만 하면 누구하고든 사랑에 빠지는 경향이 있는 여자, 아니면 아이들을 거의 거들떠보지도 않다가 느닷없이 헌신적인 아버지로 변신하는 어떤 남자들. 우리는 그런 남자들을 '철이 들어서' 이제 '애들이 우선'인 것이라고 말하지만, 아마도 부분적으로는 옥시토신의 도움을 받은 덕택에 깊이 자리잡은 이기적 관심을 벗어났을 것이다. 한 번도 사랑에 빠지지 않고, 해가 갈수록 더욱 평범한 길에서 벗어나 경직되어 가면서, 반복하여 자신의 판에 박힌 일상을 강화하고 있는 완강한 독신 남자를 그 아버지와 대조해보라.[50]

사랑에 빠졌을 때의 탈학습 덕분에, 사랑스러운 파트너를 만나면 우리는 자신의 자아상을 더 나은 것으로 바꿀 수 있다. 그러나 탈학습은 우리가 사랑에 빠졌을 때 상처 받기 쉬워지는 이유이기도 하며, 어째서 그토록 많은 침착한 남녀들이 교활하고 음흉하거나 형편없는 사람과 사랑에 빠져 자기를 모두 잃어버리고 자괴감에 시달리게 되어 벗어나는 데 여러 해가 걸리는지를 설명해주기도 한다.

탈학습과 뇌가소성의 여러 미세한 점들에 대한 이해가 환자 A를 치료하는 데 아주 중요했다. A는 대학에 다닐 무렵, 어머니와 너무도 흡사하게 정서적으로 불안하며, 이미 누군가와 사귀는 여자들에게 끌려, 그 여자들을 사랑하고 구원하는 것이 자신의 의무라고 느끼면서 임계기 경험을 재현하고 있는 자신을 발견했다.

  A는 두 가지 가소성의 덫에 걸려 있었다.

  첫 번째는 문제가 있는 여성들을 향한 그의 사랑을 탈학습시켜 그에게 새로운 방식의 사랑을 알려줄 수 있는 사려 깊고 안정한 여성들과 관계를 맺는 것은 그의 희망과는 상관없이 그를 전혀 달아오르게 하지 않았다는 점이다. 그래서 그는 임계기에 형성된 파괴적인 끌림에 고착되어 있었다.

  두 번째 덫 또한 가소적으로 이해할 수 있다. 그가 가장 고통스럽게 여기는 한 증상은, 그의 마음속에서 성과 공격성이 거의 완전히 융합되어 있는 점이었다. 그가 느끼기에 누군가를 사랑한다는 것은 그 누군가를 소모하는 것, 산 채로 잡아먹는 것이었고, 사랑을 받는다는 것은 산 채로 잡아먹히는 것이었다. 그리고 그는 섹스가 난폭한 행위라는 자신의 느낌에 몹시 당황하면서도 흥분을 느꼈다. 섹스를 생각하면 바로 폭력이 생각났고, 폭력을 생각하면 다시 섹스가 생각났다. 그는 자신이 성적으로 발동하면 위험해진다고 느꼈다. 마치 그에게는 성적 느낌을 위한 뇌 지도와 폭력적인 감정을 위한 뇌 지도가 분리되지 않은 것 같았다.

머제니치는 분리되어 있어야 할 두 개의 뇌 지도가 합쳐졌을 때 발생하는 수많은 '뇌 덫'을 묘사했다.[51] 앞에서 보았듯이 원숭이의 손가락들을 하나로 꿰매서 그 손가락들이 동시에 움직일 수밖에 없게 하면, 함께 발화하는 뉴런들은 결국 함께 배선되기 때문에, 각 손가락을 위한 지도들이 하나로 융합하였다. 그리고 그는 일상생활에서도 지도들이 융합되는 것을 발견하였다. 음악가가 한 악기를 연주하는 동안 두 손가락을 어느 정도로 자주 함께 사용하면, 때때로 두 손가락을 위한 지도가 융합되어 음악가가 한 손가락만 움직이려고 해도 다른 한 손가락까지 움직이게 된다. 두 개의 다른 손가락을 위한 지도가 이제 '탈분화'된 것이다. 그 음악가가 손가락을 하나만 움직이려고 열심히 노력해도, 오히려 두 손가락은 더욱더 같이 움직이면서 융합된 지도를 강화할 것이다. 그가 뇌 덫에서 빠져나오려고 더 열심히 애쓸수록, 그는 안으로 더 깊이 빠져 들어가면서, '국소 근육긴장이상focal dystonia'이라는 상태가 된다. 영어에서 'r'과 'l' 사이의 차이를 듣지 못하는 일본인에게도 유사한 뇌 덫이 발생한다. 그 두 소리가 그들의 뇌 지도에서는 분화되어 있지 않기 때문이다. 그들은 그 소리를 제대로 발음하려고 애쓸 때마다 번번이 잘못 발음하면서 그 문제를 강화하고 있는 셈이다.

나는 바로 이것이 A가 경험한 것이라고 믿는다. 그는 섹스를 생각할 때마다 폭력을 생각하고, 폭력을 생각할 때마다 섹스를 생각하면서, 융합된 지도 안의 연결을 강화한 것이다.

물리 치료사인 머제니치의 동료 낸시 빌Nancy Byl은 자신의 손가락을 조절하지 못하는 사람들을 교육시켜 손가락 지도를 재분화한다.[52] 비결은 환자가 그 손가락들을 따로따로 움직이려고 애쓰는 대신, 아기 때처럼 손 사용법을 다시 배우는 것이다. 예를 들어 손가락 조절 능력을 잃어버린 국소 근육긴장이상 기타리스트를 치료할 때, 그녀는 먼저 그에게 한동안 기타 연주를 멈추라고 지시해서 융합된 지도를 약화시킨다. 기타리스트는 그 다음, 며칠 동안 줄이 없는 기타를 그냥 잡기만 한다. 그런 다음 기타에 보통 기타 줄과는 감촉이 다른 줄을 한 줄만 매고, 한 손가락만으로 조심스럽게 퉁긴다. 마지막으로 그 줄과 떨어진 다른 한 줄을 매고 두 번째 손가락으로 퉁긴다. 마침내 융합된 손가락의 뇌 지도가 두 개의 다른 지도로 나뉘면, 기타리스트는 다시 연주를 할 수 있게 된다.

A는 정신분석을 받기 시작했다. 먼저 우리는 왜 사랑과 공격성이 융합되었는지를 알아보았다. 그가 지닌 뇌 덫의 뿌리를 추적하자, 성적인 감정과 폭력적인 감정을 동시에 내보이던 술 취한 어머니와의 경험에 다다랐다. 그래도 그가 여전히 끌리는 대상을 바꾸지 못하자, 나는 머제니치와 빌이 지도를 재분화시키기 위해 하는 것과 유사한 방법을 썼다. 나는 오랜 기간 A를 치료하면서, A가 어떤 종류든 성적 영역 이외의 상황에서 공격성에 때 묻지 않은 신체적 온정을 표현할 때마다 그의 주의를 환기시켜 면밀히 짚어보게 했다. 그렇게 해서 나는 그에게 긍정적인 느낌과 친밀감을 동시에 가질 수 있다는 것을 상기시켰다.

폭력적인 생각이 떠오를 때에는, 나는 그에게 자신의 경험을 뒤져서 성으로 오염되지 않은 정당한 자기방어로서 칭찬받을 만한 공격성이나 폭력성을 발휘한 순간이 있는지 하나만이라도 찾아보게 했다. 이러한 영역들—순수한 신체적 온정, 혹은 파괴적이지 않은 공격성—이 나타날 때마다 나는 그에게 그런 순간에 주의를 기울이게 했다. 시간이 지나자, 그는 두 개의 다른 지도를 형성할 수 있었다. 하나는 그가 어머니에게서 경험한 유혹과 아무 상관없는 신체적 온정을 위한 것이었고, 다른 하나는 어머니가 취했을 때 그가 경험한 분별없는 폭력과 아주 다른 공격성——올바른 단호함이 있는——을 위한 것이었다.

뇌 지도에서 성과 폭력성을 구분한 덕분에 그는 관계와 성에서 더 나은 느낌을 갖게 되었고 단계적으로 발전해갔다. 곧바로 건전한 한 여성과 사랑에 빠져 흥분을 느끼지는 못했지만, 그는 이전 여자친구보다 약간 더 건전한 한 여자와 정말로 사랑에 빠짐으로써, 사랑이 제공하는 학습과 탈학습의 효과를 보았다. 이 경험 덕분에 그는 점진적으로 더 건전한 관계들을 맺어가면서, 매번 더 많은 것을 탈학습했다. 치료가 끝날 무렵 그는 건전하고 만족스럽고 행복한 결혼 생활을 하고 있었다. 그의 성격과 성적 유형은 이미 근본적으로 바뀌어 있었다.

---

우리가 쾌감계를 어느 정도로 재배선하고 성적 기호를 습득하는지가 가장 극적으로 나타나는 경우는 성적 마조히즘과 같은 도착증에서이다.[53] 마조히즘은 육체적 통증을 성적 쾌감으로 전환한다. 이렇게 되기 위해서는 선천적으로 불쾌한 것을 기분 좋은 것으로 만들어야만 하므로, 뇌를 재배선하여 보통은 통증계를 자극하는 충동들을 쾌감계로 들여보내야 한다.

성 도착이 있는 사람들은 흔히 공격성과 섹슈얼리티가 혼합된 활동을 중심으로 자신의 생활을 계획하고, 수치, 적대감, 반항, 금지된 것, 은밀한 것, 죄악스러운 관능, 금기를 깨는 것을 찬양하고 이상화한다. 그들은 단순히 '정상'이 아니라는 것에서 특별함을 느낀다. 이러한 '초월적' 또는 반항적 태도는 성 도착을 즐기는 데 필수적이다. 일탈을 이상화하고 '정상성'을 비하하는 예는 블라디미르 나보코프Vladimir Nabokov가 소설 『롤리타』에서 훌륭하게 포착했다. 이 소설에는 사춘기도 되지 않은 열두 살의 소녀를 우상화하고 그녀와 성관계를 가지면서 더 나이 든 모든 여성들에게 경멸을 드러내는 한 중년 남자가 나온다.

성적인 사디즘은 두 가지 익숙한 경향, 즉 성과 공격성을 융합한다는 면에서 가소성을 예시한다.[54] 따로따로 쾌감을 줄 수 있는 각 경향을 한꺼번에 취함으로써 쾌감을 배가시키는 것이다. 그러나 마조히즘은 훨씬 더 멀리 나아간다. 그것은 본래 불쾌한 느낌인 통증을 쾌감으로 전환시키면서 성적 욕구를 더 근본적으로 변화시키므로, 우리 쾌감계와 통증계의 가소성을 더 생생하게 예증한다.

경찰은 여러 해 동안 S&M(사디즘과 마조히즘) 시설들을 급습하면서, 대부분의 임상의보다도 심각한 성 도착을 더 잘 알게 되었다. 가벼운 성 도착 환자들은 종종 그런 문제들을 불안이나 우울로 여기고 치료하러 오는 반면, 심각한 성 도착 환자가 치료를 구하는 일은 별로 없다. 그들은 일반적으로 그것을 즐기기 때문이다.

캘리포니아의 정신분석학자인 의학박사 로버트 스톨러Robert Stoller는 로스엔젤레스에 있는 S&M과 B&D* 시설들을 방문하면서 몇 가지 중요한 사실을 발견했다.[55] 그는 맨살에 진짜 통증을 가하는 하드코어 사도마조히스트들을 인터뷰하고 나서, 마조히즘에 참여하는 모든 사람이 어린 시절에 심각한 육체적 질병 때문에 정기적으로 끔찍하고 고통스러운 치료를 받은 적이 있다는 것을 발견했다. 스톨러는 적는다. "결과적으로, 그들은 자신의 두려움, 절망, 분노를 공개적이고 적절하게 풀어놓을 기회도 없이 오랫동안 철저하게 병원에 갇혀 있어야 했다. 여기에

---

* Bondage and Discipline. 결박과 조교. 상대를 밧줄로 묶고 노예처럼 다루는 변태 성행위.

서 성 도착이 비롯된다."⁵⁶ 그들은 어릴 때 자신의 통증과 표현할 수 없는 분노를 백일몽이나 변경된 정신 상태, 또는 자위 공상 속에서 의식적으로 재처리함으로써, 고통스러운 기억에 행복한 결말을 덧붙이고 자신에게 '이번엔, 내가 이겨'라고 말할 수 있었던 것이다. 그리고 그들이 이긴 방식은 자신의 고통을 성애화하는 것이었다.

'선천적으로' 고통스러운 느낌이 기분 좋은 것으로 바뀔 수 있다는 생각은 처음엔 믿기 힘들며 충격적이기까지 하다. 우리는 감각과 감정들을 날 때부터 기분 좋은 것(기쁨, 승리감, 성적 쾌감) 아니면 고통스러운 것(슬픔, 공포, 비탄)으로 가정하는 경향이 있기 때문이다. 그러나 사실 이 가정은 맞지 않는다. 우리는 행복의 울음을 터뜨릴 수도 있고, 달콤하면서도 씁쓸한 승리감을 맛볼 수도 있다. 그리고 신경증이 있는 사람들은 다른 사람들이라면 즐거움을 느낄 성적 쾌감에 죄책감을 느끼거나 쾌감을 전혀 느끼지 않을 수도 있다. 슬픔처럼 우리가 본래 불쾌한 것이라고 생각하는 어떤 감정은 음악이나 문학, 혹은 미술이 아름답고 섬세하게 손길을 가하면 통렬할 뿐 아니라 숭고하기까지 한 것으로 느껴질 수 있다. 공포는 무서운 영화를 볼 때나 롤러코스터를 탈 때처럼 신나는 것이 될 수도 있다. 사람의 뇌는 많은 감정과 감각들을 쾌감계와 통증계에 둘 중 어디에라도 소속시킬 수 있는 것으로 보인다. 이러한 고리나 정신적 연상들 각각을 위해서는 뇌 안에 새로운 가소적 연결이 필요하다.

스톨러가 인터뷰한 하드코어 마조히스트들은 자신이 견뎌왔던 고통스러운 감각을 성적 쾌감계로 연결짓는 어떤 경로를 형성함으로써, 결과적으로 관능적인 통증이라는 새로운 복합적 경험을 야기한 것이 틀림없다. 그들이 모두 아주 어릴 적에 고통을 받았다는 사실은, 이러한 재배선이 성적 가소성의 임계기 동안 일어났다는 것을 강하게 시사한다.

1997년에 가소성과 마조히즘을 해명하는 한 다큐멘터리 영화가 나왔다. 바로 〈토할 것 같은 충격: 슈퍼마조히스트 밥 플래너건의 삶과 죽음〉이다. 밥 플래너건은 행위예술가이자 노출광으로 자신의 마조히즘적 행위를 대중 앞에서 상연했는데, 그는 조리 있고, 시적이고, 때로는 매우 재미있는 모습을 보여준다.

다큐멘터리가 시작되는 장면에서 우리는 알몸의 플래너건이 사람들이 던진 파이를 얼굴에 맞고, 깔때기로 음식을 받아먹으며 굴욕을 당하는 것을 본다. 그러나 그가 육체적으로 상처 입고 목 졸리는 것을 순간적으로 비추는 영상들은, 훨씬 더 심한 고통을 넌지시 암시하는 것이다.

밥은 1952년 낭포성 섬유증을 가지고 태어났다. 낭포성 섬유증은 폐와 췌장에서 비정상적으로 짙은 점액이 지나치게 많이 만들어져서 기도를 막아 환자가 정상적으로 호흡하지 못하고, 만성적인 소화기 문제들을 일으키는 유전적 질환이다. 그는 숨을 쉬는 것도 힘겨웠고, 산소가 모자라 새파랗게 질리곤 했다. 이 병을 가지고 태어난 환자는 대부분 어릴 때 또는 20대 초기에 사망한다.

밥의 부모는 밥이 병원에서 집으로 온 순간부터 그가 아프다는 것을 알아차렸다. 18개월이 되었을 때, 그의 폐 사이에서 고름을 발견한 의사는 가슴 깊숙이 바늘을 찔러 넣어 그를 치료하기 시작했다. 그는 이 치료가 무서워 절망적으로 소리를 질렀다. 어린 시절 내내 그는 정기적으로 병원에 입원해서 의사들이 낭포성 섬유증을 진단하는 한 방법으로 자신의 땀을 관찰할 수 있도록 투명 풍선 같은 텐트 안에 거의 알몸인 채로 갇혔으며, 낯선 사람들에게 몸을 드러내며 수치심을 느꼈다. 그가 호흡을 하고 감염과 싸우는 것을 돕기 위해서 의사들은 온갖 종류의 튜브를 그에게 꽂았다. 그도 자신에게 있는 문제의 심각성을 알고 있었다. 그의 두 여동생도 낭포성 섬유증이었기 때문이다. 한 동생은 6개월에 접어들면서, 다른 한 동생은 스물한 살에 죽었다.

그는 오렌지 카운티 낭포성 섬유증 협회의 포스터 모델이 되었음에도 불구하고, 비밀스러운 삶을 살기 시작했다. 그는 어릴 때부터 미칠 듯이 배가 아프면, 주의를 딴 곳으로 돌리기 위해 음경을 자극하곤 했다. 고등학교에 다닐 무렵에는 밤에 알몸으로 누워서, 남몰래 온몸에 짙은 풀을 바르곤 했다. 그러는 이유는 자신도 몰랐다. 그는 허리띠로 몸을 묶어 고통스러운 자세로 문에 매달렸다. 그런 다음 맨살에 닿을 때까지 바늘로 허리띠를 쑤시기 시작했다.

서른한 살에 그는 아주 문제가 많은 집안의 셰리 로즈Sheree Rose와 사랑에 빠졌다. 영화에서 우리는 셰리의 어머니가 셰리의 아버지인 남편을 대놓고 무시하는 것을 볼 수 있다. 셰리는 아버지가 수동적이고 자신에게 한 번도 애정을 보인 적이 없었다고 주장한다. 셰리는 스스로 자신이 어릴 적부터 보스 기질이 있었다고 표현한다. 그녀는 밥의 사디스트이다.

영화에서 셰리는 밥의 동의하에 밥을 자신의 노예로 부린다. 그녀는 그에게 모욕을 주고, 젖꼭지 옆의 살갗을 칼로 베고, 젖꼭지에 집게를 물리고, 무언가를 강제로 먹이고, 그가 새파랗게 질릴 때까지 끈으로 목을 조르고, 당구공만한 쇠공을 항문에 쑤셔 넣고, 그의 성감대 여기저기를 바늘로 찌른다. 그의 입술은 바느질로 봉합되어 있다. 그는 젖병으로 그녀의 오줌을 마시기도 한다. 그의 음경에는 배설물이 묻어 있다. 그의 구멍이란 구멍은 모두 뭔가가 틀어박혀 있거나 더럽혀져 있다. 이 모든 행동들이 밥을 발기시키고, 자주 이어지는 섹스에서 대단한 오르가슴에 이르게 한다.

밥은 20대와 30대를 모두 넘기고, 40대 초반에는 낭포성 섬유증을 가지고도 살아 있는 가장 나이 많은 생존자가 되었다. 그는 자신의 마조히

4. 성과 사랑은 뇌를 어떻게 바꿀까 **171**

즘을 거리로, S&M 클럽이나 미술관으로 가지고 나와, 공개적으로 그 의식들을 행한다. 숨을 쉬기 위해 언제나 산소마스크를 쓴 채로 말이다.

마지막의 한 장면에서 알몸의 밥 플래너건은 자신의 음경을 판자에 받쳐놓고 그 판자에 닿을 때까지 망치로 음경 한가운데에 못을 박는다. 그런 다음 그가 아무렇지도 않게 그 못을 뽑자, 피가 음경에 뚫린 깊은 구멍에서부터 분수처럼 뿜어져 나와 카메라 렌즈를 뒤덮는다.

플래너건의 신경계가 무엇을 견딜 수 있는지를 정확하게 서술하는 것은 우리가 통증계를 쾌감계에 연결하는 완전히 새로운 뇌 회로가 어느 정도까지 발달할 수 있는가를 이해하는 데 아주 중요한 일이다.

플래너건은 자신의 통증이 분명 아주 어린 시절부터 시작한 자신의 공상으로 윤색되어 기분 좋은 것이 된 것이라고 생각한다. 그의 유별난 이력에서 우리는 그의 성 도착이 독특한 인생 경험으로부터 발달했고, 그의 트라우마와 연관되어 있음을 확인할 수 있다. 유아기에 그는 병원에서, 빠져나가거나 자해를 할 수 없도록 난간이 있는 아기 침대 안에 묶여 있었다. 일곱 살이 되자 이런 감금 생활은 압박을 사랑하는 것으로 변질되었다. 성인이 된 그는 노예가 되어 수갑이 채워지거나 묶여서, 고문기술자가 희생자를 고문할 때나 사용하는 것 같은 자세로 오랜 시간 동안 매달려 있는 것을 끔찍이 좋아했다. 어려서는 간호사와 의사들이 자신을 아프게 해도 참으라는 말을 들었지만, 커서는 그 자신이 이 권한을 자발적으로 셰리에게 주고 그녀의 노예가 되어, 그녀가 유사의학적 절차들을 수행하면서 자신을 학대하도록 했다. 그와 의사들 간의 과거의 관계는 미세한 측면들까지 현재에 반복되었다. 밥이 셰리에게 미리 동의했다는 사실도 그 트라우마의 한 측면을 반복하는 것이다. 일정 나이가 지난 뒤에는, 의사들이 피를 뽑고 살갗을 뚫고 아프게 할 때도 자신의 생명이 그 일에 좌우됨을 알았기에, 다름 아닌 자신이 그들에게 승인을 내려주었기 때문이다.

그렇듯 미세한 사항들의 반복을 통해 어린 시절의 트라우마를 거울처럼 따라하는 이 태도는 성 도착에 전형적이다. 페티시스트들——사물에 끌리는 사람들——도 같은 특성을 가지고 있다. 로버트 스톨러는 페티시스트의 숭배 대상은 어린 시절의 트라우마에서 비롯된, 사연이 있는 사물이라고 한다[57](고무 속옷과 비옷을 숭배하는 한 남자는 어린 시절 오줌싸개여서 고무 시트 위에서 잘 것을 강요당하며 수치심과 불편함을 느꼈었다. 플래너건에게는 의료 도구나 철물점에서 파는 투박한 금속들——드라이버, 못, 죔쇠, 망치——과 같은 수많은 숭배 대상이 있었다. 그는 이 모두를 마조히즘적인 성적 자극을 위해 시시때때로 자신의 살을 뚫고 조이거나 내려치는 데 사용하였다).

플래너건의 쾌감중추는 두 가지 방향으로 재배선되었다. 첫째, 불안처럼 보통은 불쾌한 감정이 쾌감으로 바뀌었다. 그는 자신이 일찍 죽을 것이라고 진단받았기 때문에 끊임없이 죽음과 시시덕거리며 공포를 정복하려는 중이라고 설명한다. 1985년에 쓴 그의 시, '왜'에서, 그는 자신이 일생 동안 외부에 대해 무력한 삶을 살았으면서도 슈퍼마조히즘 덕분에 승리감과 용기와 불사신 같은 느낌을 가질 수 있었다고 똑똑히 밝힌다. 그러나 그는 단순히 공포를 정복하는 것을 넘어서 더 나아간다. 발가벗겨 비닐 텐트 안에 집어넣고 땀을 들여다보는 의사들에게 수치를 당했던 그가 이제는 미술관에서 자랑스럽게 옷을 벗는다. 어릴 적에 벗겨져서 수치를 당하던 느낌을 정복하기 위해 그는 의기양양한 노출광이 된다. 부끄러움이 쾌감으로 바뀌면서, 수치심을 모르는 상태가 되는 것이다.

그에게 일어난 재배선의 두 번째 측면은, 육체적 통증이 쾌감이 되었다는 것이다. 살에 박힌 금속이 이제 좋게 느껴지고, 그를 발기시키며, 오르가슴을 선사한다. 어떤 사람들은 커다란 육체적 스트레스를 받으면 엔도르핀을 방출한다. 엔도르핀은 아편처럼 진통제 역할을 해서 우리 몸이 통증에 무뎌지고 황홀감을 느끼게 된다. 그러나 플래너건은 자신이 통증에 무뎌지는 것이 아니라고 설명한다. 그는 통증에 끌린다. 그는 자신을 더 아프게 할수록, 통증에 더 민감해져서 더 많은 통증을 느낀다. 플래너건은 정말로 강한 통증을 느끼지만, 그의 통증계가 쾌감계와 이어져 있기 때문에 동시에 쾌감을 느끼는 것이다.

아이들은 무력하게 태어나므로, 성적 가소성의 임계기에는 버림받지 않고 어른들에게 붙어 있기 위해서 무슨 짓이든 한다. 그 과정에서 어른들이 주는 아픔과 상처를 사랑하는 법을 배워야만 한다고 해도 말이다. 어린 밥의 세계에서 어른들은 '그를 위해' 그에게 아픔을 주었다. 슈퍼마조히스트가 된 지금, 그는 역설적으로 통증을 마치 자신을 위해 좋은 것처럼 다룬다. 그는 자신이 과거에 고착되어 유아기를 거듭해서 살고 있다는 것을 분명히 알고 있다. 그는 "난 커다란 아기이고, 그렇게 머물고 싶어서" 자신을 아프게 한다고 말한다. 아마도 고문당하는 아기로 머물러 있는 공상은, 그가 죽음으로부터 자신을 지키는 공상적인 방법일 것이다. 자신이 자라기를 기다리고 있는 죽음을 피하는 방법으로 여기고 있는 것이다. 그는 셰리에게 끝없이 학대를 받으며 피터 팬으로 머물 수 있다면, 최소한 절대로 자라지는 않을 것이므로 일찍 죽지도 않을 것이라고 생각하는 것이다.

영화의 끝에서 우리는 플래너건이 죽어가는 것을 본다. 농담을 멈춘 그는 구석에 몰려 공포에 질린 한 마리 짐승처럼 행동하기 시작한다. 관객은 그가 자신의 아픔과 공포를 다루기 위해 마조히즘적 해결책을 발견하기 전, 어린 소년이었을 때 겪었을 공포가 어떤 것인지를 본다. 이 시점에서 우리는 셰리가 갈라서자고 밥에게 말했다는 것을 알게 된다. 이는 고통 받고 있는 아이에게 주는 최악의 공포이다. 그는 완전히 상심하고, 끝에 그녀는 다시 그의 곁에 머물러 그를 따스하게 돌본다.

  마지막 순간에 그는 충격을 받은 듯 애처롭게 묻는다. "내가 죽는 거야? 이해할 수 없어……. 어떻게 된 거지?……. 이럴 리가 없는데." 그는 마치 고통스러운 죽음을 끌어안는 자신의 마조히즘적 공상, 게임, 의식들이 그토록 강력했으니, 자신이 실제로 그것을 물리쳤음에 틀림없다고 생각했던 것 같다.

포르노에 말려들게 된 환자들로 말하자면, 일단 문제를 이해하고 자신들이 문제를 얼마나 강화하고 있었는지를 이해하자, 대부분 한순간에 끊을 수 있었다. 그들은 마침내 자기 파트너에게 다시 끌리게 되었다. 이 남성들 모두 중독에 취약한 성격이나 심각한 어릴 적의 트라우마를 가진 사람들은 아니었으므로, 자신에게 무슨 일이 일어나고 있는지를 이해하자마자 문제를 해결해가기 시작했다. 그들은 문제를 일으키는 신경망을 약화시키기 위해 일정 기간 동안 컴퓨터 사용을 중지했고, 그러자 포르노에 대한 욕구가 시들어져 사라졌다. 그들이 생애의 후반기에 습득한 성적 기호를 치료하는 것은, 임계기에 문제 있는 성적 유형을 선호하게 된 환자들을 치료하는 것보다 훨씬 간단했다. 그렇지만 후자의 남성들도 일부는 A처럼 자신의 성적 유형을 변화시킬 수 있었다. 우리에게 문제 있는 기호를 습득하게 하는 동일한 뇌가소성 법칙이, 집중적인 치료 과정에서는 더 새롭고 더 건전한 기호를 습득하게 하고, 어떤 경우는 예전에 문제를 일으키던 기호까지 없애주기 때문이다. 이것이 바로 쓰지 않으면 잃는 뇌이다. 심지어 성적 욕구와 사랑에서도 그렇다.

# 05
## 뇌졸중 환자의 부활

안과 의사이고 일주일에 여섯 번씩 라켓을 잡는 테니스 광이던 의학 박사 마이클 번스타인Michael Bernstein은, 54세에 사람을 무력하게 만드는 뇌졸중을 맞았다. 인생의 절정기에 있던 그에게는 아내와 네 자녀가 있었다. 그는 새로운 뇌가소적 요법을 완수하여 회복되었으며, 내가 앨라배마 버밍햄에 있는 그의 사무실에 찾아갔을 때는 다시 일을 하고 있었다. 사무실에 딸린 방이 많았기 때문에, 나는 그와 같이 일하는 의사들이 많은가보다고 생각했다. 그는 아니라고 했다. 그가 방을 많이 만든 이유는 그에게 노인 환자들이 많아서 환자들을 움직이게 하는 대신에 그가 환자들에게 가기 위해서였다.

"이 노인 환자분들은 잘 움직이지 못하십니다. 뇌졸중을 맞았거든요." 그가 껄껄 웃는다.

뇌졸중이 온 그날 아침, 번스타인 박사는 일곱 명의 환자에게 평소처럼 백내장, 녹내장, 굴절교정수술 등 안구 안에 행하는 정밀한 시술들을 해주었다.

그 뒤, 번스타인 박사는 스스로가 주는 일에 대한 보상으로 테니스를 쳤다. 그때 상대방은 그가 균형을 잘 못 잡고 게임하는 것이 평소 같지 않다고 말했다. 테니스를 치고 난 그는 차를 몰고 은행으로 볼일을 보러 갔는데, 지붕이 열리는 자신의 스포츠카에서 나오기 위해 다리를 들려 했지만 움직일 수가 없었다. 그대로 사무실로 돌아가니 그의 비서가 편찮아 보인다고 말했다. 같은 건물에서 일하고 있던 그의 가정의 루이스 박사는 번스타인 박사에게 약간의 당뇨기와 콜레스테롤 문제가 있고, 번스타인의 어머니가 여러 번 뇌졸중을 겪었으므로, 그가 일찍 뇌졸중을 맞을 수 있는 후보라는 것을 진작부터 알고 있었다. 루이스 박사는 번스타인 박사에게 헤파린 주사를 놓아 혈액이 응고되는 것을 막았고, 그런 다음 번스타인 부인이 차를 몰아 그를 병원으로 데리고 갔다.

그 다음 열두 시간에서 열네 시간 동안 발작은 더 심해져서, 그는 왼쪽 전신이 완전히 마비되기 시작했다. 그의 운동피질 중 상당 부분이 손상되었다는 신호였다.

자기공명영상장치MRI 뇌 스캔이 그 진단을 확인해주었다. 의사들은 뇌의 오른쪽 부분에서 결함을 발견했다. 오른쪽 뇌는 왼쪽 신체의 움직임을 통제한다. 그는 일주일 동안 집중 치료를 받으면서 약간의 차도를 보였다. 그는 일주일의 물리치료와 작업요법,* 언어요법을 받은 뒤, 2주 동안 재활 시설로 옮겼다가 집으로 돌아갔다. 그는 외래로 3주 더 재활 치료를 받은 다음, 이제 치료가 끝났다는 말을 들었다. 전형적인 뇌졸중 처치를 받은 것이다.

---

*건강 회복에 적당한 가벼운 일을 시키는 요법

하지만 회복은 불완전했다. 그에게는 아직도 지팡이가 필요했다. 왼손은 거의 쓸 수 없었다. 무언가를 집는 동작에서 엄지와 검지를 모을 수가 없었다. 그는 타고난 오른손잡이이긴 했지만 양손을 다 사용했었고, 발작 이전엔 왼손으로도 백내장 수술을 집도할 수 있었다. 그러던 왼손을 전혀 사용할 수 없었다. 포크를 잡거나 수저를 입으로 가져가거나 셔츠의 단추를 채울 수도 없었다. 재활치료를 받던 어느 날 휠체어를 타고 테니스 코트에 간 그는, 잡을 수 있는지 보려고 라켓을 받았다. 라켓을 잡지 못하자 자신이 다시는 테니스를 치지 못하리라는 사실이 믿겨지기 시작했다. 포르쉐도 다시는 운전하지 못할 거란 말을 들었지만 그는 아무도 집에 없을 때를 기다렸다가, "5만 달러짜리 차 안에 들어가서, 차고 밖으로 후진을 했지요. 그리고 도로 끝까지 내려가서 길 양쪽을 살피는 내 모습은 영락없이 차를 훔치고 있는 십대였습니다. 그 다음 그 길의 막다른 곳까지 갔는데, 차가 서버려서 꼼짝도 할 수 없었습니다. 포르쉐는 키가 운전대 왼쪽에 있지요. 나는 왼손으로는 키를 돌릴 수 없어서 오른손을 반대로 뻗어 키를 돌려야 했습니다. 차를 거기 놓아두고 집에 전화를 해서 나를 데려가라고 말할 방법이 없었으니까요. 물론 왼쪽 다리가 제구실을 못하니 클러치를 밟고 있는 것도 쉽지 않았죠."

번스타인 박사는 에드워드 토브Edward Taub의 구속유도constraint-induced, CI 운동 요법 프로그램이 아직 연구 단계일 때 그 요법을 받으러 토브 클리닉을 찾아간 최초의 사람들 중 한 사람이었다. 더 이상 잃을 것이 없다는 심산이었다.

CI 요법의 진행 속도는 아주 빨랐다. 그는 다음과 같이 표현한다. "정말 무자비하더군요. 아침 여덟 시에 프로그램을 시작해서 네 시 반에 끝날 때까지 잠시도 멈추지 않더군요. 심지어 점심시간에도 치료를 계속했습니다. 그 요법이 시작 단계였기 때문에 환자는 둘뿐이었죠. 다른 한 환자는 나보다 젊은 간호사였는데, 아마 마흔한 살이나 마흔두 살쯤 되었던 것 같아요. 그녀는 아기를 낳은 후 발작이 왔다더군요. 그녀가 몇 가지 이유로 나의 경쟁 상대였지만,"——그가 하하 웃는다——"나와 아주 잘 지냈어요. 우리는 말하자면 서로를 성장시켰지요. 그 사람들이 자주 시키던 것 중엔 한 선반에서 다음 선반으로 깡통을 들어 옮기는 것과 같은 단순 노동이 있었는데, 그녀는 키가 작았기 때문에 나는 가능한 한 높이 깡통을 올려놓곤 했지요."

두 사람은 팔을 돌리는 운동을 위해 테이블 위를 훔치고 실험실 창을 닦았다. 손을 위한 뇌 신경망을 강화하고 조절력을 발달시키기 위해, 그들은 약한 손가락에 두꺼운 고무줄을 걸고 억지로 줄을 벌렸다. "다음엔 앉아서 왼손으로 ABC 쓰기를 연습해야 했지요." 2주가 지나자 그는 마비된 왼손으로 따라 쓰기를 익혔고, 이어서 혼자서도 쓸 수 있게 되었다. 그곳에 머물 날이 끝나갈 무렵, 그는 왼손으로 작은 타일들을 집어 올려 보드에 적절하게 갖다 놓으면서, 스크래블* 게임을 할 수 있었다. 미세한 운동 기능들이 돌아오고 있었다. 그는 집에 와서도 계속해서 훈련을 했고, 계속 나아졌다. 그는 팔에 전기 자극을 주어 뉴런들을 발화시키는 다른 치료도 받았다.

그는 이제 일로 복귀하여 사무실을 바쁘게 운영하고 있다. 일주일에 사흘씩 테니스도 치고 있다. 달리는 것은 아직 힘들지만, 토브 클리닉에서 완전히 치료되지 않은 왼쪽 다리를 강화하기 위해 운동을 하고 있다. 클리닉은 지금은 다리가 마비된 사람들을 위한 특수 프로그램도 운영하고 있다.

그에게는 몇 가지 문제들이 남아 있다. 그는 왼쪽 팔이 별로 정상적으

---

* 단어 만들기 놀이.

로 느껴지지 않는데, 이는 CI 요법 이후의 전형적 증상이다. 기능은 돌아왔지만, 이전 수준에는 상당히 못 미친다. 그래도 내가 볼 때 그가 왼손으로 쓴 ABC는 비교적 모양을 잘 갖추고 있어서, 그가 뇌졸중을 겪었다거나 오른손잡이라는 것을 전혀 짐작할 수 없을 정도였다.

그는 자신의 뇌를 재배선해 회복해서 당장이라도 외과 수술을 하러 돌아갈 수 있을 듯한 기분이었다. 하지만 그는 돌아가지 않겠다고 결정했으며, 그 이유는 단지 만약 누군가 그를 오진으로 고소한다면 변호사가 제일 먼저 그의 뇌졸중 병력을 들어 그가 수술을 해서는 안 되었다는 말부터 꺼낼 것이기 때문이다. 번스타인 박사가 그처럼 완벽하게 회복되었다는 것을 누가 믿어주겠는가?

뇌졸중은 갑작스럽고 비참한 결과를 가져오는 뇌에 주어진 충격이다. 뇌는 안쪽에 큰 타격을 받는다. 뇌동맥 안의 혈전이나 출혈이 산소를 차단하면서 뇌 조직들이 죽는 것이다. 극도로 큰 타격을 입은 피해자는 결국 한때 존재했던 사람의 그림자로만 남아, 보통 비인간적인 시설에 수용되어 몸을 속박당한 채로 스스로를 돌보거나 움직이거나 말할 수도 없는 아기처럼 먹을 것을 받아먹는다. 뇌졸중은 성인 불구의 주요 원인 가운데 하나이다.[1] 노인에게 가장 많이 찾아오지만, 40대나 그 이전의 사람들에게도 일어날 수 있다. 응급실 의사들은 혈액의 응고를 막거나 출혈을 멈춰 뇌졸중의 악화를 방지할 수 있지만, 일단 손상이 일어나면 현대 의학이 도울 일은 거의 없다. 혹은, 에드워드 토브가 가소성을 기반으로 한 그의 치료법을 발명하기 전까지는 거의 없었다. CI 요법이 나오기까지, 팔이 마비된 만성 뇌졸중 환자를 연구해서 나온 결론은 현존하는 어떤 치료법도 아무런 효과가 없다는 것이었다.[2] 폴 바크-이-리타의 아버지의 사례처럼, 뇌졸중에서 회복한 일화적 보고들은 드물게 있다. 어떤 사람들은 저절로 회복되었지만, 일단 호전이 멈추고 나면 전통적인 요법들은 별로 도움이 되지 않았다. 토브의 치료법은 뇌졸중 환자들이 스스로의 뇌를 재배선하도록 도와줘 이 모든 것을 바꾸어놓았다. 여러 해 동안 마비되어 있었고 결코 나아지지 않을 것이라는 말을 들었던 환자들이, 다시 움직이기 시작했다. 어떤 사람들은 말하는 능력을 되찾았다. 뇌성마비 어린이들이 움직임을 조절하게 되었다. 같은 치료법이 척추 손상, 파킨슨 병, 다발성 경화증, 심지어 관절염에도 효과를 보이고 있다.

그렇지만 토브가 그 치료법을 처음 인식하고 기반을 마련한 것이 사반세기 전인 1981년이었지만 그의 획기적인 발견에 관해 들어본 사람은 거의 없다. 치료법 공유가 지연된 이유는, 그가 우리 시대에서 가장 헐뜯기고 박해를 받은 과학자들 가운데 한 사람이었기 때문이다. 그가 데리고 연구하던 원숭이들은 역사적으로 가장 유명한 실험실 동물 중 하나가 되었다. 그가 원숭이들을 데리고 한 실험에 나타난 결과 때문이 아니라, 그 원숭이들이 학대를 받았다는 근거 없는 주장들이 여러 해 동안 그의 연구를 가로막았기 때문이었다. 이러한 고발들이 그럴듯하게 받아들여진 이유는 토브가 너무나 멀리 앞서 있었기 때문이다. 가소성을 기반으로 한 치료법으로 만성 뇌졸중 환자를 도울 수 있다는 그의 주장을 사람들은 신뢰할 수 없다고 본 것이다.

에드워드 토브는 단정하고 양심적인 남자로, 세심하게 신경을 쓰는 사람이다. 훨씬 젊어 보이긴 하지만 일흔이 넘었고, 산뜻한 복장에 머리카락은 한 올 한 올 제자리에 정돈되어 있다. 토브는 대단히 박식하며 대화를 나눌 때 나직한 목소리로 이야기를 하면서 자신이 한 말을 정정해가며 정확하게 말했는지 거듭 확인한다. 그는 앨라배마 주의 버밍햄에 살며, 마침내 그곳의 대학교에서 뇌졸중 환자들을 위한 자신의 치료법을 자유롭게 개발하고 있다. 아내인 밀드레드는 메트로폴리탄 오페라단에서 노래하고 스트라빈스키와 함께 녹음을 하기도 한 소프라노 가수이다. 길고 아름다운 머리와 남부 여성의 따스함을 갖춘 그녀는 여전히 미인이다.

토브는 1931년 브룩클린에서 태어나 공립학교를 다녔고, 겨우 열다섯 살에 고등학교를 졸업했다. 그는 콜롬비아 대학에 가서 프레드 켈러Fred Keller 밑에서 '행동주의'를 공부했다. 행동주의는 하버드의 심리학자인 스키너B. F. Skinner가 지배하고 있었고, 켈러는 스키너의 부관 격이었다. 행동주의자들은 심리학이 '객관적인' 학문이 되어야 하기에, 눈에 보이고 측정할 수 있는 것, 곧 관찰 가능한 행동들만 조사해야 한다고 믿었다. 행동주의는 마음에 초점을 맞추던 심리학에 반발했다. 행동주의자들에게 사고, 느낌, 욕구와 같은 것들은 객관적으로 측정할 수 없는 단지 '주관적' 경험에 지나지 않았기 때문이다. 그들은 마찬가지로 물리적인 뇌에도 관심을 보이지 않았다. 그들은 뇌가 마음과 마찬가지로 일종의 '블랙박스'라고 주장했다. 스키너의 스승인 존 왓슨John B. Watson은 비웃는 투로 썼다. "심리학자들은 대부분 뇌 안에서 새로운 경로가 형성되는 일을, 마치 뇌에 불카누스*의 아주 작은 시종들이 한 무리 있어서 망치와 끌을 들고 신경계를 종횡무진 달리며 새 도랑을 파고 낡은 도랑은 더 깊게 파고 있다는 듯이, 아주 유창하게 이야기한다."³ 행동주의자들에게는 마음에서든 뇌에서든, 아무튼 안쪽에서 무슨 일이 일어나는가는 문제가 되지 않았다. 그들은 단순히 동물이나 사람에게 자극을 주고 그 반응을 관찰함으로써 행동의 법칙을 발견할 수 있다고 믿었다.

콜롬비아 대학의 행동과학자들은 주로 쥐를 가지고 실험을 했다. 아직 대학원생일 때 토브는 정교한 '쥐 일기'를 써서 쥐의 활동을 기록하는

---

*불과 대장장이의 신.

방법을 개발했다. 하지만 이 방법을 써서 스승인 프레드 켈러의 어떤 이론을 시험했을 때, 그는 이 이론이 틀렸다는 것을 증명하고는 소스라치게 놀랐다. 토브는 켈러를 존경했으므로 그 실험의 결과에 대한 논의를 주저했지만, 켈러는 그 사실을 알아차렸다. 그는 토브에게, 언제나 "있는 그대로 데이터를 평가해야" 한다고 말해주었다.

당시의 행동주의는 모든 행동이 자극에 대한 반응이라고 주장하면서 인간을 수동적인 존재로 그렸고, 따라서 우리가 어떻게 자발적으로 무언가를 할 수 있는지를 설명하는 데는 특히 약했다. 토브는 마음과 뇌가 여러 행동들을 유발하는 데 관여하는 것이 틀림없으며, 마음과 뇌를 무시하는 것이 행동주의의 치명적인 결함이라는 것을 깨달았다. 그 시대의 행동주의자로서는 생각할 수도 없는 선택이었음에도, 그는 신경계를 더 잘 이해하기 위해서 신경학 실험실 연구 조수라는 직업을 택했다. 그 실험실에서는 원숭이들을 데리고 '구심로 차단deafferentation'이라는 실험을 하고 있었다.

구심로 차단은 노벨상 수상자인 찰스 셰링턴 경이 1895년에 사용한 오래된 기법이다. 여기서 '구심성 신경afferent nerve'이란, 감각들을 척추에 전달하고 이어서 뇌로 전달하는 '감각 신경'을 의미한다. 구심로 차단은 어떤 입력도 이 여행을 할 수 없도록 입력되는 감각 신경들을 절단하는 외과적 처치이다. 팔다리의 구심성 신경이 제거된 원숭이는 그 팔다리가 어디에 있는지를 느끼지 못하거나, 건드려도 아무런 감각이나 통증을 느끼지 못한다. 아직 대학원생이었을 때 이룩한 토브의 위업은 셰링턴의 가장 중요한 생각들 가운데 하나를 완전히 뒤엎음으로써 자신의 뇌졸중 치료법을 위한 기반을 닦았다.

셰링턴은 우리의 동작이 모두 어떤 자극에 대한 반응으로 일어나며, 우리가 움직이는 것은 뇌의 명령 때문이 아니라, 척수 반사가 우리를 계속해서 움직이게 하기 때문이라고 생각했다. '동작의 반사론적 이론'이라 불리는 이 생각은 신경과학을 한동안 지배했다.

척수 반사는 뇌와 상관이 없다. 척수 반사에는 여러 가지가 있지만, 가장 간단한 예는 무릎 반사이다. 의사가 무릎을 두드렸을 때 피부 밑에 있는 감각 수용체가 그 두드림을 포착하여 넓적다리에 있는 감각뉴런을 따라 척추 안으로 신호를 전달하면, 척추는 그 신호를 척추 안에 있는 운동뉴런으로 전달하고, 운동뉴런은 다시 넓적다리 근육으로 신호를 보내, 마지막에는 근육이 수축하면서 다리가 저절로 앞으로 튀어 오른다. 걸어갈 때, 한쪽 다리의 동작은 다른 쪽 다리의 동작을 반사적으로 유발한다.

이 이론은 곧 모든 동작을 설명하는 것으로 확장되었다. 반사가 모든 동작의 근원이라는 셰링턴의 믿음은 그가 모트F. W. Mott와 실시한 구심로 차단 실험을 기반으로 한 것이었다. 그들은 아무런 감각 신호도 뇌로 들어갈 수 없도록, 원숭이의 팔 안에 있는 감각 신경들을 척수로 들어가기 전에 잘라서 구심로를 차단하자, 원숭이가 그 팔을 사용하지 않는 것을 발견했다. 이는 이상한 일이었다. 그들은 (느낌을 전송하는) 감각 신경을 잘랐지 뇌에서 출발해서 근육으로 가는 (동작을 자극하는) 운동 신경을 자른 것이 아니었기 때문이다. 셰링턴은 원숭이들이 감각을 느낄 수 없는 이유는 이해했지만, 움직일 수 없는 이유는 이해할 수 없었다. 그는 이 문제를 해결하기 위해 모든 동작은 척수 반사의 감각 부분을 기반으로 유발되는데, 그의 원숭이들은 구심로 차단으로 반사의 감각 부분이 파괴되었기 때문에 움직이지 못하는 것이라는 의견을 내놓았다.

다른 이론가들은 곧 그 생각을 일반화해서, 동작을 비롯해 우리가 하는 모든 것이, 심지어 복잡한 행동까지도 연쇄적인 반사들로 형성된다고 주장했다. 실제로 심지어 쓰기만큼 자발적인 동작도 이미 존재하는 반사들을 조정하기 위해서 운동피질을 필요로 한다.[4] 행동주의자들은 신경계의 연구는 반대했지만 모든 동작이 이전의 자극에 대한 반사 반응에 근거한다는 생각은 포용했다. 그 생각은 마음과 뇌를 행동 바깥에 남겨 두었기 때문이다. 이 생각은 차례로, 모든 행동은 우리에게 이전에 일어난 일로 미리 결정되며 자유 의지는 환상에 불과하다는 생각을 뒷받침했다. 셰링턴의 실험은 의대와 일반 대학에서 가르치는 표준이 되었다.

토브는 신경외과 의사인 버먼A. J. Berman과 함께 일하면서, 많은 원숭이들을 대상으로 셰링턴의 실험을 재현해보려 했고, 셰링턴과 같은 결과를 얻으리라고 기대했다. 그는 셰링턴보다 한 발 더 나아가서, 원숭이의 두 팔 중 한 팔에서 구심성 신경을 제거하는 데 그치지 않고, 그 원숭이의 온전한 팔도 삼각건으로 묶어두기로 했다. 그 원숭이들이 구심로가 차단된 팔을 사용하지 않는 이유가 혹시 온전한 팔을 사용하는 것이 더 쉬워서일지 모른다는 생각이 토브에게 떠올랐던 것이다. 온전한 팔을 삼각건으로 묶어두면, 원숭이는 할 수 없이 구심로가 차단된 팔을 사용할지도 모를 일이었다.

그 방법은 효과가 있었다. 원숭이들은 온전한 팔을 쓸 수 없자, 구심로가 차단된 팔을 사용하기 시작했다.[5] 토브는 말했다. "난 생생하게 기억해요. 그 원숭이들이 팔다리를 사용하는 것을 여러 주 동안 보고 있었으면서도 그걸 입 밖에 내지 않았다는 사실을 깨달았어요. 그걸 기대하고 있었던 게 아니었으니까요."

토브는 자신의 발견이 큰 의미를 지니고 있다는 사실을 알았다. 만일 원숭이들이 구심로가 차단된 팔을 느낌이나 감각 없이도 움직일 수 있다면, 셰링턴의 이론, 그리고 토브의 스승들은 틀린 것이었다. 뇌에는 수의적인 동작을 일으킬 수 있는 독립적인 운동 프로그램이 있는 게 틀림없었다. 행동주의와 신경과학은 70년 동안 막다른 골목을 향해 가고 있었던 것이다. 토브는 자신의 발견이 뇌졸중의 회복과도 관계가 있을지 모른다고 생각했다. 그 원숭이들이 처음에는 뇌졸중 환자들처럼 팔을 완전히 움직일 수 없는 것처럼 보였기 때문이다. 어쩌면 어떤 뇌졸중 환자들을 그 원숭이들처럼 강제로 속박한다면 역시 팔다리를 움직일지도 모를 일이었다.

토브는 이내 모든 과학자들이 자신의 이론에 대한 반증을 켈러처럼 너그럽게 받아들이는 것은 아님을 깨닫게 되었다. 셰링턴의 열렬한 추종자들은 토브의 실험과 그 방법론과 해석에 트집을 잡기 시작했다. 연구비 지원 기관들은 이 젊은 대학원생에게 돈을 더 주어야 할지 말아야 할지를 가지고 시끄럽게 논쟁을 벌였다. 토브의 교수인 나트 쉰펠트Nat Schoenfeld는 셰링턴의 구심로 차단 실험을 기초로 널리 알려진 행동주의적 이론을 세운 사람이다. 토브가 자신의 박사학위를 심사받아야 할 시간이 되었을 때, 평소에는 텅 비던 강당이 꽉 들어찼다. 그의 스승인 켈러는 어디 갔는지 자리에 없었고, 그 자리에는 쉰펠트가 와 있었다. 토브는 자신의 데이터와 그에 대한 자신의 해석을 발표했다. 그러자 쉰펠트는 그에 반대하는 주장을 펴더니 나가버렸다. 그리고 기말고사가 다가왔다. 이때 토브는 여러 교수들보다 더 많은 연구비를 받고 있었으므로, 시험을 뒤로 미루고 기말고사 기간에 두 개의 중요한 연구비 신청 작업을 계속했다. 그러나 학교 측에서 그의 '오만함'을 이유로 재시험 신청을 거부해 낙제를 하자, 그는 박사과정을 뉴욕 대학에서 마치기로 결심했다. 이 분야에 있는 과학자들은 대부분 그의 발견을 믿지 않았다. 그는 학회에서 공격을 받았고, 과학적으로 인정을 받거나 상을 타지도 못했다. 그래도 뉴욕 대학에 온 토브는 행복했다. "난 천국에 있었습니다. 연구를 하고 있었으니까요. 더 이상 원하는 것은 아무것도 없었지요."

토브는 공리공론적인 생각들을 씻어낸 최고 수준의 행동주의를 뇌 과학에 융합시키는 새로운 종류의 신경과학을 개척하고 있었다. 사실, 이 융합은 행동주의의 창시자인 이반 파블로프Ivan Pavlov도 예견한 것으로, 잘 알려지지는 않았지만 그는 말년에 자신의 발견들을 뇌 과학과 통합하려고 시도했으며 뇌가 가소적이라는 주장까지 했었다.[6] 역설적으로, 어떤 면에서 행동주의는 중요한 가소적 발견을 할 수 있도록 토브를 준비시킨 셈이었다. 행동주의자들은 뇌 구조에 워낙 관심이 없었기 때문에, 대부분의 신경과학자들이 그랬듯이 뇌에는 가소성이 없다는 결론을 내린 적조차 없었다. 많은 행동주의자들은 동물에게 거의 어떤 것이든 훈련시킬 수 있다고 믿었으므로, '뇌가소성'이라는 말을 입 밖에 내놓지는 않았어도 사실상 행동주의적 가소성을 믿은 것이었다.

가소성이라는 개념을 열린 마음으로 받아들인 토브는 구심로 차단을 통해 선두에 나서기 시작했다. 그는 원숭이 양팔의 구심성 신경을 없애면, 원숭이가 생존을 위해서 어쩔 수 없이 곧 양팔 모두를 움직일 것이 틀림없다고 추리했다. 실제로 그가 원숭이 양팔의 구심성 신경을 없애버리자 그 원숭이는 양팔을 다 움직였다.

이 발견은 정말로 모순 그 자체였다. 한 팔의 구심성 신경을 없앤 원숭이는 그 팔을 사용할 수 없었고, 양팔의 구심성 신경을 없앤 원숭이는 양팔을 다 사용할 수 있었다!

그는 이번에는 원숭이 척수 전체의 구심성 신경을 없앰으로써, 몸에 척수 반사를 하나도 남기지 않아 원숭이가 어느 팔다리로부터도 감각 입력을 받을 수 없게 했다. 그래도 그 원숭이는 여전히 자신의 팔다리를 사용했다. 셰링턴의 반사 이론은 사망했다.

그때 토브에게 장차 뇌졸중의 치료법을 완전히 뒤바꿀 또 하나의 직관이 떠올랐다. 그는 한 팔만 구심성 신경을 없앴을 때에 원숭이가 그 팔을 사용하지 않은 이유는, 수술 직후 척수가 아직 수술 때문에 '척수 쇼크' 상태에 있는 동안에 원숭이가 그 팔을 사용하지 않는 것을 학습했기 때문이라는 의견을 내놓았다.

척수 쇼크는 2개월에서 6개월까지 지속될 수 있는데, 이 기간 동안은 뉴런들이 발화하기가 어렵다.[7] 동물은 척수 쇼크 상태에서도 손상된 팔을 움직여보려고 하겠지만, 그 기간 동안에는 수없이 실패할 것이다. 긍정적인 강화가 없으므로 동물은 그 방법을 포기하고, 대신에 살아남기 위해 온전한 팔을 사용하면서 성공할 때마다 긍정적인 강화를 얻는다. 따라서 '쓰지 않으면 잃는다'는 가소성 원칙에 따라, 구심로가 차단된 팔의 일반적인 팔 동작을 위한 프로그램들이 들어 있는 운동 지도가 약화되고 위축되기 시작한다. 토브는 이 현상을 '학습된 비사용learned nonuse'이라 불렀다. 그는 양팔의 구심성 신경이 제거된 원숭이가 양팔을 쓸 수 있는 이유는, 원숭이가 그 팔들이 제대로 작동하지 않는다는 것을 학습할 기회도 없이 생존하기 위해 그 팔들을 사용해야 했기 때문이라고 추리했다.

그러나 토브는 '학습된 비사용'을 이론화하기에는 여전히 간접적인 증거밖에 없다고 생각했으므로, 일련의 독창적인 실험에서 원숭이의 비사용 '학습'을 막아보기로 했다. 한 실험에서 그는 원숭이의 한 팔에서 구심성 신경을 제거했다. 다음에는 온전한 팔을 삼각건에 걸어 움직이지 못하게 하는 대신, 그 팔을 구심로가 차단된 팔에다 붙여놓았다. 그렇게 하면 원숭이는 척수 쇼크 기간에도 그 팔이 쓸모없다는 것을 '학습'할 수 없을 것이었다. 그리고 실제로 3개월째에, 곧 척수 쇼크가 사라져 없어진 한참 뒤에 속박을 제거하자, 원숭이는 곧바로 구심로가 차단된 팔을 사용할 수 있었다. 다음에 토브는 동물이 '학습된 비사용'을 극복하도록 가르치는 데 어느 정도 성공할 수 있을지 알아보기 시작했다. 그래서 그는 학습된 비사용이 발달한 지 여러 해가 지난 원숭이에게 억지로 구심로가 차단된 팔을 사용하게 하면 교정될 수 있을까를 시험해보았다.[8] 그 방법은 이번에도 효과가 있어 그 결과로 얻은 향상은 원숭이의 남은 일생 동안 지속되었다. 토브는 이제 신경 신호들이 방해를 받아 팔다리가 움직이지 않는 뇌졸중의 효과를 흉내낸 동물 모델과, 그 문제를 극복하는 방법 모두를 손에 넣었다.

토브는 이 발견을 통해, 뇌졸중이나 기타 뇌 손상이 있었던 사람들은 여러 해 전에 손상을 입었더라도 '학습된 비사용' 때문에 아직까지 고통받고 있는 것인지도 모르겠다고 믿게 되었다.[9] 손상이 최소인 일부 뇌졸중 환자들의 뇌는 척수 쇼크와 비슷한, 여러 달 동안 지속될 수 있는 '피질 쇼크'에 빠진 것이다. 이 기간 동안 손을 움직이려는 시도는 매번 실패를 겪어 아마 '학습된 비사용'으로 이어질 것이다.

뇌의 운동 영역에 광범위한 손상을 입은 뇌졸중 환자는 오랜 기간 동안 호전되지 못하며, 호전된다 하더라도 부분적으로 회복될 뿐이다. 토브는 뇌졸중 치료법이라면 엄청난 뇌 손상과 '학습된 비사용' 둘 다를 고려해야 이치에 맞을 것이라고 생각했다. '학습된 비사용'이 환자의 회복 능력을 가리고 있을 수 있기 때문에, 환자가 먼저 '학습된 비사용'을 극복해야만 우리는 진정으로 그 환자의 가망성을 가늠할 수 있을 것이다. 토브는 뇌졸중 뒤에도 동작을 위한 운동 프로그램들이 신경계에 존재할 확률이 상당히 크다고 믿었다. 따라서 그 운동 능력을 드러내는 길은, 그가 원숭이들에게 한 처치를 인간에게 하는 것이었다. 온전한 팔다리의 사용을 제한하고 억지로 손상된 팔다리를 움직이게 하라.

원숭이와 함께 한 초기 작업에서 토브는 중요한 교훈을 얻었다. 그가 단순히 원숭이가 불편한 팔을 사용해서 먹이에 손을 뻗을 때만 보상을 해주면—행동주의자들이 '조건화conditioning'라고 부르는 것을 하려고 하면——원숭이는 아무 발전도 보이지 않는다는 사실이다. 그는 '조형shaping'이라 부르는 다른 기법으로 전환했다. 조형은 아주 작은 단계들을 거쳐 어떤 행동의 틀을 잡아가는 방법이다. 이 방법에서 구심로가 차단된 동물은 먹을 것에 성공적으로 손을 뻗었을 때뿐만 아니라, 그 동작으로 이어질 수 있는 최초의 가장 미약한 몸짓을 했을 때도 보상을 받았다.

1981년 5월, 토브가 마흔아홉의 나이로 메릴랜드 주 실버 스프링에 있는 자신의 실험실, 행동주의 생물학 센터Behavirol Biology Center를 이끌면서 원숭이 연구 결과를 뇌졸중 치료법으로 변모시키는 원대한 계획을 품고 있을 무렵, 워싱턴 D. C.에 있는 조지 워싱턴 대학에서 정치학을 공부하는 스물두 살의 학생, 알렉스 파체코Alex Pacheco가 그의 실험실에서 일하겠다고 자원을 했다.

파체코는 토브에게 자신이 의학 연구자가 되는 것이 어떨까 고민하고 있다고 말했다. 토브는 그가 용모 단정하고, 간절하게 자신을 도우려 한다고 여겼다. 파체코는 자신이 '동물을 윤리적으로 대우하는 사람들의 모임People for the Ethical Treatment of Animals, PETA'이라는 투쟁적인 동물 권리 보호 집단의 공동 설립자이자 회장이라는 사실은 이야기하지 않았다. PETA의 다른 공동 설립자인 서른한 살의 잉그리드 뉴커크Ingrid Newkirk는 한때 워싱턴 동물보호소의 보호 책임자였다. 뉴커크와 파체코는 로맨틱한 사이였고, 그들이 운영하는 PETA는 워싱턴 D. C.에 있는 그들의 아파트에서 시작했다.

PETA는 그때나 지금이나 동물과 관련된 의학 연구라면 모두 반대하며 심지어 암, 심장병, 그리고 에이즈를 치료하기 위한 연구까지도 반대한다. 그들은 종류를 불문하고 동물을 (다른 동물들은 말고 인간이) 먹는 것과 유제품과 꿀을 먹는 것(소와 벌을 '착취'한다고), 애완동물을 키우는 것('노예제도'라고)에 격렬하게 반대한다. 토브와 일을 하겠다고 자원했을 때, 파체코의 목표는 열일곱 마리의 '실버 스프링 원숭이들'을 풀어주어 동물 권리 캠페인을 결집시키는 외침을 울리게 하는 것이었다.

구심로 차단은 대체적으로 고통스럽지는 않지만, 그렇다고 아름다운 것도 아니다. 구심성 신경이 제거된 원숭이는 팔에서 통증을 느낄 수 없기 때문에, 부딪히면 다칠 수도 있다. 다친 팔을 붕대로 감아놓으면, 원숭이가 자기 팔을 낯설게 여겨 팔을 물려고 할 때도 있었다.

1981년에 파체코는 토브가 3주 동안 여름 휴가를 떠난 사이에 실험실에 침입해서 사진을 찍었다. 그가 찍은 사진들은 원숭이들이 상처 입고 유기되는 등 이유 없이 고통을 받고 있으며, 자신의 배설물로 더럽혀진 우리에서 먹이를 받아먹는다는 암시를 주었다.

그 사진들로 무장한 파체코는 메릴랜드 당국과 경찰을 설득해서 1981년 9월 11일에 실험실을 급습해 원숭이들을 압류했다. 토브가 표적이 될 수 있었던 이유는, 동물 학대 행위의 범위를 규정하는 메릴랜드 법령은 다른 주의 법과 달리 의학적 연구에도 예외를 두지 않게 해석할 수 있었기 때문이다.

실험실로 돌아온 토브는 자신을 대상으로 하는 대중 매체의 흥미위주 보도와 그 반향에 아연실색했다. 토브의 실험실에서 도로를 따라 몇 킬로미터 떨어져 있던, 국가의 의학 연구를 이끄는 국립보건원NIH의 행정 책임자들이 그 급습 소식을 전해 듣고 겁을 먹었다. 국립보건원 실험실은 세계의 어느 연구 기관보다도 동물을 대상으로 한 생의학적 실험을 많이 수행하므로, 분명히 PETA의 다음 표적이 될 수 있었다. 국립보건원은 토브를 변호하고 PETA와 대결을 할지, 그를 암적인 존재로 몰아 자신들과 거리를 둘 것인가를 결정해야 했다. 그들은 토브에게 등을 돌렸다.

파체코는 방화, 재산 파괴, 강도, 절도 등도 "한 동물의 아픔과 괴로움을 바로 덜어준다면" 인정할 수 있다고 말했다고 알려져 있지만,[10] 그러면서도 PETA는 위대한 법의 수호자인 것처럼 행세했다. 토브의 사례는 워싱턴 사회에서 유명한 재판이 되었다. 〈워싱턴 포스트〉지가 이 논란을 보도하여 기사를 쓴 사람은 토브를 웃음거리로 만들었다. 동물 권리 보호 활동가들은 캠페인에서 토브를 나치의 멩겔레 박사\*로 묘사하면서 악마 같은 존재로 몰아갔다.[11] '실버 스프링 원숭이들'로 얻은 굉장한 광고 효과 덕분에 PETA는 미국에서 가장 큰 동물보호단체가 되고, 에드워드 토브는 증오의 대상이 되었다.

그는 동물 학대 혐의로 체포되어 재판을 받게 되고, 119가지 혐의로 고발되었다. 그의 공판 전, 분노한 여론에 시달리던 의회 의원들은 3분의 2가 그의 재정적 지원을 동결하는 의회 결의안에 찬성표를 던졌다. 그는 동료들 사이에서의 고립을 겪고, 봉급과, 보조금과, 동물들을 잃었으며, 실험은 금지되고, 실버 스프링에 있는 집에서도 쫓겨났다. 그의 아내는 스토킹을 당했으며, 부부 모두 죽이겠다는 협박에 시달렸다. 한번은 아내 밀드레드를 뉴욕까지 쫓아간 어떤 사람이 토브에게 전화로 그녀의 일거수일투족을 전하기까지 했다. 그 전화 직후 토브가 다른 전화를 받았는데, 자칭 메릴랜드 주 몽고메리 카운티의 경찰이라는 어떤 남자가 자신이 방금 뉴욕 경찰로부터 밀드레드가 '불행한 사고'를 당했다는 연락을 받았다고 이야기했다. 거짓말이었지만, 토브는 그것을 알 수 없었다.

토브는 이 뒤로 자신의 삶에서 6년의 세월을 하루 열여섯 시간씩 날이면

---

\* 요세프 멩겔레 Josef Mengele. 아우슈비츠 수용소의 내과 의사로, 가스실로 보낼 죄수를 분류하고 생체실험을 자행한 것으로 악명 높다.

날마다 스스로 변호사 노릇을 해가며 자신의 누명을 벗는 일에 소모했다. 그는 재판이 시작되기 전에는 평생 저축한 돈이 10만 달러 있었다. 재판이 끝날 무렵 그에겐 4천 달러밖에 남지 않았다. 그는 사회에서 배척당했기 때문에, 대학에 일자리를 얻을 수도 없었다. 하지만 10여 년에 걸쳐 재판과 항소와 고발을 거듭하면서, 점차 PETA의 잘못을 밝혀냈다.

토브는 그 사진에 뭔가 수상쩍은 구석이 있으며 PETA와 몽고메리 카운티 당국 간에 공모한 흔적이 있다고 주장했다. 토브는 처음부터 줄곧 파체코의 사진들이 연출된 것이고 설명은 날조된 것이라고 주장했다.[12] 예를 들어, 한 사진에서는 보통 때라면 시험 의자에 편안하게 앉아 있어야 할 원숭이가 찡그리고 긴장된 표정으로 구부정하게 앉아 있었다. 토브는 그런 일은 수많은 볼트와 너트를 풀었다가 의자를 재조정했을 때만 일어날 수 있는 일이라고 주장했다. 하지만 파체코는 연출된 장면이라는 혐의를 부인했다.

그 기습의 가장 이상한 부분은, 경찰이 그 원숭이들을 토브의 실험실에서 데리고 나와 PETA의 일원인 로리 레너Lori Lehner에게 넘겨주고 레너가 자기 집 지하실에 데리고 있게 하여 사실상 공식적인 증거를 유기한 것이다. 그 뒤로 그 원숭이 모두가 갑자기 사라져버렸다. 토브와 그의 지지자들은 그 원숭이들이 사라진 배후에는 PETA와 파체코가 있을 것임을 조금도 의심하지 않지만, 파체코는 그 문제가 제기될 때마다 발뺌을 했다. 「뉴요커」지의 기고가인 캐롤라인 프레이저Caroline Fraser가 파체코에게, 그 원숭이들을 세간의 소문처럼 플로리다의 게인스빌로 데려갔냐고 묻자, 그는 "상당히 훌륭한 추측이군요"라고만 답했다.[13]

원숭이들 없이는 토브가 기소될 수 없고, 법정 증거 절도가 중죄라는 것이 분명해지자, 불가사의하게도 원숭이들은 사라졌던 때와 마찬가지로 느닷없이 다시 나타나서 잠깐 동안 토브에게 되돌아갔다. 아무도 이 일에 책임을 지지 않았지만, 토브는 끝까지 신념을 굽히지 않고, 원숭이들이 3천 킬로미터 왕복 여행에서 극도의 스트레스를 받아 수송열transport fever이란 병에 걸렸다는 것이 혈액 검사로 나타났다고 주장했다. 그로부터 얼마 지나지 않아, 찰리라는 원숭이가 몹시 흥분한 다른 원숭이에게 물어뜯겼다. 그 뒤 찰리는 법정이 지정한 수의사가 약물을 과다하게 투여하는 바람에 목숨을 잃었다.

1981년 11월, 토브의 1심이 끝날 무렵에는 그에 대한 119건의 고소 중 113건이 취하되었다.**14** 2심에서는 그 이상의 진전이 있었으며, 뒤이은 항소에서 메릴랜드 항소 법원은 메릴랜드 주 입법부가 동물학대반대법을 결코 연구자들에게 적용할 의도로 만든 것이 아님을 확인했다. 토브는 만장일치로 무고 판결을 받았다.

형세는 급변했다. 예순일곱 개의 미국 전문가 협회는 토브의 편에 서서 국립보건원에 항의를 했으며, 국립보건원은 그를 지지하지 않기로 한 결정을 번복하면서, 이제는 원래의 고발에 확실한 증거가 전혀 없었다고 주장했다.**15**

하지만 토브에게는 여전히 원숭이도 직업도 없었다. 친구들도 그가 다시 직업을 얻기는 힘들 것이라고 했다. 1986년에 그가 마침내 앨라배마 대학교에 취직하자, 이에 반대하는 시위가 일어났다. 심지어 그 대학의 모든 동물 연구를 정지시키겠다고 위협하는 시위자들도 있었다.**16** 하지만 심리학과 과장이던 칼 맥팔런드Carl McFarland와 토브의 업적을 알고 있던 여러 사람들이 그의 편에 섰다.

몇 년 뒤, 처음으로 공정한 기회를 얻은 토브는 뇌졸중 연구를 위한 지원금을 얻어 클리닉을 열었다.

장갑과 삼각건은 토브 클리닉에서 제일 먼저 눈에 들어오는 물건들이다. 다 큰 어른들이 실내에서 멀쩡한 손에 장갑을 끼고 있으며, 멀쩡한 팔에 삼각건을 두르고 있다. 깨어 있는 시간의 90퍼센트를 그러고 있는 것이다.

클리닉에는 아주 작은 방이 많이 있는데, 하나 있는 큰 방은 토브가 훈련을 시작하도록 사람들을 격려하는 방이다. 토브는 물리치료사인 진 크래고Jean Crago와 공동 작업으로 이 훈련들을 개발했다. 어떤 훈련은 단순히 전통적인 재활 센터에서 사용하는 일상적인 과제를 더욱 강도 높게 조절한 형식이다. 토브 클리닉은 언제나 행동주의적 기법인 '조형'을 사용해서, 모든 과제에 점진적인 접근법을 취한다. 어른들이 아이들 놀이 같은 것들을 한다. 어떤 환자들은 큼직한 나무막대들을 모양대로 막대판에 꽂거나 커다란 공들을 붙잡고 있으며, 어떤 환자들은 동전과 콩이 한 무더기 쌓여 있는 곳에서 동전을 골라 돼지 저금통에 넣는다. 과제가 놀이를 닮은 것은 그저 우연이 아니다. 이 사람들은 토브의 믿음대로 여러 번의 뇌졸중이나 질병, 또는 사고를 당했더라도 신경계 안에 아직 들어 있는 운동 프로그램들을 다시 살려내기 위해, 우리 모두가 어린아이였을 때 거쳤던 작은 단계들을 거치면서, 움직이는 법을 다시 배우고 있는 셈이다.

전통적인 재활은 대개 한 시간 동안 지속되고, 훈련 횟수는 일주일에 세 번이다. 토브의 환자들은 하루 여섯 시간, 열흘에서 열닷새 동안을 쉬지 않고 연습한다. 환자들은 가끔 지쳐서 졸기도 한다. 환자들은 하루에 열 가지에서 열두 가지의 과제를 수행하면서, 각 과제를 한 번 할 때마다 열 번씩 반복한다. 재활 속도는 처음에는 빠르다가, 점차 느려진다. 토브의 독자적인 연구에 따르면, 치료법은 뇌졸중에서 살아남은 사람들 가운데 손가락을 움직일 수 있는 능력이 어느 정도 남아 있는 사람들——만성 뇌졸중이 있었던 환자들의 약 절반——거의 모두에게 효과가 있었다.

토브 클리닉은 그동안 내내 사람들이 완전히 마비된 손을 사용할 수 있게끔 훈련시키는 방법을 연구해왔다. 처음에는 뇌졸중이 심하지 않은 사람들을 치료하는 것으로 시작했지만, 토브는 이제 대조군 연구를 이용해서 팔 기능을 잃어버린 뇌졸중 환자들의 80퍼센트가 상당히 좋아질 수 있다는 사실을 보여주었다.[17] 이들 중 많은 사람들은 뇌졸중이 심한 만성이었는데도 매우 큰 향상을 보였다.[18] 게다가 뇌졸중이 있고 나서 CI 요법을 시작하기까지 평균적으로 4년 넘게 지난 환자들까지도 상당한 효과를 보았다.[19]

그런 환자들 중 한 사람인 53세의 변호사 제레미아 앤드루스(가명)는 토브 클리닉에 오기 45년 전에 뇌졸중을 맞았지만, 어린 시절의 그 재난 이후 반세기가 지나서도 도움을 얻었다. 그에게 뇌졸중이 온 것은 그가 겨우 일곱 살, 즉 1학년일 때 야구를 하고 있는 도중이었다. "전 사이드라인에 서 있었습니다." 그가 내게 이야기한다. "그런데 갑자기 땅에 쓰러져서는 '팔이랑 다리가 없어졌어'라고 말했지요. 아버지가 오셔서 절집으로 데려가셨죠." 그는 오른쪽 감각을 잃어버려서, 오른발을 들거나 오른팔을 사용할 수 없었으며 손을 떨었다. 오른손이 약해서 적절한 동작이 되지 않아 왼손으로 글씨를 써야 했다. 뇌졸중 뒤로 전통적인 재활 치료를 많이 받았지만, 주요한 장애들은 지속되었다. 지팡이를 짚고 걸어도, 그는 끊임없이 넘어졌다. 40대가 될 때까지 그는 일 년에 150번쯤 넘어지면서 어느 때는 손이나 발이 부러졌고, 마흔아홉 살 때는 골반이 부러졌다. 골반 골절 뒤에 받은 전통적인 재활 치료로 그는 넘어지는 횟수를 일 년에 서른여섯 번쯤으로 줄였다. 그 뒤 토브 클리닉에 가서 오른손을 위한 훈련을 2주 받은 다음, 다리를 위한 훈련을 3주 받고나자 몸의 균형이 상당히 나아졌다. 이 짧은 기간 동안 손은 정말 많이 나아졌다. "클리닉 사람들은 제가 좋아졌다는 걸 깨달을 수 있게 오른손으로 연필을 잡고 이름을 써보라고 했습니다. 정말 놀라웠죠." 그는 훈련을 계속하고, 더욱 좋아졌다. 클리닉을 떠나고 3년 동안 일곱 번밖에 넘어지지 않았다. "3년 동안 계속 좋아졌습니다." 그가 말한다. "그리고 훈련 덕분에 토브를 떠날 때와는 비교도 안 될 정도로 건강이 좋아졌지요."

토브 클리닉에서 제레미아의 발전은 감각 영역이나 운동 영역에 뇌졸중을 맞은 환자가 동기부여되었을 때에 어디까지 발전할 수 있을지를 성급히 예측해서는 안 된다는 것을 알려준다. 뇌는 가소적이고 재조직될 수 있으므로, 환자가 그 장애를 가지고 얼마나 오랫동안 살아왔는가와는 상관이 없다. 우리의 뇌가 쓰지 않으면 잃는 뇌라면, 제레미아의 뇌에서 균형, 걷기, 손 사용을 위한 주요 영역들은 완전히 쇠약해져 없어졌을 테니 더 이상의 치료는 부질없는 짓이라고 가정할 수도 있다. 그러나 그의 뇌는 실제로 쇠약해졌지만 적절한 입력이 주어지자 스스로를 재조직하고 새로운 길을 찾아내서 잃어버린 기능을 수행할 수 있었다. 그것은 이제 뇌 스캔으로 확인할 수 있는 사실이다.

    토브와 독일 예나 대학 출신의 요아힘 리페르트Joachim Liepert와 동료들은 뇌졸중에 영향을 받은 팔의 뇌 지도가 반쯤 줄어들어서 함께 일할 뉴런의 수가 처음의 절반밖에 남지 않았다는 사실을 보여주었다. 토브는 이 때문에 뇌졸중 환자들이 망가진 팔을 사용하기 위해서는 다른 환자들보다 더 많이 노력해야 한다고 믿는다. 근육의 위축뿐만 아니라 뇌의 위축 역시도 움직임을 어렵게 만들기 때문이다. CI 요법이 뇌의 운동 영역을 보통 크기로 회복시키면, 환자는 팔을 사용하는 것이 덜 피곤해진다.

    CI 요법이 줄어든 뇌 지도를 회복시킨다는 것은 두 가지 연구로 확인할 수 있다. 한 연구에서는, 어떤 자연적인 회복도 기대할 수 없을 긴 시간인 평균 6년 동안 팔과 손이 마비되었던 뇌졸중 환자 여섯 명의 뇌 지도를 그렸다. 그들이 CI 요법을 받은 이후, 손 운동을 관장하는 뇌 지도의 크기가 두 배가 되었다.[20] 또 하나의 연구는 변화가 뇌의 양쪽 반구에서 일어날 수 있다는 것을 보여줌으로써, 뇌가소적 변화가 얼마나 광범위한가를 증명했다.[21] 두 연구는 뇌졸중 환자의 뇌 구조가 CI 요법에 반응해서 변화될 수 있다는 것을 처음으로 증명한 연구로서, 우리에게 제레미아가 어떻게 회복되었는지를 알려주는 단서이다.

현재 토브는 어느 정도 시간을 훈련하는 것이 최적인지를 연구하고 있다. 임상의들은 하루 세 시간이면 좋은 결과들을 낼 수 있고, 시간당 동작 수를 늘리는 것이 여섯 시간 동안 지치도록 요법을 수행하는 것보다 낫다고 보고하고 있다.

물론, 환자들의 뇌를 재배선하는 것은 장갑과 삼각건이 아니다. 그 때문에 환자들이 억지로 불편한 팔을 써서 연습을 했다 하더라도, 치료의 요체는 점진적인 훈련 또는 조형, 곧 오랜 시간에 걸쳐 난이도를 높여가는 것이다. 단 2주 동안 엄청난 양의 훈련을 집중하는 '집중학습massed practice'은 가소적 변화를 유발하여 뇌의 재배선을 돕는다. 뇌가 무더기로 죽어버린 뒤의 재배선이 완벽할 수는 없다. 잃어버린 기능을 넘겨받아야 하는 새 뉴런이 원래의 뉴런만큼 효율적이지는 않을 것이다.[22] 그러나 번스타인 박사의 예에서 보았듯이 진전의 정도는 상당할 수 있다. 뇌졸중을 앓지는 않았지만 다른 종류의 뇌 손상으로 고통 받던 니콜 폰 루덴Nicole von Ruden에게서도 극적인 진전을 발견할 수 있다.

사람들은 니콜 폰 루덴을 걸어 들어오는 순간 방을 환하게 밝히는 사람이라고 말한다. 1967년에 태어난 그녀는 초등학교 교사로 일했으며 CNN과 텔레비전 쇼 〈엔터테인먼트 투나잇〉의 제작자로도 일했다. 그녀는 맹인 학교의 어린이나 암 환자 어린이, 성폭행이나 출생 전 감염으로 에이즈에 걸린 어린이를 돕는 자원봉사자로도 활동했다. 그녀는 강하고 활동적이었다. 래프팅과 산악자전거를 사랑했고, 마라톤을 즐겼으며, 잉카의 자취를 따라 걷기 위해 페루까지 갔다.

약혼해서 결혼을 앞두고 캘리포니아 셸 비치에 살고 있던 그녀는 몇 달 동안 사물이 둘로 보이는 복시 현상에 시달리다가 어느 날 안과를 찾아갔다. 깜짝 놀란 의사는 그날로 그녀를 방사선과로 보내 MRI 스캔을 받게 했다. 스캔 결과가 나오자, 의사는 그녀를 입원시켰다. 다음 날인 2000년 1월 19일 아침, 그녀는 호흡을 통제하는 좁은 영역인 뇌간에 신경교종이라는 드물고 수술이 불가능한 뇌종양이 있어서, 살날이 3개월에서 9개월밖에 남지 않았다는 말을 들었다. 그녀의 나이 서른셋의 일이었다.

니콜의 부모는 당장 그녀를 샌프란시스코에 있는 캘리포니아 대학병원으로 데리고 갔다. 그날 저녁 신경외과 과장은 그녀에게 생명을 유지할 유일한 희망은 정량 이상의 방사선 치료라고 말했다. 그 작은 영역에 수술 칼을 댔다가는 그녀가 죽을 것이었다. 1월 21일 아침에 처음 방사선 치료를 받은 그녀는 이후 6주 동안 인간이 견딜 수 있는 최대량의 방사선을 받아서, 다시는 방사선 치료를 받을 수 없을 정도가 되었다. 뇌간의 부기를 줄이기 위해 다량으로 처방받고 있던 스테로이드 또한 치명적일 수 있었다.

그녀의 목숨을 구한 방사선 치료는 새로운 재앙의 시작이었다. 니콜은 말한다. "방사선 치료에 들어간 지 3주쯤 되자, 오른발이 쑤시기 시작했어요. 시간이 가면서 증상은 몸 오른쪽을 타고 무릎으로, 엉덩이로, 몸통으로, 팔로, 다음엔 얼굴까지 기어올랐어요." 이내 마비가 오면서 그녀는 오른쪽 전체에서 감각을 잃어버렸다. 그녀는 오른손잡이였으므로, 오른손을 잃는 것은 치명적이었다. "상태가 정말 나빠졌어요. 일어나 앉거나 침대에서 돌아누울 수조차 없었죠. 다리가 잠이 든 것처럼 그냥 무너져버려서 딛고 설 수가 없었어요." 뒤이어 의사들이 내린 판단은, 그녀의 뇌를 손상시킨 것이 뇌졸중이 아니라 드물게 나타나는 심한 방사선 치료 부작용이라는 것이었다. "인생의 작은 아이러니 가운데 하나죠" 하고 그녀는 말한다.

그녀는 퇴원해서 부모님 댁으로 갔다. "부모님은 저를 휠체어에 태워서 밀어야 했고, 침대에서 끌어내어 옮겨야 했고, 제가 의자에 앉을 때도, 의자에서 일어날 때도 도와주어야 했어요." 먹는 것은 왼손으로 할 수 있었지만, 넘어지는 것을 막기 위해서 먹기 전에 부모님이 시트로 몸을 의자에 묶어야 했다. 그녀는 팔을 뻗어 넘어지는 것을 막을 수 없어서 넘어지는 것은 유난히 위험했다. 계속해서 움직이지 못하고 스테로이드를 복용했기 때문에, 57킬로그램이던 체중이 86킬로그램까지 불어서 자칭 '호박 얼굴'이 되었다. 방사선 치료 때문에 머리카락도 한줌씩 빠졌다.

그녀는 심리적으로 황폐해지고, 특히 자신의 병이 다른 사람들을 슬프게 한다는 것에 마음이 아팠다. 니콜은 너무나 침울해져서, 6개월 동안 말도 하지 않으려 하거나 심지어는 침대에 일어나 앉지도 않으려 했다. "저도 그 기간을 기억하지만, 제가 왜 그랬는지 모르겠어요. 그저 시계를 보면서 시간이 흘러가기를 기다리거나 식사 때문에 억지로 일어나 있던 생각이 나요. 부모님은 제가 일어나서 하루 세 끼를 먹어야 한다고 완강하게 고집하셨거든요."

오래 전부터 평화 봉사단의 일원이었던 그녀의 부모는 언제나 '할 수 있다'는 태도를 가지고 있었다. 개업의였던 아버지는 딸의 반대에도 불구하고, 병원 일을 그만두고 집에서 딸을 보살폈다. 그들은 딸이 삶의 끈을 놓지 않도록 그녀를 휠체어에 태워 극장이나 바닷가로 데리고 나가곤 했다. "부모님은 제가 모든 것을 헤쳐 나갈 거라고 말씀하셨어요." 그녀가 말한다. "흐르는 대로 가다보면, 이 일은 지나갈 거라고요." 그러는 동안 친구와 친지들은 가능성 있는 치료법에 관한 정보를 뒤지고 있었다. 그중 한 사람이 니콜에게 토브 클리닉을 알려주자, 그녀는 CI 요법을 받기로 결심했다.

클리닉에서 그녀는 왼손을 쓰지 못하도록 장갑 한 짝을 받아 끼었다. 그녀는 직원들이 이 부분에서는 한 치도 양보하지 않는다는 것을 알았다. 그녀는 웃으며 말한다. "그 사람들, 첫날밤에 재미있는 장난을 쳤지요." 그녀는 어머니와 호텔에 묵고 있었는데, 호텔 방에 전화가 왔다. 니콜은 벨이 한 번 울리자 장갑을 벗어던지고 전화를 받았다. "전 그 즉시 제 치료사한테 혼쭐이 났어요. 그 사람은 저를 점검하려고 전화한 것이었는데, 제가 벨이 한 번 울리자마자 전화를 받았다는 건 불편한 팔을 쓰지 않은 거라는 게 뻔했으니까요. 저는 순식간에 현행범으로 붙잡힌 셈이죠."

그녀는 장갑을 끼기만 한 것이 아니었다. "제가 손을 쓰면서 말하는데다 말을 많이 하니까, 그 사람들은 제 장갑을 접착포로 다리에 붙여놓더군요. 정말 우스꽝스러웠죠. 그렇지만 그런 일에 자존심 같은 걸 내세워서는 안 되었죠."

"우리는 각자 한 사람의 치료사를 배정받았어요. 저에게는 크리스틴이 배정되었죠." 온전한 손은 장갑에 집어넣은 채, 니콜은 마비된 손으로 화이트보드에 글씨를 쓰거나 자판을 두드리려고 애를 썼다. 어떤 훈련은 포커 게임용 칩들을 커다란 오트밀 깡통에 집어넣는 것으로 시작되었다. 그 주의 마지막에는 칩들을 테니스 공 깡통에 있는 작고 긴 틈 안으로 집어넣었다. 그녀는 아기용의 무지개 색 고리 장난감을 막대에 걸쳐 쌓거나, 자에 빨래집게를 물리거나, 찰흙에 포크를 꽂아 입으로 가져가는 시늉을 되풀이했다. 처음에는 직원들이 도와주었다. 다음에는 그녀 혼자 훈련을 하고, 그동안 크리스틴은 스톱워치로 시간을 쟀다. 과제를 하나 마칠 때마다 니콜은 "더 이상은 못해요"라고 했고, 크리스틴은 "아니요, 그렇지 않아요"라고 대답했다.

니콜은 말한다. "정말 믿기 힘들었죠, 단 5분 만에 그렇게 많이 발전할 수 있다니! 그리고 다음 두 주 동안의 변화는 천지가 개벽하는 것 같았죠. 그들은 아무도 '할 수 없다'는 말을 하게 내버려 두지 않아요. 크리스틴은 그 말을 네 글자로 된 욕이라고 불렀죠. 단추 채우기는 저를 미칠 듯이 좌절시켰어요. 단 한 개의 단추를 채우는 일도 불가능한 과제처럼 보였죠. 저는 그까짓 것 다시는 하지 않아도 삶을 헤쳐 나갈 수 있다고 제 자신을 합리화했어요. 그런데 두 주가 지나자 저는 실험실 가운 단추를 빠르게 잠갔다 풀었다 하고 있었죠. 거기서 제가 배운 것은, 내가 무엇을 할 수 있느냐에 따라 내 전체적인 사고방식이 바뀔 수 있다는 것이었죠."

그 2주 과정 중간의 어느 날 밤에 모든 환자들이 한 식당에 저녁을 먹으러 나갔다. "우리는 당연히 식탁을 엉망으로 만들었지요. 종업원들은 전에도 토브 클리닉 환자들을 익히 봐왔기에, 무슨 일이 일어날지를 알고 있었어요. 우리 모두가 성치 않은 팔로 음식을 먹으려 애쓰느라 음식들이 여기저기로 날아다녔죠. 우리는 자그마치 열여섯 명이나 되었거든요. 정말이지 우스웠죠. 둘째 주가 끝날 무렵에는 제가 직접 성치 않은 팔로 커피를 끓였죠. 제가 커피를 마시고 싶다고 하니까 그들은 '그래요? 그럼 가서 끓이세요'라고 말하더군요. 커피가루를 숟가락으로 퍼내서, 커피메이커에 넣고, 물을 채우고, 그 모든 걸 성치 않은 팔로 제가 해야 했어요. 그게 마실 만하기는 했는지 원."

나는 그녀에게 과정을 마치고 떠날 때 느낌이 어땠는지 물었다.

"완전히 도로 젊어진 기분이었죠. 육체적으로보다 정신적으로 훨씬 더. 그 과정은 저에게 빨리 나아서 내 삶에서 정상을 되찾겠다는 의지를 주었어요." 그녀는 성치 않은 팔로 3년 동안 아무도 포옹하지 못했지만, 이제는 다시 사람들을 안을 수 있다. "저는 지금 힘없는 악수를 하는 것으로 소문이 났지만, 그래도 악수는 해요. 이 팔로 창을 던질 수는 없지만, 냉장고 문도 열 수 있고, 불을 끄거나 수도꼭지를 잠글 수도 있고, 머리를 감을 수도 있답니다." 이 '작은' 진전들 덕분에 그녀는 혼자 살면서, 두 손을 운전대에 얹고 차를 몰아 고속도로를 타고 출근할 수도 있다. 수영도 시작했고, 나와 이야기하기 전 주에는 유타에 가서 폴대도 없이 평행 스키를 탔다.

그녀가 시련을 거치는 내내 CNN과 〈엔터테인먼트 투나잇〉의 상관과 동료들은 그녀의 발전을 지켜보면서 재정적으로 도움을 주었다. CNN 뉴욕의 연예부서에 자유계약직 자리가 나자 그녀는 기회를 잡았으며, 9월 무렵에는 다시 전임으로 일하게 되었다. 2001년 9월 11일, 그녀는 책상에서 창밖을 바라보고 있다가, 두 번째 비행기가 세계무역센터를 들이받는 광경을 보았다. 긴급 상황에서 그녀는 뉴스 편집실에, 그리고 스토리 구성에 배정되었다. 다른 환경이었다면 사람들은 그녀의 '특수한 결핍'을 동정해서 쉬운 일을 배정해줄 수도 있었을 것이다. 그러나 방송국 사람들은 그러지 않았다. 그들의 태도는, '넌 정신은 멀쩡하니까, 그걸 사용해'였다. 이 태도야말로 "저에겐 분명 최고의 것이었으리라"고 그녀는 말한다.

그 일이 무사히 끝나자 니콜은 캘리포니아로, 다시 초등학생들을 가르치는 일로 돌아갔다. 아이들은 즉시 그녀를 맞아들였다. 아이들은 심지어 '니콜 폰 루덴 선생님의 날'까지 만들어, 그날은 토브 클리닉의 환자들처럼 스쿨버스에서 내려 온종일 오븐장갑을 끼고 있었다. 아이들이 그녀의 글씨와 약한 오른손을 놀리자, 그녀는 아이들에게 더 약하거나 잘 안 쓰는 손으로 글씨를 쓰게 했다. "그리고 그 애들에게 '할 수 없다'는 말을 쓰지 못하게 했죠. 저는 정말 작은 치료사들을 데리고 있는 거였어요. 저의 1학년생 제자들은 자신들이 셈을 하는 동안 저더러 손을 머리 위로 올리라고 했거든요. 저는 매일매일 더 오래 참아야 했죠……. 그 애들은 봐주는 법이 없었어요."

니콜은 이제 〈엔터테인먼트 투나잇〉 제작자의 한 사람으로서 전임으로 일하고 있다. 그녀가 하는 일은 원고 쓰기, 현장 점검, 촬영 조정 등이다(그녀는 마이클 잭슨Michael Jackson 재판의 보도를 담당하기도 했다). 침대에서 몸을 굴리지도 못했던 여자가 지금은 새벽 다섯 시에 출근해서 일주일에 50시간 이상 일을 한다. 몸무게도 예전의 57킬로그램으로 돌아갔다. 몸 오른쪽에는 여전히 쑤시고 힘이 없는 증상이 남아 있지만, 오른손으로 물건을 들어 옮기고, 옷을 입고, 대개의 경우 자기 일을 알아서 할 수 있다. 에이즈에 걸린 아이들을 돕는 일도 다시 하기 시작했다.

독일의 프리데만 풀퍼뮐러Friedemann Pulvermüller 박사가 이끄는 팀은 구속유도 치료의 원리를 응용해 새 치료법을 개발했다. 박사는 토브와 함께 브로카 영역에 손상을 입어 말하는 능력을 잃어버린 뇌졸중 환자들을 돕는 작업을 했다.[23] 좌반구에 뇌졸중이 온 환자들의 약 40퍼센트에게 이러한 실어증이 있다. 어떤 환자들은 브로카의 유명한 실어증 환자가 '탕' 밖에 발음하지 못했던 것처럼 한 단어밖에 사용하지 못하고, 어떤 환자들은 더 많다 해도 여전히 극히 제한된 단어들만 사용한다. 어떤 사람들은 저절로 나아지거나 일부 단어들을 되찾기도 하지만, 일반적으로 1년 안에 호전되지 않는 사람들은 앞으로도 호전될 수 없다고 여겨왔다.

입에 장갑을 끼거나 말에 삼각건을 거는 방법은 무엇일까? 실어증 환자도 팔이 마비된 환자처럼 '온전한' 팔에 해당하는 것에 의지하는 경향이 있다. 이들은 몸짓을 사용하거나 그림을 그린다. 조금이라도 어쨌든 말을 할 수 있으면, 가장 쉬운 말을 계속해서 반복하는 경향이 있다.

실어증 환자에게 부과하는 '구속'은 육체적인 것은 아니지만, 똑같이 실제적이다. 실어증 환자에게는 일련의 언어 규칙을 부과한다. 행동을 조형해야만 하므로, 이 규칙들은 서서히 도입된다. 환자들은 치료용으로 만든 카드 게임을 한다. 네 사람이 열여섯 가지 종류의 그림이 두 개씩 있는 서른두 장의 카드를 가지고 게임을 한다. 처음에는, 유일한 조건은 카드를 손으로 가리키지 않는 것이다. '학습된 비사용'을 강화하지 않기 위해서이다. 대신 말로 하는 것이기만 하면, 어떤 종류의 에둘러 가는 방법을 써도 좋다. 예를 들어 해 그림이 그려진 카드를 원하는데 해라는 단어가 떠오르지 않으면, '낮에 덥게 하는 것'이라 말하고 원하는 카드를 얻을 수 있다. 일단 같은 종류의 카드를 두 장 얻으면, 그 카드는 버릴 수 있다. 자신의 카드를 가장 먼저 없애는 사람이 승자가 된다.

다음 단계는 대상의 이름을 정확하게 말하는 것이다. 이제는 "개 카드를 주실래요?"와 같이 정확한 질문을 해야 한다. 다음에는 상대방의 이름을 더해서 예의바르게 말해야 한다. "슈미트 씨, 해 카드 한 장을 주시겠습니까?" 훈련의 후반에는 더 복잡한 카드를 사용한다. 예를 들어 세 켤레의 파란 양말과 두 개의 돌멩이처럼, 색과 숫자가 도입된다. 처음에는 간단한 과제만 달성해도 칭찬을 받지만, 나아가면서 더 어려운 것을 해결해야만 칭찬을 받는다.

독일 팀은 매우 만만치 않은 집단——평균 8.3년 전에 뇌졸중을 앓았던, 그야말로 대부분의 사람들이 포기해버린 사람들——을 치료 대상으로 삼았다. 팀은 열일곱 명의 환자들을 연구했다. 대조군에 속한 일곱 명은 단순히 단어들을 반복하는 전통적인 훈련을 받았고, 다른 열 명은 언어를 위한 CI 요법을 받았다. 곧, 하루 세 시간씩 열흘 동안 언어 게임의 규칙들을 지켜야 했다. 양 집단이 같은 시간을 보낸 다음, 표준 언어 검사를 받았다. 열흘간의 훈련으로, 겨우 서른두 시간 후에, CI 요법을 받은 집단은 의사소통이 30퍼센트 향상되었다. 전통적인 훈련 집단은 전혀 향상되지 않았다.[24]

토브는 가소성에 관한 자신의 연구 결과를 근거로, 수많은 훈련 원리들을 발견했다. 예컨대, 훈련은 그 기술이 일상생활과 밀접하게 관련이 있을 때 더욱 효과적이다. 훈련은 점진적으로 이루어진다. 단기간에 집중된 노력, 즉 '집중학습'은 장기간 적은 횟수로 훈련하는 것보다 훨씬 더 효과적이다.

이 원리들 중 많은 것이 외국어의 '집중훈련immersion' 학습에도 똑같이 사용된다. 여러 해에 걸쳐서 언어 수업을 듣고도 그 나라에 가서 훨씬 단기간 동안 그 언어에 '푹 잠겼을immersed' 때만큼 배우지 못하는 사람이 얼마나 많은가? 모국어를 말하지 않는 사람들과 시간을 보내면서 그들의 말을 하도록 스스로를 강제하는 것이 바로 '구속'이다. 매일같이 푹 잠긴 덕분에 우리는 '집중훈련'을 하게 된다. 다른 사람들은 내 어색한 억양을 듣고서 쉽고 간단한 언어를 써야겠다고 생각할 것이기 때문에, 그 결과 나는 점진적으로 과제를 수행하면서 조형되어갈 수 있다. 여기서 '학습된 비사용'은 사그러든다. 나의 생존이 의사소통에 달려 있기 때문이다.

토브는 CI의 원리들을 수많은 다른 질병에 응용해왔다. 그는 뇌성마비 어린이를 연구하기 시작했다.[25] 뇌성마비는 복잡하고 비참한 장애로 뇌졸중, 감염, 출산 중의 산소 부족, 기타 문제들 때문에 발달 중인 뇌에 일어난 손상으로 생긴다. 뇌성마비 어린이는 걷지를 못해서 평생 동안 휠체어에 갇혀 지내거나, 말을 분명히 하지 못하는가 하면 자신의 움직임을 조절하지 못하고, 팔이 성치 않거나 마비된 경우가 많다. CI 요법 이전에는 이 아이들의 마비된 팔을 치료하려는 시도는 일반적으로 아무 효과가 없는 것으로 생각했다. 토브는 자신의 연구에서, 어린이들 절반은 전통적인 뇌성마비 재활치료를 받게 하고 절반은 CI 요법을 받게 했다. 방법은 기능이 더 나은 팔에 가벼운 유리섬유로 깁스를 하는 것이었다. CI 요법에는 성치 않은 손가락으로 비눗방울 터뜨리기, 공을 때려서 구멍에 집어넣기, 퍼즐 조각 집어 올리기 등이 들어 있었다. 성공할 때마다 칭찬을 듬뿍 받아 고무된 아이들은 다음 게임에서 아무리 피곤해도 정확성, 속도, 유연성이 향상된 동작을 해냈다. 이 아이들은 3주의 훈련 기간 동안 놀라운 향상을 나타내었다. 어떤 아이들은 처음으로 기기 시작했다. 18개월 된 어떤 아기는 계단을 기어오를 수 있게 되었고, 처음으로 자기 입에 손으로 먹을 것을 집어넣었다. 네 살 반이 되도록 한 번도 팔이나 손을 사용한 적이 없던 한 소년은 공을 가지고 놀기 시작했다. 치료를 받은 아이 중에 프레데릭 링컨Frederick Lincoln도 있었다.

프레데릭은 자궁에 있을 때 광범위한 뇌졸중을 겪었다. 그의 어머니는 아이가 4개월 반이 되었을 때, 분명 뭔가 이상하다는 것을 알아차렸다. "탁아소에서 다른 사내아이들이 하고 있는 행동을 우리 애만 하지 않는다는 걸 눈치챘어요. 다른 아이들은 일어나 앉아서 자기 젖병을 잡고 있었는데, 우리 애는 그러지 못했지요. 뭔가 잘못된 것은 알았지만, 전 어디로 가야 할지 몰랐죠." 그는 왼쪽 반신 전체가 성치 않아서 팔과 다리를 제대로 쓸 수 없었다. 눈은 아래로 처져 있었고, 혀가 부분적으로 마비되어서 소리를 내거나 말을 할 수 없었다. 다른 아이들이 기거나 걸을 때, 프레데릭은 그럴 수가 없었다. 세 살이 되도록 말을 하지 못했다.

프레데릭이 일곱 달 되었을 때 발작이 있은 뒤로 왼팔이 가슴께로 끌어올려져 그 팔을 펴지 못했다. MRI 스캔을 해본 의사는 어머니에게 "아이의 뇌 4분의 1이 죽었다"고, "아마 기지도, 걷지도, 말하지도 못할 것"이라고 말했다. 그 의사는 임신한 지 12주쯤 되었을 때 프레데릭에게 뇌졸중이 일어난 것으로 짐작했다.

그는 좌반신 마비를 동반한 뇌성마비라는 진단을 받았다. 연방지방법원의 부원장이던 그의 어머니가 직장을 그만두고 모든 시간을 프레데릭에게 바쳤으므로, 가족은 큰 경제적 부담을 지게 되었다. 프레데릭의 장애는 여덟 살 반 된 누나에게도 영향을 미쳤다.

"그 애 누나에게 설명을 해줘야 했어요." 그의 어머니가 말한다. "새로 태어난 네 남동생은 자기 일을 알아서 할 수 없을 거라서, 엄마가 그걸 해줘야 한다고. 그리고 얼마나 오랫동안 그래야 할지는 우리도 모른다고. 우리는 프레데릭이 혼자서 뭔가를 할 수 있기는 한지조차 알 수 없었어요." 프레데릭이 18개월이 되었을 때, 그의 어머니는 성인들을 위한 토브 클리닉의 소문을 듣고, 프레데릭도 클리닉에 다닐 수 있을지 물었다. 그렇지만 클리닉이 아이들을 위한 프로그램을 개발하기까지는 몇 년이 더 흘러야 했다.

토브의 클리닉에 왔을 무렵, 프레데릭은 네 살이었다. 그는 이전에 전통적인 접근법을 써서 약간의 진전을 보였다. 다리에 부목을 대고 걸을 수 있었고 힘들게 말할 수 있었지만, 진전은 거기서 더 나아가지 않았다. 왼팔은 사용할 수 있었지만 왼손을 사용할 수는 없었다. 엄지가 다른 어느 손가락에도 닿지 않아 집게 모양으로 손을 오므릴 수 없었기 때문에, 공을 집어서 손바닥 안에 쥘 수가 없었다. 공을 잡으려면 오른손의 손바닥과 왼손의 손등을 써야 했다.

처음에 프레데릭은 토브의 훈련에 참여하는 것이 싫어서, 성치 않은 손을 쓰려고 애쓰는 대신 깁스를 해놓은 손으로 으깬 감자를 먹으며 반항을 했다.

프레데릭이 스무하루 동안 그치지 않고 확실히 처치를 받도록 하기 위해서, 프레데릭은 CI 요법을 토브 클리닉 밖에서 받았다. 그의 어머니가 말한다. "클리닉에서는 우리의 편의를 위해서 탁아소, 집, 교회, 할머니 댁, 어디에 있든지 그곳에서 처치를 받게 했어요. 치료사는 우리와 같이 교회에 가면서 차 안에서 우리 애의 손에 작업을 했지요. 그리고 나서 아이와 같이 주일학교에 가곤 했죠. 그녀는 그렇게 어렵사리 예정대로 이끌어갔어요. 하지만 월요일에서 금요일까지 대부분은 프레데릭의 탁아소에서 작업을 했어요. 그 애는 우리가 '왼 장갑'을 더 낫게 만들려고 애쓰고 있다는 걸 알았어요. 우리는 그 손을 그렇게 불렀었죠."

치료에 들어간 지 단 19일 만에, '왼 장갑'에게는 집게손이 생겼다. "이제," 그의 어머니가 말한다. "그 애는 오른손보다는 약하지만 왼손으로 어떤 것이든 할 수 있답니다. 지퍼백을 열 수도 있고, 야구 방망이를 잡을 수도 있어요. 날마다 계속해서 나아지고 있죠. 움직임이 놀라울 정도로 좋아졌어요. 토브와 함께 과제를 수행하는 동안 향상이 시작되었는데 그 이후로도 죽 계속되었죠. 그 애를 도울 일이 없어지니, 더 이상 보통의 부모가 되는 것 말고 그 애를 위해 제가 뭔가를 더 해줘야 한다는 생각이 들지 않았죠." 프레데릭이 보다 독립적이 되었기 때문에 그의 어머니는 직장으로 돌아갈 수 있었다.

프레데릭은 지금 여덟 살이고, 자신을 장애자로 생각하지 않는다. 그는 달릴 수 있다. 배구를 포함해서 많은 운동을 하지만, 야구를 가장 좋아한다. 그의 어머니는 장갑 안에 접착포를 꿰매고 팔에도 접착포가 달린 작은 보호대를 둘러 장갑이 벗겨지지 않도록 붙여주었다.

그동안 프레데릭의 발전은 경이적이었다. 그는 (장애아들만의 팀이 아닌) 정규 야구팀에 시험 삼아 지원해보았는데, 정말로 선수로 뽑혔다. "야구를 너무 잘 해서 코치가 그 애를 올스타 팀으로 선발했대요. 그 말을 들었을 때 전 두 시간 동안 엉엉 울었어요." 프레데릭은 오른손잡이라 방망이는 정상적으로 잡는다. 가끔 왼쪽 손아귀가 풀리지만, 이제는 오른손이 워낙 힘이 세서, 한 손으로도 방망이를 휘두를 수 있다.

그의 어머니가 말을 잇는다. "2002년엔 5~6세급 야구에서 경기를 했는데, 올스타 게임에 다섯 번이나 나갔어요. 다섯 게임 중 세 번을 이기고, 그 애는 타격왕으로 최우수선수상을 받았죠. 정말 최고였어요. 비디오로도 찍어놓았답니다."

―――――

실버 스프링 원숭이들과 뇌가소성의 이야기는 아직 끝나지 않았다. 토브의 실험실에서 원숭이들이 사라진 이후로 여러 해가 지났다. 그동안 신경과학자들은 토브가 너무나 시대를 앞서가 발견한 사실들을 이해하기 시작했다. 토브의 작업에, 그리고 그 원숭이들 자체에 새로 생겨난 관심은 지금까지 수행된 가소성 실험들 중에서도 독보적으로 중요한 한 실험으로 이어졌다.

머제니치는 실험을 통해, 한 손가락에서 오는 감각 입력이 끊겼을 때 뇌 지도의 변화는 전형적으로 1에서 3밀리미터의 피질 안에서 일어난다는 사실을 알려주었다. 과학자들은 겨우 이 정도의 가소적 변화는 뉴런 가지들이 성장한 것으로 설명할 수 있다고 생각했다. 손상된 뇌의 뉴런은 다른 뉴런들과 연결하기 위해서 작은 싹이나 가지들을 내보낼 수 있다. 하나의 뉴런이 죽거나 입력을 잃어버리면, 인접한 뉴런의 가지들은 1에서 3밀리미터까지 자라서 보완할 능력이 있었다. 하지만 이것이 가소적 변화가 일어나는 메커니즘의 전부라면, 변화는 손상 부위에 가까운 소수의 뉴런들에만 국한되어야 했다. 이에 따르면, 가까운 뇌의 영역들 간에는 가소적 변화가 있을 수 있었지만 더 멀리 떨어진 영역들 간에는 변화가 불가능했다.

밴더빌트에 있는 머제니치의 동료 존 카스에게 팀 폰스Tim Pons라는 학생이 있었는데, 그는 1에서 3밀리미터의 한계 때문에 고민을 하고 있었다. 그것이 미리 정해진 가소적 변화의 상한선일까? 아니면 머제니치가 일부 주요 실험들에서 신경을 단 하나만 절단하는 기법을 썼기 때문에 그만한 양의 변화만 관찰된 것일까?

폰스는 손에 있는 모든 신경을 절단한다면 뇌 안에서 어떤 일이 일어날지 궁금했다. 3밀리미터 이상이 영향을 받을까? 그리고 영역들 사이에서도 변화가 나타날까?

그 질문에 대답을 해줄 동물은 실버 스프링 원숭이들이었다. 그 원숭이들은 뇌 지도로 감각 입력을 보내지 않은 채 12년을 보낸 유일한 동물들이었다. 얄궂게도 PETA의 방해가 너무 오랜 세월을 끌었기에 그 원숭이들이 과학계에서 점점 더 가치 있는 존재가 된 것이다. 어떤 동물이든 피질에서 광범위한 재조직이 일어났다면 지도로 그릴 수 있을 것이고, 그 원숭이들 중 한 마리가 그런 동물이 될 수 있을 것이었다.

하지만 국립보건원이 그 원숭이들을 보호하고 있기는 했지만, 누가 그 동물의 소유자인지는 분명하지 않았다. 그 원숭이들은 뜨거운 감자여서 국립보건원도 자신들의 소유가 아니라고 주장했으며, 그 원숭이들을 풀어주라는 것이 PETA 캠페인의 초점이었기 때문에 감히 데리고 실험을 하지도 않았다. 그러나 이 무렵에는 이미 국립보건원을 포함한 진지한 과학계가 마녀 사냥에 점점 더 넌더리를 내고 있었다. 1987년에는 PETA가 어떤 동물 구금 건을 대법원에 가져갔으나, 법원이 받아들이기를 거부했다.

원숭이들은 나이를 먹어가면서 건강이 나빠졌으며, 그중 한 마리인 폴은 체중이 많이 줄었다. PETA는 국립보건원에 폴을 안락사──자비로운 살생──시키라는 압력을 넣기 시작했고 시행 명령을 내리라고 법원을 촉구했다. 1989년 12월 무렵에는 또 다른 원숭이 빌리 역시 고통 받으며 죽어가고 있었다.

신경과학회Society for Neuroscience 회장인 동시에 국립보건원 정신건강연구소의 신경심리학 실험실 실장이었던 모티머 미시킨Mortimer Mishkin은 오래 전에 셰링턴의 반사 이론을 전복시켰던 토브의 첫 번째 구심로 차단 실험을 자세히 살펴본 적이 있었다. 미시킨은 실버 스프링 원숭이 사건 와중에도 토브의 편에 서서 국립보건원이 토브에게 주던 보조금 지원 종결에 반대한 극소수의 사람들 가운데 하나였다. 폰스를 만난 미시킨은, 원숭이들을 안락사시키면서 폰스가 궁금해하는 문제를 두고 마지막 실험을 해보는 것에 동의했다. 의회가 자신들이 PETA편이라는 공식 입장을 밝혔다는 것을 생각해보면, 아주 대담한 결정을 내린 것이었다. 두 과학자는 PETA가 펄펄 뛸 것을 잘 알았기에 이 일에서 정부의 지원금을 받지 않고 필요한 자금을 개인적으로 마련했다.

그들은 실험에서 원숭이 빌리를 안락사시키기 직전에 마취시키고 미세전극으로 팔을 위한 뇌 지도를 분석하기로 했다. 실험에 참여한 과학자와 외과의들은 너무 강한 압박감을 받고 있어서 보통 하루 이상 걸렸을 일을 네 시간 만에 해치웠다. 그들은 원숭이 두개골 일부를 제거하고, 팔을 위한 감각피질 영역에서 124군데의 다른 지점에 전극을 꽂고, 구심로가 차단된 팔을 두드려보았다. 예상했던 대로, 그 팔은 전극에 아무런 전기 충격도 보내지 않았다. 그런 다음 폰스는 원숭이의 얼굴──얼굴을 위한 뇌 지도가 손을 위한 지도와 인접해 있음을 알고 있었으므로

──을 두드려보았다.

놀랍게도, 그가 얼굴을 건드리자 구심로가 차단된 팔의 지도에 속하는 뉴런들도 발화를 시작했다. 얼굴 지도가 팔 지도를 넘겨받았음이 확인된 것이다. 머제니치가 자신의 실험에서 확인한 것처럼, 하나의 뇌 부위를 사용하지 않으면, 뇌는 스스로를 재조직해서 다른 기능에게 그 공간을 넘겨줄 수 있다. 가장 놀라운 것은 그 재조직의 범위였다. 14밀리미터! 다시 말해서 1센티미터가 넘는 '팔' 지도가, 얼굴 감각 입력을 처리하도록 스스로 재배선되었던 것이다. 그것은 여태까지 지도로 확인한 가장 많은 양의 재배선이었다.[26]

그들은 이윽고 빌리에게 극약을 주입했다. 6개월 뒤 그들은 다른 세 마리의 원숭이를 가지고 실험을 반복했고, 같은 결과들을 얻었다.

그 실험은 실험 보고서의 공동저자가 된 토브와 심대한 뇌 손상을 입은 사람들의 뇌를 재배선하기를 바라고 있던 뇌가소치료사들의 사기를 엄청나게 높여주었다. 손상을 입은 뇌는 단일한 뉴런들이 자기 소유의 작은 영역 안에서 새로운 가지를 키우는 것 말고도 실험이 보여준 것처럼, 매우 커다란 영역들에 걸쳐서 뇌 구조를 다시 조직하는 방식으로도 손상에 대응할 수 있었던 것이다.

---

많은 뇌가소치료사들이 그렇듯 토브도 동시에 수없이 많은 공동 실험에 참여하고 있다. 그는 클리닉에 올 수 없는 사람들을 위한 컴퓨터판 CI 요법으로 오토사이트AutoCITE(자동 CI 요법)라는 것을 실험하고 있는데, 좋은 결과들이 나타나고 있다. CI 요법은 이제 미국 전역에 걸쳐 실시되는 국가적 임상실험에서 활용되고 있다. 토브는 스티븐 호킹Steven

Hawking도 앓고 있는 근위축성 축색경화증으로 전신이 마비된 사람들을 돕기 위한 기계 개발에도 관여하고 있다. 그 기계는 생각을 뇌파로 전송해서 컴퓨터 커서를 조정해 글자들을 고르고 단어의 철자를 조합해서 짧은 문장들을 형성할 것이다. 그는 이명, 다시 말해서 청각피질의 가소적 변화에서 생기는 귀 안의 울림을 위한 치료법에도 관여한다. 토브는 뇌졸중 환자들이 CI 요법으로 완전히 정상적인 움직임을 되찾을 수 있는지도 알아내고 싶어 한다. 환자들은 지금 2주 동안밖에 처치를 받지 않는데, 만일 1년 동안 이어지면 어떤 일이 일어날지 궁금해한다.

그러나 아마도 그가 가장 크게 기여한 점은, 뇌 손상과 신경계의 문제들을 해결하는 그의 방법이 그토록 여러 상태에 적용될 수 있다는 점일 것이다. 심지어 관절염과 같은 비신경과 질병조차 '학습된 비사용'으로 이어질 수 있다. 관절염 환자도 발병한 뒤에는 팔다리나 관절의 사용을 멈추는 경우가 많기 때문이다. 그들이 움직임을 되찾도록 CI 요법이 도움을 줄 수 있을지도 모른다.

우리 뇌의 일부가 죽는 것이라고 생각하면, 의학적으로 뇌졸중만큼 무서운 상태도 별로 없다. 하지만 토브는 이 상태에서조차 희망이 남아 있음을 보여주었다. 근처에 살아 있는 조직이 있는 한, 그 조직은 가소적이기에 다른 임무를 넘겨받을 수 있기 때문이다. 토브만큼 자신의 실험동물에게서 곧바로 이용할 수 있는 지식을 많이 얻은 과학자도 드물다. 얄궂게도, 실버 스프링 사건 전체에서 동물들이 무의미한 육체적 고난을 받은 것은 그 동물들이 PETA의 손에 있는 동안, 곧 원숭이들의 의문의 실종 사건 당시에 일어났다. 그때 원숭이들은 플로리다까지 3천 킬로미터 왕복 여행을 한 것 같다. 그 여행이 원숭이들에게는 육체적으로 너무 괴롭고 힘든 것이었다.

에드워드 토브가 이룬 위업은 날마다 사람들을 변화시키고 있다. 그 사람들 대부분은 머리 안쪽을 얻어맞고 쓰러져 인생의 캄캄한 밤 한가운데에 있던 사람들이다. 그들이 자신의 마비된 몸을 움직이는 법과 말하는 법을 배울 때마다, 그들뿐만 아니라 에드워드 토브의 빛나는 업적도 같이 부활한다.

# 06
## 잠긴 뇌를 열다

우리 모두에게는 걱정이 있다. 우리가 걱정을 하는 것은 지적인 존재이기 때문이다. 지능은 예측을 한다. 그것이 바로 지능의 본질이다. 지능은 우리로 하여금 계획을 하고, 희망을 가지고, 상상을 하고, 가정을 하게 하지만, 마찬가지로 근심을 하고 부정적인 결과를 예측하게 하기도 한다. 그러나 세상에는 '걱정을 달고 사는 사람들'이 있는데, 그들의 걱정은 다른 사람들의 걱정과는 그 종류가 다르다. 그들의 고민은 '전부 머릿속에' 있음에도 대부분의 사람들이 경험하는 것보다 훨씬 지나치다. 왜냐하면 고민이 모두 머릿속에 있어서 빠져나올 수 없기 때문이다. 그런 사람들은 자신의 뇌가 너무나 끊임없이 상처를 주는 나머지 종종 자살을 생각한다. 한번은 강박적인 걱정과 행동에 심하게 사로잡혔다는 느낌에 절망한 어떤 대학생이 입 안에 총구를 들이밀고 방아쇠를 당긴 사례가 있었다.[1] 총알이 전두엽을 뚫고 들어갔으므로 전두엽 절제술을 받았는데, 그것은 당시에 시행하던 강박장애의 치료법이었다. 자신이 병이 나았으며 아직 살아 있음을 발견한 그는 대학으로 돌아갔다.

세상에는 걱정하는 사람의 종류도 많고 불안의 유형도 많다. 여러 가지 공포증, 외상후 스트레스 장애PTSD, 공황발작 등등. 그러나 강박장애 obsessive-compulsive disorder, OCD는 가장 고통이 심한 축에 속한다. 강박장애 환자들은 자신에게, 또는 자신이 사랑하는 사람들에게 뭔가 해로운 것이 올 것이라거나, 아니면 이미 왔다고 생각하며 겁에 질린다. 그들은 어린 시절도 상당히 불안하게 보내지만, 어느 시점, 보통 청년기에 걱정이 새로운 수준에 도달해서 '발작'을 일으킨다. 한때 침착한 성인이었던 사람이 이제 불안하고 겁에 질린 아이 같은 감정 상태가 된다. 흔히 자제력을 잃었다는 것이 창피해서 남에게 걱정을 숨기다가, 때로 몇 년이 지나서야 도움을 청한다. 최악의 경우는 한 번에 몇 달, 또는 몇 년까지도 이 악몽에서 깨어나지 못한다. 약물로 불안을 진정시킬 수는 있지만, 그것으로 문제가 사라지는 일은 거의 없다.

강박장애는 시간이 지나면서 점진적으로 뇌 구조가 바뀌어서 심해지는 경우가 많다. 강박장애 환자는 자신의 걱정에 집중하여 안정을 얻으려 한다. 자신이 확실히 단속하고 있는지 확인하여 걱정스러운 일이 생기지 않게 하려는 것이다. 하지만 자신의 공포를 생각하면 할수록 그에 관한 걱정은 더 커진다. 강박장애가 있는 한, 걱정이 걱정을 낳기 때문이다.

최초의 큰 발작을 일으키는 데는 보통 감정적인 방아쇠가 있다. 오늘이 어머니의 기일이라는 것이 떠오르거나, 라이벌의 자동차 사고 소식을 듣거나, 몸 어디에서 통증이나 혹이 느껴지거나, 식품에 화학물질이 들어 있다는 글을 읽거나, 영화에서 손을 데는 장면을 본다고 하자. 그러면 자신이 어머니가 돌아가신 나이에 가까워지고 있음을 걱정하기 시작한다. 보통 때 미신을 믿지 않았지만 이제 자신도 같은 날 죽을 운명이라고 느낀다. 아니면 라이벌을 데려간 죽음이 자신도 데려가려고 있다거나, 지금 자신이 발견한 통증이나 혹이 불치의 병에 걸린 첫 징후라거나, 그동안 먹는 것에 충분히 조심하지 않았으니 이미 중독된 것이 틀림없다고 느끼는 것이다.

우리는 누구나 그런 생각을 순간적으로 경험한다. 하지만 강박장애 환자들은 걱정을 가두고서 떠나보내지 못한다. 뇌와 마음이 그들을 여러 가지 두려운 각본들 사이로 밀어 넣기 때문에, 생각하지 않으려 애써도 그럴 수가 없다. 그 위협이 너무나 현실적으로 느껴지므로, 주의를 기울여야만 한다고 생각하는 것이다. 전형적으로 강박장애 환자가 두려워하는 것으로는 불치의 병에 걸리는 것, 세균에 감염되는 것, 화학물질에 중독되는 것, 전자기 방사선의 위협을 받는 것, 심지어 자신의 유전자가 자신을 배신할지 모른다는 것도 있다. 어떤 환자는 대칭에 집착하기도 한다. 사진이 완전히 수평이 아니거나, 치아가 완전히 고르지 않거나, 물건들이 완벽하게 정돈해 있지 않거나 하면, 그것들을 제대로 줄 세우는 데 몇 시간을 보내기도 한다. 아니면 특정한 숫자에 미신을 가지게 되어, 자명종이나 볼륨을 짝수에만 맞출 수도 있다. 성적이거나 공격적인 생각——자기 자신이 사랑하는 사람을 해칠지 모른다는 두려움——이 마음을 덮치기도 하지만, 그 생각이 어디에서 오는지는 자신도 모른다. 전형적인 강박적 사고는 '운전하다가 쿵 하는 소리를 들었어. 누군가를 치었는지도 몰라' 같은 생각이다. 종교가 있는 사람이라면, 불경한 생각이 일어나서 죄책감과 걱정이 생길 수 있다. 강박장애가 있는 사람들은 강박적으로 의심을 하고 언제나 일이 지난 뒤에 자신을 비판한다. 내가 가스레인지를 껐나? 문을 잠갔나? 모르는 사이에 내가 누군가의 감정을 상하게 하지 않았나?

걱정은 기상천외한, 심지어 걱정하는 당사자에게조차 말이 안 되는 것일 수도 있지만 그런 사실을 안다고 해서 괴로움이 조금이라도 덜어지는 것은 아니다.[2] 어떤 환자는 충실한 어머니 또는 아내이면서도 '나는 내 아기를 해치게 될 거야' 또는 '자다가 일어나서 식칼로 남편의 가슴을 찌를지도 몰라'와 같은 터무니없는 걱정을 한다. 어떤 남편은 자신의 손가락에 면도날이 달려 있다는 강박적인 생각 때문에, 자기 아이를 만질 수도, 아내와 잠자리에 들 수도, 강아지를 쓰다듬어줄 수도 없었다.[3] 자신의 눈에도 면도날이 보이지 않지만 마음이 계속해서 면도날이 있다고 주장하므로, 그는 자신이 아내를 다치게 하지 않았는지 끊임없이 아내에게 물어서 재확인하곤 했다.

강박장애 환자들은 흔히 과거에 저지른 실수 때문에 미래를 두려워한다. 그러나 그들을 사로잡고 있는 것은 과거에 일어난 실수만이 아니다. 실수를 저지를지도 모른다는 상상도 그들에게는 꺼버릴 수 없는 공포감을 일으킨다. 자신들도 인간이므로 결국 잠시 경계심이 풀어져서 실수하게 되리라고 상상하는 것이다. 강박적으로 걱정하는 사람이 겪는 고통의 절정은, 일어날 가능성이 요원할 때에도 언제나 무언가 나쁜 일이 일어나는 것을 피할 수 없다고 느낀다는 점이다.

내 환자들 가운데에는 자신의 건강을 너무나 심하게 걱정한 나머지 매일매일 집행을 기다리는 사형수처럼 살아가는 사람도 여럿 있었다. 그러나 그들의 비극은 거기서 끝나지 않는다. 그들은 설사 자신의 건강이 아주 좋다는 말을 들어도 안도의 순간은 잠시, 자신이 받은 모든 검사에 '미친 듯이' 파고들어 자신을 철저하게 재진단한다. 검사에 잘못된 점이 있다는 이런 '간파'는 보통 새로운 탈을 쓴 강박적 사후 비판이다.

강박장애 환자들은 강박적인 걱정이 시작된 지 얼마 안 되어, 걱정을 덜기 위해 전형적으로 무언가 강박적인 행위를 한다. 세균에 감염되었다고 느끼면 몸을 씻는다. 그래도 걱정이 없어지지 않으면 옷을 모조리 세탁하고, 마루를 닦고, 다음엔 벽까지 닦는다. 아기를 죽일까 봐 두려운 여자는 식칼을 천으로 싸고, 천을 상자에 넣고, 상자를 잠가 지하실에 내려다 놓고, 다음엔 지하실로 가는 문을 잠근다. 캘리포니아 대학 로스앤젤레스 캠퍼스의 정신의학자인 제프리 슈워츠Jeffrey M. Schwartz는 차 사고로 엎질러진 배터리 전해액에 오염되는 것을 두려워하는 한 남자를 묘사한다.[6] 그는 밤마다 자리에 누워 근처에 사고가 일어났다는 신호인 사이렌 소리에 귀를 기울인다. 사이렌이 들리면, 몇 시가 되었든 자리에서 일어나 특수 운동화를 신고 차를 몰아 현장을 찾아간다. 경찰이 떠나고 나면, 몇 시간 동안 아스팔트를 솔로 문지른 다음 살금살금 걸어서 집으로 돌아와 신었던 신발을 버린다.

강박적으로 의심하는 사람들에게는 흔히 '점검하는 강박행위'가 생긴다. 가스레인지를 끄지 않았거나 문을 잠그지 않았다는 의심이 들면, 점검하러 돌아가고 또 돌아가서, 백 번도 넘게 점검한다. 그 의심은 결코 사라지지 않기 때문에, 그가 집을 떠나려면 많은 시간이 걸린다.

운전하다 들은 '쿵' 하는 소리가 누군가를 치었다는 뜻일까 봐 두려운 사람은 오로지 길에 시체가 있는지 없는지 확인하기 위해 그 구역을 빙빙 돈다. 무서운 병에 강박적 공포가 있는 사람은 증상을 찾아 몸을 훑고 또 훑으며, 수십 번씩 의사를 찾아간다. 얼마 뒤 이 점검을 해야만 하는 강박행위가 하나의 의식이 된다. 몸이 더러워졌다고 느끼는 사람은 정확한 순서로 샤워를 한다. 장갑을 끼고서 수도꼭지를 튼 다음, 특별한 순서에 따라 몸을 문지르는 것이다. 불경하거나 성적인 생각이 드는 사람은, 특정한 횟수만큼 기도하는 의식을 발명하기도 한다. 강박증 환자들은 아마도 이 의식들을 마술적이고 미신적인 믿음과 연관시킬 것이다. 그들이 재난을 간신히 피하게 되면, 이는 오로지 자신이 특정한 방식으로 자신을 점검했기 때문이기에 매번 같은 방식으로 점검을 계속하는 것이다.

강박장애 환자는 너무도 자주 의심에 둘러싸여, 실수를 할까 봐 공포에 떨면서 강박적으로 자신과 타인을 수정하기 시작한다. 한 여성은 간단한 편지들을 쓰는 데도 수백 시간이 걸렸다. 자신이 '실수'라고 느끼지 않는 단어를 도무지 찾을 수 없었기 때문이다. 많은 박사학위 논문이 오도 가도 못하게 되는 것은 저자가 완벽주의자라서가 아니라, 강박장애가 있는 의심 많은 글쓴이가 잘못됐다고 '느껴지지' 않는 단어를 찾지 못하기 때문이다.

강박행위에 저항하려고 애쓰면, 긴장은 병적인 흥분으로 치솟는다. 그렇다고 강박행위를 내키는 대로 해버리면, 일시적으로는 안정을 얻지만 십중팔구 다음번에는 강박적 사고와 강박행위 충동이 더 심해질 뿐이다.

강박장애는 이제껏 치료하기가 아주 어려웠다. 약물 치료나 행동 요법은 많은 사람들에게 부분적으로밖에 도움이 되지 않는다. 하지만 제프리 슈워츠는 가소성을 기반으로 효과적인 치료법을 개발했다.[5] 그의 치료법은 강박증이 있는 환자들뿐만 아니라, 더 전형적인 걱정을 하는 우리 같은 보통 사람들이 헛된 줄 알면서도 무언가에 마음을 졸일 때도 도움이 된다. 그 치료법은 우리가 정신적으로 '끈질겨져서' 걱정을 붙들고 있거나 강박적으로 손톱 물어뜯기, 머리카락 잡아당기기, 쇼핑, 도박, 폭식과 같은 '못된 습관'의 충동에 좌우되게 되었을 때 우리를 도울 수 있다. 게다가 어떤 종류의 강박적 질투, 약물 남용, 강박적인 성적 행동, 그리고 다른 사람들이 자신을 어떻게 생각하는지, 곧 자아상, 신체, 자부심을 과도하게 염려할 때에도 도움을 줄 수 있다.

슈워츠는 강박장애가 있는 사람과 없는 사람의 뇌 영상을 비교하는 방법으로 강박장애를 새롭게 알게 된 다음 이 깨달음을 이용해서 새로운 형태의 요법을 개발했다. 내가 알기로 PET와 같은 뇌 영상 기법의 도움으로 의사가 질병을 이해하는 동시에 그 질병을 위한 정신요법을 개발한 사례는 이것이 처음일 것이다. 그는 이어서 정신요법 이전과 이후에 환자들의 뇌 영상을 얻는 방법으로 이 새로운 치료법을 시험하여, 환자들의 뇌가 치료와 함께 정상으로 돌아간 사실을 보여주었다. 이는 또 다른 의미에서도 최초의 사건이었다. 그는 대화요법talking therapy이 뇌를 바꿀 수 있다는 것을 처음으로 증명한 것이다.

보통의 경우에, 우리가 실수를 할 때는 세 가지 일이 일어난다. 첫째, '실수한 느낌', 즉 무언가 잘못했다는 느낌이 생겨서 사라지지 않는다. 둘째, 불안해지면서 그 불안이 실수를 고치려는 욕구를 일으킨다. 셋째, 실수를 고치고 나면 자동차 기어가 바뀌듯 뇌 안에서 자동적으로 모종의 기어변환이 일어나 우리가 다음 생각이나 활동으로 나아갈 수 있게 해준다. 그러고 나면 '실수한 느낌'도 불안도 둘 다 사라진다.

그러나 강박장애자의 뇌는 나아가거나 '책장을 넘기지' 않는다. 철자를 고치거나, 손의 세균을 씻어내거나, 친구의 생일을 잊었을 때 사과를 했음에도 강박적인 생각을 계속한다. 자동 변환장치가 작동하지 않아서, 실수한 느낌과 뒤따르는 불안이 여전히 강한 그대로 붙박인 채 남는 것이다.

이제 우리는 뇌 스캔을 이용해서 강박사고에 뇌의 세 부분이 관련된다는 것을 알고 있다.

우리는 안와전두피질orbital frontal cortex로 실수를 감지한다. 안와전두피질은 전두엽의 일부로, 뇌의 아래쪽, 우리 눈의 바로 뒤에 자리잡고 있다. 뇌 스캔에 따르면, 강박증이 강한 사람일수록 안와전두피질이 더 많이 활성화된다.

　일단 '실수한 느낌'을 발화시킨 안와전두피질은 띠이랑으로 신호를 보낸다. 띠이랑은 피질의 가장 깊은 부분에 자리 잡고 있다. 띠이랑은 실수를 수정하지 않으면 무언가 나쁜 일이 일어날 것이라는 두려운 불안을 유발하고, 장과 심장 모두에 신호를 보내 공포와 관련이 있는 신체적 감각을 일으킨다.

　'자동 변환장치'인 꼬리핵은 뇌의 중심에 깊숙이 자리잡고 있으며, 우리의 생각이 한 생각에서 다음 생각으로 흐르게 해준다.[6] 물론 강박장애에서 일어나듯이 꼬리핵이 극도로 '끈질겨지지' 않는다면 말이다.

　강박장애 환자의 뇌 스캔을 보면, 세 영역이 모두 과도하게 활동적이다. 안와전두피질과 띠이랑은 마치 스위치가 '켜짐' 상태로 고정된 것처럼 계속해서 발화하고 있다. 이는 슈워츠가 강박장애를 '뇌 잠금장치'라고 부르는 한 이유이다. 꼬리핵이 자동으로 '기어를 변환하지' 않기 때문에, 안와전두피질과 띠이랑은 계속해서 신호를 발화하여 실수한 느낌과 불안을 증가시킨다. 그 사람은 이미 실수를 수정했기 때문에, 이 신호는 물론 틀린 경보이다. 고장난 꼬리핵은 대책 없이 계속해서 안와전두피질로부터 홍수처럼 밀려드는 정보를 받아야 하기 때문에 과도하게 활성화될 것이다.

　강박장애 뇌 잠금장치가 심하게 작동하는 원인은 다양하다. 강박장애는 많은 경우 가계를 따라가므로 유전인 것 같지만, 꼬리핵을 붓게 하는 감염으로도 일어날 수 있다.[7]

　슈워츠는 안와전두피질과 띠이랑의 고리를 끊고 꼬리핵의 기능을 정상으로 돌려서 강박장애 회로를 변화시키는 치료법의 개발에 착수했다.[8] 슈워츠는 환자가 새롭고 즐거운 활동 같은, 걱정 말고 다른 무언가에 지속적으로 열심히 주의를 기울이고 적극적으로 초점을 맞춰 '수동으로'

꼬리핵을 변환시킬 수는 없을까 하는 생각을 했다. 이러한 접근법은 가소적 원리를 이용한 것이다. 이는 쾌감을 주는 새로운 뇌 회로를 '키우고' 도파민 방출을 유발해서, 앞서 보았듯이 새로운 활동을 보상하고 새로운 뉴런 연결을 공고히 하는 방법이다. 이 새로운 회로가 마침내 이전의 회로와 맞설 수 있게 된다면, 사용하지 않으면 잃는다는 원리에 따라 병적인 연결망은 약해질 것이다. 이 치료법을 이용하면 우리는 나쁜 습관을 그다지 괴롭고 힘들게 '끊지' 않으면서도 나쁜 행동을 더 나은 행동으로 교체할 수 있다.

슈워츠는 그 요법을 여러 단계로 나누는데, 그 가운데도 두 단계가 핵심 과정이다.

첫 번째 단계는 강박장애가 발병한 사람이 자신에게 일어나고 있는 증상을 재명명relabel해서, 자신이 경험하고 있는 것이 세균이나 에이즈, 배터리 전해액의 공격이 아니라 강박장애의 삽화에 지나지 않는다는 사실을 깨닫는 것이다. 그는 뇌 잠금장치가 뇌의 세 부분에서 비롯된다는 것을 기억하면 된다. 임상의로서 나는 강박장애 환자들에게 다음의 요약문을 따라 읽으라고 권한다. "그래, 지금 나는 정말로 문제가 있다. 하지만 세균 때문이 아니라 나의 강박장애 때문이다." 이러한 재명명과 함께 그들은 강박사고의 내용에서 어느 정도 떨어져서, 불교신자들이 명상을 하면서 괴로움을 관조하는 것과 비슷한 방식으로 그 내용을 바라볼 수 있다. 곧, 그들은 강박장애가 자신에게 미치는 효과를 관찰함으로써 스스로를 강박적인 생각으로부터 약간 떨어뜨려 놓는 것이다.

또한 강박장애 환자는 그 발병이 당장 사라지지 않는 이유가 잘못된 회로 때문이라는 사실을 스스로에게 상기시켜야 한다. 병에 걸려 있는 어떤 환자들은 슈워츠의 저서 『뇌 잠금장치』에 실린 비정상적인 강박장애 환자의 뇌 스캔 사진을 치료로 개선된 환자의 더 정상적인 뇌 스캔 사진과 비교하면서, 스스로에게 회로를 변화시키는 것이 가능함을 상기시키면서 도움을 얻기도 한다.[9]

슈워츠는 환자들에게 강박장애의 보편적인 형태(걱정스러운 생각과 의식으로 파고드는 충동들)와 강박사고의 내용(예컨대, 위험한 세균)을 구별하도록 가르치고 있다. 환자들이 내용에 초점을 맞출수록 그들의 상태는 더 나빠진다.

치료사들은 오랫동안 내용에도 초점을 맞추었다. 강박장애의 가장 흔한 치료법인 '노출과 반응 방지exposure and response prevention'라는 방법은 일종의 행동 요법으로, 강박장애 환자의 절반 정도에게 어느 정도의 효과가 있지만, 대부분 완전히 다 낫지는 않는다.[10] 예를 들어, 어떤 사람이 세균을 두려워한다면 그는 자신을 둔감하게 만들 작정으로 점진적으로 더 많은 세균에 자신을 노출시킨다. 실제로 이 요법을 활용했을 때, 환자에게 화장실에서 시간을 보내게 하기도 한다는 뜻이다(나에게 맨 처음 이 치료법을 알려준 정신과 의사는 그때 한 남자에게 얼굴에 더러운 속옷을 뒤집어쓰라고 시키고 있었다). 약 30퍼센트의 환자들이 그러한 치료법을 거부하는 것도 무리가 아니다.[11] 세균에 노출시키는 것은 다음 생각을 향한 '변환'을 목적으로 삼는 것이 아니다. 이는 환자가 세균에 관해 최소한 한동안은 더 집중적으로 생각하게 만든다. 이러 전형적인 행동주의적 치료법의 두 번째 부분인 '반응 방지'란, 환자가 자신의 강박행위를 수행하지 못하게 막는 것이다. 또 다른 치료법인 인지 요법Cognitive Therapy은 문제의 기분과 불안 상태가 인지적인 왜곡, 즉 부정확하거나 과장된 사고 때문에 일어난다는 전제를 바탕으로 하는 치료법이다. 이 요법의 치료사들은 강박장애 환자들에게 자신의 공포를 적은 다음 그 공포가 사리에 맞지 않는 이유들의 목록을 만들라고 한다. 하지만 이 절차

또한 환자를 강박장애의 내용에 푹 빠지게 만든다. 슈워츠가 말하듯이, "환자에게 '내 손은 더럽지 않다'라는 말을 가르치는 것은 다만 그 사람도 이미 알고 있는 사실을 반복하는 것일 뿐입니다……. 인지적 왜곡은 결코 그 병의 본질적인 부분이 아니에요.[12] 환자 자신도 기본적으로는 오늘 식료품 창고의 깡통 수를 세지 않는다고 해서 자신의 어머니가 정말로 오늘밤 끔찍하게 돌아가시지는 않는다는 것을 알고 있거든요. 문제는 그 사람이 그렇게 느끼지를 못한다는 겁니다." 정신분석가들 역시 증상의 내용에 집중해왔고, 그들 가운데 대다수는 문제를 일으키는 성적이고 공격적인 생각에 달려들었다. 그들은 '나는 내 아이를 해칠 거야'와 같은 강박적 사고가 그 아이를 향한 억압된 분노를 나타내는 것일 수 있으며, 웬만한 경우라면 이러한 사실을 깨달아 강박사고를 충분히 없애버릴 수 있을 것이라고 생각했다. 그러나 이 방법은 웬만하든 심하든 강박장애에는 잘 듣지 않는다. 슈워츠도 많은 강박사고의 원인이 프로이트가 강조한 종류의 성, 공격성, 죄책감과 관련된 갈등이라고 믿기는 하지만, 이 갈등은 그 병의 내용만을 설명할 뿐, 형태를 설명하지는 않는다.

환자가 자신의 걱정이 강박장애의 증상임을 인정하고 나면, 다음으로 결정적인 단계는 환자가 자신의 강박적인 생각에 사로잡히는 순간에, 긍정적이고 건전하고 이상적으로 즐거움을 주는 활동으로 초점을 재조정 refocus하는 것이다. 그 활동은 정원 가꾸기, 봉사 활동, 취미 활동, 악기 연주, 음악 감상, 운동, 골 넣기 등이 될 수 있을 것이다. 다른 사람을 필요로 하는 활동은 환자가 초점을 유지하는 데 도움이 된다. 강박장애는 운전을 하는 도중에 느닷없이 발생할지도 모르므로, 환자는 오디오북이나 음악 CD와 같은 것을 상비해두어야 한다. 요는 '기어'를 수동으로 변환하기 위해 무언가를 하는 것이다.

우리에게는 이것이 명확한 행동 지침처럼 보이고 간단하게 들리지만, 강박장애가 있는 사람들에게는 그렇지 않다. 슈워츠는 자신의 환자들에게, '수동 변환장치'가 뻑뻑할지는 몰라도, 대뇌피질을 사용해서 한 번에 한 가지씩 노력이 필요한 생각이나 행동을 열심히 하다보면, 기어를 변환할 수 있다고 장담한다.

물론 '기어변환'은 기계에 빗댄 것일 뿐, 뇌는 기계가 아니다. 뇌는 가소적이고 살아 있다. 환자는 '기어'를 변환하려고 시도할 때마다, 새로운 회로를 키우고 꼬리핵을 변경시켜서 자신의 '변환장치'를 고치기 시작한다. 초점을 재조정하면서 환자는 강박사고의 내용에 빨려들어가는 대신 그럭저럭 극복하는 방법을 배운다. 나는 내 환자들에게, 사용하지 않으면 잃는다는 원리를 생각하라고 한다. 그들이 증상을 생각하면서—세균이 자신을 위협하고 있다고 믿으면서—보내는 순간마다 그들은 강박사고의 회로를 더 깊이 심어놓게 된다. 그들은 증상을 우회함으로써 강박장애를 없애는 여정에 오르게 된다. 강박사고와 강박행위는 하면 할수록 더 하고 싶어지고, 덜 하면 덜 할수록 덜 하고 싶어진다.

슈워츠는, 기법을 적용하는 동안 무엇을 느끼는지가 아니라 무엇을 하는지가 중요하다는 것을 환자들이 이해하는 것이 필수적임을 알았다. "이 싸움은 그 느낌을 없애기 위한 것이 아니라, 강박행위를 실행에 옮기거나 강박사고를 생각하지 않음으로써 그 느낌에 굴복하지 않기 위한 것입니다."[13] 이 기법은 즉각적인 안정을 주지는 않는다. 지속적인 뇌가소적 변화에는 시간이 걸리기 때문이다. 하지만 이 기법은 새로운 방식으로 뇌를 훈련시킴으로써 변화를 위한 기반을 다진다. 따라서 누구나 처음에는 강박행위를 실행하려는 충동과 그 충동에 저항하는 데서 오는 긴장과 불안 모두를 여전히 느낄 것이다. 목표는 강박장애 증상이 있을 때 15분에서 30분 동안 어떤 새로운 활동으로 '채널을 돌리는' 것이다

(그렇게 오래 버틸 수 없다면, 단 1분이라도, 얼마 동안이든 버티면서 시간을 보내는 것이 도움이 된다. 그 저항, 그 노력이 바로 새로운 회로를 배선하는 원동력이다**14**).

우리는 슈워츠가 강박장애에 적용한 기법과 토브가 뇌졸중에 적용한 CI 접근법이 닮은꼴임을 볼 수 있다. 슈워츠는 환자로 하여금 억지로 '채널을 바꾸어' 새로운 활동에 초점을 맞추게 해서, 토브의 장갑과 같은 구속을 부과한다. 그는 환자들을 30분 단위로 새로운 행동에 강하게 집중하도록 하여, 환자들에게 집중학습을 시키고 있다.

3장, '뇌 재설계하기'에서 배운 가소성의 두 가지 주요 법칙은 이 치료법에도 바탕이 된다. 첫 번째 법칙은 '함께 발화하는 뉴런은 함께 배선된다'였다. 곧, 환자들은 강박행위 대신에 무언가 즐거운 일을 함으로써 결국에는 강박행위 대신에 건강한 활동으로 연결될 새로운 회로를 형성한다. 두 번째 법칙은 '따로 발화하는 뉴런은 따로 배선된다'였다. 곧, 환자는 강박행위를 실행에 옮길 때마다 단기적으로는 불안을 줄이지만 장기적으로는 강박장애를 심화하는 반면, 강박행위를 실행에 옮기지 않을 때마다 강박행위와 불안 감소 간의 연결고리를 약화시킨다.

슈워츠는 병이 심한 사례에서도 좋은 결과를 얻었다. 그의 환자들 가운데 80퍼센트가 그의 방법과 약물치료——아나프라닐이나 프로작류의 전형적인 항우울제——를 병행하면 호전된다. 자전거의 보조바퀴 같은 역할을 하는 약물치료는, 불안을 충분히 낮추어 환자가 이 요법의 효과를 볼 수 있도록 한다. 많은 환자들은 조만간 약물치료를 필요로 하지 않게 되며, 어떤 환자들은 처음부터 약물치료가 필요 없다.

나는 세균에 대한 공포, 손 씻기, 점검하는 강박행위, 강박적 사후 비판, 사람을 무기력하게 만드는 건강염려증과 같은 전형적 강박장애 문제들에 뇌 잠금장치 접근이 잘 듣는 것을 보아왔다. 환자가 전념할수록,

'수동 변환장치'는 점점 더 자동으로 변한다. 새로 발견한 기법을 사용하면 사건들은 짧고 드물어지며, 스트레스를 받아 증상이 재발하더라도 환자들은 빠르게 통제력을 회복할 수 있다.

개선된 환자의 뇌를 스캔한 슈워츠 팀은, 함께 '잠겨서' 과도하게 함께 활동적으로 발화하던 뇌의 세 부분이 정상적으로 따로따로 발화하기 시작했음을 발견했다. 뇌 잠금장치가 느슨해지고 있었다.

―――――――

나는 한 친구——에마라고 하자——와 그녀의 남편이자 작가인 시어도어, 그리고 여러 명의 다른 작가들과 함께 만찬에 참석하고 있었.

에마는 지금 40대이다. 그녀는 스물세 살 때 자생적인 유전자 돌연변이로 생긴 망막색소변성이라는 병 때문에 망막 세포들이 죽어갔다. 그녀는 5년 전 완전히 실명했으며, 맹인안내견 매티의 도움을 받고 있다.

에마의 실명은 그녀의 뇌와 삶을 새로이 다시 만들었다. 만찬에 참석한 많은 사람들이 문학에 관심이 있었지만, 에마는 실명한 뒤로 누구보다도 책을 많이 읽었다. 커스웰Kerswell이라는 컴퓨터 프로그램이 그녀에게 큰 소리로 책을 읽어준다. 단조로운 목소리지만 쉼표가 나오면 쉬고, 마침표가 나오면 멈추고, 물음표가 나오면 음높이를 올린다. 이 컴퓨터 음성은 너무 빨라서, 나는 한 마디도 알아들을 수 없다. 하지만 에마는 점점 더 빠른 속도로 듣는 법을 익혀서, 지금은 1분에 340단어의 속도로 위대한 고전들을 섭렵하고 있다. "저는 한 작가에 빠지면, 그가 쓴 모든 책을 읽은 다음에야 다른 작가로 넘어가요." 그녀는 가장 좋아하는 도스토예프스키를 비롯해 고골리, 톨스토이, 투르게네프, 디킨스, 체스터턴, 발자크, 위고, 졸라, 플로베르, 프루스트, 스탕달 등 많은 작가들의 책을 읽었다. 최근에는 하루 만에 트롤로프의 소설 세 권을 읽기도 했다. 그녀는 자신이 어떻게 실명하기 전보다 이 정도까지 훨씬 더 빨리 읽을 수 있는 것인지 내게 물었다. 나는 더 이상 시각을 처리하지 않는 그녀의 광대한 시각피질이 청각 처리를 위해 양도된 것이라는 이론을 이야기했다.

그 특별한 저녁에 에마는 모든 것을 수없이 확인해야 하는 고충을 아느냐고 내게 물었다. 그녀는 자신이 끊임없이 가스레인지와 자물쇠를 점검하느라 집 밖을 나서기 힘들 때가 많다고 했다. 사무실로 출근하는 도중에도 반쯤 갔다가 문을 제대로 잠갔는지 확인하러 되돌아와야 했다. 집에 다시 닿을 때쯤이면 가스레인지, 가전제품들, 수도꼭지까지 점검해야 한다는 의무감을 느끼곤 했다. 이제 떠나야지 생각하다가도, 그 모든 과정을 여러 번 더 반복해야 했고, 그러는 동안에도 줄곧 다시 점검하려는 충동과 싸워야 했다. 그녀는 자신이 자랄 때, 권위적인 아버지 때문에 불안해했었다고 말했다. 커서 집을 떠났을 때 그녀는 그 불안이 사라지고 이제 이러한 점검 습관으로 대체되었음을 알게 되었으며, 그 충동은 점점 더 심해지고 있었다.

나는 그녀에게 뇌 잠금장치 이론을 설명해주고, 우리는 흔히 별로 집중하지 않고도 모르는 사이에 가전제품들을 점검하고 또 점검한다고 말해주었다. 그러니 모든 주의를 집중해서 한 번, 딱 한 번만 점검하도록 해보라고 했다.

내가 다음에 그녀를 만났을 때, 그녀는 기뻐하고 있었다. "저 나아졌어요." 그녀가 말했다. "이제 한 번만 점검하고 다음으로 넘어간다니까요. 아직도 충동을 느끼지만, 그 충동도 참으면 그냥 지나가요. 그리고 훈련을 할수록, 더 빨리 지나가고 있어요."

그녀는 남편에게 장난으로 험상궂은 얼굴을 해 보였다. 남편이 파티에서 노이로제로 정신과 의사를 귀찮게 하는 것은 예의가 아니라고 놀렸기 때문이다.

"여보." 그녀가 말을 잇는다. "내가 미쳐서 그런 게 아니라잖아요. 내 뇌가 책장을 넘기지 못했을 뿐이라니까요."

# 07
## 통증, 뇌의 착각

우리가 감각을 완벽하게 하길 원한다면, 뇌가소성은 축복이다. 하지만 뇌가소성이 통증을 위해 봉사한다면 저주가 될 수도 있다.

우리를 통증으로 안내할 안내자는 우리에게 가장 많은 영감을 주는 뇌가소치료사들 중 한 사람인 라마찬드란V. S. Ramachandran이다. 빌라야누르 수브라마니안 라마찬드란은 인도의 마드라스에서 태어났다. 힌두교 배경의 신경학자인 그는 21세기의 난제에 맞서 싸우는 19세기 과학의 자랑스러운 유산이다.

라마찬드란은 신경학을 전공한 의학 박사인 동시에 케임브리지의 트리니티 칼리지에서 받은 심리학 박사학위를 가지고 있다. 우리는 샌디에이고에서 만났다. 그는 그곳에 있는 캘리포니아 대학에서 뇌와 인지 센터Center for Brain and Cognition를 책임지고 있다. 검은 곱슬머리의 '라마'는 검은 가죽 재킷을 입고 나타났다. 목소리가 우렁차다. 그의 억양은 영국식이지만, 흥분하면 'r' 발음이 드럼이 울리듯이 길게 떨린다.

많은 뇌가소치료사들은 읽고, 움직이고, 또는 학습장애를 극복하는 기술을 개발하거나 회복시켜서 도움을 주는 반면, 라마찬드란은 가소성을 이용해서 우리 마음의 내용을 다시 그린다. 그는 우리가 상상과 지각을 사용하는 비교적 간단하고 통증 없는 처치를 통해 뇌를 재배선할 수 있다는 것을 보여준다.

그의 사무실은 첨단과학기술 장비들이 아니라, 오히려 단순한 19세기 기계들로 가득 차 있다. 아이들로 하여금 과학에 호기심을 느끼게 할 수 있는 작은 발명품들이 가득하다. 같은 장면을 찍은 두 사진을 3차원으로 볼 수 있게 하는 광학 기구인 입체경, 한때는 히스테리를 치료하는 데 쓰던 자기 장치, 유령의 집에 있는 것 같은 거울들, 초창기의 돋보기, 화석들, 그리고 보존된 성인의 뇌가 있다. 프로이트의 흉상, 다윈의 사진, 관능적인 인도의 미술품들도 있다.

이런 사무실을 가질 수 있는 사람은 세상에서 단 한 사람, 현대 신경학의 셜록 홈즈인 라마찬드란밖에 없을 것이다. 그는 탐정이다. 마치 오늘날 현대 과학은 대규모의 통계적 학문에 몰두하고 있다는 사실을 전혀 모르는 것처럼, 그는 한 번에 한 사례씩 수수께끼를 풀어나간다. 그는 사례 하나하나에 과학에 기여하는 모든 요소가 있다고 믿는다. 그는 이렇게 말한다. "내가 회의론자 과학자에게 돼지 한 마리를 보여주면서 돼지가 말을 할 수 있다고 주장했다고 합시다. 그리고 내가 손을 흔들자 정말 돼지가 말을 하는 겁니다. 그런데 그 회의론자가 '하지만 그건 그냥 돼지 한 마리에 지나지 않아. 라마찬드란, 다른 놈을 보여주게. 그러면 믿을지도 모르지' 하고 우긴다면, 그게 정말 이치에 맞을까요?"

그는 그동안 신경학적인 '기묘함'들을 설명함으로써 정상적인 뇌의 기능을 밝힐 수 있음을 숱하게 보여주었다. 그는 말한다. "난 과학에서 사람들이 몰려다니는 것이 정말 싫습니다." 그는 큰 과학 학술회의도 그다지 마음에 들어하지 않는다. "난 학생들에게 말합니다. '자네, 이 회의에 가면 사람들이 전부 어느 방향으로 가는지 보게. 그래야 반대 방향으로 갈 수도 있네. 악대차에 올라타서 나팔이나 닦지는 말게.'"

라마찬드란은 자기 나이 여덟 살 때부터 스포츠와 파티를 멀리하고 한 열정에서 다음 열정으로 나아갔다고 말한다. 고생물학(그는 이 분야에서 희귀한 화석들을 수집했다)에서 패류학(바다 조개를 연구하는 학문)으로, 곤충학(그는 특히 딱정벌레에 조예가 깊다)에서 식물학(그는 난을 키운다)으로. 그의 일대기는 화석, 조개껍질, 곤충과 꽃 같은 아름다운 자연의 물건이라는 형태로 그의 사무실 전체에 흩어져 있다. 그는 자신이 신경학자가 아니라면, 고대의 수메르나 메소포타미아, 인더스 계곡을 연구하는 고고학자가 되었을 것이라고 말한다.

이 본질적으로 빅토리아적인 추구는 그 시대의 과학에 대한 그의 기호를 드러낸다. 빅토리아 시대는 분류학의 황금기였다. 당시 배웠다는 사람들은 다윈처럼 육안으로 탐정 노릇을 하며 온 세계를 돌아다녔다. 그들은 자연에서 다양하고 희한한 것들의 목록을 만들어 그것을 광범위한 이론 안에 엮어 넣음으로써 살아 있는 세계의 위대한 주제들을 설명하고자 했다.

라마찬드란은 신경학에도 같은 방식으로 접근한다. 그는 초기에 정신적 착각을 경험한 환자들을 조사했다. 그는 뇌를 다친 다음에 자신이 예언자라고 믿기 시작한 사람들이나, 카그라스 증후군Capgras syndrome 때문에 자신의 부모나 배우자가 사기꾼이라고, 곧 진짜 사랑하는 사람의 복제인간이라고 믿게 된 사람들을 연구했다. 그는 착시와 눈의 맹점을 연구했다. 이 질병들 때문에 무슨 일이 벌어지는가를 알아내면서,—대개 현대 과학기술을 사용하지 않고——그는 정상적인 뇌가 어떻게 작동하는가를 밝혔다.

그는 말한다. "저는 복잡하고 환상적인 장비를 혐오합니다. 그걸 어떻게 사용하는지를 배우는 일에도 많은 시간이 걸리는데다, 원래 데이터와 최종 결론 사이의 거리가 너무 멀면 의심이 들기 때문이죠. 그런 장비를 쓰는 과정에는 데이터를 주무를 기회가 얼마든지 있거든요. 게다가 인간은 과학자든 아니든 자기기만에 빠지기 쉬운 걸로 악명이 높지 않습니까."

라마찬드란은 커다란 상자를 꺼낸다. 상자는 안쪽에 거울이 서 있어서 속임수를 위한 아이들의 마술 도구처럼 보인다. 그는 이 상자와 가소성에 관한 직관을 써서 환상지幻想肢, phantom limbs와 환상지에서 발생하는 만성적 통증이라는 수백 년 묵은 수수께끼를 풀었다.

세상에는 이유도 이해할 수 없고 어디에서 오는지도 모르는데 끈덕지게 따라다니며 우리를 고문하는 통증이 있다. 말하자면, 발신지가 없는 통증이다. 영국의 해군 제독이었던 넬슨 경은 1797년에 스페인의 산타크루스 데 테네리페를 공격할 당시 오른팔을 잃었다. 그 뒤 얼마 지나지 않아 그는 자신의 팔의 존재를 생생하게 경험하기 시작했다. 라마찬드란은 그 팔이 바로 그가 볼 수는 없지만 느낄 수 있었던 환상지라고 지적한다. 넬슨은 그 팔의 존재가 '영혼의 존재를 보여주는 직접적인 증거'라는 결론을 내렸다. 팔이 제거된 뒤에도 존재할 수 있다면, 사람의 다른 모든 것 역시 육체가 소멸한 뒤에도 존재할지 모른다는 것이 그의 추론이었다.

환상지는 문제를 일으킨다. 절단수술을 받은 사람들의 95퍼센트에게 환상지에서 비롯되는 만성적인 '환상지 통증'이 일어나[1] 일생 동안 지속하는 경우도 많기 때문이다.[2] 하지만 있지도 않은 기관에 들어 있는 통증을 무슨 수로 제거하겠는가?

환상지 통증은 주로 전투나 사고로 팔다리를 잃은 사람에게 고통을 주지만, 몸 안에 알려진 출처가 없기 때문에 수천 년 동안 의사들을 혼란스럽게 한 더 큰 범주의 기괴한 통증들도 존재한다. 심지어 통상적인 외과 수술 뒤에도 어떤 사람들에게는 환상지 통증처럼 수수께끼 같은 수술 후 통증이 남아 평생 동안 지속되기도 한다. 통증에 관한 과학 문헌에는 자궁을 들어낸 뒤에도 생리통과 산통을 겪는 여성과,[3] 궤양과 그 신경을 잘라낸 뒤에도 궤양통을 느끼는 남성,[4] 직장을 제거한 뒤에도 만성적인 직장통과 치질통이 남아 있는 사람들의 이야기가 나온다.[5] 방광을 제거했는데도 여전히 다급하고 고통스럽게 만성적으로 소변을 보고 싶어 하는 사람들의 이야기도 있다.[6] 이러한 일화들은 우리가 이 역시 환상지 통증이라는 사실을 기억하면 이해할 수 있다. 이는 내부 기관이 '절단된' 결과인 것이다.

정상적인 통증, 곧 '급성 통증'은 우리에게 상처나 병을 경고한다.[7] 뇌에 신호를 보내 '여기가 아픈 부분이니까 주의를 기울여라'라고 말하는 것이다. 그러나 때로는 상처가 신체의 조직과 통증계의 신경을 둘 다 손상시켜서 '신경병성 통증neuropathic pain'을 일으킬 수도 있다. 신경병성 통증에는 외부 원인이 없다. 손상된 통증 지도가 끊임없이 잘못된 경고를 발화하므로, 우리는 뇌에 있는 문제를 신체에 있는 문제로 믿게 된다. 몸이 다 나은 지 한참 지나도 통증계는 여전히 발화하므로, 급성 통증이 영생을 얻는 것이다.

---

환상지라는 병명은 미국의 의사인 사일러스 위어 미첼Silas Weir Mitchell이 처음으로 제시한 것이다. 그는 게티스버그 전투 부상자들을 돌보다가

전염병처럼 퍼지는 환상 현상에 관심을 가지게 되었다. 남북전쟁 부상병들의 사지는 흔히 괴저를 일으켰다. 쉽게 말해 팔다리가 썩어 들어갔다. 당시는 항생제가 나오기 이전이었기에 부상병의 목숨을 구하는 유일한 길은 괴저가 퍼지기 전에 팔다리를 절단하는 방법뿐이었다. 팔다리를 절단한 병사들은 오래지 않아 자신의 팔다리가 돌아와서 끈질기게 자신을 따라다닌다고 이야기하기 시작했다. 미첼은 처음에 이 경험을 '감각 유령'이라고 부르다가 '환상지'로 바꾸어 불렀다.

환상지는 보통 매우 생생한 실체로 느껴진다. 팔을 잃은 환자들은 때때로 그 팔이 말하는 도중에 손짓을 하거나, 친구에게 반갑게 손을 흔들거나, 울리는 전화에 저절로 손을 뻗치는 것을 느낄 수 있다.

몇몇 의사들은 환상지가 팔다리를 잃었다는 괴로움을 인정하지 않으려는 소망의 산물이라고 생각했다. 하지만 대부분의 의사들은 잃은 팔다리의 뭉툭한 끝에 있는 신경 말단을 환자가 움직이면서 자극하는 것이라고 가정했다. 일부 의사들은 팔다리와 그 신경을 조금씩 더 안쪽으로 순차적으로 자르면서 환상의 제거를 시도하기도 했다. 그러나 수술을 해도 환상은 번번이 다시 나타났다.

라마찬드란은 의대에 다닐 때부터 환상 현상에 호기심을 느끼고 있었다. 그러던 그는 1991년에 팀 폰스와 에드워드 토브가 실버스프링 원숭이에게 한 마지막 실험에 대한 논문을 읽게 되었다. 기억하겠지만, 폰스는 구심로를 차단하여 팔에서 뇌로 가는 모든 감각 입력을 제거한 원숭이들의 뇌 지도를 작성해서, 팔을 위한 뇌 지도가 헛되이 사라지는 대신 이제는 얼굴——와일더 펜필드가 보여주었듯이 손과 얼굴 지도는 나란히 있으므로 예상할 수 있는 부분——에서 오는 입력을 활발하게 처리하고 있다는 사실을 발견했다.

라마찬드란은 순간적으로, 가소성이 환상지를 설명할 수 있을지 모른다고 생각했다. 토브의 원숭이가 환상 팔을 지닌 환자와 비슷했기 때문이다. 원숭이도 환자도 팔에서 뇌 지도로 들어오는 자극을 빼앗긴 것이다. 그렇다면 팔이 없는 사람은 없어진 팔의 지도 안으로 얼굴 지도가 침범했기 때문에 얼굴에 닿는 감촉을 환상 팔에서 느낀 것이 아니었을까? 이 대목에서 라마찬드란은 궁금해졌다. 토브의 원숭이들은 누군가 얼굴을 만졌을 때 그 감각을 얼굴에서 느꼈을까, 아니면 '구심로가 차단된' 팔에서 느꼈을까?

톰 소렌슨(가명)은 겨우 열일곱 살에 자동차 사고로 팔을 잃었다. 공중에 내동댕이쳐지면서 뒤를 돌아본 그는 몸에서 잘린 자신의 손이 계속 좌석의 쿠션을 붙잡고 있는 광경을 보았다. 그는 남은 팔도 팔꿈치 바로 위까지 잘라내야 했다.

    4주쯤 지나자 그는 환상지를 느끼기 시작했다. 환상 팔은 예전의 팔이 하던 많은 것들을 하려고 했다. 그는 넘어질 때면 반사적으로 손을 뻗어 땅을 짚으려 하거나, 동생을 쓰다듬으려고 했다. 톰에게는 다른 증상들도 여럿 있었지만, 정말로 질색인 증상이 한 가지 있었다. 긁을 수도 없는 환상 손에서 가려움을 느끼는 것이었다.

    라마찬드란은 동료에게서 톰의 이야기를 전해 듣고 톰에게 연구를 도와달라고 부탁했다. 환상 현상은 재배선된 뇌 지도 때문에 일어난다는 자신의 이론을 시험하기 위해, 그는 톰의 눈을 가렸다. 그런 다음 그는 면봉으로 톰의 상체 몇 군데를 건드리면서 톰에게 어디에 느낌이 오는지 물었다. 그가 톰의 뺨을 건드리자 톰은 뺨에서도 느껴지지만 환상지 위에서도 느껴진다고 했다. 라마찬드란이 톰의 윗입술을 건드리자, 그는 그것을 윗입술뿐 아니라 환상 검지에서도 느꼈다. 라마찬드란은 톰의 얼굴에서 다른 부분을 건드리면, 톰은 그것을 환상 손의 다른 부분에서 느낀다는 사실을 발견했다. 라마찬드란이 따뜻한 물 한 방울을 톰의 뺨에 떨어뜨리자, 톰은 뺨과 환상 팔 양쪽에서 따뜻한 것이 흘러내리는 것을 느꼈다. 톰은 이후 몇 번의 실험 끝에, 그토록 오래도록 자신을 괴롭힌 긁을 수 없는 가려움을 마침내 자신의 뺨을 긁음으로써 해결할 수 있었다.

라마찬드란은 면봉으로 성공하고 나자, 첨단기술로 넘어가서 자기뇌파검사MEG라는 뇌 스캔을 실시했다. 스캔으로 톰의 손과 팔의 뇌 지도를 작성한 결과, 그의 손 지도는 이제 얼굴의 감각을 처리하는 데 사용되고 있다는 것이 틀림없었다. 그의 손과 얼굴 지도는 경계가 희미해져 있었다.

라마찬드란이 톰 소렌슨의 사례에서 발견한 사실은, 처음에는 뇌 지도가 가소적이라는 것을 의심하는 임상 신경학자들 사이에서 논란이 되었지만, 이제는 많은 사람들이 받아들이고 있다.[8] 토브와 함께 작업했던 독일 팀의 뇌 스캔 연구도 가소적 변화의 양과 사람들이 경험하는 환상지 통증의 정도 사이에 상관관계가 있다는 사실을 확인했다.[9]

라마찬드란은 지도 침범이 일어나는 이유는 뇌가 새로운 연결망의 '싹을 내기' 때문일 것이라고 강하게 추측하고 있다. 몸의 일부가 사라져서 홀로 남은 뇌 지도는 자극을 입력받지 못해 '굶주려서', 신경성장인자를 방출하여 근처의 지도에 있는 뉴런들이 자기 쪽으로 작은 싹들을 내보내도록 불러들인다는 것이다.[10]

보통 이 작은 싹들은 유사한 신경에 가서 연결된다. 말하자면, 촉각 신경은 다른 촉각 신경과 연결된다. 물론 우리의 피부는 촉감보다 훨씬 많은 것을 전달한다. 피부에는 온도, 진동, 통증을 감지하는 수용체들이 따로 존재하고, 수용체마다 그것들만의 신경섬유가 있어서 뇌까지 올라간다. 뇌에는 또 그 수용체만의 지도가 있고, 지도들의 일부는 매우 가까이 붙어 있다. 촉감, 온도, 통증의 신경들은 너무 가깝기 때문에, 때로는 손상을 입은 뒤에는 배선이 교차되는 오류가 일어날 수 있다. 라마찬드란은 궁금했다. 그러면 배선이 교차된 경우, 그 사람을 만졌을 때 그 사람이 통증이나 따뜻함을 느낄 수도 있을까?[11] 환상지가 있는 사람의 얼굴을 부드럽게 쓰다듬었을 때, 그 사람이 환상 팔에서 통증을 느낄 수도 있을까?

환상 현상이 그토록 예측 불가능하고 많은 문제를 일으키는 또 하나의 이유는, 뇌 지도가 역동적으로 변화하고 있기 때문이다. 머제니치가 보여주었듯이, 얼굴 지도는 정상 조건에서조차 조금씩 돌아다닌다. 환상 지도가 움직이는 이유는, 지도로 들어오는 입력이 워낙 급격하게 변하고 있기 때문이다. 라마찬드란과 다른 사람들——그 가운데에서도 토브와 그의 동료들——은 뇌 지도의 스캔을 반복함으로써 환상 부위 지도의 윤곽이 계속해서 변하고 있다는 사실을 밝혀냈다. 그가 생각할 때 사람들이 환상지 통증을 갖게 되는 다른 이유는, 팔이나 다리가 잘렸을 때 그 지도가 수축되기만 하는 것이 아니라 해체되서 더 이상 제대로 작동하지 않기 때문이다.

모든 환상 현상이 고통스럽기만 한 것은 아니다. 라마찬드란이 자신의 발견을 발표한 다음, 팔다리를 절단한 사람들이 그를 찾기 시작했다. 다리가 없는 몇 사람은 몹시 부끄러워하며, 자신들은 섹스를 할 때 종종 환상 다리와 발에서 오르가슴을 경험한다고 이야기했다. 한 남자는 다리와 발이 성기보다 훨씬 더 크기 때문에 오르가슴도 예전보다 '훨씬 더 커졌다'고 고백했다. 그런 환자들을 과도하게 상상력이 풍부한 것으로 치부할 수도 있었지만, 라마찬드란은 그 주장이 신경학적으로 완벽하게 이치에 맞는다고 역설했다. 펜필드의 뇌 지도는 성기가 발 옆에 있음을 보여주기에, 발이 더 이상 입력을 받지 않으면 성기의 지도가 발의 지도를 침범할 가능성이 높다.[12] 따라서 성기가 쾌감을 느끼면, 환상 발도 쾌감을 느낀다는 것이다. 라마찬드란은 일부 사람들이 발에 성애적으로 집착하는 것, 곧 발 페티시즘이 부분적으로는 뇌 지도에서 발과 성기가 가깝기 때문이 아닐까 짐작한다.

다른 성애적 수수께끼들도 앞뒤가 들어맞았다. 이탈리아의 의사인 살바토레 아글리오티Salvatore Aglioti 박사는 유방절제술을 받은 일부 여성들이 귀와 쇄골, 흉골을 자극받았을 때 성적 흥분을 경험한다고 보고했다. 이 세 부분은 전부 뇌 지도에서 유두에 가깝다. 음경에 암이 있어서 음경을 절제한 일부 남성들은 환상 음경뿐만 아니라 환상 발기도 경험한다.

라마찬드란은 팔다리를 절단한 사람들을 더 많이 조사하면서, 그들 가운데 절반가량이 자신의 환상지가 얼어붙었거나, 마비된 고정 자세로 달려 있거나, 시멘트에 갇혀 있는 불쾌한 느낌을 지니고 있다는 사실을 알게 되었다. 어떤 사람들은 무거운 물건을 질질 끌고 다니는 느낌이다. 그리고 마비된 팔다리의 이미지만 얼어붙는 것이 아니라, 어떤 끔찍한 경우에는 팔다리를 잃을 당시의 고통이 그대로 고착된다. 손에서 수류탄이 터진 병사는 환상지 통증이 생겨서 참을 수 없이 고통스러운 그 폭발의 순간을 끝없이 반복할 수도 있다. 라마찬드란은 동상에 걸린 엄지손가락을 절단하고 나서 그 자리에 뼈를 에이는 동상의 통증이 '얼어붙은' 여성을 만나기도 했다. 사람들은 팔다리가 잘리기 전에 느꼈던 괴저, 살로 파고드는 발톱, 물집, 베인 상처에 관한 환상 기억들로 고통을 받으며, 특히 그 통증이 절단 당시에 존재했을 경우에는 더 심한 고문을 당한다.[13] 이 환자들은 그러한 고통을 단지 통증의 희미한 '기억'으로서가 아니라, 현재 일어나고 있는 것으로서 경험한다. 어떤 환자는 수십 년 동안 통증이 없을 수도 있지만, 고통의 방아쇠가 되는 한 방의 주사바늘이 꽂

힌다거나 하는 우연한 사건으로 몇 달이나 몇 년 뒤에 통증이 재발하기도 한다.[14]

라마찬드란은 얼어붙은 팔 때문에 고통을 겪는 사람들의 병력을 검토하다가, 그들 모두가 팔을 절단하기 전에 여러 달 동안 삼각건이나 깁스를 했다는 사실을 발견했다. 그들의 뇌 지도는 절단 직전에 막 고정된 팔의 위치를 영원히 기록하고 있는 것으로 보였다. 그는 다름 아닌 팔다리가 존재하지 않는다는 사실 자체가 마비 감각을 지속시키는 것이 아닐까 생각하기 시작했다. 보통 뇌 안의 운동명령중추가 팔을 움직이라는 명령을 보내면, 뇌는 여러 감각들로부터 피드백을 받아 그 명령이 실행되었는지를 확인한다. 하지만 팔다리가 없는 사람의 뇌는 팔이 움직였다는 사실을 결코 확인할 수 없다. 그에게는 팔도 없고 피드백을 제공할 팔 안의 운동 감지기도 없기 때문이다. 따라서 뇌에는 팔이 얼어붙었다는 느낌이 남는다. 팔이 몇 달 동안 삼각건이나 깁스 안에 고정되어 있었기 때문에, 뇌 지도는 팔의 표상을 움직이지 않는 것으로서 발달시켰다. 팔이 제거되면서 뇌 지도를 바꿀 새로운 입력이 없어졌으므로, 고정된 팔다리의 정신적 표상도 동시에 얼어붙게 된 것이다. 이는 토브가 뇌졸중 환자들에게서 발견한 '학습된 비사용'과 유사한 상황이다.

라마찬드란은 피드백의 부재가 환상 부위의 동결뿐만 아니라 환상지 통증까지 일으킨다고 믿게 되었다. 뇌의 운동중추는 손 근육에게 수축하라는 명령을 보내지만, 손이 움직였다는 것을 확인하는 피드백을 받지 못해서 명령을 단계적으로 높인다. 마치 "꽉 쥐어! 충분히 꽉 쥐지 않고 있잖아! 아직 손끝이 손바닥에 닿지 않았다니까!"라고 말하듯이. 환자는 손톱이 손바닥을 파고드는 것을 느낀다. 손이 존재할 때는 실제로 꽉 쥐는 것이 통증을 일으키는 반면, 이 상상의 쥐는 동작이 통증을 유발하는 까닭은 최대로 세게 쥐었을 때와 그때의 통증이 기억 속에서 연합되어

있기 때문이다.[15]

　라마찬드란은 다음으로 가장 과감한 질문을 던졌다. 환상 마비와 통증이 '탈학습'될 수 있을까? 이는 말하자면 정신과 의사, 심리학자, 정신분석가들이 던질 만한 질문이었다. 심리적 실재는 있지만 물질적 실재가 없는 상황을 어떻게 바꿀 수 있을까? 라마찬드란의 연구 결과로 신경학과 정신의학, 실재와 환상은 경계가 모호해지기 시작했다.

그때 라마찬드란에게 한 환상을 다른 환상과 싸움 붙이자는 마술 같은 아이디어가 떠올랐다. 만일 내가 뇌에 거짓 신호를 보내서 환자로 하여금 존재하지 않는 팔다리가 움직이고 있다고 생각하게 만든다면 어떻게 될까?
　그 질문에 이끌려 그는 환자의 뇌를 속이기 위한 거울상자를 발명했다. 그 거울상자는 뇌에게 온전한 손의 거울상을 보여주어 뇌가 절단된 손이 '부활'했다고 믿도록 만들 물건이었다.
　거울상자는 뚜껑이 없는 커다란 케이크 상자 크기이고, 왼쪽과 오른쪽 두 구역으로 나뉘어 있다. 상자 앞쪽에는 커다란 구멍이 두 개 뚫려 있다. 왼손이 절단된 환자는 오른쪽 구멍을 통해 온전한 오른손을 오른쪽 구역으로 집어넣는다. 그런 다음 그는 환상 손을 왼쪽 구역에 집어넣는 상상을 한다.
　두 구역을 분할하는 칸막이는 온전한 손을 향해 수직으로 서 있는 거울이다. 상자에는 뚜껑이 없기 때문에, 환자는 조금만 오른쪽으로 기울이면 온전한 오른손의 거울상 반사를 볼 수 있다. 거울에 비친 오른손은 그에게는 절단 이전의 왼손처럼 보일 것이다. 그가 자신의 오른손을 앞뒤로 움직이면, 그의 환상 손에 겹쳐져 '부활한' 왼손도 앞뒤로 움직이는 것처럼 보일 것이다. 라마찬드란은 환자의 뇌가 환상 팔이 움직이고 있다는 인상을 받기를 바랐다.

자신의 거울상자를 시험할 피실험자를 찾기 위해서, 라마찬드란은 지역 신문에 '팔다리가 잘린 사람 구함'이라도 정체 모를 광고를 냈다. 필립 마르티네즈Philip Martinez가 이에 응했다.

십여 년 전에 필립은 오토바이를 타고 시속 70킬로미터로 달리다가 튕겨져 나갔다. 그 사고로 그의 왼손과 왼팔에서 척추로 가는 모든 신경이 갈가리 찢겼다. 그의 팔은 그때까지 몸에 붙어 있었지만, 그에게는 척추에서 팔로 신호를 보내는 신경도, 척추로 들어가서 뇌로 감각을 전달하는 신경도 남아 있지 않았다. 필립의 팔은 쓸모없는 정도를 넘어서 삼각건 안에 달고 다녀야 하는 짐짝이었으므로, 그는 결국 절단이란 방법을 택했다. 하지만 그에게는 환상 팔꿈치에 끔찍한 환상지 통증이 남아 있었다. 환상 팔 또한 마비된 느낌이었고, 그는 어떻게든 그 팔을 움직일 수 있어야만 통증이 가라앉을 것 같다고 생각했다. 이런 어쩌지 못할 상황에 너무나 침울해져서 심각하게 자살까지 생각했다.

온전한 손을 거울상자에 넣었을 때 필립은 자신의 '환상'이 움직이는 것을 '보기' 시작했을 뿐더러, 처음으로 그 팔을 움직인다는 느낌이 들었다. 깜짝 놀라고 감격한 필립은 자신이 환상 팔에 '플러그를 다시 꽂은' 느낌이라고 말했다.

하지만 그가 거울상을 보는 것을 멈추거나 눈을 감는 순간, 환상은 얼어붙었다. 라마찬드란은 필립에게 거울상자를 주고 집에 가서도 계속 연습하라고 했다. 필립이 가소적 변화를 자극해서 뇌 지도를 재배선하여 자신의 마비를 탈학습하길 바란 것이다. 필립은 상자를 하루에 10분씩 사용했지만, 여전히 그가 눈을 뜨고 온전한 손의 거울상을 보고 있을 때만 작동하는 것처럼 보였다.

4주가 지나 라마찬드란은 흥분한 필립에게서 전화를 받았다. 자신의 얼어붙었던 환상 팔이 완전히 풀렸을 뿐만 아니라, 아예 없어져서 상자를 쓰지 않을 때에도 나타나지 않는다는 것이었다. 환상 팔꿈치와 그곳의 극심한 통증 또한 사라졌고, 환상 손가락만 남아서 통증 없이 어깨에 매달려 있다고 했다.

이렇게 해서 신경학계의 환상가인 라마찬드란은 불가능해 보이는 수술을 한 최초의 의사가 되었다. 환상지를 절단하는 데 성공한 것이다.

---

라마찬드란은 많은 환자에게 상자를 사용했고, 절반 정도가 환상지 통증을 없애고 얼어붙었던 환상 부위를 풀어서 자신이 그것을 조절한다고 느끼기 시작했다.[16] 다른 과학자들도 거울상자로 훈련한 환자들이 나아지는 현상을 발견했다. fMRI 뇌 스캔은 이 환자들이 호전되면서 환상 부위의 운동 지도가 커지고, 절단에 뒤따르는 지도 수축이 역전되고,[17] 감각 지도와 운동 지도가 정상으로 돌아간다는 사실을 보여준다.[18]

거울상자는 환자가 지각하는 자신의 신체상을 바꿔 통증을 치유하는 것 같다. 이는 대단한 발견이다. 이는 우리의 마음이 작동하는 방식과 우리가 통증을 경험하는 방식을 해명하는 데 도움이 된다.

통증과 신체상은 밀접하게 관련되어 있다. 우리는 통증을 언제나 신체에 투사된 것으로서 경험한다. 우리는 허리를 펴면서, "아이고, 허리야!"라고 말하지 "아이고, 통증계야!"라고 말하지 않는다. 그러나 환상 현상이 보여주듯이, 우리는 신체 부위나 심지어 통증 수용체가 없어도 통증을 느낄 수 있다. 우리가 통증을 느끼는 데 필요한 것은 뇌 지도가 만들어내는 신체상뿐이다. 실제 팔다리가 있는 사람들은 대개 이 사실을 깨닫지 못한다. 팔다리의 신체상을 실제 팔다리에 완벽하게 투사해서, 신체 자체와 구별하지 못하기 때문이다. "우리 자신의 신체가 하나의 환상입니다"라고 라마찬드란은 말한다. "뇌가 순전히 편의를 위해서 지어낸 것이지요."

신체상이 왜곡되는 일이 흔하다는 사실은 신체상과 신체 자체가 다르다는 것을 증명한다. 거식증 환자는 굶어죽기 직전이면서도 자기 몸이 뚱뚱하다고 생각한다. 왜곡된 신체상을 가진 사람들, 곧 '신체기형장애 body dysmorphic disorder'가 있는 사람들은 완벽하게 정상에 속하는 자신의 신체 일부를 결함이 있는 것으로 경험한다. 그들은 자신의 귀, 코, 입술, 가슴, 음경, 질, 혹은 넓적다리가 너무 크거나 너무 작지 않으면 그냥 '잘못되었다'고 생각하며, 그것을 엄청난 수치로 느낀다. 마릴린 먼로도 자신에게 신체적 결함이 많다고 생각했다.[19] 그런 사람들은 흔히 성형외과를 찾아가지만 수술 뒤에도 여전히 자신이 보기 흉하다고 느낀다. 그들에게 필요한 것은 '뇌가소적 수술'로 자신의 신체상을 바꾸는 것이다.

라마찬드란은 자신이 환상 현상을 재배선하는 데 성공한 것을 볼 때, 왜곡된 신체상을 재배선하는 길도 있을 것이라고 생각했다. 그가 의미하는 신체상이 무엇을 뜻하는지를 더 잘 이해하기 위해, 나는 그에게 신체상, 곧 정신적인 구조와 물질적인 신체 간의 차이를 보여줄 수 있냐고 물었다.

그는 나를 테이블에 앉히더니, 싸구려 발명품 가게에서 파는 가짜 고무손을 꺼내어 내 앞의 테이블 가장자리에서 2.5센티미터 떨어진 위치에 손가락이 가장자리에 평행하도록 올려놓았다. 그는 내 손을 가짜 손에 평행하게 올려놓되, 테이블 가장자리에서 20센티미터쯤 떨어진 곳에 놓으라고 했다. 내 손과 가짜 손은 같은 방향을 가리키면서 완벽하게 평행을 이루었다. 그러자 그가 내 손과 가짜 손 사이에 마분지를 세웠다.

나는 가짜 손만 볼 수 있고, 내 손은 볼 수 없었다.

그런 다음 그는 내가 지켜보는 동안 자신의 한 손으로 가짜 손을 툭 치면서 동시에 다른 한 손으로 가리개 뒤에 가려진 내 손을 쳤다. 가짜 엄지를 칠 때는 내 엄지를 쳤고, 가짜 새끼손가락을 세 번 두드릴 때는, 같은 리듬으로 내 새끼손가락을 세 번 두드렸다. 가짜 중지를 칠 때는 내 중지를 쳤다.

얼마 지나지 않아 그가 내 손을 치고 있다는 느낌이 사라지고, 나는 내 손을 치는 느낌이 마치 가짜 손에서 오는 것처럼 느끼기 시작했다. 가짜 손이 내 신체상의 일부가 된 것이다! 이 착각은 복화술사의 인형이나, 만화나 영화 속 인물의 입술이 소리에 맞추어 움직이기 때문에 우리가 그 대상이 실제로 이야기하고 있다고 생각하는 것과 같은 원리로 작용한다.

그런 다음 라마찬드란은 더욱 간단한 속임수를 보여주었다. 그는 나에게 오른손을 테이블 밑으로 내려서 숨기라고 했다. 다음에 라마찬드란은 한 손으로 테이블 위를 똑똑 두드리면서 다른 손으로 테이블 아래의 내 손을 똑같은 리듬으로 두드렸다. 때로는 때리는 테이블 위의 지점을 왼쪽이나 오른쪽으로 약간 움직이면서, 테이블 아래의 손도 정확히 같은 식으로 움직였다. 몇 분 뒤 나는 그가 테이블 밑에서 내 손을 두드리고 있다는 생각을 멈추고, 대신 터무니없이 들리지만 내 손의 신체상이 테이블 꼭대기와 융합되어, 나를 두드리고 있는 감각이 테이블 위에서 오는 것처럼 느끼기 시작했다. 그는 나의 감각적인 신체상이 이제 테이블이란 가구로까지 연장된 착각을 만들어낸 것이다!

라마찬드란은 이 테이블 실험을 하는 동안 피실험자를 전기피부반응 galvanic skin response 측정기에 연결하여 스트레스 반응을 측정했다. 그는 테이블 아래에 있는 피실험자의 손과 테이블 꼭대기를 치다가, 피실험자의 신체상에 테이블이 포함되었을 때 망치를 집어 테이블 위를 내리쳤다. 피실험자의 스트레스는 급격하게 치솟았다. 마치 라마찬드란이 피실험자의 진짜 손을 박살내기라도 한 것처럼.

---

라마찬드란에 따르면, 통증은 신체상과 마찬가지로 뇌가 만들어서 신체에 투사하는 것이다. 이 주장은 상식에도 반하고, 통증을 바라보는 전통적인 시각에도 반대된다. 전통적인 시각에서는 우리가 다치면 통증 수용체가 일방적으로 뇌의 통증중추에 신호를 보내고, 지각되는 통증의 강도도 상처의 심각함에 비례한다. 우리는 통증이 항상 정확한 손상 보고서를 제출한다고 가정한다. 이 전통적인 관점은 철학자 데카르트까지 거슬러 올라간다. 그는 뇌를 수동적인 통증의 수용체로 보았다. 그러나 그 관점은 1965년에 신경과학자인 로널드 멜잭Ronald Melzack(환상지와 환상지 통증을 연구한 캐나다인)과 패트릭 월Patrick Wall(통증과 가소성을 연구한 영국인)이 통증의 역사에서 가장 중요한 논문을 쓴 순간 전복되었다.[20] 월과 멜잭의 이론은 통증계가 뇌와 척수 전체에 퍼져 있으며, 뇌는 수동적인 통증의 수용체이기는커녕 항상 우리가 느끼는 통증의 신호들을 조절하고 있다고 역설한다.[21]

그들이 이야기한 '통증의 문 조절 이론'은 상처와 뇌 사이에 있는 일련의 조절장치 내지 '문'을 제시한다. 손상된 조직이 신경계를 통해 통증 메시지를 보내면, 메시지는 척수에서 시작하는 여러 개의 '문'을 통과해 뇌에 도착한다. 그러나 이 메시지는 통과시켜도 될 만큼 중요한 메시지인가를 뇌가 판단한 뒤, 뇌의 '허가'를 받아야만 이동할 수 있다. 허가가 떨어지면, 특정 뉴런들이 켜져서 그 신호를 전달함으로써 문이 열리고 통증의 느낌이 증가하게 된다. 뇌는 통증을 가라앉히기 위해 몸이 만들어내는 마약인 엔도르핀을 방출함으로써 문을 닫고 통증 신호를 차단할 수도 있다.

'문' 이론은 모든 종류의 통증 경험을 설명할 수 있다. 예를 들어, 제2차 세계대전 중 미국이 이탈리아에 상륙했을 때, 심하게 부상당한 남자들의 70퍼센트는 통증을 느끼지 못해서 진통제가 필요 없었다고 보고했다.[22] 전쟁터에서 부상당한 남자들은 통증을 느끼지 못한 채로 전투를 계속하는 일이 흔하다.[23] 마치 뇌가 '문'을 닫아서, 전투 중인 군인들의 주의를 어떻게 위험에서 벗어날까에만 못박아두는 듯하다. 통증 신호는 안전해졌을 때에만 문을 통과해 뇌에 도달한다.

의사들은 약으로 통증이 해소될 것이라고 기대하는 환자들에게는 아무런 약물성분도 들어 있지 않은 위약을 주어도 실제로 통증이 사라지는 경우가 많다는 사실을 오래 전부터 알고 있었다. fMRI 뇌 스캔은 위약이 작용하는 동안 통증 반응 영역들이 잠잠해지는 것을 보여주었다.[24] 아픈 아이를 달래면서 쓰다듬고 다정하게 말하고 있는 엄마는 아이의 뇌가 통증의 볼륨을 낮추도록 돕고 있는 것이다. 우리가 얼마나 많은 통증을 느끼는가는 상당 부분 우리의 뇌와 마음이 결정한다. 현재의 기분, 과거의 통증 경험, 심리상태, 상처를 얼마나 심각하게 생각하느냐에 좌우되는 것이다.

월과 멜잭은, 우리의 통증계 안의 뉴런들은 우리가 여태껏 상상했던 것보다 훨씬 더 가소적이며,[25] 척수 안에 있는 중요한 통증 지도는 상처를 입고 난 다음 변화될 수 있으며, 만성적인 상처는 통증계 안의 세포들을 더 쉽게 발화시켜—가소적 변경—그 사람을 통증에 과민하게 만들 수 있다는 것을 보여주었다.[26] 또한 지도의 수용 영역이 커져서 신체 표면의 더 많은 부분을 표상하게 되면 통증의 감도가 높아질 수 있다.[27] 지도가 변화함에 따라 한 지도 안의 통증 신호가 인접한 통증 지도 안으로

'누설'되어 '연관통'이 발달하면, 몸의 어떤 한 부분을 다쳤을 때 그와 다른 곳에서도 통증을 느끼게 된다.[28] 때로는 단일한 통증 신호가 뇌 전체에 메아리쳐서, 원래의 자극이 멈춘 뒤까지도 통증이 지속되기도 한다.

'문' 이론은 통증을 차단하기 위한 새로운 치료법으로 이어졌다. 월은 '경피전기신경자극transcutaneous electrical nerve stimulation, TENS'을 공동 발명했다. 경피전기신경자극은 전류를 이용해 통증을 억제하는 뉴런을 자극하여 결과적으로 통증의 '문'을 닫는 데 도움을 준다. '문' 이론은 서양의 과학자들이 침술을 덜 회의적으로 생각하도록 만들기도 했다. 침술은 흔히 통증이 느껴지는 자리에서 멀리 떨어진 신체의 지점들을 자극하여 통증을 줄인다. 어쩌면 침술은 통증을 억제하는 뉴런들을 발화시켜 '문'을 닫고 통증 지각을 차단하는 것일 수도 있었다.

멜잭과 월은 또 한 가지 혁명적인 사실을 간파했다. 통증계에는 운동 요소가 포함된다는 것이다. 우리는 손가락을 베면 반사적으로 손가락을 움츠린다. 이는 운동 활동이다. 우리는 발목을 다치면 본능적으로 보호를 위해 안전한 자세를 찾는다. 보호 체계가 "발목이 나을 때까지 근육을 움직이지 말라"는 명령을 내리는 것이다.

라마찬드란은 '문' 이론을 연장하여 통증은 가소적 뇌의 통제 아래 있는 복잡한 체계라는 자신의 다음 생각을 발전시켰다. 그는 이를 다음과 같이 요약한다. "통증이란 단순히 상처에 대한 반사적 반응이 아니라 유기체의 건강 상태에 관한 의견이다."[29] 뇌는 통증을 유발하기 전에 많은 정보원으로부터 증거를 수집한다. 그는 또한 "통증은 하나의 착각"이고 "우리의 마음은 가상현실 기계"라고 말한다. 마음은 간접적으로 세계를 경험하고 한발 더 나아가 그 정보를 처리하여 머릿속에 하나의 모형을 세운다는 것이다. 따라서 신체상과 마찬가지로 통증은 우리 뇌의 구조물이다. 라마찬드란이 거울상자를 이용해서 신체상을 조정하고 환상과 그것의 통증을 없앨 수 있었다면, 거울상자를 이용해서 실제 팔다리에 있는 만성 통증을 없앨 수도 있을까?[30]

라마찬드란은 자신이 '반사성교감신경위축증reflex sympathetic dystrophy, RSD'이라는 병에서 나타나는 '제1형 만성 통증'을 치료할 수 있을지도 모른다고 생각했다. 이 병은 손가락 끝에 생긴 대수롭지 않은 상처나 타박상, 벌레 물린 곳이 팔 전체에 너무 심한 통증을 일으키는 나머지 '방어 체계'가 환자를 움직이지 못하게 해서 생기는 병이다. 이 상태는 최초의 상처를 입은 뒤로 오랫동안 지속되다가 종종 만성이 되어, 피부가 가볍게 스치거나 닿기만 해도 찌르는 듯한 통증을 동반할 수 있다. 라마찬드란은 스스로를 재배선하는 뇌의 가소적 능력이 방어 체계의 병적인 형태를 유도하고 있는 것이라는 이론을 세웠다.

우리는 자신을 보호할 때, 근육이 움직여서 상처를 건드리지 않도록 한다. 만일 의식적으로 우리가 움직여서는 안 된다는 것을 스스로에게 상기시켜야 한다면, 우리는 그 생각에 지쳐서 아차 하다 상처를 덧내고 다시 통증을 느낄 것이다. 라마찬드란은 생각했다. 그렇다면, 뇌가 선수를 쳐서 그 잘못된 움직임이 일어나기 전에, 곧 운동중추가 움직이라는 명령을 내보내는 시점과 그 움직임이 실행되는 시점 사이에 통증을 유발한다고 가정해보자. 뇌가 움직임을 막는 방법으로, 운동 명령 자체가 곧바로 통증을 유발하도록 만드는 것보다 좋은 방법이 있을까?[31] 라마찬드란은 이 만성 통증 환자들 안에서는 운동 명령이 통증계에 얽혀 들어가 있어서, 팔이 다 나았다 하더라도 뇌가 팔을 움직이라는 운동 명령을 보내면 그 명령이 여전히 통증을 일으키는 것이라고 생각했다.

라마찬드란은 이것을 '학습된 통증'이라고 불렀고, 거울상자가 이 증상을 완화시킬 수 있을지 궁금했다. 이 환자들을 대상으로 시도해본 전통적 요법들——아픈 부위의 신경 연결 차단, 물리치료, 진통제, 침술, 접골——은 모두 아무 소용이 없었다. 패트릭 월이 참여한 팀의 연구에서, 환자는 양손을 거울상자 안에 집어넣고 온전한 팔과 그 팔이 거울에 비친 모습만 볼 수 있도록 자리를 잡고 앉았다.[32] 그런 다음 환자는 온전한 팔을(가능하면 아픈 팔도) 상자 안에서 자기 마음대로 10분 동안 움직이기를 하루에 서너 번, 서너 주 동안 실시했다. 거울에 비친 팔은 움직임을 시작하라는 명령 없이 움직였으므로, 아마도 환자의 뇌가 속아서 아픈 팔이 이제 통증 없이 자유롭게 움직일 수 있다고 생각하게 되거나, 이 연습으로 더 이상 보호가 필요하지 않다는 사실을 학습해서, 팔을 움직이라는 운동 명령과 통증계 간의 연결 고리를 끊을 것이라 생각했다.

통증 징후가 생긴 지 2개월밖에 되지 않은 환자들은 호전되었다. 첫날로 통증이 완화되었고, 그 상태는 그 날의 거울 훈련이 끝난 뒤에도 지속되었다. 한 달이 지나자 그들은 더 이상 통증을 느끼지 않았다. 징후가 생긴 지 5개월에서 1년 정도 된 환자들은 그 정도로 좋아지지는 않았지만, 굳어 있던 팔다리가 풀려서 직장으로 복귀할 수 있었다. 2년 이상 통증이 있었던 환자들은 나아지지 않았다.

어째서 그랬을까? 한 가지 추측은 이 장기 환자들이, 보호하고 있는 팔을 너무 오랫동안 움직이지 않아서 그 팔다리의 운동 지도가 쇠약해지기 시작했다는 것이다. 이 또한 쓰지 않으면 잃는다는 원리이다. 남아 있는 것이라고는 그 팔다리를 마지막에 사용했을 때 가장 활발했던 소수의 연결 고리들인데, 불행히도 이 고리들은 통증계와 연결되어 있다. 팔다리를 절단하기 전에 깁스를 한 환자들에게서 절단 직전에 팔다리가 있던 자리에 '붙박인' 환상 현상이 생기는 것과 마찬가지이다.

오스트레일리아의 과학자인 모슬리G. L. Moseley는 자신이 통증이 너무 엄청나서 팔다리를 움직일 수 없었기 때문에 거울요법으로도 효과를 보지 못한 환자들을 도울 수 있겠다고 생각했다.³³ 모슬리의 생각은 정신 훈련으로 아픈 팔다리의 운동 지도를 복구해가면, 가소적 변화가 유발될 지도 모른다는 것이었다. 그는 움직임을 위한 뇌의 신경망을 자극하기 위해서, 환자들에게 실제로 움직이지 말고 단순히 자신의 아픈 팔다리가 움직이는 것을 상상하라고 했다. 환자들은 또한 손의 사진들을 보면서 그 손이 오른손인지 왼손인지를 빠르고 정확하게 알아맞히는 훈련을 했다. 이 과제는 운동피질을 자극하는 것으로 알려져 있다. 그들은 다양한 자세의 손을 보고 하루에 세 번씩 15분 동안 그 손을 상상했다. 그들은 시각화 훈련을 수행한 뒤 거울요법을 실시했다. 12주 동안의 훈련으로 환자들 절반의 통증은 사라졌고, 일부 환자들은 통증이 줄어들었다.

 이것이 얼마나 놀라운 일인지 생각해보라. 이는 약물도 주사도 전기 충격도 없이 상상과 착각을 사용해 뇌 지도를 가소적으로 재구성함으로써 가장 고통스럽고 만성적인 통증을 없애는 완전히 새로운 치료법인 것이다.

 통증 지도의 발견은 수술에서 진통제를 사용하는 새로운 방법으로도 이어졌다. 수술 환자가 전신마취에 들어가기 전에 말초신경에 작용하는 국소 신경차단마취를 받으면, 수술 후 환상지 통증을 최소화할 수 있다.³⁴ 수술 후가 아니라 수술 전에 처방된 진통제가 뇌의 통증 지도 안에서의 가소적 변화를 막아 통증이 '잠기는' 것을 방지하는 것 같다.³⁵

 라마찬드란과 에릭 알트슐러Eric Altschuler는 거울상자가 뇌졸중 환자의 마비된 다리의 치료 같은 환상 현상 이외의 문제에도 효과가 있다는 사실을 밝혀냈다.³⁶ 거울요법은 토브의 요법과는 다르게, 아픈 팔이 움직이고 있다고 환자의 뇌를 속여 팔다리의 운동 프로그램을 자극하게 한다. 또 다른 연구는 뇌졸중으로 심하게 마비되어 반신을 쓸 수 없는 환자가 토브 요법과 같은 치료를 받기 전에 준비 단계로 거울요법을 받으면 도움이 된다는 것이다.[37] 이 연구에서 환자는 팔을 어느 정도 사용할 수 있을 정도로 회복되었다. 이는 가소성을 기반으로 한 새로운 접근법 두 가지——거울요법과 CI류의 요법——를 연결된 한 과정으로 사용한 최초의 사례였다.

라마찬드란은 인도에서, 즉 서양 사람들 눈에는 환상적으로 보이는 많은 것들이 흔하게 있는 세계에서 자랐다. 그는 명상으로 고통을 없애고 맨발로 뜨거운 숯불 위를 걸어가거나 못 위에 눕는 요가 수행자들이 있다는 것을 알고 있었다. 그는 몽환의 경지에 든 신자들이 바늘로 턱을 뚫는 것을 보기도 했다. 그곳에서는, 살아 있는 것들은 형태를 바꾼다는 생각이 널리 퍼져 있었다. 몸에 영향을 미치는 마음의 힘은 당연했고, 환각의 힘은 환각의 여신 마야Maya가 대변하고 있었다. 그는 인도 거리의 신비로움을 서양의 신경학으로 옮겨놓았고, 그의 연구결과는 그 둘을 뒤섞는 질문들을 불러일으킨다. 몽환의 경지란 우리 안에서 통증의 문을 닫는 것이 아니고 무엇이겠는가? 우리가 환상지 통증을 보통의 통증보다 덜 실제적인 것으로 생각해야 할 이유가 있을까? 그리고 그가 우리에게 상기시킨 것은, 위대한 과학은 여전히 우아한 단순성으로 이룩될 수 있다는 사실이다.

## 08
## 상상의 힘

나는 보스턴에 있는 자기磁氣 뇌 자극 실험실에 들어와 있다. 이 실험실은 하버드 의대의 부속병원인 베스 이스라엘 디코니스 메디컬센터Beth Israel Deaconess Medical Center의 일부이다. 센터장인 알바로 파스쿠알-레오네Alvaro Pascual-Leone는 실험을 통해 우리가 단지 상상을 이용해서 뇌의 해부학적 구조를 바꿀 수 있다는 것을 밝혀냈다. 그는 지금 막 주걱처럼 생긴 기계를 내 머리 왼쪽에 갖다 대었다. 그 장치는 경두개자기자극transcranial magnetic stimulation, TMS을 방출해서 내 행동에 영향을 미칠 수 있다. 플라스틱으로 싸인 기계 안에는 구리선으로 된 코일이 있고, 코일을 통과한 전류가 변화하는 자기장을 일으켜 내 뇌 안으로, 긴 케이블과 같은 뉴런의 축색 안으로, 그곳에서 다시 대뇌피질의 바깥층에 있는 내 손의 운동 지도 안으로 분출한다. 변화하는 자기장은 주위에 전류를 유도하므로, 파스쿠알-레오네는 TMS를 써서 뉴런을 발화시키는 방법을 개척했다.[1] 그가 자기장을 켤 때마다 내 오른손 약지가 움직인다. 그가 내 뇌 안의 0.5세제곱센티미터가량 되는, 수백만 개의 세포들로 이루어진 영역——손가락을 위한 뇌 지도——을 자극하고 있기 때문이다.

TMS는 내 뇌 안쪽으로 들어갈 수 있는 교묘한 다리이다. TMS의 자기장은 통증도 해도 주지 않고 내 몸을 통과해서, 뉴런에 닿을 때는 유도된 전류만 남는다. 와일더 펜필드가 운동피질이나 감각피질을 자극하려면 외과적으로 두개골을 열고 뇌 안으로 전극 탐침을 꽂아야 했다. 파스쿠알-레오네가 기계를 켜서 내 손가락을 움직이게 만들 때, 내가 경험하는 것은 펜필드가 환자들의 두개골을 잘라 열고 커다란 전극을 찔러 넣었을 때 환자들이 경험한 것과 정확히 똑같은 것이다.

알바로 파스쿠알-레오네는 그 많은 것을 달성한 사람치고는 나이가 젊다. 그는 1961년에 스페인의 발렌시아에서 태어났으며, 연구는 스페인과 미국 양쪽에서 수행했다. 두 사람 다 의사였던 파스쿠알-레오네의 부모는 그를 스페인에 있는 독일계 학교에 보냈다. 그곳에서 그는 많은 뇌가소치료사들이 그랬듯이, 의학으로 진로를 바꾸기 전에 그리스와 독일의 고전철학자들을 공부했다. 그는 독일의 프라이부르크에서 의학 박사와 생리학 박사 학위를 함께 받은 다음, 공부를 더 하기 위해 미국으로 건너갔다.

올리브색 피부에 검은 머리, 생기 있는 목소리를 가진 파스쿠알-레오네는 내부로부터 유쾌함이 뿜어져 나오는 사람이다. 그의 작은 사무실은 거대한 애플 컴퓨터 스크린이 차지하고 있다. 스크린은 그가 TMS라는 창을 통해 뇌에서 보는 것을 밖에서도 보게 해준다. 세계 각지에 흩어져 있는 동료들로부터 이메일이 쏟아져 들어온다. 그의 뒤편에는 전자기에 관한 책들이 꽂혀 있고, 어디든지 논문이 널려 있다.

그는 TMS를 사용하여 뇌 지도를 그린 최초의 사람이다. TMS를 특정한 세기와 주파수로 사용하면, 어떤 뇌 영역을 켜거나 그 영역의 기능을 정지시킬 수 있다. 그는 특정한 뇌 영역의 기능을 결정하기 위해, TMS를 집중적으로 발사하여 그 영역이 일시적으로 기능하지 못하게 한 다음, 어떤 정신적 기능이 차단되었는지를 관찰한다.[2]

그는 또한 '반복 TMSrepetitive TMS, rTMS'를 사용한 위대한 개척자이기도 하다.[3] 고주파의 반복 TMS는 뉴런들을 매우 활성화시켜서, 뉴런들이 서로를 흥분시키고 원래의 TMS 발사가 멈춘 뒤까지도 발화가 계속되도록 할 수 있다. 이는 뇌의 한 영역을 한동안 켜두는 것이므로, 치료에 이용할 수 있다. 예를 들어, 어떤 우울증에서는 전전두피질이 부분적으로 꺼져 있어서 제대로 기능하지 않는다. 파스쿠알-레오네의 팀은 rTMS가 그러한 중증 우울증 환자를 치료하는 데 효과가 있다는 사실을 처음으로 보여주었다.[4] 모든 전통적인 치료법으로 치료하지 못한 환자들의 70퍼센트가 rTMS를 써서 호전되었고, 약물치료보다 부작용도 적었다.[5]

1990년대 초, 파스쿠알-레오네는 아직 국립 신경질환 및 뇌졸중 연구소 Nataional Institue of Neurogrical Disorders, NINDS에서 일하는 젊은 의료진이었다. 당시에 그가 행한 실험은 뇌 지도 그리는 법을 완성했기에 뇌가소치료사들 사이에서도 정밀한 실험으로 기념되며, 그의 상상 실험을 가능하게 했고 우리가 기능을 학습하는 방식을 가르쳐주었다.

그는 TMS를 이용해서 점자 읽기를 학습하는 맹인 피실험자들의 뇌 지도를 그림으로써 사람들이 새로운 기능을 어떻게 학습하는지를 연구했다.[6] 피실험자들은 1년 동안 일주일에 5일씩, 하루에 두 시간은 수업을 듣고, 한 시간은 숙제를 하는 방법으로 점자를 공부했다. 점자를 읽는 사람들은 검지로 도드라진 일련의 작은 점들을 훑어가면서 '스캔'을 하는 운동 활동을 먼저 한 다음, 점들로부터 의미를 추출하는 감각 활동을 한다.

파스쿠알-레오네는 TMS를 사용하여 운동피질의 지도를 그리자, '점자를 읽는 검지'의 지도가 다른 손의 검지나 점자를 읽지 않는 사람의 검지의 지도보다 크다는 사실을 발견했다.[7] 또한 파스쿠알-레오네는 또한 운동 지도의 크기가 깜짝 놀랄 만큼 커지면서 피실험자가 일 분당 읽을 수 있는 단어의 수가 꾸준히 증가한다는 사실을 발견하였다. 이는 인간이 새로운 기능을 학습할 때 가소적 변화가 일어난다는 것을 확인한 최초의 발견에 속한다. 그러나 그가 가장 놀란 것은 과정을 거치는 동안 매주 가소적 변화가 일어난 방식으로, 이 발견은 모든 기능 학습과 깊이 연관되어 있다.

파스쿠알-레오네는 매주 금요일(그 주의 훈련이 끝났을 때)과 월요일(피실험자들이 주말에 휴식을 취한 뒤)에 TMS로 피실험자들의 뇌 지도를 그렸다. 그는 금요일에 그린 지도와 월요일에 그린 지도가 다르다는 것을 발견했다. 금요일의 지도는 매우 빠르고 극적인 팽창을 보여주었지만, 월요일이 되면 그 지도의 원래 크기로 돌아가 있었다. 금요일의 지도는 6개월 동안 계속해서 커졌지만, 월요일마다 끈질기게 기준선으로 되돌아갔다. 약 6개월이 지나자, 금요일의 지도는 아직 커지고는 있었지만 처음 6개월 동안만큼 빠르게 커지지는 않았다.

월요일의 지도는 반대 양상을 보였다. 이 지도는 훈련이 6개월에 들어갈 때까지 변화를 시작하지 않다가, 서서히 커지기 시작해서 10개월쯤에는 증가가 멈췄다. 피실험자들이 점자를 읽는 속도는 월요일의 지도와 훨씬 더 밀접한 관계가 있었으며, 월요일의 변화는 금요일처럼 극적이지는 않았지만 더 안정적이었다. 10개월 뒤에 점자 학생들은 2개월간 휴학을 했다. 그들이 복귀했을 때 다시 작성한 뇌 지도는 2개월 전의 마지막 월요일 지도에서 크게 달라지지 않았다. 곧, 나날의 훈련은 그 주 동안에 극적인 단기 변화를 가져왔다. 하지만 여러 주, 여러 달을 거듭하면서 더 영구적인 변화는 월요일에 나타났다.

파스쿠알-레오네는 월요일과 금요일 결과의 차이가 가소적 메커니즘의 차이를 암시한다고 생각한다. 빠른 금요일의 변화는 존재하는 뉴런 연결을 강화하고 묻혀 있는 경로들을 표출하는 것이고, 더 느리고 영구적인 월요일의 변화는 아마도 새로운 뉴런 연결과 시냅스가 싹트면서 새로운 구조가 형성됨을 암시한다는 것이다.

이러한 토끼와 거북이 효과를 이해하면, 우리가 새로운 기술을 진정으로 숙달하기 위해서 무엇을 해야 하는가를 이해할 수 있다. 우리가 시험 때문에 벼락공부를 할 때처럼, 짧은 기간을 연습해서 실력을 향상시키는 것은 비교적 쉬운 일이다. 왜냐하면 이 경우에 우리는 이미 존재하는 시냅스 연결을 강화하는 것이기 때문이다. 하지만 우리는 벼락공부한 것은 금세 잊어버린다. 이것은 쉽게 얻고 쉽게 잃는 뉴런 연결이라 빠른 속도로 원래대로 되돌아간다. 향상을 유지하고 기술을 영구하게 하는 데는 분명 느리고 꾸준한 작업으로 새로운 연결을 형성하는 것이 필요한 것이다. 자신의 진전이 축적되지 않는다고 생각하거나 자신의 정신이 '구멍 뚫린 체' 같다고 느끼는 학습자라면, '월요일 효과'를 얻을 때까지 정진할 필요가 있다. 점자 학습자들은 그 효과를 얻는 데 6개월이 걸렸다. 금요일과 월요일의 차이는 어쩌면, 어떤 사람들이 '거북이'라서 기술을 깨치는 데 느려 보이지만 '토끼' 친구보다 더 제대로 배우는 이유인지도 모른다. '이해가 빠른 사람'이라고 해서 반드시 배운 것을 유지하라는 법은 없다. 그가 지속적으로 훈련해서 배운 것을 공고히 하지 않는다면 말이다.

파스쿠알-레오네는 자신의 연구를 확장하여 점자를 읽는 사람들이 어떻게 손끝에서 그렇게 많은 정보를 얻는지를 생각해보았다. 맹인은 시각 이외의 감각이 탁월할 수 있으며, 점자를 읽는 사람들은 그 일을 하는 손가락이 엄청나게 민감해진다는 것은 잘 알려진 사실이다. 파스쿠알-레오네는 촉각을 위한 감각 지도의 확장, 또는 눈에서 입력을 받지 못해서 제대로 사용되지 않는 시각피질 같은 뇌의 다른 부위에서 일어난 가소적 변화가 그 기능의 향상을 촉진했는지를 알고 싶었다.

그는 만일 시각피질이 피실험자의 점자 읽기를 돕는다면, 시각피질 차단은 점자 읽기를 방해할 것이라고 추론했다. 실제로 그랬다. 즉, 팀이 점자를 읽는 사람들의 시각피질에 TMS를 적용하여 가상의 손상을 입히자, 피실험자는 점자를 읽지 못하거나 점자를 읽던 손가락에 감각이 없어졌다. 시각피질이 촉각에서 유도된 정보를 처리하는 데 스카웃되었던 것이다. 눈이 보이는 사람의 시각피질에 적용된 TMS는 그들이 느끼는 능력에 아무런 영향도 미치지 않았다. 이 사실은 맹인의 점자 읽기에는 무언가 독특한 일이 일어나고 있다는 것을 나타낸다. 어떤 감각에 헌신하던 뇌의 일부가 다른 감각에 헌신하게 된 것이다. 이는 바크-이-리타가 제안한 유형의 가소적 재조직이다. 파스쿠알-레오네는 점자를 더 잘 읽는 사람일수록 시각피질이 더 많이 관여한다는 사실도 보여주었다. 그의 다음 도전은 우리의 사고가 우리 뇌의 물질적인 구조를 바꿀 수 있음을 보여주어[8] 완전히 새로운 방법의 길을 열었다.

그는 TMS를 사용하여 피아노 연주를 배우는 사람들의 손가락 지도에서 일어나는 변화를 관찰함으로써 사고가 뇌를 변화시키는 방식을 연구했다. 위대한 스페인의 신경해부학자이자 노벨상 수상자인 산티아고 라몬

이 카할Santiago Ramón y Cajal은 파스쿠알-레오네의 영웅들 중 한 사람이다. 카할은 노년에 뇌가소성을 찾는 데 성과 없이 시간을 보내다가, 1894년에 "사고 기관도 정신적으로 잘 훈련하면, 일정한 한계 안에서 단련하고 완성되어갈 수 있다"[9]는 의견을 제시했다. 그는 1904년에 '정신 훈련'에서 반복적으로 하는 생각들이 뉴런 연결을 강화하고 새로운 연결을 만들어내는 것이 틀림없다고 주장했다. 그는 또한 이 과정이 특히 피아니스트의 손가락을 조절하는 뉴런에서 두드러질 것이라는 직관을 가지고 있었다.[10] 피아니스트들은 정신 훈련을 매우 많이 하기 때문이다.

라몬 이 카할은 자신의 상상력을 동원하여 가소적인 뇌의 그림을 그렸지만, 이를 증명할 수단은 없었다. TMS를 가진 파스쿠알-레오네는 이제 정신 훈련과 상상이 실제로 신체적 변화를 일으키는지 어떤지를 시험할 수단이 있다고 생각했다.

카할의 아이디어에서 따온 상상 실험의 세부사항은 간단했다.[11] 파스쿠알-레오네는 피아노를 배운 적이 없는 두 집단의 사람들에게 일련의 멜로디를 가르쳤다. 방법은 어떤 손가락이 움직이는지를 보여주면서, 연주되는 음들을 들려주는 것이었다. 첫 번째 '정신 훈련' 집단의 사람들은 전자피아노 건반 앞에 앉아서 하루에 두 시간씩 5일 동안 자신이 그 멜로디를 연주한다고 상상하면서, 연주되는 멜로디를 들었다. 두 번째 '신체 훈련' 집단의 사람들은 하루 두 시간씩 5일 동안 실제로 음악을 연주했다. 두 집단 모두 실험을 시작하기 전에, 실험하는 도중에 날마다, 그리고 실험이 끝난 다음에 뇌 지도를 작성했다. 그런 다음 실험자는 두 집단 모두에게 연주를 시키고 컴퓨터로 연주의 정확도를 측정했다.

파스쿠알-레오네는 두 집단 모두가 그 멜로디 연주를 학습했고, 두 집단 모두에게서 뇌 지도의 변화가 유사하게 나타난 것을 발견했다. 놀랍게도, 정신 훈련만으로 실제 곡을 연주할 때와 똑같이 운동계 안에 물리적 변화가 일어난 것이다. 5일이 지났을 때 근육으로 보내는 운동 신호에서의 변화는 양 집단에서 똑같았고, 상상 연주의 정확도는 실제 연주가 3일째에 보여주었던 정확도와 같았다.

 정신 훈련 집단에서 5일 만에 이룩한 발전의 수준은 상당한 것이기는 해도, 신체 훈련 집단에서 보여준 것보다는 떨어졌다. 그러나 정신 훈련 집단이 정신 훈련 직후 딱 한 번 두 시간 동안 신체 훈련을 받자, 전체적인 연주 수준이 신체 훈련 집단에서 5일째에 보였던 수준만큼 향상되었다. 정신 훈련이 최소한의 신체 훈련으로 신체적 기능을 학습할 수 있도록 준비를 시키는 데 효과적인 방법이라는 사실은 분명하다.

 우리 모두는 시험을 위해 답을 외우거나 연극의 대사를 익힐 때, 또는 어떤 것이든 공연이나 발표를 시연할 때, 과학자들이 정신 훈련이나 정신 시연이라고 부르는 것을 한다. 그러나 정신 훈련을 체계적으로 하는 사람은 드물기 때문에, 우리는 그 효과를 과소평가한다. 어떤 운동선수나 연주가들은 경기나 공연 준비로 정신 훈련을 이용한다. 피아니스트 글렌 굴드Glenn Gould는 말년으로 가면서 곡의 녹음을 준비할 때 대개 정신 훈련에 의지했다.[12]

 정신 훈련의 가장 발달된 형태 중에는 체스를 판이나 말 없이 두는 '정신 체스'라는 것이 있다. 경기자는 판의 형세와 수를 상상하면서 계속해서 다음 수를 둔다. 소련의 인권운동가였던 아나톨리 샤란스키 Anatoly Sharansky는 감옥에서 살아남기 위해 정신 체스를 이용했다. 유대인 컴퓨터 전문가이기도 했던 샤란스키는 1977년에 미국 스파이라는 죄를 뒤집어쓰고 감옥에서 9년을 보냈다. 그중에서도 400일은 너무도 춥고 캄캄한 한 평도 채 안 되는 독방에서 보냈다. 고립된 정치범들은 흔히 정신적 파탄에 이른다. 쓰지 않으면 잃는 뇌가 지도를 유지하려면 외부 자극이 필요하기 때문이다. 이 장기간의 감각 박탈 기간 동안 샤란스키는 여러 달을 계속해서 정신 체스를 두었다. 아마도 이것이 그의 뇌가 퇴화하지 않도록 도왔을 것이다. 그는 상대방의 관점으로도 서서, 흑과 백을 동시에 두며 머릿속에서 게임을 이어갔다. 뇌에게 이는 엄청나게 어려운 과제이다. 샤란스키는 반쯤 농담으로, 체스를 두는 동안 이 기회를 이용해서 세계 챔피언이 되는 것도 좋겠다는 생각을 계속했다고 내게 말했다. 그는 서방 세계의 압력에 힘입어 풀려난 뒤 이스라엘에서 장관이 되었다. 체스 세계 챔피언 개리 카스파로프Garry Kasparov가 이스라엘 수상을 비롯한 각료들을 상대로 체스를 두었을 때, 모두들 카스파로프에게 나가 떨어졌지만 샤란스키만은 예외였다.

우리는 정신 훈련을 대단히 많이 하는 사람들의 뇌 스캔을 통해 샤란스키가 감옥에 있는 동안 그의 뇌에서 일어났을 변화가 어떤 것인지 알 수 있다. 지능이 평범한 독일의 한 젊은이에서 수학의 귀재로, 인간 계산기로 변신한 뤼디거 감Rüdiger Gamm의 사례를 살펴보자.[13] 감은 남다른 수학적 재능을 타고나지 않았지만 지금은 어떤 숫자의 아홉제곱이나 다섯제곱근, '68 곱하기 76'과 같은 문제들을 5초 만에 계산할 수 있다. 감은 스무 살이 되면서 은행에 취직하여 하루에 네 시간 동안 계산 훈련을 하기 시작했다. 스물여섯이 되자 그는 계산의 천재가 되어 텔레비전에서 시연하는 것만으로도 먹고살 수 있을 정도가 되었다. 그가 계산하는 동안 양전자방출단층촬영PET으로 뇌를 조사한 연구자들은, 그가 '보통' 사람들보다 다섯 군데의 영역을 더 계산에 동원할 수 있다는 사실을 발견했다. 심리학자로서 전문기술 발달의 전문가인 앤더스 에릭슨Anders Ericsson은, 감과 같은 사람들은 다른 사람들이 단기기억에 의존할 때 장기기억에 의존해서 수학 문제 풀이에 도움을 받는다는 것을 보여주었다. 전문가들은 답을 저장하는 대신, 주요 사실과 함께 답을 얻는 데 도움이 되는 전략들을 저장하고, 마치 그것이 단기기억인 양 곧바로 그 기억에 접근한다. 이렇듯 장기기억을 문제 해결에 사용하는 것은 대부분 분야의 전문가들에게 전형적인 방법이고, 에릭슨이 연구한 거의 모든 분야에서 전문가가 되는 데는 보통 약 10년 동안의 집중적인 노력이 필요했다.

우리가 단순히 상상만으로 뇌를 변화시킬 수 있는 한 가지 이유는, 신경과학의 관점에서 볼 때 어떤 행동을 상상하는 것과 그 행동을 하는 것은 생각만큼 다른 것이 아니기 때문이다. 사람들이 눈을 감고 글자 'a'와 같은 간단한 대상을 시각화하면, 실제로 'a'를 볼 때와 마찬가지로 1차 시각피질에 불이 들어온다.[14] 뇌 스캔에 따르면, 행동할 때와 상상할 때 뇌의 많은 부분이 같이 활성화된다.[15] 이것이 바로 시각화하는 것이 실행을 실제로 향상시킬 수 있는 이유이다.

간단하지만 믿기 힘든 한 실험에서, 광 위에Guang Yue와 켈리 콜Kelly Cole은 근육을 사용하는 상상이 실제로 근육을 강화한다는 것을 보여주었다. 그들은 신체 훈련을 한 집단과 훈련하는 것을 상상한 다른 집단을 관찰했다. 양 집단은 월요일부터 금요일까지 4주 동안 손가락 근육을 훈련했다. 신체 훈련 집단은 한 손가락을 열다섯 번 최대한 수축시키면서 사이사이에 20초씩 쉬었다. 정신 훈련 집단은 같은 행동을 상상하면서, 어떤 목소리가 자신을 향해 "더 세게! 더 세게! 더 세게!"하고 소리치는 상상도 병행했다.

신체 훈련을 한 피실험자들은 연구의 끝에 기대한 대로 근육 강도가 30퍼센트 증가했다. 같은 기간 동안 훈련하는 것을 상상하기만 한 피실험자들은 근육 강도가 22퍼센트 증가했다.[16] 이에 관한 설명은 운동을

'프로그램'한 뇌의 운동뉴런 안에 들어 있다. 이 상상의 수축을 하는 동안 일련의 운동을 하나로 엮는 뉴런들이 활성화되고 강화되어, 근육이 수축할 때의 강도를 증가시킨 것이다.

이 연구는 실제로 사람들의 생각을 '읽는' 최초의 기계로 발전했다. 생각 번역기는 어떤 행동을 상상하고 있는 사람이나 동물의 운동 프로그램에 접근해서 그 생각의 전기적 특징을 해독하고, 전기적 명령을 장치로 보내서 생각을 행동으로 옮긴다. 이 기계가 작동하는 까닭은 뇌가 가소적이어서 우리가 생각하는 대로 그 물리적인 상태와 구조를 바꾸기 때문에, 곧 우리가 전기적 측정으로 알아낼 수 있는 방식으로 바꾸기 때문이다.

이 장치는 현재, 완전히 마비된 사람들이 생각만으로 물건을 움직일 수 있게 할 목적으로 개발되고 있다. 기계가 더 정교해지면 생각의 내용을 인식하고 번역하는, 생각을 읽는 장치로 발전할 수 있을 것이고, 거짓말하는 사람의 스트레스 수준밖에 탐지하지 못하는 현재의 거짓말 탐지기보다 훨씬 더 엄밀한 탐색장치가 될 가능성도 있다.

이 기계는 간단한 몇 단계를 거쳐 개발되었다.[17] 1990년대 중반에 듀크 대학교의 미구엘 니콜렐리스Miguel Nicolelis와 존 채핀John Chapin은 동물의 생각을 읽는 법을 알아낼 목적으로 행동주의에 기초한 실험을 시작했다.[18] 그들은 막대를 누르면 물이 나오도록 전기적으로 연결한 기계장치를 가지고 쥐를 훈련시켰다. 쥐가 막대를 누를 때마다 장치에서는 마실 수 있는 물이 한 방울 떨어졌다. 실험자들은 쥐의 두개골의 작은 부분을 떼어내고 운동피질에 한 묶음의 미세전극을 심었다. 이 전극들은 운동피질에 속한 마흔여섯 개 뉴런의 활동을 기록했다. 운동피질의 뉴런은 운동을 계획하고 프로그램하는 데 관여하며, 보통 척수를 통해 근육으로 지시를 내려 보낸다. 실험의 목표가 복잡한 일련의 생각을 기록하는 것이었으므로, 실험자들은 마흔여섯 개의 뉴런을 동시에 측정해야 했다. 쥐가 움직일 때마다 니콜렐리스와 채핀은 운동을 프로그램하는 마흔여섯 개 뉴런들의 발화를 기록했고, 그 신호를 작은 컴퓨터로 보냈다. 컴퓨터는 막대를 눌렀을 때의 발화 패턴을 금세 '알아보았다'.

쥐가 막대를 누르는 데 익숙해지자 니콜렐리스와 채핀은 막대와 물이 나오는 장치 사이의 연결을 끊었다. 이제는 쥐가 막대를 눌러도 물이 나오지 않았다. 당황한 쥐는 수없이 막대를 눌렀지만 소용이 없었다. 연구자들은 이번에는 물이 나오는 장치를 쥐의 뉴런에 연결된 컴퓨터에 연결시켰다. 이론적으로, 이제는 쥐가 '막대를 눌러'라고 생각할 때마다 컴퓨터가 뉴런의 발화 패턴을 인식하고 신호를 보내 마실 물을 줄 것이었다.

몇 시간이 지나자 쥐는 자신이 물을 얻기 위해서 막대를 건드릴 필요가 없다는 것을 깨달았다. 앞발로 막대를 누르는 것을 상상만 하면 물이 나왔으니까! 니콜렐리스와 채핀은 네 마리의 쥐를 훈련시켜 이 과제를 수행하게 했다.

그런 다음 그들은 훨씬 더 복잡한 생각을 번역하도록 원숭이들을 가르쳤다. 벨이라는 올빼미원숭이가 비디오 스크린을 가로질러 움직이는 불빛을 따라 조이스틱을 사용하는 훈련을 받았다. 성공하면 녀석은 주스 한 모금을 얻어마셨다. 녀석이 조이스틱을 움직일 때마다 뉴런들이 발화하면, 컴퓨터가 발화 패턴을 수학적으로 분석했다. 뉴런 발화의 패턴은 언제나 벨이 실제로 조이스틱을 움직이기 300밀리초 전에 일어났다. 뇌가 척수를 거쳐 근육까지 명령을 내려 보내는 데 그만큼의 시간이 걸리기 때문이다. 녀석이 팔을 오른쪽으로 움직이면 컴퓨터는 뇌에서 발생하는 '팔을 오른쪽으로 움직여라'의 패턴을 탐지했고, 녀석이 팔을 왼쪽으로 움직이면 컴퓨터는 그에 해당하는 패턴을 탐지했다. 다음에 컴퓨터는 이 수학적 패턴을 명령으로 변환하여 벨의 시야 밖에 있는 로봇 팔로 보냈다. 그 수학적 패턴은 듀크 대학교에서 매사추세츠 주 케임브리지의 실험실에 있는 두 번째 로봇 팔로도 전송되었다. 이번에도 쥐의 실험에서처럼 조이스틱과 로봇 팔 간에 직접적인 연결은 없었다. 로봇 팔은 벨의 뉴런에서 패턴을 읽는 컴퓨터와 연결되어 있었다. 연구자들의 희망은 듀크에 있는 로봇 팔과 케임브리지에 있는 로봇 팔이, 벨이 생각한 지 300밀리초 후에 벨의 팔과 똑같이 움직이는 것이었다.

과학자들이 컴퓨터 스크린 상에서 빛의 패턴을 무작위로 변화시키자 벨의 진짜 팔이 조이스틱을 움직였고, 약 1,000킬로미터 떨어진 곳에 있는 로봇 팔도 컴퓨터가 전송하는 녀석의 생각만으로 움직였다.

팀은 그 이후로 수많은 원숭이에게, 생각만으로 로봇 팔을 3차원 공간의 모든 방향으로 움직여서 손으로 물건을 집는 것 같은 복잡한 움직임을 수행하도록 가르쳤다.[19] 그 원숭이들은 생각만으로 비디오 스크린 상의 커서를 움직여서 움직이는 목표물을 잡는 비디오 게임도 할 수 있다 (그리고 그것을 즐기는 것 같다).

니콜렐리스와 채핀은 자신들의 연구 결과가 다양한 종류의 마비가 있는 환자들을 돕길 바랐다. 그리고 2006년 7월에 그런 일이 실현되었다. 브라운 대학의 신경과학자 존 도너휴John Donoghue가 이끄는 팀이 인간에게도 유사한 기술을 사용한 것이다. 대상이 된 사람은 목을 찔려서 척수 손상으로 사지가 모두 마비된 스물다섯 살의 청년 매튜 네이글Matthew Nagle이었다. 팀은 수백 개의 전극이 달린 매우 작고 통증이 없는 실리콘 칩을 그의 뇌에 이식하고 그것을 컴퓨터에 연결했다. 나흘간 연습한 끝에 그는 생각만으로 컴퓨터 스크린 상의 커서를 움직이고, 이메일을 열고, 텔레비전 채널과 볼륨을 조절하고, 컴퓨터 게임을 하고, 로봇 팔을 조절할 수 있었다.[20] 근육장애, 뇌졸중, 운동뉴런 질환이 있는 환자들이 다음으로 생각 번역 장치를 사용해보기로 되어 있다. 이 접근법의 목표는 궁극적으로 운동피질에 작은 미세전극 배열을 전지와 아기 손톱 만한 송신기와 함께 이식하는 것이다. 우리는 소형 컴퓨터를 로봇 팔이나 휠체어 조절장치에 연결할 수도 있고, 근육에 이식해서 움직임을 일으킬 수 있는 전극에 무선으로 연결할 수도 있을 것이다. 일부 과학자들은 미세전극보다 건강한 조직을 덜 침범하는 기술을 개발해서 뉴런의 발화를 탐지하고 싶어 한다.[21] 어쩌면 TMS의 변형이나, 토브와 동료들이 개발 중인 뇌파 변화 탐지 장치가 그 희망을 이루어줄 수 있을지도 모른다.

우리는 상상과 행동은 완전히 다른 것이고 다른 법칙의 지배를 받는다고 생각하는 경향이 있지만, 이 '상상' 실험은 상상이나 사고와 행동이 진정 통합된 것임을 보여준다. 그러나 이 점을 생각해보자. 어떤 경우에 우리는 무언가를 더 빨리 상상할수록 그것을 더 빨리 할 수 있다. 프랑스 리옹의 장 드세티Jean Decety는 단순한 실험을 변형시켜가면서 여러 실험을 해보았다. 우리가 '잘 쓰는 손'으로 이름을 쓰는 것을 상상하는 데 걸리는 시간과 실제로 쓰는 데 걸리는 시간은 비슷하다. 잘 쓰지 않는 손으로 이름을 쓰는 것은, 상상으로 쓸 때와 실제로 쓸 때 모두 시간이 더 걸린다. 오른손잡이인 대부분의 사람들은 자신의 '정신적 왼손'이 '정신적 오른손'보다 느리다는 것을 발견한다.[22] 뇌졸중이나 파킨슨 병(사람들의 움직임을 느리게 만드는 병)이 있는 환자들의 연구에서, 드세티는 환자들이 온전한 팔다리보다 불편한 팔다리를 움직이는 것을 상상하는 데 더 많은 시간이 걸린다는 것을 관찰했다.[23] 정신적 심상과 행동이 둘 다 느려지는 이유는, 둘 모두가 뇌 안에 있는 동일한 운동 프로그램의 산물이기 때문인 것으로 사료된다.[24] 우리가 상상하는 속도는 우리 운동 프로그램의 뉴런 발화 속도에 제한되는 것 같다.

파스쿠알-레오네는 변화를 촉진하는 뇌가소성이 뇌 안에서 경직성과 반복성도 유도할 수 있다는 것을 유심히 관찰해왔고, 여기서 얻은 직관은 다음의 역설을 푸는 데 도움이 된다. 만일 우리의 뇌가 그토록 가소적이고 변화 가능하다면, 우리는 어째서 그토록 자주 반복을 고집하는 것일까? 그 해답은 먼저 뇌가 얼마나 놀랄 만큼 가소적인지를 이해하는 데에 있다.

그는 내게 '가소성plasticity'을 가리키는 음악 같은 스페인어 단어인 플라스티시나plasticina가 영어에는 없는 무언가를 포착하고 있다고 말한다. 스페인어로 플라스티시나는 공작용 '찰흙'을 가리키기도 하며, 기본적으로 영향을 받기 쉬운 물질을 나타낸다. 그가 보는 우리의 뇌는 너무나 가소적이어서, 심지어 매일같이 똑같은 행동을 할 때도 그 일을 책임지는 뉴런 연결은 어제와 오늘 사이에 우리가 무엇을 했는가에 따라 매번 약간씩 달라진다.

파스쿠알-레오네는 말한다. "나는 뇌의 활동은 끊임없이 찰흙을 주무르는 것과 같다고 상상합니다." 우리가 하는 모든 것이 이 찰흙 덩어리의 모양을 형성한다. 그러나 그는 덧붙인다. "우리가 네모나게 포장된 찰흙에서 출발해서 그것으로 공을 만들었다면, 다시 네모로 돌아가는 것도 가능합니다. 하지만 그것은 처음에 출발한 네모와 똑같은 네모가 아닙니다." 비슷해 보여도 똑같지 않은 결과들이 나오는 것이다. 새로운 네모 안의 분자들은 이전 것과 다르게 배열되어 있다. 다시 말해서, 다른 시간에 실행되는 유사한 행동들은 서로 다른 회로를 사용한다. 그가 볼 때는 신경적으로나 심리적으로 문제가 있던 환자가 '치료'되었을 때에도, 그 치료가 환자의 뇌를 결코 이전에 존재한 상태로 되돌려놓는 것은 아니다.

"뇌 체계는 가소적인 것이지 탄성적인 것이 아닙니다"라고 파스쿠알-레오네는 우렁찬 목소리로 말한다. 탄성적인 고무줄은 늘어날 수 있지만 항상 이전의 모양으로 되돌아가고, 분자들도 그 과정에서 재배열되지 않는다. 가소적인 뇌는 마주치는 모든 것과, 상호작용하는 모든 것의 영향으로 영구적으로 바뀐다.

따라서 의문이 생긴다. 뇌가 그토록 쉽게 바뀐다면, 우리는 어떻게 끝없는 변화에서 보호받을 수 있을까? 뇌가 정말로 찰흙과 같다면, 우리가 우리 자신을 유지하는 것은 어찌 된 일일까? 우리가 어느 지점까지 일관성을 확보할 수 있는 것은, 유전자와 반복의 도움 덕분이다.

파스쿠알-레오네는 이를 은유로 설명한다. 가소적인 뇌는 겨울의 눈 쌓인 언덕과 같다. 그 언덕의 여러 양상들——기울기, 바위, 눈의 밀도——은 우리의 유전자와 마찬가지로 주어진 것이다. 우리가 썰매를 타고 미끄러져 내려올 때, 우리는 썰매를 조종할 수 있으므로 조종 방식과 언덕의 특징에 따라 결정되는 어떤 경로를 타고 언덕 밑에 도달할 것이다. 도중에는 너무도 많은 요인들이 있기 때문에, 우리가 정확히 어디에 도달할 것인지는 예측하기 힘들다.

"하지만," 파스쿠알-레오네는 말한다. "두 번째로 그 언덕을 내려올 때는 분명히 우리가 처음에 택했던 경로와 관련된 경로를 밟을 가능성이 더 높을 겁니다. 두 번째 경로가 그 경로와 정확히 같지는 않겠지만, 다른 어떤 경로보다도 그 경로에 가까울 겁니다. 그리고 우리가 오후 내내 올라갔다 내려갔다 하면서 썰매를 탄다면, 마지막에는 많이 이용한 경로와 거의 이용하지 않은 경로가 남게 됩니다……. 이제 우리는 스스로 만들어낸 그 궤도에서 벗어나기가 매우 어려워집니다. 그렇게 된 궤도는 더 이상 유전적으로 결정되지 않습니다."

배선된 정신적 '궤도'는 좋은 것이든 나쁜 것이든 습관으로 이어질 수 있다. 자세가 나빠지면 고치기가 힘들다. 좋은 습관이 들면 그 역시 단단히 자리잡게 된다. 일단 '궤도'나 신경 경로가 놓인 뒤에도 우리가 그 경로에서 벗어나거나 다른 경로로 옮겨갈 수 있을까? 파스쿠알-레오네는 그럴 수 있다고 말한다. 하지만 어렵다. 일단 만들어진 궤도는 '정말 빠르게' 너무나 쉽게 썰매를 언덕 아래로 유도하기 때문이다. 따라서 다른 경로를 선택하는 것은 점점 더 어려워진다. 우리가 방향을 바꾸려면 도로를 막을 모종의 장애물이 필요하다.

다음 실험에서 파스쿠알-레오네는 장애물을 개발해서, 기존 경로의 변경과 대량의 가소적 재조직이 갑작스런 속도로 일어날 수 있다는 것을 보여주었다.

장애물을 이용하는 그의 연구는 그가 스페인에 있는 특수 기숙학교를 알게 되면서 시작되었다. 그곳은 맹인을 지도하는 교사들이 어둠을 공부하러 가는 학교였다. 교사들은 우선 눈을 가리고 일주일 동안 실명을 경험한다. 눈가리개는 시각을 막는 장애물이다. 그들은 일주일 안에 촉각과 공간 판단력이 극히 예민해졌다. 그들은 엔진 소리로 오토바이의 제조사를 구분하고, 두드려서 울리는 소리로 가는 길에 놓인 물건들이 무엇인지 구별할 수 있었다. 눈가리개를 벗자 교사들은 완전히 방향을 잃고 공간을 판단하지 못하거나 앞을 보지 못했다.

파스쿠알-레오네는 이 어둠 학교의 일을 듣는 순간 생각했다. '눈이 보이는 사람들을 데려다가 완전히 맹인으로 만들자.'

그는 5일 동안 정상적인 사람들의 눈을 가린 다음, TMS로 그들의 뇌 지도를 작성했다. 그는 자신이 모든 빛을 차단하자—그 '장애물'은 완전히 침투 불가능해야 했다—피실험자의 '시각' 피질이 점자를 배우는 맹인 환자의 뇌처럼 손에서 오는 촉각을 처리하기 시작하는 것을 발견했다. 그러나 가장 놀라운 것은 뇌가 스스로를 며칠 만에 재조직했다는 사실이다. 파스쿠알-레오네는 뇌 스캔으로 '시각' 피질이 겨우 이틀 만에 촉각과 청각 신호를 처리하기 시작할 수 있다는 것을 보여주었다(뿐만 아니라, 눈을 가린 많은 피실험자들이 자신이 움직이거나 무엇에 닿거나 소리를 들으면, 도시, 하늘, 석양, 소인국의 사람들, 만화 캐릭터들과 같은 아름답고 복잡한 시각적 환각이 시작된다고 보고했다). 그 변화에는 완전한 어둠이 필수적이었다. 시각은 워낙 강력한 감각이라서 빛이 조금이라도 들어오면 시각 피질이 소리나 촉감이 아닌 그 빛을 처리하고 싶어 하기 때문이다. 파스쿠알-레오네는 토브가 그랬듯이, 새로운 경로를 개발하려면 경쟁자를 차단하거나 제한해야 한다는 것을 발견했는데, 그 경쟁자는 가장 흔하게 사용하는 경로인 경우가 많다. 눈가리개를 벗은 뒤 피실험자들의 시각피질은 열두 시간에서 스물네 시간 이내에 촉각이나 청각 자극에 반응하는 것을 멈추었다.

시각피질이 소리와 촉감을 처리하도록 전환되는 속도는 파스쿠알-레오네에게 커다란 의문을 남겼다. 그는 이틀은 뇌가 스스로를 그렇듯 철저하게 재배선하기에 충분한 시간이 아니라고 생각했다. 신경을 배양해도, 기껏해야 하루에 1밀리미터밖에 자라지 않는다. 원래부터 이미 연결이 존재하지 않고서는 '시각' 피질이 다른 감각의 처리를 그렇게 빨리 시작하는 것은 불가능해 보였다. 파스쿠알-레오네는 로이 해밀턴Roy Hamilton과 함께 작업하면서, 미리 존재하는 경로가 표출된다는 아이디어를 얻었고, 그것을 한 단계 더 밀고 나아가 어둠 학교에서 나타난 것과 같은 급격한 뇌 재조직은 예외가 아닌 법칙이라는 이론을 제시했다.[25] 인간의 뇌가 그렇게 빨리 재조직될 수 있는 것은, 뇌의 각 부분이 반드시 특정한 감각에 헌신하는 것은 아니기 때문이다. 우리는 뇌의 부분들을 다양한 과제를 위해 사용할 수 있으며, 실제로도 날마다 그처럼 사용한다.

앞서 보았듯이, 현재의 거의 모든 뇌 이론은 국재론을 바탕으로 하고 있다. 그러기에 하나의 감각피질은 그 위치에서 하나의 감각——시각, 청각, 촉각——을 처리하는 데 전념한다고 가정한다. '시각피질'과 같은 용어는 그 뇌 영역의 유일한 목적이 시각을 처리하는 것이라고 가정한다. 마찬가지로 '청각피질'이나 '체성감각피질' 같은 말도 다른 영역에서의 단일한 목적을 가정한다.

하지만 파스쿠알-레오네는 말한다. "우리의 뇌는 사실은 주어진 감각 양상을 처리하는 체계들로 조직되는 것이 아니라, 일련의 특정한 연산자 형태로 조직됩니다."

한 연산자는 시각이나 청각, 촉각과 같은 단일 감각에서 오는 입력을 처리하는 것이 아니라 더 추상적인 정보를 처리하는 일종의 처리장치라고 할 수 있다. 어떤 연산자는 공간 관계의 정보를, 어떤 것은 움직임을, 어떤 것은 형태를 처리한다. 공간 관계나 움직임, 형태와 같은 것들은 여러 가지 감각을 합쳐서 처리하는 정보이다. 우리가 공간적 차이를 보는 동시에 느낄 수 있는 것——저 사람 손은 어쩜 저렇게 넓을까——과 마찬가지로 움직임과 형태 또한 보는 동시에 느낄 수 있다. 몇몇 연산자는 단일 감각을 처리하는 데만 능숙할 수 있지만(예컨대 색 연산자), 공간, 움직임, 형태의 연산자는 하나 이상의 감각에서 오는 신호들을 처리한다.

연산자는 경쟁으로 선택된다. 연산자 이론은 노벨상 수상자인 제럴드 에덜먼Gerald Edelman이 1987년에 전개한 뉴런 집단선택 이론에 크게 의존한다. 에덜먼은 어떤 뇌 활동에서든, 그 과제를 수행하는 데 가장 능력 있는 뉴런 집단이 선택되어 사용된다는 의견을 제시했다. 연산자들 간에는 어떤 연산자가 특정한 상황의 특정한 감각에서 오는 신호들을 가장 효과적으로 처리할 수 있는지를 가리기 위한 거의 진화론적인 경쟁——에덜먼의 용어로는 신경 다윈주의——이 줄곧 진행되고 있다.

8. 상상의 힘 **275**

이 이론은 특정한 위치에서 일어나는 경향을 강조하는 국재론자들과 뇌가 스스로 재구성되는 능력을 강조하는 뇌가소치료사들 사이의 간극을 멋지게 이어준다.

누군가 호메로스의 서사시 『일리아드』를 외우라는 것처럼 어마어마한 청각적 과제를 받는다면, 그는 자기 눈을 가리고서 보통은 시각 처리에 전념하는 시각피질 안의 많은 연산자들을 불러 모아 소리를 처리할 수도 있을 것이다.[26] 호메로스는 장문의 시를 지어 세대에서 세대로 구전하던 전통에서 살았다(전설에 따르면, 호메로스 자신이 앞을 보지 못했다). 문자 사용 이전의 문화에서는 암기가 필수였다. 실제로 문맹은 뇌가 청각적 과제에 더 많은 연산자를 배정하는 계기가 되기도 할 것이다. 그러나 그러한 구전 기억의 묘기는 충분한 동기만 있다면 문자 사용 문화에서도 가능하다. 수백 년 동안 예멘의 유대인들은 아이들에게 율법을 통째로 암기하도록 가르쳤고, 오늘날 이란의 어린이들은 코란 전체를 달달 외운다.

─────────

우리는 우리가 어떤 행동을 상상할 때, 실제로 그 행동을 할 때 관여하는 것과 똑같은 운동 프로그램과 감각 프로그램을 이용한다는 것을 보았다. 우리는 오랫동안 상상 활동을 고귀하고 순수하고 비물질적이고 신비하고 우리의 물질적인 뇌로부터 분리된 것으로, 일종의 신성한 경외심을 가지고 바라보았지만, 이제는 어디에 선을 그어야 할지 그다지 확신할 수 없다.

우리의 '비물질적인' 마음이 상상하는 모든 것은 물질적인 흔적을 남긴다. 각각의 생각은 미시적 수준에서 우리 뇌의 개괄적인 물리적 상태를 바꾸어놓는다. 피아노를 연주하기 위해 건반을 넘어 다니며 손가락을 움직이는 상상을 할 때마다, 우리는 살아 있는 뇌 안의 덩굴들을 바꿔놓는다.

이 실험들은 반갑고 흥미진진할 뿐만 아니라, 마음과 뇌는 다른 물질로 이루어져서 다른 법칙의 지배를 받는다고 주장한 데카르트로부터 이어져온 수백 년 된 혼란을 갈아엎는다. 그는 뇌는 육체적이고 물질적인 것으로서 공간에 존재하고 물리학의 법칙을 따르며, 마음(또는 데카르트가 불렀듯이 이성적인 영혼)은 비물질적이고 생각하는 것으로서 공간을 차지하거나 물리학의 법칙을 따르지 않는다고 주장했다. 그의 주장에 따르면, 생각을 지배하는 것은 물리적인 인과법칙이 아니라 추리, 판단, 욕구의 법칙이다. 인간은 비물질적인 마음과 물질적인 뇌의 이원적 결합으로 이루어졌다.

그러나 데카르트는 비물질적인 마음이 어떻게 물질적인 뇌에 영향을 미칠 수 있는지를 결코 확실하게 설명하지 못했고, 그의 심신 분리는 400년 동안 과학을 지배해왔다. 결과적으로, 사람들은 비물질적인 생각이나 단순한 상상이 물질적인 뇌의 구조를 바꿀 수도 있다고 결코 생각하지 못했다. 데카르트의 관점은 마음과 뇌 사이에 건널 수 없는 간극을 벌려놓은 듯했다.

뇌를 기계적인 것으로 만들어서 당시에 사방을 둘러싼 신비주의로부터 뇌를 구하고자 한 그의 고귀한 시도는 실패했다. 대신 뇌는 데카르트가 그 안에 집어넣은 비물질적인, 나중에 '기계 속의 유령'으로 불리게 된 유령과 같은 영혼의 능력으로만 활동을 할 수 있는 생명 없는 기계로 비춰지게 되었다.[27]

데카르트는 뇌를 기계로 묘사함으로써 생명을 앗아갔고, 어떤 사상가보다도 뇌가소성의 인정을 더디게 만들었다. 그에 따르면 우리가 가진 모든 '가소성'——변화하는 능력——은 변화하는 생각과 함께 마음 안에

존재하는 것이지 뇌 안에 존재하는 것이 아니었다.[28]

그러나 이제 우리는 '비물질적인' 생각 또한 물질적인 자취를 가지고 있음을 볼 수 있고, 언젠가 생각이 물리 용어로 설명되지 않으리라고 장담할 수 없다. 정확히 어떻게 바꾸는지는 아직 모르지만, 생각이 뇌 구조를 바꾼다는 사실만큼은 이제 분명하다.[29] 데카르트가 마음과 뇌 사이에 그어놓은 확실한 선은 점점 점선이 되어가고 있다.

# 09
# 프로이트 다시 보기

L씨는 40년이 넘도록 재발하는 우울증에 시달려왔으며 여성들과의 관계도 순탄치 않았다. 나에게 도움을 청했을 때 그는 50대 후반이고 최근에 직장을 그만둔 상태였다.

1990년대 중반인 당시에는 뇌가 가소적이라는 사실을 조금이라도 아는 정신과 의사는 거의 없었으며, 일반적으로 60대에 가까운 사람들은 '자신의 방식에 너무 고착되어' 있기에, 그들에게서 어떤 증상을 없애거나 그들의 오래 묵은 성격을 바꾸는 것을 목표로 하는 치료법은 통하지 않는다고 여겼다.

L씨는 항상 정중하고 예의 바른 사람이었다. 그는 지적이면서 예민했으며, 억양이 별로 없는 목소리로 짧고 간단하게 말했다. 그는 자신의 느낌을 말할 때면 점점 더 냉담해졌다.

그는 항우울제조차 부분적으로밖에 듣지 않는 심한 우울증에다 또 다른 이상한 상태의 기분으로 시달리고 있었다. 그에게는 종종 우울함과는 다른 알 수 없는 마비감이 엄습했으며, 그럴 때면 마치 시간이 멈춘 것처럼 아무것도 할 수 없고 아무 목적도 없는 느낌이 되곤 했다. 그는 자신이 술을 너무 많이 마신다고 이야기하기도 했다.

그는 특히 여자와의 관계로 우울했다. 그는 로맨틱한 관계로 접어들려고만 하면 '다른 곳에, 지금은 날 거부하고 있지만 더 나은 여자가 있다'는 느낌이 들어 뒤로 물러서고는 했다. 그는 아내에게 충실하지 않고 수시로 외도를 해서 결국 이혼까지 당했지만, 몹시 후회하고 있었다. 게다가 그는 아내를 대단히 존중했기에, 자신이 왜 외도를 하는지도 잘 몰랐다. 그는 여러 차례 아내에게 돌아가려고 했지만, 아내가 받아주지 않았다.

그는 무엇이 사랑인지 확신하지 못했으며, 한 번도 질투를 느끼거나 다른 사람을 원한다고 느낀 적도 없이, 언제나 여자들이 자신을 '소유하길' 원한다고 느꼈다. 그는 여자에게 헌신하는 것도, 여자와 부딪히는 것도 피했다. 그는 아이들에게 충실했지만, 가슴에서 우러나온 애정이 아니라 의무감에 매여 있는 느낌이었다. 이 느낌은 그를 아프게 했다. 아이들은 그에게 맹목적인 애정을 쏟았기 때문이다.

L씨의 어머니는 그가 26개월 되었을 때 여동생을 낳다가 죽었다. 그는 어머니의 죽음이 자신에게는 별다른 영향을 주지 않았다고 생각했다. 그에게는 일곱 형제가 있었는데, 농부인 아버지가 생계를 이어갈 유일한 사람이었다. 가족은 대공황의 와중에 아버지가 꾸려가는 빈민가의 외딴 농장에서 전기도 수도도 없이 살았다. 1년 뒤 L은 만성 위장병이 생겨서 누군가 계속해서 주의를 기울여 보살펴야 했다. 그가 네 살이 되었을 때 많은 형제들을 모두 돌볼 수 없었던 아버지는 그를 고모 부부에게 보냈

다. 고모는 결혼했지만 아이 없이 천오백 킬로미터 떨어진 곳에서 살고 있었다. 2년 동안에, L이 살아온 짧은 삶에서 모든 것이 변했다. 그는 어머니, 아버지, 형제, 건강, 집, 고향, 그리고 익숙한 물리적 환경——그가 관심을 가지고 소속되어 있던 모든 것——모두를 잃었던 것이다.

그리고 그는 어려운 시기를 묵묵히 버텨가는 데 익숙한 사람들 사이에서 자랐기 때문에, 아버지도 그를 입양한 가족도 그가 잃어버린 것들을 두고 별다른 이야기를 하지 않았다.

L씨는 네 살 무렵부터는 아무 기억도 나지 않고, 십대의 기억도 거의 없다고 했다. 그는 자신에게 일어났던 일에 아무런 슬픔도 느끼지 않았으며, 어른이 되어서 어떤 일이 닥쳐도 결코 울지 않았다. 실제로 그는 마치 자신에게 일어났던 일들이 하나도 마음에 기록되지 않은 것처럼 말했다. "어째서 기억해야 합니까?" 그가 물었다. "아이들 마음이란 원래 그렇게 일찍 일어난 사건들을 기록할 만큼 제대로 형성되지 못한 상태 아닙니까?"

하지만 그가 자신이 잃어버린 것들을 기록했다는 단서들이 있었다. 그는 자신의 인생역정을 이야기하면서, 오랜 세월이 흘렀음에도 여전히 충격이 남아 있는 것 같았다. 또한 그에게는 언제나 무언가를 찾고 있는 꿈이 끈질기게 따라다녔다. 프로이트가 발견했듯이, 비교적 일정한 구조로 반복해서 나타나는 꿈은 흔히 어린 시절의 트라우마를 나타내는 기억의 단편을 담고 있다.

그는 전형적인 꿈을 다음과 같이 묘사했다.

내가 무언가를 찾고 있습니다. 뭔지 모르는 물건인데, 장난감인 것 같기도 하고, 아무튼 그게 낯익은 동네 너머에 있습니다……. 난 그걸 다시 찾고 싶어 합니다.

그가 언급한 것은 그 꿈이 '끔찍한 상실'을 나타낸다는 말뿐이었다. 그렇지만 특이하게도, 그것을 자신의 어머니나 가족의 상실과는 연결시키지 않았다.

L씨는 58세에서 62세까지 지속된 분석에서 이 꿈의 이해를 통해 사랑하는 것을 배우고, 자기 성격의 중요한 측면을 바꾸고, 자신에게서 40년이나 묵은 증상을 치료하는 데 성공했다. 이 변화가 가능했던 것은 정신분석 자체가 사실상 뇌가소적 요법이기 때문이다.

이후로 여러 해 동안 어떤 방면에서는 정신분석, 곧 원조 '대화요법'과 기타 정신요법들이 정신과 증상과 성격 문제들을 다루는 데 진지한 방식이 아니라는 주장이 유행했다. '진지한' 치료법은 단지 '생각과 느낌이 어떤지 대화하는 것'이 아니라 약물을 요구한다는 것이다. 대화는 분명 뇌에 영향을 미치거나 성격을 바꾸지 못할 것이라고 여겼으며, 성격은 점점 더 유전자의 산물로 인식되었다.

나는 콜롬비아 대학 정신과 레지던트로 있을 때, 정신과 의사이자 연구자인 에릭 캔들Eric Kandel의 연구결과를 보고 처음으로 신경가소성에 관심을 가지게 되었다. 캔들은 그 대학에서 학생들을 가르치면서 그곳에 있는 모든 사람에게 큰 영향을 미쳤다. 캔들은 우리가 학습을 할 때는 개별적인 뉴런들의 구조가 바뀌고 뉴런들 간의 시냅스 연결이 강화된다는 사실을 처음으로 보여준 사람이다.[1] 그는 우리가 장기기억을 형성할 때 뉴런들의 해부학적 형태가 바뀌고 다른 뉴런에 연결되는 시냅스의 수가 늘어난다는 것을 처음으로 증명해서 2000년 노벨상을 받기도 했다.

캔들은 일반 의사이면서도 정신분석을 실습하고 싶어서 동시에 정신과 의사가 되었다. 하지만 정신분석을 하는 여러 친구들이 그에게, 정신 요법이 어째서 효과가 있는지, 어떻게 발전할 수 있을지 더 깊이 이해하고 싶다면 거의 알려진 것이 없는 뇌, 학습, 기억을 연구하라고 강하게 권유했다. 초기에 몇 가지 발견을 한 뒤에 캔들은 전업 실험실 과학자가 되기로 결심했지만, 언제나 정신분석에서 마음과 뇌가 어떻게 변화하는지에 관심을 품고 있었다.

그는 군소Aplysia라는 거대한 바다달팽이를 연구하기 시작했다. 군소의 유별나게 큰 뉴런──1밀리미터 폭의 뉴런 세포를 육안으로 볼 수 있다──은 인간 신경조직이 어떻게 기능하는지를 들여다볼 창문이 될 수 있을 듯했다. 진화는 보존되므로, 학습의 기초 형태는 단순한 신경계를 가진 동물과 인간 모두에서 같은 방식으로 기능한다.

캔들의 바람은, 그가 찾을 수 있는 가장 작은 뉴런 집단에 '덫을 놓아' 학습된 반응을 붙잡아서 연구하는 것이었다.[2] 그는 달팽이 안에서 단순한 회로를 찾았다. 그는 실제로 그 동물을 해부해서 회로를 부분적으로 잘라내 살아 있는 그대로 바닷물에 보관할 수 있었다. 그는 이 방법으로 회로가 살아 있는 동안, 그리고 학습하는 동안 회로를 연구할 수 있었다.

바다달팽이의 단순한 신경계에는 감각뉴런과 운동뉴런이 있다. 감각세포가 위험을 탐지해서 운동뉴런으로 신호를 보내면, 운동뉴런은 반사적으로 보호 행동을 한다. 바다달팽이는 호흡관이라 불리는 육질 조직으로 덮여 있는 아가미를 밖으로 내어 숨을 쉰다. 낯선 자극이나 위험을 탐지한 호흡관 안의 감각뉴런이 여섯 개의 운동뉴런으로 메시지를 보내면, 이 메시지를 받은 운동뉴런이 발화하여 아가미 주위의 근육들은 호흡관과 아가미를 달팽이 안으로 끌어들여 안전하게 보호한다. 이것이 바로 캔들이 뉴런 안에 미세전극을 삽입해서 연구한 회로이다.

그는 달팽이가 충격을 피해 아가미를 끌어들이는 것을 학습하는 동안, 신경계가 변화해서 감각뉴런과 운동뉴런 사이의 시냅스 연결이 증가하고, 탐지하는 미세전극에 더 강력한 신호를 보낸다는 것을 보여줄 수 있었다. 이는 학습 때문에 뉴런들 간의 연결이 신경가소적으로 강화된다는 최초의 증거였다.[3]

그가 짧은 간격을 두고 충격을 반복하면 달팽이는 '민감화'되어서, 불안장애가 생긴 인간처럼 '학습된 공포'와 함께 더 약한 자극에도 과도하게 반응하는 경향이 있었다. 달팽이에게 '학습된 공포'가 생겼을 때, 시냅스전 뉴런presynaptic neuron은 시냅스 안에 더 많은 화학적 전달물질을 방출하여 더 강력한 신호를 일으켰다.[4] 그 다음으로 그는 달팽이를 가르쳐서 자극이 무해하다는 것을 깨닫게 할 수 있다는 사실을 보여주었다.[5] 그가 거듭 반복해서 달팽이의 호흡관을 건드리면서 뒤이어 충격을 주지 않자, 도피반사를 일으키는 시냅스가 약화되면서 달팽이는 결국 접촉을 무시했다. 마지막으로 캔들은 달팽이가 두 가지 다른 사건의 연관성을 학습할 수 있고, 그 과정에서 신경계가 변화한다는 것을 보여주었다.[6] 그가 달팽이에게 약한 자극을 준 바로 다음에 꼬리에 충격을 주자, 이내 달팽이의 감각뉴런은 큰 충격 없이 약한 자극만 줘도 위험을 만난 듯 반응하여 매우 강한 신호를 내보냈다.

캔들은 다음으로 생리심리학자인 톰 카루Tom Carew와의 공동 연구를 통해 달팽이가 단기기억과 장기기억 모두를 발달시킬 수 있다는 사실을 밝혀냈다. 한 실험에서 팀은 그들이 열 번 건드린 다음에 아가미를 움츠리도록 달팽이를 훈련시켰다. 뉴런에서의 변화는 몇 분 동안 지속되었다. 이는 단기기억에 해당한다. 그들이 하루 과정에서 7, 8시간 간격으로 네 번에 걸쳐 아가미를 열 번씩 건드리자, 뉴런에서의 변화는 3주 동안이나 지속되었다. 달팽이가 원시적인 장기기억을 발달시킨 것이다.[7]

캔들은 그 다음에는 동료 분자생물학자인 제임스 슈워츠James Schwartz를 비롯한 유전학자들과 함께, 달팽이에서 장기기억을 형성하는 데 관여하는 개별 분자들을 더 잘 이해하기 위한 연구를 했다.[8] 그들은 달팽이의 단기기억이 장기기억으로 변하려면 세포 안에서 새로운 단백질이 만들어져야 한다는 것을 밝혀냈다.[9] 팀은 단백질 활성화효소 A라는 뉴런 안의 화학물질이 뉴런의 세포체로부터 유전자가 저장되어 있는 핵 안으로 이동할 때, 단기기억이 장기기억으로 전환된다는 것을 보여주었다. 그 단백질은 신경 끝의 구조를 변경시키는 단백질을 만드는 유전자를 작동시켜서, 뉴런들 간에 새로운 연결이 자라나게 한다. 다음에 그들은 단일한 뉴런에 민감화를 위한 장기기억이 생기면, 시냅스 연결의 수가 1,300개에서 2,700개로 늘어날 수 있다는 것을 보여주었다.[10] 이는 어마어마한 양의 가소적 변화이다.

같은 과정이 인간에게서도 일어난다. 우리는 학습할 때, 뉴런 안의 어떤 유전자를 '발현'할지를 결정한다.

우리의 유전자는 두 가지 기능을 한다. 첫째, '주형 기능'은 우리가 유전자를 복제해서 대대로 물려주게 해준다. 주형 기능은 우리가 조절할 수 없다.

둘째는 '전사 기능'이다. 우리 몸의 각 세포에는 모든 유전자가 들어 있지만, 모든 유전자가 켜져 있거나 발현되는 것은 아니다. 하나의 유전자가 켜지면, 그 유전자는 새로운 하나의 단백질을 만들어서 그 세포의 구조와 기능을 바꾸어놓는다. 이것을 '전사 기능'이라고 하는 이유는, 유전자가 켜졌을 때 이 단백질을 만드는 방법을 담은 정보가 개별 유전자로부터 '전사'되기, 다시 말해서 읽히기 때문이다. 이 '전사 기능'은 우리가 하는 행동이나 생각에 영향을 받는다.

사람들은 대부분 우리 유전자가 우리, 곧 우리의 행동과 뇌의 해부학적 구조를 형성한다고 가정한다. 캔들의 연구는 우리가 학습할 때 우리의 마음도 또한 뉴런 안에서 어떤 유전자가 전사될지에 영향을 미친다는 사실을 보여준다. 따라서 우리는 우리 유전자의 형태를 바꿀 수 있으며, 그렇기에 뇌의 미시적인 부분을 해부학적으로 바꿀 수 있다.

캔들은 정신요법이 사람을 변화시키는 것은 "아마도 학습을 통해서, 곧 유전자 발현에 변화를 일으켜 시냅스 연결 강도를 바꾸고, 구조적 변화를 일으켜 뇌 신경세포들 간의 해부학적 연결 패턴을 바꿈으로써 그렇게 할 것"이라고 주장한다.¹¹ 정신요법은 뇌와 그 뉴런 안으로 깊숙이 들어가 올바른 유전자를 켬으로써 뉴런의 구조를 변화시키는 방법으로 작용한다는 것이다. 정신과 의사인 수전 본Susan Vaughan 박사는 대화요법이 '뉴런과 대화함'으로써 작용하며, 능력 있는 정신요법사나 정신분석가는 환자들이 뉴런 그물망에 필요한 변화를 가하도록 도와주는 '마음의 미세외과 의사'라고 논평했다.¹²

분자 수준에서의 학습과 기억을 규명한 이 발견들은 캔들 자신의 이력에 뿌리가 있다.

캔들은 1929년에 위대한 문화와 풍부한 지성의 도시인 빈에서 태어났다. 그러나 캔들은 유대인이었으며, 당시 오스트리아는 극렬한 반유대주의 국가였다. 1938년에 히틀러가 오스트리아를 독일 제국에 합병하며 빈에 입성했을 때, 그는 관중의 환호를 받았고, 빈의 가톨릭 대주교는 모든 교회에 나치 깃발을 걸도록 지시했다. 그 다음 날로 다른 유대인 소녀 한 명을 제외한 모든 반 친구들은 더 이상 그에게 말을 걸지 않고 괴롭히기 시작했다. 4월이 되자 유대인 아이들은 모두 학교에서 쫓겨났.

1938년 11월 9일에 사람들은 캔들의 아버지를 체포했다. '깨진 유리의 밤'이란 뜻의 크리스탈나흐트Kristallnacht에 나치는 오스트리아를 포함한 독일 제국 안의 모든 유대 교회를 파괴했다. 오스트리아의 유대인들은 집에서 쫓겨났으며, 3만 명의 유대인 남자들이 다음 날 강제 수용소에 수용되었다.

캔들은 이렇게 썼다. "나는 60년도 더 지난 오늘까지도 마치 어제 일처럼 크리스탈나흐트를 기억한다. 그 사건은 나의 아홉 번째 생일날 이틀 뒤에 일어났다. 생일날 나는 아버지가 당신의 가게에서 가져다주신 장난감들에 파묻혀 있었다. 우리가 쫓겨난 지 일주일쯤 뒤에 집으로 돌아가보니 값나가는 것들은 모두 사라지고 없었다. 내 장난감도……. 나처럼 정신분석적인 사고에 훈련된 사람이라 하더라도, 이후 일생에서 형성된 복잡한 관심과 행동들의 근원을 찾으러 어린 시절의 몇몇 경험을 선택해서 추적해 들어가는 것은 소용없는 짓이리라. 그렇지만 나는 빈에서 보낸 마지막 해의 경험이 그 뒤로 마음에 대한, 곧 사람들의 행동 방식, 동기의 예측불가능성, 기억의 지속성에 대한 내 관심을 결정했다는 생각을 지울 수 없다……. 나도 다른 사람들과 마찬가지로, 어린 시절에 정신적인 상처를 준 사건이 얼마나 깊이 기억에 각인되는가에 충격을 느낀다."[13] 그는 정신분석에 끌렸다. 그는 정신분석이 "인간이 가진 마음을 가장 일관성 있고, 흥미롭고, 미묘한 관점으로 탁월하게 그려낸다"[14]고, 그리고 인간 행동의 모순을, 곧 문명화한 사회에서 얼마나 느닷없이 "그토록 많은 사람들이 그렇게 엄청난 죄악을" 저지를 수 있는지를, 오스트리아처럼 겉보기에 문명화한 한 나라가 어떻게 "그토록 급격하게 분열"[15]될 수 있는가를 다른 어떤 심리학보다도 가장 잘 이해하고 있다고 믿었기 때문이다.

정신분석(또는 그냥 '분석')은 심한 증상들뿐만 아니라 자신의 성격적 측면 때문에 심하게 곤란을 겪는 사람들을 도와주는 치료법이다. 이 문제들은 우리가 심대한 내적 갈등을 겪을 때 일어난다. 캔들이 말하듯이,

그럴 때 우리 자신의 부분들은 급격하게 분열되거나 잘려나간다.

캔들은 직장을 병원에서 신경학 실험실로 옮긴 반면, 반대로 지그문트 프로이트는 실험실 신경과학자로 시작했다가 너무나 궁핍해져서 계속할 수가 없었기 때문에, 가족을 먹여 살릴 수입을 얻기 위해 신경과 개업의가 되었다.[16] 그가 맨 처음 노력한 일들 가운데 하나는, 신경과학자로서 배운 뇌에 관한 지식을 환자들을 치료하면서 배우고 있는 마음에 관한 지식과 융합시키는 일이었다. 신경학자로서 프로이트는 브로카 등의 연구결과를 바탕으로 한 당시 국재론의 미몽에서 보다 일찍 깨어나게 되었고, 확고하게 배선된 뇌라는 개념은 읽기나 쓰기와 같은 복잡하고 문화적으로 습득하는 정신적 활동이 어떻게 가능한지를 적절하게 설명하지 않는다는 것을 깨달았다. 1891년, 그는 『실어증에 관하여』라는 제목의 책을 썼다. 그 책은 '한 기능, 한 위치'를 지지하는 기존 증거의 결함들을 보여주었으며, 읽기나 쓰기와 같은 복잡한 정신적 현상들은 별개의 피질 영역에 제한되지 않으며, 읽고 쓰는 능력은 타고난 것이 아니므로, 국재론자들이 주장하듯이 읽고 쓰는 능력을 위한 뇌 '중추'가 있다는 것은 말이 되지 않는다는 의견을 내놓았다.[17] 대신 그는 그러한 문화적으로 습득한 기능들을 수행하려면, 오히려 우리가 개인적으로 살아가는 과정에서 뇌가 자기 자신과 그 배선을 역동적으로 재조직해야만 한다고 주장했다.

1895년, 프로이트는 '과학적 심리학을 위한 프로젝트'를 완성했다.[18] 이는 뇌와 마음을 통합하려는 최초의 포괄적인 신경과학 모델들 중 하나로, 아직도 그 정교함에 감탄이 절로 나온다.[19] 여기서 프로이트는 '시냅스'를 제안했다. 당시는 시냅스가 찰스 셰링턴 경의 공으로 알려지기 여러 해 전이었다. 이 '프로젝트'에서 프로이트는 심지어, 그가 '접촉 장벽'이라고 부른 시냅스가 우리의 학습으로 변화할지 모른다고 묘사함으로써, 캔들의 연구를 예견하기까지 했다. 그는 또한 신경가소적 아이디어들을 제시하기 시작했다.

프로이트가 전개한 최초의 가소적 개념은, 함께 발화하는 뉴런은 함께 배선된다는 법칙이다.[20] 이 법칙은 프로이트가 헵보다 60년 먼저 제안했지만, 보통 헵의 법칙으로 불린다. 프로이트는 두 뉴런이 동시에 발화하면 이 발화는 진행 중인 연합을 촉진한다고 말했다. 프로이트는 뉴런들이 묶이는 것은 그 뉴런들이 때맞추어 함께 발화하기 때문이라고 강조하면서, 이 현상을 동시성에 의한 연합의 법칙이라고 불렀다. 연합의 법칙은 프로이트의 개념인 '자유연상'의 중요성을 설명한다. 자유연상은 정신분석 환자가 소파에 앉아, 아무리 말하기 거북하거나 사소해 보여도 마음에 떠오르는 모든 것을 말하는 방식이다. 분석가는 환자에게 보이지 않도록 환자의 뒤편에 앉아서 말을 거의 하지 않는 것이 보통이다. 프로이트는 자신이 방해하지 않으면 억류되어 있던 많은 느낌과 흥미로운 연관 관계들——그들이 보통 때 밀쳐버렸던 생각과 느낌들——이 환자의 연상 속에서 드러나는 것을 발견했다. 자유연상은 우리의 모든 정신적인 연상이, 겉보기에 이치에 맞지 않는 것 같은 '무작위적인' 것까지도 우리 기억의 그물망 안에 형성되어 있는 고리들을 표현한다는 이해를 기반으로 하고 있다.[21] 그가 말한 동시성에 의한 연합의 법칙은 신경망에서의 변화가 기억망에서의 변화와 연결된다는 것을 암시한다.[22] 따라서 여러 해 전에 함께 발화하여 함께 배선된 원래의 뉴런 연결들이 보통 그 자리를 지키고 있다가 환자의 자유연상 속에서 모습을 드러낸다는 것이다.

프로이트의 두 번째 가소적 개념은 심리학적인 임계기와 성적 가소성이라는 관련 개념이다.[23] 4장에서 보았듯이, 프로이트는 인간의 섹슈얼리티와 사랑하는 능력에는 아주 어린 시절에 임계기가 있다고 처음으로 주장한 사람이다. 그는 그 시기를 '조직 단계'라고 불렀다. 이 임계기 동안 무엇이 일어나는가가 이후 일생에서 우리가 사랑하고 관계를 맺는 능력에 엄청난 영향을 미친다.[24] 이때 무언가가 뒤틀리면 우리는 문제를 겪게 된다. 살면서 나중에 바뀔 수도 있긴 하지만, 임계기가 닫힌 뒤에는 가소적 변화를 하기가 훨씬 더 힘들다.

프로이트의 세 번째 개념은 기억에 관한 가소적 관점이었다. 프로이트가 자신의 스승에게서 물려받은 개념은, 우리가 경험하는 사건들이 우리의 마음에 영구적인 기억의 흔적을 남길 수 있다는 것이었다. 하지만 그는 환자들을 치료하기 시작하면서, 기억이 단번에 기록되거나 '새겨져서' 영원히 바뀌지 않고 유지되는 것이 아니라, 뒤이은 사건들의 영향으로 바뀌고 다시 고쳐 써질 수 있다는 사실을 관찰했다. 프로이트는 사건이 일어난 지 여러 해가 지나면 환자에게 다른 의미를 띠기도 한다는 것을 발견했고, 그렇다면 환자들은 그 사건에 대한 자신의 기억을 바꾼 셈이었다. 너무 어려서 추행을 당하면서도 자신이 무슨 일을 당하고 있는지를 이해할 수 없었던 어린이라면 당시에 항상 분노하는 것도 아니고, 첫 기억이 항상 부정적인 것도 아니다. 하지만 일단 성적으로 성숙하면, 그는 그 사건을 새롭게 바라보고 새로운 의미를 부여한다. 추행의 기억이 변하는 것이다. 1896년에 프로이트는 기억의 흔적은 때때로 "새로운 환경에 따라 재배열, 곧 다시 고쳐 쓰여지기가 쉽다.[25] 따라서 내 이론에서 근본적으로 새로운 것은 기억이 한 번 존재하는 것이 아니라 여러 번 반복해서 존재한다는 명제이다"라고 썼다. 기억은 "한 국가가 초기 역사에 관한 전설을 지어내는 과정과 모든 면에서 유사하게"[26] 끊임없이 개조된다. 기억이 바뀌기 위해서는 의식적이어야 하며 의식적인 주의의 초점이 되어야 한다고 프로이트는 주장했다. 이는 그 뒤로 신경과학자들이 밝힌 사실과 같다.[27] 안타깝게도, L씨의 경우처럼 어린 시절 초기에 일어난 사건의 어떤 트라우마가 된 기억은 의식에 쉽게 접근할 수 없으므로 바뀌지 않는다.

프로이트의 네 번째 신경가소적 개념은 무의식적인 트라우마를 의식적인 것으로 만들고 어떻게 고쳐 쓸 수 있을지 설명하는 일을 도와준다. 프로이트는 자신이 환자가 보지 못하는 곳에 앉아 환자의 문제를 간파했을 경우에만 의견을 말하는 방식으로 유도해낸 약한 감각 박탈 상태에서, 환자들이 자신을 과거의 중요한 인물로, 특히 심리학적인 임계기의 인물들 가운데서도 대개 부모라 여기기 시작한다는 것을 관찰했다. 마치 환자들이 자신도 모르는 사이에 과거의 기억을 재생하고 있는 것 같았다. 프로이트는 이 무의식적인 현상을 '전이transference'라고 불렀다. 환자들이 과거의 장면과 지각하는 방식을 현재로 옮기고transferring 있었기 때문이다. 그들은 과거를 '회상'하는 대신 '재생'하고 있었다. 보이지 않는 곳에서 말을 거의 하지 않는 분석가는 텅 빈 스크린이 되고, 환자는 거기에 자신의 전이를 투사하기 시작한다. 프로이트는 환자들이 살아가면서 모르는 사이에 다른 사람들에게도 이러한 '전이'를 행하며, 다른 사람들을 왜곡된 방식으로 바라보기 때문에 종종 문제를 겪는다는 것을 발견했다. 환자들이 도움을 받아 자신의 전이를 이해하면, 관계가 개선되었다. 무엇보다도 중요한 발견은, 전이가 활발할 때 프로이트가 환자에게 무슨 일이 일어나고 있는지 짚어줘서 환자가 거기에 주의를 기울이면, 이른 시기에 정신적 상처를 준 장면들의 전이가 종종 변경될 수 있었다는 것이다. 따라서 바탕의 신경망과 그에 연합된 기억들도 다시 고쳐 쓰고 변화할 수 있었을 것이다.

———

L씨가 어머니를 잃은 나이인 26개월에 아이들은 가소적 변화의 절정에 있다. 외부 세계에서 오는 자극 및 그것과의 상호작용의 도움을 받아 새로운 뇌 체계를 형성하고, 뉴런 연결을 강화하고, 지도들을 분화시키고, 기초 구조를 완성한다. 우반구는 성장의 전력질주를 막 끝냈고, 좌반구는 분발하기 시작한다.[28]

우반구는 일반적으로 비언어적 의사소통을 처리해서, 우리가 얼굴을 알아보고 표정을 읽어서 다른 사람들과 연결하도록 해준다.[29] 따라서 우반구는 엄마와 아기 사이에 교환되는 비언어적 시각 단서를 처리한다. 언어의 음악적 성분, 즉 우리가 감정을 전달하는 수단인 어조를 처리하기도 한다.[30] 이 기능들은 태어나서 두 살이 될 때까지 우반구가 전력을 다해 성장하는 동안 임계기를 거친다.

좌반구는 일반적으로 말의 감정적, 음악적 요소의 반대로서 언어적 요소를 처리하고, 의식적 처리를 통해 문제들을 분석한다. 아기들은 세 살이 되기 전까지는 우반구가 더 크고 좌반구는 막 성장 속도를 올리기 시작하고 있기 때문에, 우리 삶에서 첫 3년 동안은 우반구가 뇌를 지배한다.[31] 26개월 된 아기는 복잡한 '오른뇌잡이'의 감정적 동물이지만 자신의 경험을 말하지는 못한다. 말하는 것은 좌뇌의 기능이기 때문이다. 뇌 스캔이 보여주는 것에 따르면, 아기 생애의 첫 2년 동안 엄마는 주로 자신의 우반구를 써서 아기의 우반구에 접근하여 비언어적으로 의사소통한다.[32]

가장 중요한 임계기는 약 10개월이나 12개월에서 16개월이나 18개월까지 지속된다. 이 기간 동안 오른쪽 전두엽의 주요 영역이 발달하고 뇌 회로가 형성되어, 유아가 인간적인 애착을 유지하고 자신의 감정을 조절하게 해준다.[33] 뇌에서 우리의 오른쪽 눈 뒤에 있는 부분인 이 성숙하는 도중에 있는 영역을 우측 안와전두계right orbitofrontal system[34]라고 한다(안와전두계의 중심 영역은 6장에서 이야기한 안와전두피질 안에 있다. 그렇지만 '계'에는 감정을 처리하는 변연계와의 연결고리들이 포함된다). 이 체계 덕분에 우리는 사람의 얼굴 표정을, 곧 감정을 읽을 수 있고, 우리 자신의 감정 또한 이해하고 조절할 수 있다. 26개월 된 어린 L은 안와전두계의 발달은 끝냈지만 그것을 강화할 기회는 없었을 것이다.

감정적 발달과 애착의 임계기 동안 아기와 함께 있는 엄마는 음악적인 말과 비언어적 몸짓을 써서 아이에게 감정이란 무엇인가를 끊임없이 가르친다. 젖을 빨다가 공기를 들이마신 아기를 본 엄마는 말할 것이다. "자, 자, 우리 아기, 많이 놀랐나보구나. 겁먹지 마렴. 네가 너무 빨리 먹어서 배가 아픈 거란다. 엄마가 트림시키고 꼭 안아주면 괜찮아질 거야." 엄마는 아이에게 감정의 이름(겁먹음), 그 감정에 방아쇠가 있다는 것(너무 빨리 먹어서), 감정은 얼굴 표정으로 전달된다는 것(많이 놀랐나보구나), 감정은 몸의 감각과 연관된다는 것(배 아픔), 안정을 얻으려면 다른 사람에게 의지하는 것이 도움이 된다는 것(엄마가 트림시키고 꼭 안아주면)을 말하고 있다. 이 엄마는 말뿐만 아니라 애정이 깃든 목소리라는 음악과 몸짓과 접촉의 재확인으로 전달되는 감정의 많은 양상들을 자신의 아이에게 집중적으로 가르친 것이다.

어린이가 자신의 감정을 알고 조절하여 사회적으로 유대를 맺기 위해서는, 임계기에 이러한 종류의 상호작용을 수백 번 경험한 다음, 나중에 살아가면서 이를 더욱 강화해야 한다.

L씨는 안와전두계 발달이 완성된 지 몇 개월이 지나지 않아 어머니를 잃었다. 따라서 그는 어머니 아닌 다른 사람들을 마주쳤지만, 그들은 그들대로 슬픔에 빠져 있었으므로 아마도 어머니만큼 그와 교감해가며 안와전두계가 약해지지 않도록 사용하고 훈련하는 것을 도와주지 않았을 것이다. 어린 나이에 엄마를 잃은 아이들은 거의 항상 두 가지의 강도 높

은 타격을 받는다. 어머니는 죽음에게 빼앗기고, 살아남은 부모는 우울증에게 빼앗기는 것이다. 만일 다른 사람들이 어머니가 했듯이 자기 스스로를 위로하고 감정을 조절하는 것을 도와주지 못하면, 아이는 자신의 감정을 꺼버림으로써 '자기조절' 방법을 배운다.[35] L씨가 치료를 청하러 왔을 때, 그는 감정을 꺼버리고 애착을 유지하지 못하는 이러한 성향을 여전히 유지하고 있었다.

───────────

정신분석가들은 안와전두피질의 뇌 스캔이 가능하기 오래 전에도 임계기 초기에 엄마의 보살핌을 받지 못한 아이들의 성격을 관찰했다. 제2차 세계대전 도중에 르네 스피츠René Spitz는 감옥에서 생모가 기른 유아들과 한 간호사가 일곱 명을 맡고 있는 고아원에서 자란 유아들을 비교하는 연구를 했다.[36] 고아원의 아이들은 지적인 발달이 멈추었고, 자신의 감정을 조절할 수 없었으며, 대신 끊임없이 앞뒤로 몸을 흔들거나 이상한 손동작을 했다. 그 아이들은 또한 '꺼진' 상태로 들어가, 세상에 무관심했고 자신을 안아주고 달래주려는 사람들에게도 반응하지 않았다. 사진 속에 보이는 이 아이들의 눈은 넋을 잃고 먼 곳을 바라보는 것 같다. 꺼지거나 '마비된' 상태는 아이들이 잃어버린 부모를 다시 찾을 모든 희망을 포기했을 때에 일어난다. 하지만 이와 비슷한 상태에 들어갔던 L씨는 어떻게 그렇게 이른 시기의 경험을 기억 속에 기록할 수 있었을까?

신경과학자들이 알고 있는 기억에는 두 가지 주요한 체계가 있다. 둘 다 정신요법에서 가소적으로 변경된다.

26개월 된 어린이에게 주로 발달해 있는 기억 체계는 '절차적' 또는 '암묵적' 기억이라 불린다. 절차기억은 우리가 한 묶음의 반복적이고 자동적인 행동을 학습할 때 작동하며, 우리 주의의 초점 밖에서 일어나고, 말을 필요로 하지 않는다. 우리가 사람들과 주고받는 비언어적 상호작용과 우리의 감정적 기억이 절차기억 체계의 일부이다. 캔들이 이야기하듯이, "유아와 엄마의 상호작용이 특히 중요한 생애의 첫 2~3년 동안, 유아는 주로 절차기억 체계에 의존한다."[37] 절차기억은 일반적으로 무의식적이다. 자전거 타기는 절차기억에 의존하므로, 자전거 타는 것은 쉽게 잘 하는 사람들 대부분이 정확히 어떻게 하는지 의식적으로 설명하는 것은 힘들어한다. 절차기억 체계에서 우리는 프로이트의 의견대로 우리가 무의식적 기억을 가질 수 있다는 사실을 확인할 수 있다.

'외현적' 혹은 '서술적' 기억이라 불리는 다른 형태의 기억은 26개월 된 어린이에게서는 막 발달을 시작하고 있다. 외현기억은 특정한 사실, 사건, 일화들을 의식적으로 회상한다. 이는 우리가 주말에 누구와 함께, 얼마나 오랫동안, 무엇을 했는가를 명확히 묘사할 때 사용하는 기억이 바로 이것이다. 이 기억은 우리가 우리의 기억을 시간과 공간상에서 체계화하도록 도와준다.[38] 외현기억은 언어가 뒷받침하므로, 어린이가 일단 말을 시작하면 더 중요해진다.

태어나서 첫 3년 안에 정신적 충격을 겪은 사람들은 그에 관한 기억이 아예 없거나 거의 없을 것임을 우리는 예상할 수 있다(L씨는 자신의 첫 4년은 하나도 기억나지 않는다고 했다). 그러나 그 절차기억은 존재하고 있다가, 사람들이 그때와 비슷한 상황에 처했을 때 유발되거나 촉발되는 경우가 많다. 감정적 상호작용의 절차기억은 전이 과정에서, 또는 살아가면서 수시로 반복된다.

외현기억은 신경과학에서 가장 유명한 기억 환자인 심한 간질이 있던 H.M.이라는 젊은이를 관찰하면서 발견되었다. 의사는 그의 간질을 치료하기 위해 그의 뇌에서 사람 엄지손가락만한 해마라는 부분을 잘라냈다.

수술 뒤 H.M.은 처음에는 정상인 것 같았다. 그는 자신의 가족을 알아보고 대화를 할 수 있었다. 그러나 곧 그가 수술받은 뒤로 새롭게 경험한 사실을 학습할 수 없다는 것이 분명해졌다. 의사가 그를 찾아와서 이야기를 나누고 떠났다가 다시 돌아오면, 그에게는 그 의사를 전에 만났다는 기억이 전혀 남아 있지 않았다. 우리는 H.M.의 사례로부터 해마가 사람, 장소, 물건에 관한 단기적인 외현기억을 장기적인 외현기억—우리가 의식적으로 접근할 수 있는 기억—으로 전환한다는 사실을 알 수 있다.

분석은 환자가 자신의 무의식적 절차기억과 행동을 말로 옮겨서 더 잘 이해할 수 있도록 도와준다. 그 과정에서 환자는 이 절차기억을 가소적으로 다시 적어서 의식적인 외현기억으로 전환시키므로, 특히 무의식적인 트라우마의 기억인 경우 그는 더 이상 그 기억을 '재생'하거나 '재연'할 필요가 없어진다.

———

L씨는 빠른 속도로 분석과 자유연상에 익숙해졌고, 많은 환자들이 그렇듯 전날 밤의 꿈을 기억하기 시작했다. 곧 그는 무엇인지 모르는 물건을 찾는 내용의 반복되는 꿈을 보고하기 시작했지만, 새로운 설명을 덧붙였다. 그 '물건'이 어쩌면 사람인지도 모른다고.

잃어버린 물건은 내 일부인 듯합니다. 아닐 수도 있지만, 어쩌면 장난감이나, 소지품이나, 어쩌면 사람인지도 모르겠습니다. 나에겐 그것이 무조건 있어야만 합니다. 그것이 무엇인지는, 내가 찾는 순간 알 수 있을 겁니다. 하지만 나도 그것이 아무튼 존재하기는 하는지, 결국 내가 무언가를 잃어버리기는 한 건지 잘 모를 때도 있습니다.

나는 그에게 어떤 패턴이 나타나고 있다는 점을 지적했다. 그는 우리의 작업 사이에 휴일이 끼고 나면 이러한 꿈을 비롯해서 우울증과 마비감을 보고하곤 했던 것이다. 그는 처음에는 내 말을 믿지 않았지만, 우울증과 상실의 꿈은 계속해서 쉴 때마다 나타났다. 그러자 그는 그동안 분석 작업이 중단됐을 때 역시 알 수 없는 우울증이 생겼다고 회상했다.

그가 필사적으로 찾아다니는 꿈을 꾸면서 하는 생각들은 그의 기억 속에서 보살핌의 중단과 연합되어 있었다. 이 기억들을 부호화하는 뉴런들은 아마도 그의 발달 초기에 함께 배선되었을 것이다. 하지만 그는 이 과거의 고리를 더 이상 의식적으로 깨닫지 못했던 것이다. 꿈속의 '잃어버린 장난감'은 그가 겪는 현재의 고통이 어린 시절 상실에 영향을 받고 있다는 단서였다. 하지만 그 꿈은 그 상실이 지금 일어나고 있음을 암시했다. 과거와 현재가 한데 섞여 전이가 활성화되고 있었다. 이 시점에서 나는 분석가로서, 아들과 교감하여 감정적인 '기초'들을 지적함으로써 안와전두계를 발달시키는 어머니의 역할을 했다. 자신의 감정과 그 방아쇠들에 이름을 붙이고 그것이 자신의 육체적, 정신적 상태에 어떻게 영향을 주는가를 알도록 그를 도와준 것이다. 곧 그는 자기 스스로 그 방아쇠와 감정들을 찾아낼 수 있게 되었다.

그런 작업의 중단은 세 가지 다른 유형의 절차기억을 유발했다. 잃어버린 어머니와 가족을 갈망하고 찾아 헤매는 불안한 상태, 자신이 구하는 것을 찾지 못하는 절망에서 오는 우울한 상태, 이 모든 것에 완전히 압도되어 감정을 꺼버리고 시간을 멈춰버린 마비 상태가 그것이다.

이 경험에 관해 이야기를 나눔으로써 그는 생전 처음으로 자신의 절망적인 탐색을 한 사람의 상실이라는 진정한 방아쇠와 연결시키고, 자신의 마음과 뇌가 단절이라는 개념을 어머니의 죽음이라는 개념과 융합시켰음을 깨달을 수 있었다. 이렇게 연결을 짓는 동시에 자신이 더 이상 무력한 어린아이가 아니라는 것을 깨닫자, 그는 압도되는 느낌을 덜 수 있었다.

뇌가소적 용어로 말하자면, 일상적인 단절과 그에 대한 자신의 파국적인 반응 사이의 고리를 활성화시키고 거기에 주의를 바짝 기울인 덕분에, 그는 그 연결의 배선을 해제하고 패턴을 바꿀 수 있었던 것이다.

자신이 우리의 짧은 헤어짐에 마치 커다란 상실인 것처럼 반응하고 있다는 것을 알게 되면서, L씨는 다음과 같은 꿈을 꾸었다.

내가 어떤 남자와 함께 무거운 것이 들어 있는 커다란 나무 상자를 옮기고 있습니다.

그가 그 꿈을 두고 자유연상을 시작했을 때 그에게는 몇 가지 생각들이 떠올랐다. 그 상자는 그에게 자신의 장난감 상자와 함께 관을 연상시켰다. 그 꿈은 상징적인 이미지 속에서 자기가 어머니의 죽음이라는 짐을 옮기고 있다는 말을 하고 있는 것 같았다. 그러자 꿈속의 남자가 말했다.

"당신이 이 상자를 위해서 치른 대가가 무엇인지 보시오." 난 옷을 벗기 시작하는데, 다리 상태가 엉망입니다. 상처와 딱지로 뒤덮여 있고 내 몸의 죽은 부분에 혹이 매달린 채로 아물어 있어요. 난 그 대가가 이렇게 비쌀 줄은 몰랐습니다.

"난 그 대가가 이렇게 비쌀 줄은 몰랐습니다"라는 말은 그의 마음속에서 자신이 아직도 어머니의 죽음의 영향을 받고 있다는 것을 점차 깨달아가는 것과 관련이 있었다. 그는 상처 받았고 아직도 '흉터'가 남아 있었다. 그 생각을 한 바로 다음, 그는 조용해졌으며 그의 인생에서 중요한 깨달음을 얻었다.

"난 여자와 함께 있을 때마다," 그가 말을 이었다. "금세 그녀가 날 위한 여자가 아니라고 생각하고는, 다른 어떤 이상적인 여자가 어딘가에서 날 기다리고 있다고 상상을 합니다." 그러더니 그는 몹시 충격을 받은 목소리로 말했다. "나는 이제야 그 다른 여자는 내 어린 시절 어머니의 희미한 모습이라는 것을 깨달았습니다. 내가 충실해야 하지만 결코 찾을 수 없는 사람이 바로 어머니였군요. 내가 함께 있는 여자는 양어머니가 되고, 그녀를 사랑하는 것은 진짜 어머니를 배신하는 게 되는 거였어요."

그는 순간 자신이 아내에게 가까워지기 시작한 직후에, 곧 어머니에게 묶여 있는 보이지 않는 끈이 위협을 받기 시작하면서, 바람을 피우고 싶은 충동이 일어났다는 것을 깨달았다. 그의 부정은 항상 '더 높은', 하지만 무의식적인 충성심에 봉사하고 있었던 것이다. 이 발견은 그가 자신의 어머니에게 품은 모종의 애착을 마음에 기록했다는 첫 번째 암시이기도 했다.

내가 그 다음 단도직입적으로, 그가 얼마나 상처받았는지를 지적한 꿈 속의 남자로 경험하고 있는 사람이 바로 내가 아니냐고 묻자, L씨는 어른이 되고 나서 처음으로 울음을 터뜨렸다.

L씨는 단번에 좋아지진 않았다. 그는 먼저 헤어짐, 꿈, 우울, 깨달음의 순환 고리 — 장기적인 뇌가소적 변화를 위해 요구되는 반복, 또는 '고군분투' — 를 경험해야 했다. 그는 관계를 맺는 새로운 방식을 학습하면서 새로운 뉴런들을 함께 배선해야 했고, 낡은 방식의 반응을 탈학습

하면서 뉴런의 고리들을 약화시켜야 했다. L씨가 헤어짐과 죽음의 개념을 이어놓았기 때문에, 그의 신경망 안에는 헤어짐과 죽음이 함께 배선되어 있었다. 이제 그 자신이 그 연합을 의식하고 있기에 탈학습이 가능해졌다.

우리 모두는 참을 수 없이 고통스러운 생각, 느낌, 기억을 의식적으로 자각하지 못하도록 숨기는 방어 메커니즘, 엄격히 말하자면 반응 패턴을 가지고 있다. 이 방어들 가운데 하나가 해리라고 불리는 것이다. 해리는 위협이 되는 생각이나 느낌을 나머지 정신에서 분리시켜놓는 것이다. 분석을 하면서 L씨는 오랜 세월 동안 얼어붙어 있었고 의식적 기억에서 해리되어 있었던, 어머니를 찾는 고통스러운 자전적 기억을 재경험할 기회를 가지기 시작했다.[39] 그럴 때마다 그의 기억을 부호화하는 끊어졌던 뉴런 집단들이 다시 이어지면서, 그는 자신이 더 완전해지는 것을 느꼈다.

프로이트 이래로 정신분석가들은 분석 중에 일부 환자들에게는 분석가를 향한 강한 감정이 생긴다는 것을 알아차렸다. L의 사례에서 이 일이 일어났다. 우리 사이에는 어떤 따스함과 긍정적 의미의 친밀감이 발달했다. 프로이트는 이 강력하고 긍정적인 전이의 느낌이 치료를 촉진하는 많은 엔진들 가운데 하나가 된다고 생각했다. 신경과학적으로, 이런 일이 도움이 되는 이유는 아마도 관계를 맺는 과정에서 우리가 드러내는 감정과 패턴들이 절차기억 체계의 일부이기 때문일 것이다. 치료 중에 그러한 패턴들이 유발되면, 환자는 그것을 눈으로 보고 변화시킬 기회를 가지게 된다. 4장에서 보았듯이, 긍정적인 유대는 탈학습을 유발하고 존재하는 신경망을 용해시킴으로써 뇌가소적 변화를 촉진하므로, 환자가 기존의 의도를 바꿀 수 있는 것 같기 때문이다.[40]

"정신요법이 뇌에 검출 가능한 변화를 일으킬 수 있다는 것은 더 이상

의심의 여지가 없다"⁴¹고 캔들은 적고 있다. 최근 정신요법 전후에 찍은 뇌 스캔은 뇌가 치료 중에 스스로를 가소적으로 재조직하고, 치료가 성공적일수록 변화가 크다는 것을 나타낸다. 환자들이 트라우마를 다시 경험하면서 옛 장면이 떠오르고 주체할 수 없는 감정을 느낄 때에는, 전전두엽과 전두엽으로 향하는 혈류가 감소했다.⁴² 이는 우리의 행동을 통제하는 이 영역의 활동이 줄어들었음을 나타낸다. 신경정신분석가인 마크 솜즈Mark Solms와 신경과학자인 올리버 턴불Oliver Turnbull에 따르면, "대화요법의 목표는…… 신경생물학적 관점에서 볼 때, 전전두엽이 기능적으로 미치는 영향력의 범위를 확장하는 것이다."⁴³

대인 정신요법으로 치료──존 보울비John Bowlby와 해리 스택 설리번Harry Stack Sullivan 두 정신분석가의 이론적 연구결과에 부분적으로 기초한 단기 치료──를 받는 우울증 환자를 연구한 결과에 따르면, 치료와 함께 전전두엽의 뇌 활동이 정상화되었다⁴⁴(감정과 관계를 인식하고 통제──L씨에게서 제대로 작동하지 않던 기능──하는 데 매우 중요한 우측 안와전두계가 전전두피질의 일부이다). 좀더 최근에 공황장애가 있는 불안한 환자의 fMRI 스캔을 연구한 연구자들은, 그들의 변연계가 잠재적으로 위협적인 자극에 비정상적으로 활성화되는 경향이 정신분석적 정신요법 이후에 감소되었음을 발견했다.⁴⁵

L씨는 자신의 외상후 증후군을 이해하기 시작하면서, 자신의 감정을 더 잘 '통제'하기 시작했다. 그는 분석을 받지 않을 때에도 자기조절을 전보다 잘하게 되었다고 보고했다. 불가사의한 마비 상태에 빠지는 일도 줄어들었다. 고통스러운 느낌이 들 때에도 그전만큼 자주 술에 의지하지 않았다. 이제 L씨는 울타리를 낮추고 덜 방어적이 되었다. 그는 화가 났을 때 좀더 주저 없이 그것을 표현할 수 있었으며, 자신의 아이들을 더 가깝게 느꼈다. 그는 갈수록 분석 기간을 자신의 아픔을 완전히 꺼버리는

대신 마주하는 데 이용했다. 바야흐로 L씨는 마음 깊은 곳에서 우러나는 결연한 성질의 긴 침묵에 빠져들었다. 그의 얼굴 표정은 그가 엄청난 아픔 속에서 말하고 싶지 않은 끔찍한 슬픔을 겪고 있음을 보여주었다.

아무도 그가 성장하면서 느낀 어머니의 부재에서 오는 감정을 이야기하지 않았고, 가족은 집안일에 매달리는 것으로 아픔을 처리했으므로, 그리고 그가 너무도 오랫동안 침묵을 지켰으므로, 나는 그가 비언어적으로 전달하고 있는 메시지를 말로 드러내는 모험을 감수해보았다. 나는 말했다. "당신은 마치 예전에 가족에게 말하고 싶었던 것을 저에게 말하고 있는 것 같군요. '안 보여? 난 이렇게 끔찍한 상실을 겪었으니, 지금 당장 우울해야 한다고'라고 말이에요."

그는 분석을 하면서 두 번째로 울음을 터뜨렸다. 그는 우는 사이사이에 자신도 모르게 규칙적으로 혀를 내밀기 시작했다. 그 모습은 마치 젖가슴을 빼앗겨서 혀를 내밀어 찾고 있는 아기처럼 보였다. 그러더니 그는 두 살배기 아이처럼 얼굴을 덮고 손을 입에 넣고서 큰 소리로 원초적으로 흐느끼기 시작했다. 그는 말했다. "난 내 아픔과 상실을 위로받고 싶어요. 하지만 날 위로하려고 너무 가까이 오지 말아요. 난 이 암울한 비참함 속에 혼자 있고 싶어요. 당신은 내 마음을 이해할 수 없어요, 나도 이해할 수 없으니까. 이해하기엔 너무나도 큰 슬픔이라고요."

이런 그의 말을 들으면서 우리는 둘 다, 그가 종종 '위로를 거부하는' 태도를 취한다는 것과 그런 태도가 '거리를 두는' 그의 성격에 기여한다는 것을 알게 되었다. 그는 어린 시절부터 꾸준히 그를 도와 크나큰 상실감을 막아준 방어 메커니즘을 발휘하고 있었다. 그 방어 메커니즘은 수천 번 반복됨으로써 가소적으로 강화되어왔다. 그의 성격적 특성들 가운데에서 가장 두드러진 거리두기는 유전적으로 미리 결정된 것이 아니라 가소적으로 학습된 것이었으므로, 이제는 탈학습되고 있었다.

독자에게는 L씨가 아기처럼 울면서 혀를 내민 것이 이상해 보이겠지만, 그것은 그가 소파에 앉아 겪게 될 여러 가지 '유아기' 경험들 중 첫 번째 것이었다. 프로이트는 어릴 적에 정신적 상처를 입은 환자들은 흔히 중요한 순간에 '퇴행'(그의 용어를 쓰자면)을 해서, 당시 기억을 회상할 뿐더러 잠시 그때의 기억을 어린아이처럼 경험한다는 것을 관찰했다. 이는 뇌가소적 관점에서 완벽하게 이치에 맞는다. L씨는 그가 어린 시절 이후로 사용해오던 방어——그가 어머니의 상실에서 느낀 감정적 영향력을 부정하는 일——를 이제 막 포기했으며, 그 일은 그 방어가 숨겨왔던 기억과 감정적 아픔을 노출시켰다. 바크-이-리타가 뇌 재조직이 일어나고 있는 환자를 이와 매우 유사하게 설명한 것을 상기해보라. 확립된 어떤 뇌 그물망이 차단되면, 환자는 그 그물망이 확립되기 전에 그 자리에 있었던 낡은 그물망을 사용해야 한다. 그는 이것을 낡은 신경 경로의 '표출'이라고 불렀고, 뇌가 스스로를 재조직하는 주요 방법들 중 하나라고 생각했다. 나는 분석 도중의 퇴행이 뉴런 수준에서 흔히 심리학적 재조직에 앞서 일어나는 표출의 한 예라고 믿는다. 그런 일이 L씨에게 일어났던 것이다.

다음 시간에 그는 반복되는 꿈이 바뀌었다고 보고했다. 이번에는 자기가 낡은 집에 들러서 '어른 소지품'을 찾는다고 했다. 그 꿈은 죽어 있던 그의 일부가 다시 살아나고 있다는 신호였다.

내가 낡은 집을 찾아갑니다. 누구 집인지 몰랐지만, 알고 보니 우리 집이더군요. 내가 무언가를 찾고 있습니다. 이번에는 장난감이 아니라 어른 소지품을요. 눈이 녹고 있습니다. 겨울이 끝나가나 봅니다. 집 안으로 들어가 보니 그 집은 내가 태어난 집이었습니다. 전에는 그 집이 비어 있었다고 생각했는데, 빛이 쏟아져 나오는 뒷방에서 이혼한 아내——난 아내가 훌륭한 어머니 같다고 느꼈어요——가 나타났습니다. 아내는 날 보자 기쁘게 맞이했고 난 천국에 온 듯한 느낌입니다.

그는 고립감으로부터, 사람들과 자기 자신의 일부와 단절된 느낌으로부터 빠져나오고 있었다. 그 꿈은 그의 감정적 '해빙'과 그가 가장 어린 시절을 보낸 집에서 어머니 같은 사람과 함께 있는 것을 상징하는 꿈이었다. 아무튼 집은 비어 있지 않았다. 유사한 꿈들이 뒤를 이었고, 그 안에서 그는 자신의 과거, 자아감, 한때 어머니가 있었다는 감각을 되찾았다.

어느 날, 그는 굶어죽기 전에 자기 아이에게 마지막 남은 빵 한 조각을 주는 인도의 한 어머니를 묘사한 시를 이야기했다. 그는 그 시가 어째서 자신의 마음을 그토록 움직이는지를 이해할 수 없다고 했다. 그러다 잠깐 멈칫하더니, 그는 귀청을 찢을 듯이 울부짖었다. "우리 엄만 날 위해 목숨을 바쳤어요!" 그는 온몸을 떨면서 흐느끼다가, 침묵에 빠졌다가, 다시 울부짖었다. "엄마가 보고 싶어!"

L씨는 히스테리를 일으킨 것이 아니라 그의 방어가 밀어냈던 모든 감정적 아픔을 비로소 경험하면서, 그가 어린아이로서 가졌던 사고와 느낌들을 재생한 것이다. 그는 심지어 말하는 방식까지 퇴행하면서 오래된 그물망들을 표출하고 있었다. 하지만 여기에는 다시 한 번 더 높은 수준의 심리학적 재조직이 따랐다.

어머니를 잃은 커다란 상실감을 인정한 다음, 그는 난생처음으로 어머니의 무덤을 찾아갔다. 마치 그의 마음의 일부는 그동안 어머니가 살아 있다는 기묘한 생각을 품고 있었던 것 같았다. 그는 이제야 자신의 깊은 곳에서 어머니가 돌아가셨다는 것을 인정할 수 있었다.

다음 해 L씨는 처음으로 마음속 깊이 사랑에 빠졌다. 그는 또한 처음으로 연인에게 소유욕을 느꼈으며 정상적인 질투심도 겪었다. 그는 여자들이 자신의 냉담함과 불성실에 격분했던 이유를 비로소 이해하고 슬픔과 죄책감을 느꼈다. 그는 또한 어머니에게 연결되어 있다가 어머니가 돌아가셨을 때 잃어버린 자신의 일부를 발견했다고 느꼈다. 한때 한 여자를 사랑했던 자신의 일부를 발견하자, 그는 다시 사랑에 빠질 수 있었다.

이후 그는 분석 도중에 겪은 마지막 꿈을 꾸었다.

어머니가 피아노를 치고 계십니다. 내가 그 모습을 보고 있다가 누군가를 데리러 갑니다. 그리고 돌아와 보니 어머니는 관 속에 누워 계십니다.

그는 꿈을 연상하다가, 열린 관에 누운 어머니를 보고 손을 뻗어보지만 어머니가 반응하지 않는다는 두렵고 무시무시한 사실을 깨닫고 당황해하는 자신의 이미지가 떠올라 소스라치게 놀랐다. 그는 크게 울부짖더니 원초적인 슬픔에 휩싸여서 10분 동안 몸부림을 쳤다. 슬픔이 가라앉자 그는 말했다. "난 이 기억이 우리 어머니 장례식의 기억이라고 생각합니다. 열린 관을 보자 그 기억이 끌려나온 거라고 생각해요."[46]

L씨는 기분이 한결 나아지고, 또 달라졌다. 그는 한 여성을 꾸준히 사랑하고 있었고, 아이들과의 유대감도 상당히 깊어져 더 이상 그들을 멀리하지 않았다. 마지막 시기에 그는 손위 형제에게 어머니의 장례식 때 관이 열려 있었고 거기에 그가 있었다는 사실을 들었다고 했다. 우리가 헤어질 때 L씨는 슬픔을 의식했지만 더 이상 영원히 헤어진다는 생각에 우울해지거나 마비되지는 않았다. 그가 분석을 마친 지 10년이 지난 지금까지 그는 심하게 우울해지는 일 없이 지내면서, 분석이 "내 삶을 바꾸고 나에게 삶을 지휘할 수 있는 능력을 주었다"고 말한다.

우리의 유아기 기억상실증 때문에 많은 사람들은 성인이 L씨처럼 먼 과거를 기억할 수 있다는 것을 의심할 것이다. 이 의심은 한때 매우 널리 퍼져서 아무도 그 문제를 연구하지 않았지만, 새로운 연구에 따르면 한 살이나 두 살 때의 유아도 트라우마의 기억을 비롯한 여러 사건과 사실들을 기록할 수 있다.[47] 외현기억 체계가 최초의 몇 년 동안 확실치 않은 것은 사실이지만, 캐롤린 로비-콜리어Carolyn Rovee-Collier와 다른 이들은 심지어 말하기 전이나 겨우 말을 시작한 유아들에게도 그 기억 체계가 존재한다는 것을 보여주었다.[48] 유아들은 상기시켜주면 최초 2~3년의 사건들을 기억할 수 있다.[49] 나이가 좀더 위인 어린이들은 말을 하기 이전에 일어난 사건들을 기억하고 있다가 일단 말하는 것을 배우면 그 기억을 말로 옮길 수 있다.[50] L씨는 때때로 이렇게 해서, 자신이 경험한 사건들을 생전 처음 말로 옮겼다. 어떤 때 그는 엄마가 날 위해 목숨을 바쳤다는 생각이나 그가 어머니 장례식에 있었다는 따로 증명된 기억과 같이, 줄곧 외현기억 안에 있었지만 억눌려졌던 사건들을 풀어놓았다. 그리고 어떤 때 그는 자신의 경험을 절차기억 체계에서 외현기억 체계로 '옮겨 적기'도 했다. 그리고 물론 그의 핵심적인 꿈은 그의 기억에 큰 문제가 있음을 가리키는 것 같지만—그는 무언가를 찾고 있었지만 그것이 무엇인지는 회상할 수 없었다—그래도 그는 그것을 찾으면 알아볼 수 있을 것이라고 느꼈다.[51]

---

분석에서 꿈이 어째서 그렇게 중요할까? 꿈은 가소적 변화와는 어떤 관계가 있을까? 환자들은 끈질기게 반복되는 트라우마의 꿈에 시달리고 겁에 질려 잠을 깨는 경우가 많다. 그들이 아직 환자인 한, 이 꿈들은 기

본 구조가 변하지 않는다. 그 트라우마를 표상하는 신경망은 다시 적히지 못한 채, 끈질기게 다시 활성화된다. 이 환자들이 나아지면, 이 악몽은 점점 덜 무서운 것이 되어, 결국 환자가 꾸는 꿈은 '처음엔 트라우마가 도진다고 생각했는데 아니네. 이젠 끝났어. 살았다'와 같은 것이 된다. 이런 종류의 꿈이 점진적으로 이어지는 것은 환자가 자신이 이제 안전하다는 것을 학습하면서 마음과 뇌가 서서히 변화하고 있음을 보여준다.[52] 이 변화가 일어나려면, 신경망은 모종의 연합들을 탈학습하고——L씨가 헤어짐과 죽음 사이의 연합을 탈학습했듯이——기존의 시냅스 연결을 변화시켜서 새로운 학습을 위한 길을 만들어야만 한다.

꿈이 가소적 변화 과정에 있는 뇌를 보여주며, L씨의 사례에서처럼 지금까지 묻혀 있던 감정적으로 의미 있는 기억들을 바꾸어놓는다는 물리적 증거에는 어떤 것이 있을까?

최신 뇌 스캔은 우리가 꿈을 꿀 때 감정과 성적·생존적·공격적 본능을 처리하는 뇌의 부분이 상당히 활발하다는 것을 보여준다.[53] 동시에 감정과 본능을 억제하는 전전두피질계는 더 낮은 활동을 보인다. 본능을 높이고 억제를 낮추면, 꿈꾸는 뇌는 보통 자각에서 차단되는 전기 신호를 드러낼 수 있다.

수십 가지의 연구에 따르면 잠은 우리가 학습과 기억을 공고히 하도록 도와주고 가소적 변화를 가져온다.[54] 우리가 낮 동안에 어떤 기술을 배우고 밤에 잠을 잘 자면, 다음 날 그 일을 더 잘 하게 된다. '자면서 문제를 생각한다'는 말은 종종 맞는 말이다.[55]

마르코스 프랭크Marcos Frank가 이끄는 팀도 대부분의 가소적 변화가 일어나는 임계기 동안 수면이 뇌가소성을 증가시킨다는 것을 보여주었다.[56] 허블과 비셀이 임계기에 새끼 고양이의 한쪽 눈을 가렸을 때, 가린 눈의 뇌 지도가 온전한 눈에게 양도되는 것——쓰지 않으면 잃는 사례

9. 프로이트 다시 보기 **307**

―을 보여준 실험을 기억할 것이다. 프랭크의 팀은 두 집단의 고양이를 데리고 같은 실험을 했다. 한 집단은 잠을 재우지 않았고, 다른 한 집단은 충분히 재웠다. 그들은 고양이가 잠을 많이 잘수록 '뇌 지도'에서 가소적 변화가 커진다는 것을 발견했다.

꿈의 상태도 가소적 변화를 촉진한다. 수면은 두 단계로 나누어진다. 우리 꿈의 대부분은 급속안구운동수면rapid-eye-movement sleep, 곧 렘REM수면이라는 단계에서 일어난다. 유아들은 성인보다 훨씬 많은 시간을 렘수면으로 보내고, 뇌가소적 변화가 가장 빠르게 일어나는 것도 이 유아기 동안이다. 사실, 유아기에 뇌에 가소적 발달이 일어나려면 렘수면이 꼭 필요하다. 제럴드 막스Gerald Marks가 이끄는 팀은 프랭크의 팀과 마찬가지로 렘수면이 새끼 고양이와 뇌 구조에 미치는 효과를 연구했다.[57] 막스는 렘수면을 빼앗긴 고양이의 시각피질에 있는 뉴런들이 실제로 더 작다는 것을, 따라서 뉴런이 정상적으로 성장하려면 렘수면이 필수적인 듯하다는 사실을 발견했다. 렘수면은 감정적 기억을 보유하는 능력을 높이고[58] 해마가 그날그날의 단기기억을 장기기억으로 전환(곧, 기억을 더 영구적으로 만들어서 뇌에 구조적 변화를 유도)하는 데 특히 중요하다는 것도 알려졌다.[59]

분석을 하는 동안 매일 낮에 자신의 핵심적인 갈등, 기억, 트라우마와 씨름한 L씨는 밤이 되면, 그의 감정이 묻혀 있으며 뇌가 그날의 학습과 탈학습을 보강하고 있다는 증거로 꿈을 꾸었다.

우리는 L씨가 어째서 분석을 시작할 때는 자기 생애의 첫 4년을 의식적으로 기억하지 못했는지를 이해한다. 그 시기 기억의 대부분이 무의식적인 절차기억――자동적인 일련의 감정적 상호작용――인데다 그가 가진 얼마 안 되는 외현기억마저 너무나 아픈 것들이라 억눌려 있었기 때문이다. 치료 과정에서 그는 최초 4년의 절차기억과 외현기억 모두에 접근할 수 있었다. 하지만 그가 사춘기 기억을 회상할 수 없었던 까닭은 무엇이었을까? 한 가지 가능성은 그가 사춘기 일부를 억압했을 수도 있다는 것이다. 어린 시절의 비극적인 상실과 같은 한 기억을 억압할 때, 우리는 흔히 원래의 사건에 접근하는 것을 막기 위해 그와 느슨하게 연관된 다른 사건들까지 억압한다.

그러나 다른 원인이 있을 수도 있다. 어린 시절 초기의 트라우마는 해마에 막대한 가소적 변화를 일으키면서 축소시켜, 새로운 외현적 장기기억을 형성할 수 없게 한다는 사실이 최근에 발견되었다. 어미에게서 떼어놓은 동물은 절망적으로 울부짖다가, 스피츠의 유아들이 그랬듯이, 꺼진 상태로 들어가서 '글루코코르티코이드glucocorticoid'라는 스트레스 호르몬을 분비한다. 글루코코르티코이드는 해마에 있는 세포들을 죽여서, 해마가 학습과 외현적 장기기억을 가능하게 하는 신경망 안의 시냅스 연결을 만들지 못하게 한다. 이른 시기의 스트레스는 이 어미 없는 동물이 남은 일생 동안 스트레스 관련 질환에 걸리기 쉽게 만든다.[60] 어미와 오랫동안 떨어져 있으면, 글루코코르티코이드의 생산을 유발하는 유전자가 장기간 켜져 있게 된다.[61] 유아기의 트라우마는 글루코코르티코이드를 조절하는 뇌의 뉴런에 초민감화——가소적 변경——를 유도하는 것 같다. 인간을 대상으로 실시한 최근의 연구에 따르면, 아동학대를 겪었던 성인 또한 글루코코르티코이드 초민감화가 성인기까지 지속되는 징후를 보인다.[62]

해마가 축소된다는 것은 중요한 뇌가소적 발견이다. 어떻게 해서 L씨와 같은 사람들에게 사춘기의 외현기억이 그토록 적은지를 설명하는 데 도움이 될 수 있기 때문이다. 우울증, 높은 스트레스, 어린 시절의 트라우마는 모두 글루코코르티코이드를 방출하여 해마에 있는 세포를 죽이면서 기억 상실을 유도한다.[63] 사람들이 오랫동안 우울할수록 해마는 점점 더 작아진다.[64] 사춘기 이전의 어린 시절에 트라우마를 겪은 우울한 성인은 어린 시절 트라우마가 없는 우울한 성인보다 해마가 18퍼센트나 작다.[65] 이는 가소적 뇌의 부정적인 면이다. 곧, 우리는 병에 반응해서 문자 그대로 필수적인 피질 영토를 잃는 것이다.

스트레스가 짧으면 이 크기의 감소는 일시적이다. 너무 길어지면 손상은 영구적이 된다.[66] 사람들은 우울증에서 회복되면서 기억이 돌아오고, 연구가 암시하는 것에 따르면 해마도 다시 자랄 수 있다.[67] 사실 해마는 줄기세포로부터 새로운 뉴런을 만들어내는 기능이 있는 두 영역 중 한 영역이다. L씨가 해마에 입은 손상은 그가 20대 초기에 외현기억을 다시 형성하기 시작하면서 회복되었을 것이다.

항우울제들은 해마에서 새로운 뉴런이 되는 줄기세포의 수를 증가시킨다. 3주 동안 프로작을 투여한 쥐들은 해마에 있는 세포의 수가 70퍼센트 증가했다.[68] 사람에게서 항우울제가 효과를 보이는 데는 보통 3주에서 6주가 걸린다. 우연일지도 모르지만, 해마에서 새로 태어난 뉴런이 성숙해서 길게 늘어나 다른 뉴런과 연결되는 데 걸리는 시간과 동일하다. 어쩌면 우리는 모르는 사이에 뇌가소성을 키우는 약물을 사용함으로써 우울증에서 벗어나는 데 도움을 얻고 있었을 것이다. 정신요법으로 호전된 사람들이 기억력이 향상되는 것이 발견되므로, 정신요법 역시 해마에서 일어나는 뉴런의 성장을 자극하는지도 모른다.

---

L씨가 분석을 받은 당시의 나이를 생각했을 때, L씨에게서 일어난 많은 변화들은 프로이트도 놀라게 했을 것이다. 프로이트는 사람들의 변화 능

력을 묘사하는 데 '정신적 가소성'이라는 용어를 썼고, 사람들의 전체적인 변화 능력은 여러 가지라는 사실을 알고 있었다. 그는 또한 많은 노인들에게서 '가소성의 고갈'이 일어나는 경향이 있어서, 그들이 '변하지 못하고, 고착된다'는 것을 관찰했다.[69] 그는 이렇게 되는 원인을 '습관의 힘'으로 돌리고, "그러나 이러한 정신적 가소성을 통상적인 나이의 한계를 훨씬 넘어서까지 보유하는 사람들도 있으며, 너무 이른 나이에 잃어버리는 사람들도 있다"[70]고 적었다. 그의 관찰에 따르면, 후자의 사람들은 정신분석 치료에서 신경증을 제거하는 데 큰 어려움을 겪었다. 그들도 전이를 활성화할 수는 있었지만, 변화시키기는 어려웠다. L씨는 고착된 성격 구조를 50년이 넘도록 지니고 있었던 것이 분명했다. 그렇다면 그는 어떻게 변화할 수 있었을까?

그 해답은 내가 '가소적 역설'이라고 부르는 커다란 수수께끼의 일부로, 나는 이를 이 책의 가장 중요한 교훈들 중 하나라고 생각한다. 가소적 역설은 우리로 하여금 뇌를 변화시키고 더 유연한 행동을 하도록 만들어주는 뇌가소적 성질들이 동시에 우리로 하여금 더 경직된 행동을 하도록 만들 수도 있다는 것이다. 모든 사람들은 가소적 잠재력을 지니고 출발한다. 어떤 사람들은 점점 더 유연한 어린아이로 자라 성인이 되어서도 그런 식으로 살아나간다. 어떤 사람들의 경우는 어린 시절의 자연스러움, 창의력, 예측불가능성이 판에 박힌 것들에 자리를 내주어, 똑같은 행동을 반복하면서 스스로를 경직된 모습으로 바꾸어간다. 직업, 문화 활동, 기술, 신경증, 다른 그 어떤 것이든지 변화 없는 반복과 관련된 것은 무엇이든 경직성으로 이어질 수 있다. 실은 애초에 우리에게 이러한 경직된 행동이 생길 수 있는 것도 우리의 뇌가 가소적이기 때문이다. 파스쿠알-레오네의 은유가 예증하듯이 뇌가소성은 어떻게든 바뀔 수 있는 언덕 위의 눈과 같다. 썰매를 타고 언덕을 내려갈 때, 우리는 유연할 수 있다. 우리에겐 매번 다른 경로로 푹신한 눈을 통과할 수 있는 선택권이 있기 때문이다. 하지만 우리가 두 번 또는 세 번 똑같은 경로를 선택한다면, 궤도가 생기기 시작할 것이고, 이내 우리는 그 궤적 안에서 꼼짝하지 못하게 될 것이다. 신경회로는 한 번 확립되면 저절로 유지되는 경향이 있으므로, 그 경로는 이제 상당히 굳어질 것이다. 우리의 뇌 가소성은 정신적 유연성과 정신적 경직성 둘 다를 일으킬 수 있기 때문에, 우리는 우리가 가진 유연성의 잠재력을 과소평가하는 경향이 있다. 우리는 대부분 그 힘을 순간적으로밖에 경험하지 못한다.

가소성의 부재가 습관의 힘과 관련이 있어 보인다는 프로이트의 말은 옳았다. 신경증이 습관의 힘에 에워싸이기 쉬운 이유는, 신경증에는 우리가 의식하지 못하는 반복 패턴이 따르므로, 전문적인 기법을 쓰지 않고서는 그 패턴을 멈추거나 방향을 돌리기가 거의 불가능하기 때문이다. L씨가 일단 자신의 잦은 방어 습관을 비롯해 스스로와 세계를 바라보는 자신의 관점이 그렇게 된 원인을 이해할 수 있게 되자, 그는 그 나이에도 타고난 가소성을 이용할 수 있었다.

L씨가 분석을 시작했을 때 그는 자신의 어머니를 보이지 않는 유령으로서 경험했다. 어머니는 살아 있는 존재인 동시에 죽은 존재였고, 자신이 충실해야만 하면서도 결코 존재를 확신할 수 없는 누군가였다. 어머니가 정말로 돌아가셨다는 것을 인정함으로써, 그는 어머니를 유령으로 느끼는 대신 자신에게 과거에 정말로 실체가 있는 어머니, 즉 생전에 자신을 사랑해주셨던 좋은 분이 계셨다는 느낌을 얻게 되었다. 자신의 유령이 사랑하는 어머니로 바뀌자, 그는 비로소 살아 있는 여성과 자유롭게 긴밀한 관계를 형성할 수 있었다.

비단 사랑하는 사람을 죽음에게 빼앗긴 환자의 경우가 아니더라도, 정신분석이라는 것은 우리의 유령을 우리의 조상으로 바꾸는 일인 경우가 많다. 우리는 종종 현재에도 무의식적으로 영향을 주고 있는 과거의 중요한 관계에 사로잡혀 있다. 우리는 그런 문제를 분석하여, 우리를 끈질기게 사로잡는 것에서 단순한 과거사의 일부로 만들 수 있다. 우리가 유령을 조상으로 만들 수 있는 이유는, 우리가 평소에는 존재하는지조차 알지 못해서, 우리 앞에 '청천벽력'같이 나타나는 암묵적인 기억을 분명한 맥락 안에 있는 서술적 기억으로 바꾸어놓을 수 있기 때문이다. 이런 일은 경험을 보다 쉽게 회상하게 해주고, 과거를 단지 과거로 받아들이게 해준다.

신경심리학에서 가장 유명한 사례인 H.M.은 오늘날에도 아직 생존해 있다. 70대인 그의 마음은 1940년대에, 그가 수술을 받고 양쪽 해마를 잃기 직전의 순간에 갇혀 있다. 제대로 보존되어 있었다면 그 해마는 기억이 반드시 통과해야 하고 장기적인 가소적 변화가 이루어지는 통로였을 것이다. 단기기억을 장기기억으로 전환할 수 없으므로, 그의 뇌 구조와 기억, 스스로를 바라보는 육체적, 정신적 상은 그가 수술을 받던 시점에서 얼어붙어 있다. 슬프게도, 그는 거울 속의 자신조차 알아보지 못한다. 비슷한 시기에 태어난 에릭 캔들은 해마와 기억의 가소성을 비롯해 저 아래 개별적인 분자들의 변경에 이르기까지 탐색을 계속하고 있다. 그는 나아가 통렬하고 유익한 회고록인 『기억을 찾아서』를 써서 1930년대의 아픈 기억을 다루었다. 역시 이제는 70대인 L씨도 더 이상 감정적으로 1930년대에 갇혀 있지 않다. 거의 60년 전에 일어난 사건을 의식으로 가져와서 다시 쓰고, 그 과정에서 자신의 가소적인 뇌를 재배선할 수 있었기 때문에.

# 10
## 뇌의 회춘

아흔 살의 스탠리 카란스키Stanley Karansky 박사는 단지 자신이 늙었다는 이유로 잠자코 지내야 한다고는 조금도 생각하지 않는 것 같다. 그에게는 열아홉 명의 자손——다섯 명의 자녀, 여덟 명의 손자, 여섯 명의 증손자——이 있다. 53년을 함께 산 그의 아내는 1995년에 암으로 세상을 떠났고, 그는 지금 두 번째 아내 헬렌과 함께 캘리포니아에서 살고 있다.

1916년에 뉴욕 시에서 태어난 그는 듀크 대학교 의대를 다녔으며, 1942년에 인턴과정을 거쳐 제2차 세계대전 공격 개시일 당시에는 의사였다. 그는 유럽의 전선에 있는 보병대에서 거의 4년 동안 군의관으로 복무한 다음, 하와이로 이송된 뒤 결국 그곳에서 자리를 잡았다. 일흔 살에 은퇴할 때까지 마취과 의사로 일했지만, 은퇴가 어울리지 않는 그는 작은 의원에서 가정의로 여든 살이 될 때까지 10년을 더 일했다.

내가 그와 이야기를 나눈 것은 그가 포지트 사이언스와 함께 머제니치의 팀이 개발한 일련의 뇌 훈련을 마친 직후였다. 카란스키 박사는 인지적으로 퇴보한 적이 없었다. 비록 그 자신은 "필체는 예전 같지 않아요"라고 덧붙였지만. 그의 희망은 단지 자신의 뇌가 건강을 유지하는 것이었다.

2005년 8월에 자신의 컴퓨터에 한 장의 CD를 꽂는 것으로 청각기억 프로그램을 시작한 그는 그 프로그램이 '정교하고 재미있는' 훈련이라는 것을 알아차렸다. 그 훈련을 하는 동안 그는 소리의 진동수가 쓸려 올라가고 있는지 아니면 내려가고 있는지를 판단하고, 음절이 들린 순서를 매기고, 비슷한 소리를 구분하고, 이야기를 듣고서 그에 관한 질문에 대답을 해야 했다. 이 모두는 뇌 지도를 명확하게 하고, 뇌 가소성을 조절하는 메커니즘을 자극하기 위한 것이었다. 그는 한 번에 한 시간 15분씩, 일주일에 세 번, 석 달 동안 훈련을 계속했다.

"처음 6주 동안은 아무것도 깨닫지 못했습니다. 7주쯤 되자 내가 전보다 민첩해졌다는 걸 알아차리기 시작했지요. 프로그램 자체의 평가로도, 내가 스스로의 발전을 지켜본 것으로도 내가 점점 더 정답을 잘 맞히고 있었고, 나 자신도 모든 것이 더 좋아졌다고 느꼈습니다. 운전할 때도 낮과 밤에 상관없이 더 민첩해졌지요. 사람들과 말을 더 많이 하고 있었고, 말도 더 쉽게 나오고 있었고요. 마지막 몇 주 동안에는 필체가 좋아졌다고 생각합니다. 서명을 할 때면 내가 20년 전에 이렇게 썼다는 생각이 들지요. 아내 헬렌이 말하더군요. '당신 더 빠르고, 활발하고, 민감해진 것 같아요'라고요." 그는 몇 달 더 기다렸다가 이 상태를 유지하기 위해서 훈련을 다시 할 생각이다. 그 훈련은 청각기억을 위한 것이지만, 그는 패스트 포워드를 한 아이들이 그랬던 것처럼 전반적인 이득을 얻었다. 훈련을 할 때 그는 청각기억뿐만 아니라 가소성을 조절하는 뇌 중추들을 자극하기 때문이다.

그는 신체 훈련도 한다. "아내와 나는 사이벡스CYBEX*로 일주일에 세 번씩 근육 운동을 한 다음, 30분에서 35분 동안 자전거 타기 운동을 합니다."

카란스키 박사는 자신을 평생 학습자라고 표현했다. 그는 어려운 수학책을 읽고, 단어 퍼즐, 이중 아크로스틱double acrostic,** 스도쿠와 같은 게임에 열광한다.

"난 역사에 관한 책을 좋아합니다." 그가 말을 잇는다. "어떤 이유로든 한 시대에 흥미를 느끼게 되면 발동이 걸려서, 웬만큼 배워서 뭔가 다른 것을 배우고 싶어질 때까지 한동안 그 시대를 파고드는 경향이 있지요." 이 도락道樂이라 할 만한 취미에는 그를 끊임없이 새로운 것과 새로운 주제에 노출시키는 효과가 있다. 새로운 것은 가소성과 도파민 조절 체계가 쇠퇴하지 않도록 지켜준다.

새로운 흥미는 제각기 마음을 사로잡는 열정이 된다. "5년 전에는 천문학에 흥미를 느껴서 아마추어 천문학자가 되었지요. 망원경을 하나 장만했는데, 당시 우리가 살던 애리조나는 자연을 관찰하기에 조건이 무척 좋았어요." 그는 진지한 돌 수집가이기도 해서 많은 사람들이 노년이라 할 시기에 적지 않은 시간을 들여 돌을 찾아 갱도를 기어 다니며 보냈다.

"가족 중에 장수하신 분이 계신가요?" 내가 물었다. "아니오, 어머니는 40대 후반에 돌아가셨고, 아버지는 60대에 돌아가셨습니다. 아버지는 혈압이 좀 높으셨지요."

"박사님 건강은 지금까지 어떠셨나요?"

---

\* 근력을 측정하면서 증강시키는 운동기구의 상품명
\*\* 아크로스틱은 삼행시처럼 각 행의 첫 글자를 이으면 말이 되는 시로, 이중 아크로스틱은 첫 글자뿐만 아니라 중간 글자나 끝 글자를 이어도 말이 되게 만든다.

"글쎄요, 한 번은 죽은 적이 있었죠." 그가 껄껄 웃는다. "내가 원래 남들을 놀라게 하는 걸 좋아하는 사람이니 이해해줘요. 가끔 장거리 마라톤에 나가곤 했는데, 1982년, 예순다섯 살이었을 때 호놀룰루에서 예행 연습을 하다가 심실세동──흔히 치명적인 심장의 부정맥──이 왔지요. 문자 그대로 길거리에서 죽은 겁니다. 같이 뛰고 있던 사람이 현명하게도 길가에서 나에게 심폐소생술을 쓰고 다른 주자들이 구급대에 전화를 했죠. 재빨리 도착한 구급대원들이 전기충격으로 심장 박동을 정상으로 돌리고 나서 날 스트로브 병원으로 데리고 갔지요." 그 이후 그는 좁아진 혈관 앞뒤로 인공 혈관을 연결하는 우회로조성술을 받았다. 그는 적극적으로 재활에 전념해서 빠른 속도로 회복했다. "그 이후로 달리기 대회에는 나가지 않았지만, 느린 속도로 일주일에 50킬로미터 정도는 뛰었지요." 다음에는 2000년, 그가 여든세 살 때 또 한 번 심장마비가 왔다.

그는 사교적인 사람이지만 큰 모임 안에서도 그런 것은 아니다. "난 사람들이 그냥 모여서 떠드는 칵테일파티에 가는 것은 썩 내키지 않아요. 그런 건 좋아하지 않는 편이죠. 그보다는 어떤 사람과 마주앉아서 서로의 관심사를 찾아 한 사람 또는 두세 사람이 어울려서 그 주제에 깊이 들어가는 걸 좋아합니다. 그냥 안부를 묻는 대화 말고요."

그는 자신과 아내가 여행은 그렇게 열심히 하지 않는다고 말하지만, 그것은 어디까지나 그의 의견이다. 그는 여든한 살 때 러시아어를 어느 정도 배운 다음, 러시아의 탐사선을 타고 남극대륙을 방문한 사람이다.

"뭘 하러 가셨어요?" 내가 묻는다.

"남극대륙이 거기 있기 때문이죠."

지난 몇 년 동안 그는 멕시코 유카탄, 영국, 프랑스, 스위스, 이탈리아에 있는가 하면, 남아메리카에서 6주를 보내고, 아랍에미레이트연합에 있는 딸에게 들르고, 오만, 호주, 뉴질랜드, 타이, 홍콩을 방문했다.

그는 언제나 새로운 일거리들을 찾고 있다가, 한 번 어떤 것에 마음이 쏠리면 모든 주의를 그리로 돌린다. 이는 가소적 변화의 필수 조건이다. 그는 말한다. "나는 언제든지 그 순간 나의 흥미를 끄는 어떤 것에 아주 강하게 집중할 준비가 되어 있습니다. 그러다가 어느 정도 높은 수준에 이르렀다고 느끼면, 그 활동에 그다지 주의를 기울이지 않고, 관심의 촉수를 다른 무언가에 보내기 시작하지요."

그의 삶의 철학 또한 그의 뇌를 보호한다. 그 철학은 사소한 것에 흥분하지 않는 것이다. 이는 사소한 문제가 아니다. 스트레스는 글루코코르티코이드를 방출해서, 해마에 있는 세포들을 죽일 수 있기 때문이다.

"박사님은 다른 사람들보다 불안해하거나 긴장하는 일이 덜하신 듯합니다." 내가 말한다.

"난 그게 누구에게나 아주 이롭다고 봐요."

"박사님은 낙관적인 분이신가요?"

"천만에요. 하지만 난 내가 우연이 지배하는 사건이 무엇인지는 이해하고 있다고 생각합니다. 세상에는 나에게 영향을 줄 수 있지만 내가 어쩔 수 없는 일들이 너무 많이 일어나지요. 나는 오직 그 일에 내가 어떻게 반응하는가를 통제할 수 있을 뿐이지요. 난 내가 통제할 수 있고 결과에 영향을 줄 수 있는 것을 걱정하는 데 시간을 쓰면서, 그런 문제들에 대처할 수 있는 철학을 어렵사리 키워왔어요."

20세기가 시작될 무렵, 세계에서 가장 뛰어난 뇌해부학자이자 노벨상 수상자로 뉴런 구조 이해의 기초를 다진 산티아고 라몬 이 카할은 인간 뇌해부학에서 가장 성가신 문제들 가운데 하나로 주의를 돌렸다. 도마뱀처럼 더 단순한 동물의 뇌와 달리, 인간의 뇌는 다치면 저절로 재생되지 않는 것처럼 보인다는 문제였다. 이 무력함이 인간의 모든 기관에 전형적인 것은 아니다. 우리의 피부는 베었을 때 새로운 피부세포를 생산해서 저절로 나을 수 있고, 부러진 뼈도 저절로 붙을 수 있고, 간과 장의 내부조직도 저절로 보수될 수 있으며, 골수에 있는 세포가 적혈구와 백혈구가 될 수 있기 때문에 잃어버린 혈액도 저절로 다시 채워질 수 있다. 하지만 우리의 뇌는 불온한 예외인 듯 보였다. 사람이 나이를 먹어가면서 수백만 개의 뉴런들이 죽는다는 것은 잘 알려진 사실이었다. 다른 기관들은 줄기세포로부터 새로운 조직이 만들어지는 반면, 뇌에서는 줄기세포를 찾을 수가 없었다. 줄기세포의 부재를 설명하는 주된 주장은, 인간의 뇌가 진화하면서 너무나 복잡하게 전문화되어 대체할 수 있는 세포를 생산할 능력을 잃어버렸다는 것이었다. 또한 과학자들은 설사 새로운 뉴런이 만들어지더라도 어떻게 기존의 복잡한 뉴런 그물망에 들어가서 그 망에 혼란을 일으키지 않고 수많은 시냅스 연결을 만들어낼 수 있겠느냐고 물었다. 그들은 인간의 뇌가 닫힌계라고 가정했다.

  라몬 이 카할은 만년을 뇌나 척수가 구조를 바꾸거나 재생되거나 재조직될 수 있다는 조짐을 찾는 데 바쳤다. 그는 실패했다.

  1913년에 그의 걸작인 『신경계의 변성과 재생』에서 그는 다음과 같이 썼다. "성인의 뇌 중추에서 신경 경로는 완성되어 고정되어 있고 변치 않는 어떤 것이다. 모든 것이 죽어갈 뿐 아무것도 재생되지는 않는 것 같다. 이 가혹한 신의 뜻을 바꾸는 것이 가능하다면, 그것은 미래 과학의 몫이다."[1]

  여기서 문제는 멈추었다.

나는 캘리포니아 라호야의 솔크 연구소Salk Laboratory에서, 내가 여태껏 방문해본 중 가장 첨단인 실험실에 들어와 현미경을 뚫어져라 내려다보고 있다. 프레드릭 러스티 게이지Frederick Rusty Gage의 실험실에서 샬레에 담긴 인간의 살아 있는 뉴런 줄기세포를 보고 있는 것이다. 그와 스웨덴의 페테르 에릭손Peter Eriksson은 이 세포를 1998년에 해마에서 발견했다.**2**

내가 본 뉴런 줄기세포는 충만한 생명으로 진동하고 있었다. 그 세포를 '뉴런' 줄기세포라 부르는 이유는, 그 세포가 분열하고 분화해서 뉴런이 되거나 뇌 안의 뉴런들을 지원하는 교세포glial cell가 될 수 있기 때문이다. 내가 들여다보고 있는 세포들은 아직 뉴런이나 교세포로 분화하여 '전문화'되지 않았으므로, 모두 똑같아 보였다. 그러나 줄기세포는 개성의 부족을 불멸성에서 만회한다. 이 세포들은 전문화되지 않아도 분열을 계속해서 자신의 정확한 복제품을 만들어낼 수 있고, 이를 조금도 노화하는 기색 없이 끝없이 계속할 수 있다. 이런 이유로 종종 사람들은 줄기세포를 영원히 어린 뇌의 아기세포로 묘사한다. 이 회춘 과정을 '신경발생neurogenesis'이라 하며, 이는 우리가 죽는 날까지 계속된다.**3**

뉴런 줄기세포는 오래도록 그냥 지나쳐버렸다. 부분적인 이유는 이 세포가 뇌는 복잡한 기계나 컴퓨터와 같고 기계는 새로운 부품을 키우지 않는다는 이론에 어긋났기 때문이다. 1965년에 매사추세츠 공과대학의 조지프 올트먼Joseph Altman과 고팔 다스Gopal D. Das가 쥐에게서 그 세포들을 발견했을 때**4** 아무도 그들의 연구결과를 믿지 않았다.

그러다가 1980년대에 조류 전문가인 페르난도 노테봄Fernando Nottebohm은 새들이 계절마다 새로운 노래를 부른다는 사실에 주목했다. 그는 새들의 뇌를 조사해보고, 해마다 새들이 노래를 가장 많이 하는 계절에 노래 학습을 담당하는 뇌의 영역에서 새로운 뇌세포가 자라난다는 사실을 발견했다. 노테봄의 발견에 힘입어 과학자들은 인간에 더 가까운 동물들을 조사하기 시작했다. 프린스턴 대학교의 엘리자베스 굴드 Elizabeth Gould는 영장류에서 뉴런 줄기세포를 발견한 최초의 과학자이다. 이어서 에릭손과 게이지는 BrdU라 불리는 표지를 써서 뇌세포를 염색하는 독창적인 방법을 발견했다. BrdU는 뉴런이 생성되는 순간에만 뉴런에 흡수되고, 현미경 아래에서 빛을 발한다. 에릭손과 게이지는 임종이 가까운 환자들에게 허락을 얻어 그들에게 표지를 주입하였다. 이 환자들이 임종한 뒤 그들의 뇌를 조사한 에릭손과 게이지는, 해마에서 최근에 새로 형성된 아기 뉴런들을 발견했다. 이 죽어가던 환자들로부터, 우리가 살아 있는 마지막 순간까지 살아 있는 뉴런들이 우리 안에서 생성된다는 것을 배운 것이다.

　뉴런 줄기세포의 연구는 인간 뇌의 다른 부분에서도 계속되었다. 지금까지 뉴런 줄기세포는 후각망울olfactory bulb(냄새를 처리하는 영역)에서도 활성을 보인다는 것과, 중격septum(감정을 처리하는 영역), 선조체striatum(움직임을 처리하는 영역), 척수에서는 활동하지 않고 잠복해 있다는 것이 알려졌다. 게이지 등은 잠복해 있는 줄기세포를 약물로 활성화시키는 치료법을 연구하고 있다. 그 치료법은 환자가 줄기세포가 잠복해 있는 영역에 손상을 입었을 경우에는 매우 유용할 것이다. 그들은 줄기세포를 손상된 뇌 영역으로 이식하거나 아예 그 영역으로 옮겨가도록 유도할 수 있을지를 알아내려고 노력 중이기도 하다.

　뉴런발생이 정신적 능력을 강화할 수 있는지를 알기 위해서, 게이지의 팀은 뉴런 줄기세포의 생성을 어떻게 증가시킬 수 있을지 이해하고자 하는 연구에 착수했다. 게이지의 동료인 거드 켐퍼만Gerd Kempermann은 늙어가고 있는 생쥐들을 45일 동안 공, 튜브, 쳇바퀴와 같은 장난감들이 가득한, 자극이 풍부한 환경에서 길렀다. 켐퍼만이 그 쥐들의 뇌를 조사했을 때, 뇌는 해마 부피가 15퍼센트 증가하고 4만여 개의 새로운 뉴런이 있었다.[5] 새로운 뉴런의 개수 역시 표준 우리에서 기른 생쥐와 비교할 때 15퍼센트 더 높은 수치였다.

생쥐는 수명이 약 2년이다. 팀이 생의 후반기에 있는 생쥐들을 10개월 동안 자극이 풍부한 환경에서 시험하자, 해마에 있는 뉴런의 수는 다섯 배까지 증가했다.[6] 이 생쥐들은 학습, 탐색, 운동 시험과 기타 지능 측정에서, 자극이 풍부하지 않은 조건에서 자란 생쥐들보다 성적이 좋았다. 이 쥐들은 비록 어린 쥐들만큼 빠르게는 아니었지만 새로운 뉴런들을 발달시킴으로써, 노화하는 뇌에서도 장기적인 풍부한 자극이 뉴런발생을 촉진하는 데 커다란 효과가 있다는 사실을 증명했다.

그 다음에 팀은 어떤 활동이 생쥐에게서 세포 증가를 일으키는지를 관찰하고, 뇌 안에 있는 뉴런 전체의 숫자를 증가시키는 데에는 두 가지 방법이 있음을 발견했다. 곧, 새로운 뉴런을 만들어내는 방법과, 존재하는 뉴런의 수명을 연장하는 방법이 있다.

게이지의 동료인 헨리에테 반 프라그Henriette van Praag는 새로운 뉴런의 증식을 촉진하는 데 가장 효과적으로 기여하는 요인이 쳇바퀴임을 보여주었다. 한 달간 쳇바퀴를 돌린 생쥐는 해마에 있는 새로운 뉴런의 수가 두 배로 증가했다.[7] 생쥐들은 실제로 쳇바퀴 위에서 달리는 것이 아니며, 바퀴의 저항이 워낙 작아서 그렇게 보이는 것뿐이라고 게이지는 말했다. 정확히 말하자면, 쥐들은 빨리 걷는 것이다.

게이지의 이론은 자연적인 상황에서 오랫동안 빨리 걸은 동물은 새롭고 색다른 환경으로 들어갈 것이므로, 그 동물에게는 그가 '예측증식'이라 부르는 새로운 학습과 발화가 필요하게 된다는 것이다.

"만일 우리가 이 방 안에서만 산다면," 그가 말을 잇는다. "그리고 이것이 우리 경험의 전부라면, 우리에게는 신경발생이 필요 없을 겁니다. 우리는 이 환경의 모든 것을 알 것이고 우리가 가진 기초적 지식만 가지고도 기능할 수 있을 테니까요."

새로운 환경이 뉴런발생을 유발한다는 이 이론은 뇌를 건강하게 유지하려면 단순히 이미 숙달된 기술을 반복하기보다는 새로운 무언가를 배워야 한다는 머제니치의 발견과도 일치한다. 팀은 생쥐를 연구하면서, 공이나 튜브와 같은 다른 장난감의 사용법을 배우는 것은 새로운 뉴런들을 만들지는 않아도 새로운 뉴런들이 그 영역에서 더 오래 살도록 해준다는 사실을 발견했다. 엘리자베스 굴드 역시 학습은 자극이 풍부하지 않은 환경에서도 줄기세포의 생존율을 높인다는 것을 발견했다. 따라서 신체적 운동과 학습은 상보적으로 작용한다. 운동은 새로운 줄기세포를 만들고, 학습은 그 생존 기간을 늘리는 것이다.

―――――

뉴런 줄기세포의 발견이 중대하기는 하지만, 이는 노화하는 뇌가 회춘하고 저절로 향상될 수 있는 여러 방법들 가운데 하나에 불과하다. 역설적으로, 때로는 사춘기 동안 일어나는 대량의 '가지치기'에서처럼 뉴런을 잃는 것이 뇌 기능을 향상시킬 수도 있다. 이때 집중적으로 쓰이지 않았던 시냅스 연결과 뉴런들은 죽어버린다. 아마도 이는 '쓰지 않으면 잃는' 가장 극적인 사례에 들어갈 것이다. 혈액과 산소, 에너지를 공급하면서 사용하지 않는 뉴런들을 가지고 있는 것은 낭비이므로, 이런 쓸모없는 뉴런을 제거함으로써 뇌는 더 높은 집중력과 효율을 유지한다.

노년에도 여전히 우리에게 얼마간의 뉴런이 생겨난다고 해서, 뇌가 다른 기관들처럼 점차 쇠퇴하지 않는 것은 아니다. 하지만 이 악화의 와중에서조차 뇌는 마치 뇌의 손실을 조정하려는 듯이 대량의 가소적 재조직을 수행한다. 토론토 대학의 연구자인 멜라니 스프링거Mellanie Springer와 셰릴 그래디Cheryl Grady는, 나이를 먹어가면서 우리가 젊을 때와 다른 뇌 부위에서 인지 활동을 실행하는 경향이 있다는 것을 보여주었다.[8] 다양한 인지 검사를 받은 14세에서 30세까지의 젊은 피실험자들은 뇌 스캔 결과, 활동을 대개 머리 양 옆에 있는 측두엽에서 실행했다. 교육을 더 많이 받았던 사람일수록 이 영역을 더 많이 사용했다.

예순다섯 살이 넘은 피실험자들은 이와 다른 패턴을 보였다. 뇌 스캔에 따르면 그들은 똑같은 인지 과제를 대개 전두엽에서 실행했고, 이번에도 교육을 더 많이 받았던 사람일수록 전두엽을 더 많이 사용했다.

뇌 안에서의 이러한 이동은 가소성의 또 다른 징후이다. 처리 영역이 한 엽에서 다른 엽으로 옮겨가는 것은 한 기능이 할 수 있는 최대의 이동이다. 어째서 이런 이동이 일어나는지, 또는 어째서 교육을 더 많이 받은 사람들이 정신적 쇠퇴에서 더 보호받는 것처럼 보이는지를 확실히 아는 사람은 아무도 없다. 가장 대중적인 이론은 오랜 교육이 '인지적 비축'을 해두었으므로──정신 활동에 관여하는 그물망을 훨씬 많이 쳐놓았으므로──뇌가 쇠퇴하면 그것을 불러다 쓸 수 있다는 것이다.

나이가 들면서 우리 뇌에는 또 다른 주요 재조직이 일어난다. 앞서 보았듯이, 많은 뇌 활동이 '편측화' 되어 있다. 언어의 많은 부분은 좌반구의 기능인 반면, 시공간 처리는 우반구의 기능이다. 이 현상을 '반구 비대칭'이라 한다. 그러나 듀크 대학교의 로베르토 카베자Roberto Cabeza와 다른 연구자들의 최근 연구에 따르면, 일부 편측화는 나이가 들면서 사라진다. 전전두엽의 한쪽 반구에서 일어나던 활동이 이제는 양쪽에서 일어난다는 것이다. 이런 일이 왜 일어나는지는 잘 모르지만, 이를 설명하는 한 가지 이론은 우리가 나이 들어가고 반구 한쪽의 효율이 떨어지기 시작하면서, 다른 반구가 이를 보완한다는 것이다.[9] 이는 뇌가 자신의 약함에 반응하여 스스로를 재구성한다는 것을 암시한다.

우리는 이제 운동과 정신 활동이 동물에게서 더 많은 뇌세포를 생성하고 유지한다는 것을 알았고, 정신적으로 활동적인 삶을 이끌어온 사람들은 뇌 기능이 더 낫다는 것을 확인해주는 많은 연구결과를 가지고 있다. 교육을 더 많이 받을수록, 사회적으로 신체적으로 더 활동적일수록, 정신을 자극하는 활동에 더 많이 참여할수록, 알츠하이머나 치매에 걸릴 가능성이 낮아진다.[10]

이런 점에서 모든 활동이 다 같은 것은 아니다. 진정한 집중을 수반하는 활동들——악기 배우기, 보드게임, 독서, 춤——은 치매 위험 감소와 관계가 있다.[11] 새로운 동작을 배워야 하는 춤은 신체적으로나 정신적으로나 만만치 않은 일이고 대단한 집중을 요구한다. 볼링이나 아기보기, 골프와 같이 덜 집중적인 활동들은 알츠하이머 발병률 감소와 관계가 없다.

이 연구결과들이 시사적이기는 하지만 우리가 뇌 훈련으로 알츠하이머를 예방할 수 있다는 것을 증명하기에는 모자란다. 이 활동들은 낮은 알츠하이머 발병률과 관련이 있지만, 상관관계가 인과관계를 증명하지는 않는다. 어쩌면 매우 일찍 발병하지만 검출되지 않는 알츠하이머에 걸린 사람들이 생애의 초기부터 기능이 떨어지기 시작해서 활발한 활동을 멈춘 것일 수도 있다.[12] 현 시점에서 우리가 말할 수 있는 뇌 훈련과 알츠하이머의 관계는 인과관계가 있을 가망성이 매우 높은 것 같다까지일 뿐이다.

그러나 머제니치의 연구가 보여주었듯이, 종종 알츠하이머와 혼동되지만 훨씬 더 흔한 상태인 노화와 관련된 기억 손실, 곧 나이가 들면서 전형적으로 나타나는 기억력의 쇠퇴는 적합한 정신 훈련으로 돌려놓을 수 있는 것이 거의 확실해 보인다. 카란스키 박사도 전반적인 인지적 감퇴를 호소하지는 않았지만, 때로는 '깜박하는 순간'을 경험했다. 이는 노화와 관련된 기억 손실의 일부이고, 그가 훈련으로 여러 이득을 얻었다는 사실은 분명 그에게 자신도 알지 못했지만 되돌릴 수 있는 다른 인지적 결함들이 있었다는 것을 보여준다.

결과적으로 카란스키 박사는 노화와 관련된 기억 손실을 물리치는 데 알맞은 모든 활동을 하고 있었다. 동시에 그는 우리 모두가 추구해야 하는 관행의 모범이 된다.[13]

신체 활동은 그 자체가 새로운 뉴런을 만들어내기 때문만이 아니라, 정신은 뇌에 기초하고, 뇌에는 산소가 필요하기에 많은 도움이 된다. 걷기나 자전거 타기, 심혈관 운동은 뇌를 부양하는 심장과 혈관을 강화하므로, 2천 년 전에 로마의 철학자 세네카가 짚었듯이 운동하는 사람들은 정신적으로 더 영민해진다. 최근 연구에 따르면 운동은 신경성장인자 BDNF의 생산과 방출을 자극한다.[14] 3장, '뇌 재설계하기'에서 보았듯이 BDNF는 가소적 변화를 초래하는 데 결정적인 역할을 한다. 실제로 건강한 식습관을 포함해서 심장과 혈관을 튼튼하게 유지하는 것은 무엇이든 뇌에 활력을 불어넣는다. 운동을 격렬하게 할 필요는 없다. 팔다리를 꾸준히 자연스럽게 움직이는 것으로 충분하다. 반 프라그와 게이지가 발견했듯이, 단순히 빠른 속도로 걷는 일도 새로운 뉴런의 성장을 자극한다.

운동은 우리의 감각피질과 운동피질을 자극하고 뇌의 균형 체계를 유지한다. 균형 체계의 기능이 노화와 함께 감퇴하기 시작하면서, 우리는 잘 넘어지고 그래서 집에 틀어박히게 된다. 똑같은 환경에서 꼼짝도 하지 않는 것만큼 뇌의 위축 속도를 높이는 것은 없다. 단조로움은 뇌 가소성을 유지하는 데 필수적인 도파민과 주의 체계를 서서히 침식해 들어간다. 새로운 춤을 배우는 것과 같이 인지적으로도 자극이 풍부한 신체적 활동은 아마도 균형감각에 생긴 문제를 물리치는 데 더해서 사교적이 되는 이득을 추가해줄 것이다. 사교적이 되는 일 역시 뇌의 건강을 지켜준다.[15] 중국의 태극권은 연구되지는 않았지만, 움직임에 고도로 집중해야 하고 뇌의 균형체계를 자극한다. 태극권에는 명상적인 측면도 있다. 명상은 스트레스를 낮추어서 기억과 해마의 뉴런을 보존하는 데 매우 효과적이라는 것이 증명되었다.[16]

카란스키 박사는 언제나 새로운 것을 배우고 있다. 조지 베일런트 George Vaillant 박사는 새로운 것을 배우는 일이 노년을 행복하고 건강하게 보내는 데 일익을 담당한다고 말한다. 베일런트 박사는 하버드의 정신의학자로, 인간 생활주기에 관해 진행 중인 최대, 최장의 연구인 '하버드 성인발달 연구'를 이끌고 있다.[17] 그는 하버드 졸업생들, 가난한 보스턴 사람들, IQ가 아주 높은 여성들, 그렇게 세 집단에 속하는 824명의 사람들을 십대 후반부터 노년에 이르기까지 연구했다. 이 사람들 중 이제 80대가 된 일부는 지금까지 60년이 넘도록 추적했다. 베일런트는, 노년은 많은 젊은이들이 생각하듯이 단지 쇠퇴와 붕괴의 과정인 것만은 아니라는 결론을 내렸다. 사람들은 종종 젊을 때보다 나이가 더 든 다음에 새로운 기술을 개발하고 더 현명해지고 사회적으로 더 능란해진다. 중년을 지난 사람들은 실제로 젊은 사람들보다 우울증에도 덜 걸리고, 보통 최후의 병을 얻을 때까지는 몸져눕지도 않는다.

도전적인 정신 활동은 당연히 해마의 뉴런이 생존할 가능성을 높여줄 것이다. 한 가지 방법은 머제니치가 개발한 것 같은 검증된 뇌 훈련을 사용하는 것이다. 그러나 삶은 살기 위한 것이지 훈련을 하기 위한 것이 아니므로, 자신이 하고 싶은 일들을 하는 것이 최선이다. 그럴 때 사람들은 아주 중요한 요소인 동기부여를 얻을 수 있기 때문이다. 여든아홉의 메리 파사노Mary Fasano는 하버드에서 학사학위를 받았다. 이스라엘의 초대 수상인 다비드 벤-구리온David Ben-Gurion은 노년에 독학으로 고대 그리스어를 배워 고전들을 원어로 섭렵했다. "무엇하러? 누구를 기쁘게 하려고? 이 인생의 끝 무렵에?" 하고 생각할 수도 있다. 하지만 그런 생각은 자기성취적인 예언이다. 그런 생각은 쓰지 않으면 잃는 뇌의 정신적 쇠퇴를 앞당긴다.

건축가 프랭크 로이드 라이트Frank Lloyd Wright는 아흔 살에 구겐하임 미술관을 설계했다. 벤자민 프랭클린Benjamin Franklin은 일흔여덟 살에 이중초점 안경을 발명했다. 레만H. C. Lehman과 딘 키스 사이몬튼 Dean Keith Simonton은 창의력을 연구하면서, 대부분의 분야에서 창의력이 절정을 이루는 때는 서른다섯에서 쉰다섯까지의 연령대이고, 60대와 70대의 사람들은 일하는 속도는 느려도 20대 때만큼 생산성이 높다는 것을 발견했다.[18]

첼리스트인 파블로 카잘스Pablo Casals가 아흔한 살이었을 때, 그에게 한 학생이 다가와서 물었다. "선생님, 선생님은 어째서 아직도 연습을 계속하시나요?" 카잘스는 대답했다. "아직도 발전하기 때문이라네."[19]

# 11
## 부분의 합보다 큰 뇌

테이블 건너편에 앉아 나와 농담을 하고 있는 여성은 뇌가 반쪽밖에 없는 채로 태어났다. 그녀가 어머니 자궁에 있는 동안 무언가 엄청난 사건이 벌어졌지만 무슨 일이 일어났는지를 확실히 아는 사람은 아무도 없다. 뇌졸중은 아니었다. 뇌졸중은 건강한 조직을 파괴하는데, 미셸 맥Michelle Mack의 좌반구는 단 한 번도 발달한 적이 없었다. 의사는 미셸이 아직 태아일 적에 좌반구에 혈액을 공급하는 왼쪽 경동맥이 막혀서 좌반구의 형성을 막았을 것이라고 추정했다. 그녀가 태어났을 때 일반적인 검사를 해본 의사들은 어머니 캐롤에게 아기가 정상이라고 말했다. 오늘날의 신경학자조차도 뇌 스캔 없이는 반구 한쪽 전체가 없으리라고는 짐작할 수 없을 것이다. 나 역시 그동안 과연 얼마나 많은 사람들이, 자신은 물론 아무도 그 사실을 모르는 채로 반쪽 뇌를 가지고 삶을 살아갔을지 궁금하다.

내가 미셸을 방문한 것은 뇌가 그토록 큰 도전을 받은 인간에게서 얼마나 많은 가소적 변화가 가능한지를 알아보기 위해서이다. 하지만 만일 미셸이 반구 하나만으로 기능할 수 있다면, 반구가 각기 유전적으로 단단히 배선되어 있어서 그만의 전문화된 기능을 가지고 있다고 단정하는 독단적인 국재론 자체는 중대한 도전을 받는다. 실제로 인간의 뇌가소성을 증명하는 이보다 더 좋은 사례나 더 훌륭한 시험은 상상하기 어렵다.

미셸에게는 우반구밖에 없지만, 그녀는 생명유지 장치에 의존해서 겨우 목숨을 이어가고 있는 절망적인 한 마리 동물이 아니다. 그녀는 스물 아홉이다. 그녀의 파란 눈은 두꺼운 안경을 통해 세상을 응시한다. 그녀는 청바지를 입고, 파란색 침대에서 자고, 지극히 정상적으로 말한다. 그녀는 시간제로 일을 하고, 책을 읽고, 영화를 즐기고, 가족도 있다. 그녀가 이 모두를 할 수 있는 이유는 그녀의 우반구가 좌반구의 일을 넘겨받아서, 언어와 같은 필수적인 정신적 기능들을 오른쪽으로 옮겨놓았기 때문이다. 그녀의 발달은 뇌가소성이란 것이 일정한 한계 안에서만 작용하는 지엽적인 현상이 결코 아니라는 것을 분명히 보여준다. 뇌가소성 덕분에 그녀는 어마어마한 뇌의 재조직을 달성할 수 있었다.

미셸의 우반구는 좌반구의 주요 기능을 실행할 뿐만 아니라 '자기 고유'의 기능은 경제적으로 사용하는 것이 틀림없다. 정상적인 뇌에서 각 반구는 자신의 활동을 파트너에게 알려주는 전기 신호를 보내서 상대편의 발달이 다듬어지는 것을 도와주므로, 둘은 조화로운 방식으로 기능하게 된다. 미셸의 우반구는 좌반구로부터의 입력 없이 발달해야 했으며 혼자 알아서 사는 법을 배우고 기능해야 했다.

미셸에게는 번개 같은 속도로 계산을 하는 비상한 재능──영화〈레인맨〉에서 더스틴 호프만이 연기한 자폐인의 계산 능력과 같은 '백치천재'의 재능──이 있다. 특수한 결핍과 장애도 있다. 돌아다니는 것을 좋아하지 않고 낯선 곳에 가면 쉽게 길을 잃는다. 특정한 종류의 추상적인 사고를 잘 이해하지 못한다. 하지만 그런 그녀도 내면의 삶이 살아 있어서, 읽고, 기도하고, 사랑한다. 그녀는 좌절했을 때만 빼면 정상적으로 말하며, 캐롤 버넷Carol Burnett의 코미디를 좋아한다. 뉴스와 농구를 이해하고, 투표도 한다. 그녀의 삶은 전체가 부분의 합보다 크다는 증거이고, 반쪽 뇌가 반쪽 마음을 만드는 것은 아니라는 증거이기도 하다.

---

백 년 하고도 40년 전에 폴 브로카는 "우리는 좌반구로 말한다"라는 말로 국재론의 시대를 열었을 뿐만 아니라, 좌반구와 우반구의 차이를 탐구하는 '편측성'이라는 관련 이론을 출범시켰다. 좌반구는 언어와 같은 상징적 활동과 대수적 계산을 실시하는 언어적 영역으로 여기게 되었고, 우반구는 시공간 활동(지도를 보거나 길을 찾아갈 때처럼)과 좀더 '상상적'이고 '예술적인' 활동을 포함한 많은 '비언어적' 기능을 담게 되었다.

미셸의 경험은 우리가 인간 뇌 기능의 가장 기본적인 측면에 얼마나 무지한가를 다시 깨우친다. 양 반구의 기능이 같은 공간을 두고 경쟁해야만 할 때는 무슨 일이 일어날까? 무언가 희생되어야 한다면, 무엇이 희생될까? 생존을 위해서는 뇌가 얼마만큼 있으면 될까? 재치, 감정이입, 개인적 기호, 영적 갈구, 미묘한 느낌이 발달하려면 뇌가 얼마만큼 있어야 할까? 우리가 뇌 조직의 반쪽이 없어도 죽지 않고 살아갈 수 있다면, 애초에 왜 반구가 두 개 있는 것일까?

그렇다면 의문이 생긴다. 그녀가 된다는 것은 어떤 것일까?

나는 버지니아의 폴스 처치에 있는 중산층 가정인 미셸 가족의 집 거실에 앉아서, 그녀의 뇌의 해부학적 구조를 보여주는 MRI 필름을 보고 있다. 오른쪽에서는 정상적인 우반구의 회색 곡선들을 볼 수 있다. 왼쪽에는 가늘고 제멋대로인 회색 뇌 조직의 조각—보잘것없을 정도로만 발달한 좌반구—을 빼고는 비어 있음을 나타내는 짙은 검은색뿐이다. 미셸은 한 번도 그 필름을 본 적이 없었다.

그녀는 이 빈 곳을 '내 물혹'이라고 부른다. 그녀가 '내 물혹', 또는 '그 물혹'이라고 말할 때면 마치 그것이 공상과학영화에서 나오는 섬뜩한 등장인물 같은, 그녀를 대신하는 무슨 실체인 것처럼 들린다. 그리고 실제로, 그녀의 뇌 스캔을 들여다보는 것은 섬뜩한 경험이다. 미셸을 볼 때, 그녀의 전체적인 얼굴을 그 눈과 미소를 보면서, 나는 자연스럽게 그 뒤에 있는 뇌가 대칭이라고 여기게 된다. 스캔 사진은 불쾌한 사실을 갑자기 깨닫게 한다.

미셸의 몸은 반구가 없다는 어느 정도의 징후를 보인다. 그녀의 오른쪽 손목은 구부러지고 약간 뒤틀려 있다. 하지만 그녀는 그 손을 사용할 수 있다. 보통 몸의 오른편을 위한 거의 모든 지시는 좌반구에서 오는데도 말이다. 아마도 그녀는 우반구로부터 오른손을 향해 난 매우 가느다란 신경섬유의 끈을 발달시켰을 것이다. 왼손은 정상이고, 그녀는 왼손잡이이다. 그녀가 걸으려고 일어서자, 오른쪽 다리를 지탱하는 부목이 보였다.

국재론자들은 우리가 오른쪽에서 보는 모든 것—'오른쪽 시야'—이 뇌의 왼쪽에서 처리된다는 것을 보여주었다. 하지만 미셸에게는 좌반구가 없기 때문에, 그녀는 오른쪽 시야를 보지 못한다. 오빠들은 그 사실을 알고 오른쪽에서 그녀의 감자튀김을 훔쳐가곤 했지만, 그녀는 부족한 시각을 월등한 청력으로 만회하고 있었기 때문에 알아차릴 수 있었다. 그녀의 청력은 매우 예민해서 부모님이 아래층 부엌에서 이야기하시는 내용을 위층 반대쪽에서도 분명하게 들을 수 있을 정도이다. 완전한 맹인에게는 매우 흔한 이런 청력의 과발달은 변화한 상황에 적응하는 뇌의 능력을 보여주는 또 다른 징후이다. 그러나 이 예민함에는 대가가 있다. 그녀는 차도에서 경적이 울리면 과중한 감각적 부담을 피하기 위해 손으로 귀를 덮는다. 교회에서는 문밖으로 살짝 빠져나와 파이프오르간 소리를 피한다. 학교에서 소방 훈련을 하면 소음과 혼란 때문에 깜짝깜짝 놀란다.

미셸은 촉감에도 과민하다. 미셸의 어머니 캐롤은 미셸이 거슬려 하지 않게 옷에 붙은 꼬리표를 모두 떼어낸다. 마치 미셸의 뇌에는 과도한 자극을 걸러내는 여과장치가 없어서, 캐롤이 딸을 보호하기 위해 '여과'를 하듯이 말이다. 미셸에게 제2의 반구가 있다면 바로 그녀의 어머니이다.

"실은 말이죠," 캐롤이 말한다. "병원에서 제가 아이를 가질 수 없다기에, 우리 부부는 두 아이를 입양했어요." 그 둘이 미셸의 손위 형제인 빌과 섀런이다. 하지만 세상일이 종종 그렇듯이, 캐롤은 그 뒤에 자신이 임신한 사실을 알았으며, 아들 스티브가 건강하게 태어났다. 캐롤과 남편 윌리는 아이를 더 갖고 싶었지만 다시 뜻대로 되지 않았다.

어느 날, 한 차례 입덧과 같은 증상이 오면서 몸이 좋지 않았던 캐롤은 임신 테스트를 했지만, 결과는 음성이었다. 결과를 믿을 수 없었던 그녀는 테스트를 몇 번 더 해보았는데, 번번이 이상한 결과가 나왔다. 원래 테스트 띠는 2분 이내에 색이 변해서 임신을 나타낸다. 캐롤의 테스트 결과는 번번이 음성이었다가, 2분 10초가 지나서야 양성으로 바뀌었다.

그 와중에 캐롤은 간헐적으로 하혈이 있었다. "임신 테스트를 한 지 3주 후에 병원에 갔더니, 그때 의사가 말했어요. '테스트 결과가 어쨌든, 당신은 임신 3주째입니다.' 당시에 우리는 그냥 그런가보다 했죠. 이제 와 생각해보면, 미셸이 자궁에 있을 때 상해를 입었기 때문에 제 몸이 유산을 시도하고 있었던 것 같아요. 하지만 유산은 일어나지 않았죠."

"하느님 감사합니다!" 미셸이 말했다.

"그래, 네가 무사해서 얼마나 감사한지 모르겠구나." 캐롤이 말했다.

미셸은 1973년 11월 9일에 태어났다. 캐롤은 미셸 생애 최초의 날들을 잘 기억하지 못한다. 캐롤이 미셸을 병원에서 집으로 데려오던 날, 함께 살던 캐롤 어머니가 뇌졸중을 일으켰기에 집안이 혼란스러웠다.

시간이 흐르면서 캐롤은 문제를 깨닫기 시작했다. 미셸은 몸무게가 늘지 않았다. 별로 움직이지도 않고 소리를 내는 일도 거의 없었다. 눈으로 움직이는 물건을 따라가지도 않는 것 같았다. 그래서 캐롤은 앞으로 끝없이 이어질 병원 출입을 시작했다. 모종의 뇌 손상이 있을지도 모른다는 첫 번째 기미는 미셸이 6개월 되었을 때 나타났다. 미셸의 눈 근육에 문제가 있다고 생각한 캐롤은 미셸을 안과 전문의에게 데리고 갔다. 의사는 그녀의 양쪽 시신경이 손상되어 있으며, 맹인처럼 완전히 백지는 아니어도 몹시 희미하다는 사실을 발견했다. 그는 캐롤에게 미셸의 시각은 정상이 될 가망이 없다고 말했다. 수정체가 아니라 시신경이 손상되었기 때문에, 안경의 도움을 받을 수도 없었다. 설상가상으로 미셸의 시신경을 쇠약하게 하는 문제가 그녀의 뇌 때문이라는 조짐이 보였다.

그 무렵 캐롤은 미셸이 몸을 뒤집지도 않고 오른손을 꼭 쥔 채로 펴지 않는다는 것을 알게 되었다. 검사 결과 그녀는 '편마비'였다. 그녀 신체의 오른쪽 절반이 부분적으로 마비되었다는 뜻이었다. 그녀의 뒤틀린 오른손은 좌반구에 뇌졸중이 일어난 사람 손을 닮았다. 대개의 아이들은 7개월쯤 되면 기기 시작한다. 하지만 미셸은 바닥에 주저앉아서 괜찮은 손으로 물건들을 붙잡고 돌아다녔다.

미셸의 증상은 분명한 범주에 들어맞지 않았지만, 의사는 그녀를 베어 증후군Behr syndrome이라고 진단해서 의료보험과 장애자 혜택을 받을 수 있게 했다. 실제로 그녀에게는 베어 증후군과 일치하는 몇 가지 증상들이 있었다. 시신경 위축과 신경학적인 문제를 기반으로 하는 협응coordination 장애가 그 예이다. 하지만 캐롤과 윌리는 그 진단이 엉터리라는 것을 알고 있었다. 베어 증후군은 희귀한 유전병인데, 양가의 가족 누구도 그런 병을 앓았다는 흔적이 없었다. 미셸은 뇌성마비도 아니었지만, 세 살 때는 뇌성마비를 치료하는 시설에 들어가기도 했다.

미셸이 아기였을 때, 컴퓨터 X-선 체축단층촬영computerized axial tomography(CAT 스캔)이 막 보급되었다. 이 정교한 X-선은 머리의 단면 사진을 아주 많이 찍어서 그 이미지를 컴퓨터로 보낸다. 뼈는 흰색, 뇌 조직은 회색으로 나타나고, 몸의 빈 부분은 검은색을 띤다. 미셸은 6개월이 되었을 때 CAT 스캔을 받았지만, 초기의 스캔은 해상도가 워낙 형편없어서, 그녀의 뇌 사진은 뿌연 회색으로밖에 보이지 않았으며, 의사들은 거기서 아무런 결론도 끌어낼 수 없었다.

캐롤은 자신의 아이가 제대로 볼 가망이 없다는 말에 망연자실했다. 그러던 어느 날 캐롤은 미셸에게 아침을 먹이다가, 미셸이 식탁 주위를 걸어 다니는 윌리를 눈으로 좇고 있다는 것을 알아차렸다.

"전 너무 기뻐서 먹이던 시리얼을 천장으로 던질 정도였죠." 그녀가 말을 잇는다. "그건 미셸이 완전한 장님이 아니라 어느 정도는 볼 수 있다는 뜻이었으니까요."

몇 주 후에 캐롤이 미셸과 함께 베란다에 앉아 있을 때, 오토바이 한 대가 도로를 따라 다가오자 미셸은 오토바이를 눈으로 뒤따랐다.

미셸이 한 살쯤 되던 어느 날, 언제나 심장 가까이 꽉 붙어 있던 그녀의 오른팔이 펴졌다.

거의 말을 하지 않던 이 아가씨는 두 살쯤 되자 언어에 관심을 가지기 시작했다.

"제가 집에 오면," 윌리가 말을 이었다. "미셸은 'ABC! ABC!' 하며 외치고는 했지요." 그녀는 아빠의 무릎에 앉아서 손가락을 그의 입술에 대고 그가 말할 때의 진동을 느끼고는 했다. 의사는 캐롤에게 미셸이 학습장애가 없을 뿐만 아니라 사실상 정상 지능을 가지고 있는 것 같다고 말했다.

하지만 미셸은 두 살인데도 여전히 기지 못했다. 그래서 미셸이 음악을 사랑하는 것을 알고 있던 윌리는 그녀가 제일 좋아하는 레코드를 틀고서 노래가 끝나 미셸이 "음, 음, 음, 다시!"라고 떼를 써도, 그녀가 전축까지 기어와야만 레코드를 다시 틀어주었다. 미셸의 전체적인 학습 패턴은 분명했다. 상당한 발달 지체. 임상의들은 그 사실에 익숙해지라는 의견을 내놓았다. 어떻게든 미셸 스스로가 자신을 챙길 것이라는 말이었다. 캐롤과 윌리는 희망을 이어가게 되었다.

1977년에 캐롤이 세 번째로 임신을 해서 미셸의 남동생인 제프를 가지게 되었을 때, 어느 의사가 캐롤을 설득해서 다시 한 번 미셸이 CAT 스캔을 받도록 주선했다. 의사는 미셸이 자궁에 있을 때 무슨 문제가 있었는지를 알아보고 다시 그런 일이 일어나지 않도록 하는 것이 아직 태어나지 않은 아이에 대한 캐롤의 의무라고 말했다.

이 무렵에는 CAT 스캔의 해상도가 급격히 높아져 있어서, 캐롤은 새로운 뇌 스캔을 보았을 때 충격을 받았다. "그 사진은 마치 낮과 밤처럼 뇌가 있는 곳과 없는 곳을 보여주었어요." 그녀는 내게 말했다. "만일 미셸이 6개월이었을 때 찍은 CAT 스캔에서 그런 사진을 보았다면, 전 그걸 감당하지 못했을 거예요." 하지만 미셸은 세 살 반이었고 이미 뇌가 적응하고 변화할 수 있다는 것을 보여주었으므로, 캐롤은 희망이 있다고 느꼈다.

---

미셸은 국립보건원의 연구원들이 조던 그래프먼Jordan Grafman 박사의 지휘 아래 자신을 연구하고 있다는 것을 알고 있다. 캐롤은 신문에서 뇌 가소성을 다룬 기사를 읽고 미셸을 국립보건원에 데려갔다. 기사에서 그래프먼 박사는 캐롤이 뇌 문제에 관해 그때까지 들어온 것과 여러 면에서 상반되는 말을 하고 있었다. 그래프먼은 뇌도 도움을 받으면 평생 동안, 심지어 손상을 입은 뒤에도 발달하고 변화할 수 있다고 믿었다. 다른 의사들은 캐롤에게, 미셸이 정신적으로는 열두 살 무렵까지밖에 발달할 수 없다고 말했으며, 미셸은 이제 이미 스물다섯 살이었다. 그래프먼 박사가 옳다면, 미셸은 다른 여러 치료법을 시도해볼 수도 있었을 많은 세월을 잃어버린 것이었다. 그 깨달음은 캐롤에게 죄책감을 불러일으켰지만, 동시에 희망도 주었다.

캐롤과 그래프먼 박사가 함께 착수한 일들 가운데 하나는 미셸이 자신의 상태를 더 잘 이해하고 자신의 느낌을 더 잘 조절하도록 돕는 일이었다.

미셸은 자신의 감정에 천진할 정도로 솔직했다. 미셸은 말한다. "많은 세월 동안, 제가 꼬맹이일 때부터, 저는 제 마음대로 되지 않으면 발작을 일으켰어요. 작년에는 사람들이 언제나 저는 제멋대로 하도록 내버려두어야 한다고, 그러지 않으면 제 물혹이 모든 걸 접수해버릴 거라고 생각하는 데 진력이 났어요." 하지만 그녀는 덧붙인다. "작년 이후로 저는 부모님께 제 물혹이 변화를 감당할 수 있다고 말하게 될 수 있도록 노력하는 중이에요."

그녀는 자신의 우반구가 이제는 말하기, 읽기, 수학과 같은 좌뇌 활동을 다룰 수 있다는 그래프먼 박사의 설명을 그대로 반복할 수 있음에도 때로는 그 물혹이 두개골 안의 좌반구가 있어야 할 자리에 있는 텅 빈 곳이 아니라 마치 실체가 있는 것처럼, 마치 인격과 의지를 가진 일종의 외계인이라도 되는 것처럼 이야기한다. 이 역설에서 우리는 그녀의 사고에 들어 있는 두 가지 성향을 볼 수 있다. 그녀는 구체적인 세부사항들은 아주 잘 기억하지만, 추상적 사고는 힘들어한다. 구체적인 일은 미셸에게는 어떤 이점들이 있다. 미셸은 철자법의 대가이고 페이지 안에 글자들이 어떻게 배열되어 있는지도 기억할 수 있다. 구체적으로 사고하는 많은 사람들처럼, 그녀도 사건을 맨 처음 지각한 순간, 그것을 기억에 기록하고 처음 그대로 생생하게 보존할 수 있기 때문이다. 하지만 그녀는 자신이 교훈과 주제가 바탕에 깔려 있는 이야기나 명백하게 기술하고 있지 않은 요점들은 잘 이해하지 못한다는 사실을 스스로도 잘 알고 있다. 거기에는 추상이 포함되기 때문이다.

나는 미셸이 상징을 구체적으로 해석하는 예를 수없이 마주쳤다. 캐롤이 좌반구가 없는 두 번째 CAT 스캔을 보고 얼마나 충격을 받았는지를 이야기할 때, 나는 이상한 소리를 들었다. 이야기를 듣던 미셸이 마시고 있던 음료수 병을 입으로 빨다가 숨을 불어넣기 시작한 것이다.

"뭘 하는 거니?" 캐롤이 물었다.

"어, 그러니까, 음, 내 느낌을 병에다 꺼내놓고 있어요." 미셸이 대답했다. 그녀는 마치 자신의 느낌을 문자 그대로 병 속으로 불어넣을 수 있다고 느끼는 것 같았다.

나는 미셸에게 엄마가 CAT 스캔 이야기를 해서 화가 나는 거냐고 물었다.

"아니요, 아니에요, 그건 아니고, 음, 음, 뭐, 그 애길 하는 건 중요하죠.

전 그냥 제 오른쪽을 계속 통제하려 하고 있는 거예요." 화가 나면 자신의 물혹이 뇌를 '접수한다'고 믿는 미셸의 생각을 보여주는 사례이다.

때때로 그녀는 의사소통을 위해서가 아니라 느낌을 분출하기 위해서 의미 없는 단어들을 지껄인다. 그녀는 내친 김에 자기는 크로스워드 퍼즐과 숨은 낱말 찾기를 너무 좋아해서 심지어 텔레비전을 보면서도 한다고 말했다.

"어휘를 늘리고 싶어서 그러는 건가요?" 내가 물었다.

그녀는 대답했다. "사실은Actually——활동하는Acting 꿀벌! 활동하는 꿀벌——텔레비전에서 시트콤을 보는 동안 제 마음이 지루해지지 않게 하는 거예요."

그녀는 "활동하는 꿀벌!" 하고 큰 소리로 노래해서, 대답에 약간의 음악을 삽입했다. 난 그녀에게 그 음악에 대한 해설을 부탁했다.

"아무 뜻도 없어요. 그, 그, 그, 그, 그러니까 전 어쩔 줄 모르는 질문을 받으면 그래요." 미셸이 대답했다.

그녀는 단어를 선택할 때 그 안에 담긴 추상적 의미 때문이 아니라 물리적인 성질, 곧 유사한 운율 때문에 고르는 일이 많다. 구체성의 표식이다. 한번은 그녀가 차에서 뛰쳐나오면서 갑자기 "푸퍼 안의 투퍼" 하고 노래를 불렀다. 그녀는 종종 식당에서도 소리를 지르며 노래를 해서 사람들의 시선을 끈다. 그녀가 노래를 하기 이전에는 이를 악물었는데, 몹시 당황했을 때 얼마나 세게 이를 악물었던지 앞니 두 개를 부러뜨렸고, 그래서 끼워넣은 의치도 여러 번 부러뜨렸다. 의미 없는 노래를 하는 것은 어쨌거나 이를 악무는 버릇을 없애는 데 도움이 되었다. 나는 그녀에게 노래하면 마음이 편해지냐고 물었다.

"난 너의 피퍼를 알아!" 그녀가 노래를 했다. "노래를 할 때면 오른쪽이 물혹을 쥐고 있어요."

"그러면 편해져요?" 난 고집스럽게 물었다.

"그런 것 같아요." 그녀는 대답했다.

그 무의미한 노래는 간혹 놀리는 것처럼 들리기도 한다. 마치 우스꽝스러운 단어를 써서 누군가의 화를 돋우고 있는 것 같다. 하지만 전형적으로 그런 일이 일어나는 때는, 그녀가 자기 마음을 이기지 못하겠다고 느끼거나 이유를 이해하지 못할 때이다.

미셸이 말한다. "제 오른쪽은 다른 사람들의 오른쪽이 할 수 있는 어떤 것들을 하지 못해요. 저는 간단한 결정은 내릴 수 있지만, 주관적인 생각이 많이 필요한 결정은 내리지 못해요."

바로 그렇기 때문에 미셸은 다른 사람이라면 돌아버릴지도 모르는, 데이터 입력과 같은 반복 활동을 좋아하는 것을 넘어 사랑하기까지 한다. 미셸은 현재 어머니가 일하고 있는 교회에 다니는 5천 명의 교구민의 모든 정보를 입력해서 관리하고 있다. 미셸은 자신의 컴퓨터에서 그녀가 가장 좋아하는 소일거리를 내게 보여준다. 바로 혼자 하는 카드놀이다. 나는 미셸이 게임을 하는 속도에 눈이 휘둥그레진다. '주관적' 판단이라고는 전혀 필요 없는 이 작업에서 그녀는 극도로 과감하다.

"오! 오! 어디 보자, 오, 오, 그래 여기야!" 미셸은 기쁨에 들떠 새된 소리를 지르면서 큰 소리로 카드 이름을 말하고 자리에 놓을 자리에 가져다놓은 다음에 노래를 흥얼거리기 시작한다. 나는 그녀가 머릿속에서 카드 한 벌 전체를 보고 있다는 것을 깨닫는다. 그녀는 한 번 본 카드는 지금 뒤집혀 있거나 말거나 어떤 카드이고 어느 자리에 있는지 모두 알고 있다.

그녀가 즐기는 다른 반복적 작업은 접기이다. 그녀는 매주 천 장의 교회 주보를 얼굴에 미소를 띠고 번개 같은 속도로 30분 만에 접는다. 그것도 한 손만 써서.

그녀의 추상 문제는 그녀가 비좁은 우반구를 가지면서 치른 대가 중에서도 가장 값비싼 것이다. 그녀의 추상 능력을 더 잘 알아보기 위해, 나는 그녀에게 몇 가지 속담을 설명해달라고 부탁했다.

"'엎지른 물은 주워 담을 수 없다'가 무슨 뜻이죠?"

"그건 하나를 걱정하느라 시간을 보내지 말라는 뜻이에요."

나는 좀더 말해 달라고 부탁하며, 그녀가 '어쩔 수 없는 불운에 마음을 쏟는 것은 소용없는 일'이라고 덧붙여주길 바랐다.

그녀는 매우 거칠게 식식거리기 시작하더니, 화가 난 목소리로, "파티, 파티가 싫어, 우우" 하고 노래를 하기 시작했다.

그러더니 그녀는 자기가 '그게 공이 튀는 방식이다'*라는 상징적인 문구를 안다고 말했다. '세상일이 다 그렇고 그런 거'라는 뜻이라고 그녀는 말했다.

나는 다음으로 그녀에게 그녀가 한 번도 들어본 적이 없는 속담의 해석을 부탁했다. "똥 묻은 개가 겨 묻은 개를 나무란다"는 무슨 뜻이죠?

다시 그녀는 호흡이 거칠어지기 시작했다.

그녀가 교회를 다닌다는 것을 생각한 나는 '너희 중에 죄 없는 자가 돌을 던지라'는 예수의 말을 물으면서, 그 말이 나오는 이야기를 상기시켰다.

그녀는 한숨을 쉬고는 거칠게 숨을 몰아쉬었다. "나는 너의 완두콩을 찾고 있다네! 그 말이 무슨 뜻인지는 정말 생각해봐야겠는데요."

이번에는 일련의 긴 상징들을 포함하는 속담이나 비유를 해석하는 것

---

*세상일이란 게 다 그렇다는 뜻의 영어 속담.

만큼은 어렵지 않은 추상성 시험으로, 사물들 간의 비슷한 점과 다른 점을 물었다. 비슷한 점과 다른 점을 가리는 일은 세부사항에 훨씬 더 가깝다.

세부사항이라면 미셸이 수행하는 속도를 따를 사람은 거의 없었다. "의자와 말의 비슷한 점은 뭐죠?" 한순간도 놓치지 않고 그녀는 말했다. "둘 다 다리가 네 개고, 앉을 수 있어요." "그러면 다른 점은요?" "말은 살아 있고, 의자는 그렇지 않아요. 그리고 말은 혼자 움직일 수 있어요." 나는 이 같은 질문을 잇달아 퍼부었고, 미셸은 완벽하게, 그리고 번개 같은 속도로 모두 대답했다. 이번에는 무의미한 노래가 나오지 않았다. 나는 그녀에게 산수 문제와 기억 문제를 몇 가지 내보았고, 그녀는 역시 완벽하게 대답했다. 그녀는 학교에서 배우는 산수는 항상 너무 쉽고, 자신이 산수를 워낙 잘해서 선생님들이 자신을 특수학급에서 일반학급으로 옮겨주었다고 말했다. 하지만 중2 때 좀더 추상적인 대수를 배우게 되자, 그녀는 몹시 힘겨워했다. 역사에서도 같은 일이 일어났다. 처음에는 빛을 발했지만, 중2 때 역사적 개념들이 도입되자 그녀는 수업을 이해하기가 힘들어졌다. 일관적인 그림이 떠올랐다. 미셸은 세부사항의 기억에서는 뛰어나고, 추상적 사고는 힘겨워한다.

―――――――

나는 미셸이 어떤 남다른 정신적 능력을 지닌 백치천재가 아닌가 생각하기 시작했다. 나는 대화 도중에 그녀가 거의 혼잣말처럼, 하지만 비범한 정확성과 확신을 가지고 엄마가 말하는 특정한 사건의 날짜를 수정하고 있을 적에 그렇게 느꼈다. 그녀의 어머니는 아일랜드에 여행 갔을 때를 언급하면서 미셸에게 그게 언제였는지 물었다.

"87년 5월이요." 미셸은 곧바로 대답했다.

나는 그녀에게 어떻게 그걸 아느냐고 물었다. "전 거의 모든 것을 기억하거든요……. 저한테 날짜는 좀더 생생하다고나 할까요." 미셸은 자신의 생생한 기억이 열여덟 살 때, 곧 1980년대 중반까지 거슬러 올라간다고 했다. 나는 미셸에게 많은 백치천재들이 그렇듯, 그녀에게도 날짜를 알아내는 공식이나 규칙이 있는지를 물어보았다. 그녀는 자신이 보통은 계산을 하지 않고 날짜와 사건을 기억하지만, 달력이 패턴을 따른다는 것도 알고 있다고 말했다. 윤년이 언제 일어나느냐에 따라 6년 패턴을 따르다가 5년 패턴으로 옮겨간다는 것이다. "말하자면 오늘이 6월 4일 수요일이니까 6년 전 6월 4일도 수요일이라는 거죠."

"다른 규칙도 있어요?" 내가 물었다. "3년 전 6월 4일은 무슨 요일이었나요?"

"그때는 일요일이었어요."

"규칙을 사용한 건가요?" 내가 물었다.

"아뇨, 그냥 기억 속에서 돌아간 거예요."

나는 몹시 놀라서, 그녀에게 달력에 흠뻑 빠진 적이 있었냐고 물었다. 그녀는 한마디로 아니라고 대답했다. 나는 그녀에게 기억하는 것을 즐기느냐고 물었다.

"그냥 기억이 나는 것뿐이에요."

나는 나중에 확인해볼 요량으로 속사포처럼 많은 날짜들을 물었다.

"1985년 3월 2일은?"

"그 날은 토요일이었어요." 미셸의 대답은 즉각적이었고 정확했다.

"1985년 7월 17일은?"

"수요일이요." 즉각적이고 정확했다. 난 미셸이 대답하는 것보다 내가 아무 날짜나 생각하는 것이 더 힘들다는 사실을 깨달았다.

미셸은 자신이 공식을 쓰지 않고 보통 1980년대 중반까지 돌이켜 기억할 수 있다고 말했으므로, 나는 그녀의 기억을 거슬러 1983년 8월 22일까지 올라가서 그날이 무슨 요일이었는지를 물었다.

이번에는 30초쯤 시간이 걸렸다. 그녀는 기억하는 대신 혼자 속삭이면서 분명히 계산을 하고 있었다.

"1983년 8월 22일은, 음, 그날은 화요일이었어요."

"그날은 더 어렵군요. 왜죠?"

"왜냐하면 마음속으로 돌아갈 수 있는 것은 1984년 가을까지뿐이거든요. 잘 기억나는 것은 딱 거기까지예요." 그녀는 자신이 학교에 다니던 기간 동안은 그날 그날에 무슨 일이 있었는지를 분명하게 기억하기 때문에, 그 날들을 일종의 닻으로 이용한다고 설명했다.

"1985년 8월은 목요일에 시작되었어요. 그래서 저는 거기서부터 2년을 돌아갔죠. 1984년의 8월은 수요일에 시작되었고요."

그러더니 그녀는 "제가 실수를 했네요" 하고는 깔깔 웃었다. "제가 1983년 8월 22일이 화요일이라고 말했죠. 사실은 월요일이었어요." 확인해보니 고쳐 말한 것이 정확했다.

그녀의 계산 속도도 눈부시지만, 더 인상적인 것은 그녀가 지난 18년 동안 일어났던 사건들을 전부 생생하게 기억한다는 사실이다.

때로 백치천재들에게는 경험을 표현하는 특이한 방식이 있다. 러시아의 신경생리학자 알렉산드르 루리아는 기억술사인 'S'를 연구했다. S는 긴 난수표를 외울 수 있었고, 이 기술을 보여주는 것으로 먹고살았다. S는 사진과 같은 기억력을 가지고 유아기까지 죽 거슬러 올라갔다. 또한 '공감각'을 가지고 있어서 보통은 연결되지 않는 어떤 감각들이 '교차배선'되었다. 높은 수준으로 공감각을 느끼는 사람들은 요일과 같은 개념을 색깔로도 경험한다. 덕분에 그들의 경험과 기억은 특별히 생생하다.

S는 특정한 숫자들을 색깔과 함께 연상했으며, 미셸과 마찬가지로 요점을 파악하지 못했다.

"세상에는 말이죠," 나는 미셸에게 말했다. "요일을 상상할 때 색깔을 보는 사람들이 있어요. 그래서 요일이 더 생생해지죠. 그 사람들은 수요일을 빨간색으로, 목요일은 파란색으로, 금요일은 까만색으로 생각할 수도 있답니다."

"와, 와!" 그녀는 감탄했다. 나는 그녀에게 그런 능력이 있는지를 물어보았다.

"글쎄요, 그런 색깔 암호 같은 것은 없고요." 그녀에게는 요일마다 장면이 있었다. "월요일 하면 아동발달센터에 있던 우리 교실이 떠올라요. '안녕'이라는 단어를 들으면 벨 월라드의 로비 오른쪽 구석에 있는 작은 방이 그려져요."

"세상에 이럴 수가!" 캐롤이 갑자기 끼어들었다. 그녀는 미셸이 14개월 때부터 2년 10개월 때까지 벨 월라드라는 특수교육 센터에 다녔다고 설명했다.

나는 그녀와 함께 요일들을 하나하나 짚어갔다. 요일마다 어떤 장면이 붙어 있었다. 토요일. 그녀는 집 근처에 아래는 연두색이고 위는 노란색이면서 구멍들이 뚫려 있는 장난감 회전목마가 보인다고 설명한다. 그녀는 자신이 어릴 때 장난감 회전목마 위에 '앉았던sat' 장면을 떠올린다. 그녀는 "샛은 새터데이Saturday의 첫 음절이잖아요"라고 말하며, 자신이 토요일을 그 장면과 연결 짓는 이유가 그 때문인 것 같다고 짐작한다. 일요일 하면 햇빛이 눈부신 장면이 떠오르고, '선sun'이라는 소리와 선데이Sunday가 연결된다. 하지만 다른 요일들에 떠오르는 장면은 그녀도 설명하지 못했다. 금요일. "우리 집 옛날 부엌에서 쓰던 팬케이크 굽는 철판이 보여요." 그녀가 그 철판을 마지막으로 본 것은 약 18년 전, 부엌을 개조하기 이전이었다(아마도 그녀는 철판이 음식을 프라이fry하는 데 쓰이니까 프라이데이Friday 하면 철판을 연상하는 것이리라).

───────────

조던 그래프먼은 과학자로서 미셸의 뇌가 어떻게 능력을 발휘하는지를 알아내려고 노력 중이다. 캐롤이 가소성에 관한 그의 기사를 읽은 뒤 연락하자, 그는 미셸을 데리고 들러보라고 했다. 그 뒤에 미셸은 검사를 받으러 갔고, 그는 자신이 발견한 것을 이용해서 미셸이 그녀의 상황에 적응하도록 돕고 그녀의 뇌가 어떻게 발달했는지를 더 잘 이해하려고 노력해왔다.

그래프먼은 따뜻한 미소, 음악 같은 목소리, 멋진 금발머리의 소유자이다. 180센티미터 키에 흰 가운을 걸친 풍채 있는 체격은 책이 가득찬 그의 조그마한 국립보건원 사무실을 꽉 채운다. 그는 국립 신경질환 및 뇌졸중 연구소에서 인지신경과학 분과장을 맡고 있다. 그에게는 두 가지 주요 관심사가 있다. 전두엽과 뇌가소성을 이해하는 것이다. 이 두 주제를 같이 동원하면 미셸의 비범한 능력과 인지적 어려움을 설명하는 데 도움이 될 수 있다.

20년 동안 그래프먼은 미 공군의 생의학 사령부를 통솔했다. 그는 베트남전 두뇌손상 연구의 수장으로서의 공로를 인정받아 방어근무공로훈장을 받았다. 그는 아마도 세상 어느 누구보다 전두엽이 손상된 사람들을 많이 봐왔을 것이다.

그의 삶은 한 사람이 어떻게 변화했는지를 보여주는 인상적인 이야기이다. 조던이 초등학교에 다닐 때, 그의 아버지는 심각한 뇌졸중을 겪은 뒤로 당시의 의사들은 제대로 알지 못하던 뇌 손상을 입었다. 그 손상으로 아버지는 성격이 변했다. 그는 감정을 주체하지 못하고 신경학적으로 완곡하게 말해서 이른바 '사회적 탈억제' 증상을 보였다. '사회적 탈억제'란 보통은 억압되거나 억제되어 있는 공격적 본능과 성적 본능이 그대로 방출된다는 뜻이다. 아버지는 또한 사람들이 무슨 말을 하고 있는지 요점을 파악하지 못하는 듯했다. 조던은 아버지가 그렇게 행동하게 된 원인이 무엇인지 이해할 수가 없었다. 어머니에게 이혼을 당한 아버지는 여생을 시카고에 있는 여인숙에서 보내다 뒷골목에서 홀로 두 번째 뇌졸중을 맞아 생을 마감했다.

 마음 깊이 상처 입은 조던은 더 이상 학교에 다니지 않았고 비행 소년이 되었다. 그러나 내면의 무언가가 그 이상을 갈구했으므로, 아침마다 공공 도서관에서 책을 읽었으며, 도스토예프스키를 비롯한 대문호들을 발견했다. 오후에는 여자들이 젊은 남자애들을 낚는 장소라는 것을 알기 전까지는 미술대학에 들렀다. 저녁 시간은 올드타운의 재즈와 블루스 클럽에서 보냈다. 그는 거리에서 현실의 심리학 교육을 받으며, 무엇이 사람들을 그렇게 움직이는가를 배워갔다. 16세가 안 된 애들을 잡아 넣는 감옥이라 할 수 있는 세인트찰스 소년원에 가는 것을 피하기 위해 소년의 집과 교화학교에서 4년을 보낸 그는 그곳에서 한 사회사업가로부터 정신요법을 받았다. 그는 그 일이 자신을 구원해서 '남은 일생을 준비시켰다'고 느낀다. 그는 고등학교를 졸업하자 자신에게는 회갈색뿐인 시카고에서 빠져나와 파스텔 색조의 캘리포니아로 달아났다. 그는 요세미티 계곡과 사랑에 빠져 지리학자가 되기로 결심했지만, 우연히 꿈에 관한 심리학 수업을 듣고 너무나 매료되어 심리학으로 진로를 바꿨다.

그가 처음으로 뇌가소성과 마주친 것은 1977년이었다. 당시 그는 위스콘신 대학의 대학원에서, 뇌 손상을 입고서도 예기치 않게 회복된 어떤 흑인 여자를 연구하고 있었다. 그가 레나타라고 부르는 그 여성은 뉴욕시에 있는 센트럴파크에서 강간을 당하면서 목이 졸렸으며, 범인은 죽일 목적으로 그녀를 방치했다. 뇌에 산소 공급이 너무 오래 차단되었기에 그녀는 무산소 손상을 입었다. 곧 산소가 부족해서 뉴런들이 죽었다. 그래프먼이 그녀를 처음 보았을 때는 사건이 있은 지 5년 이상이 지나서 의사들도 이미 포기한 상태였다. 그녀는 운동피질이 워낙 심하게 손상되어 꼼짝하는 것도 힘들어했다. 그녀는 불구가 되어 휠체어에 묶여 있었고, 근육은 쇠약해졌다. 기억력도 형편없고 읽는 것도 간신히 했기 때문에, 팀은 아마도 그녀의 해마도 손상되었을 것이라고 믿었다. 사건 이후 그녀의 인생은 아래로만 치달았다. 그녀는 일을 할 수 없었고, 친구도 잃었다. 레나타와 같은 환자들은 어쩔 도리가 없는 것으로 치부되었다. 무산소 손상은 다량의 뇌 세포를 죽이는데, 대부분의 임상의들은 뇌 조직이 죽으면 복구되지 않는다고 믿었기 때문이다.

그럼에도 그래프먼의 연구팀은 레나타에게 집중훈련을 시키기 시작했다. 보통 손상이 있은 지 처음 몇 주 안에만 시키는 일종의 재활 훈련을 시켰다. 그래프먼은 기억 연구를 해오고 있었으며, 재활에 관해 잘 알았기에, 두 분야를 합치면 어떤 일이 일어날지 궁금했다. 그는 레나타에게 기억, 읽기, 사고 훈련들을 시작하라고 권했다.[1] 그래프먼은 20년 전에 폴 바크-이-리타의 아버지가 실제로 유사한 프로그램의 덕을 보았다는 사실은 전혀 몰랐다.

그녀는 더 많이 움직이기 시작했으며, 의사소통을 더 잘하게 되었고, 더 집중해서 생각하고, 나날의 사건들을 더 잘 기억하게 되었다. 궁극적으로 그녀는 학교로 돌아가고, 일을 얻고, 세상 속으로 다시 들어갈 수 있었다. 그녀는 결코 완전하게 회복되지 않았지만, 그래프먼은 그 진전에 놀라움을 감추지 못하면서, 이러한 조정들이 "그녀의 삶의 질을 얼마나 향상시켰던지 기절할 정도였다"고 말했다.

미 공군은 그래프먼을 대학원에 보내주었다. 그래서 그는 대위로 임관하게 됐으며 베트남전 두뇌손상 연구 신경정신분과의 장이 되었다.[2] 그 연구에서 그는 두 번째로 뇌가소성에 노출되었다. 병사들은 전장 앞을 향해 나아가므로, 빗발치는 총탄이 보통 뇌 앞부분, 즉 전두엽의 조직에 박혀 손상을 입힌다. 전두엽은 뇌의 다른 부분들을 조화롭게 통합하면서 상황의 요점에 집중하고, 목표를 형성하고, 지속적으로 결정을 내리도록 해준다.

그래프먼은 어떤 요소들이 전두엽 손상의 회복에 가장 큰 영향을 미치는지 이해하고 싶었으므로, 병사들이 손상 이전에 가지고 있던 건강, 유전병, 사회적 지위, 지능으로 그의 회복 가능성을 얼마나 예측할 수 있을지를 조사하기 시작했다. 군에 복무하는 모든 사람은 군복무자격검사(대략 IQ 검사에 해당하는 검사)를 받아야 하므로, 그래프먼은 손상 이전의 지능과 회복한 뒤의 지능 관계를 연구할 수 있었다. 그는 손상부위의 크기나 위치를 제외하고는, 병사의 IQ가 그가 잃어버린 뇌 기능을 얼마나 잘 회복할 것인가를 예측하는 매우 중요한 요소라는 사실을 발견했다.[3] 인지 능력, 곧 지능이 높을수록 뇌는 심각한 외상에 더 잘 대처할 수 있었다. 그래프먼의 데이터가 시사하는 바에 따르면, 지능이 높은 병사들은 인지 능력을 재조직해서 손상된 영역을 지원하는 능력이 더 좋은 것처럼 보였다.

앞서 보았듯이, 엄격한 국재론에 따르면 각 인지 기능은 유전적으로 미리 결정된 별개의 위치에서 처리된다. 총탄이 그 위치를 없애버리면, 그 기능도 영원히 없어져야 한다. 뇌가 가소적이고 적응력이 있어서 새로운 구조를 만들어내 손상된 구조를 대체하지 않는다면 말이다.

그래프먼은 가소성의 한계와 잠재력을 탐험하고, 구조적 재조직이 얼마나 오래 걸리는지를 발견하고, 가소성에 어떤 유형이 있는지를 알고 싶었다. 그는 뇌 손상이 있는 사람들은 제각기 손상 부위가 독특하기 때문에, 대규모 집단 연구보다 개별적인 사례에 면밀히 주의를 기울이는 것이 더 생산적일 것이라고 생각했다.

그래프먼은 독단적이지 않은 국재론과 가소성을 통합한 관점으로 뇌를 바라본다.

뇌는 여러 부위로 나뉜다. 그리고 발달 과정에서 각 부위는 일차적으로 특정한 종류의 정신 활동을 책임질 임무를 맡는다. 복잡한 활동을 할 때는 여러 부위들이 상호작용을 해야 한다. 우리가 어떤 단어를 읽을 때, 그 의미는 뇌의 한 부위에 저장되어 있거나 '지도화'되어 있고, 글자들의 시각적 모양새는 다른 한 부위에, 소리는 또 다른 부위에 저장되어 있다. 각 부위는 하나의 그물망 안에 함께 묶여 있어서, 그 단어를 마주치면 우리는 그것을 보고, 듣고, 이해할 수 있다. 우리가 한꺼번에 보고, 듣고, 이해하려면 각 부위에서 나오는 뉴런들이 동시에, 함께 활성화되어야 한다.

이 모든 정보를 저장하는 규칙은 쓰지 않으면 잃는 원리를 반영한다. 우리가 어떤 단어를 더 자주 사용할수록, 그 단어를 더 쉽게 찾을 수 있다. 뇌의 단어 부위에 손상을 입은 환자들 또한 손상 이전에 잘 쓰지 않던 단어보다 잘 사용하던 단어를 더 쉽게 인출한다.

그래프먼은 단어 저장 같은 어떤 활동을 수행하는 뇌의 모든 영역 안에서, 그 과제에 가장 전념하는 부분은 그 영역의 중심에 있는 뉴런들이라고 믿는다. 경계에 있는 뉴런들은 훨씬 덜 전념하므로, 근처의 뇌 영역들이 이 경계 뉴런을 데려가려고 서로 경쟁을 한다. 어떤 뇌 영역이 이 경쟁에서 이기는가는 일상의 활동으로 결정된다. 의미는 전혀 생각하지 않고 편지봉투의 주소를 보는 우체국 직원이라면, 시각 영역과 의미 영역의 경계에 있는 뉴런들은 그 단어의 '모습'을 표상하는 데 전념하게 될 것이다. 단어의 의미에 관심이 있는 철학자라면, 그러한 경계 뉴런들은 의미를 표상하는 데 전념하게 될 것이다. 그래프먼은 이 경계 영역의 뇌 스캔에서 우리가 알게 된 모든 것이, 경계 영역은 몇 분 안에 급속히 확장되며 매순간 바뀌는 필요에 반응할 수 있다는 것을 말해주고 있다고 믿는다.

그래프먼은 자신의 연구로부터 네 가지 종류의 가소성을 밝혔다.[4]

첫 번째는 위에 서술한 '지도 확장'이다. 이는 일상 활동의 결과로서 대개 뇌 영역들 간의 경계에서 일어난다.

두 번째는 '감각 재배치'이다. 이는 맹인의 경우에서처럼 한 감각이 차단되었을 때 일어난다. 정상적인 입력을 빼앗긴 시각피질은 촉각과 같은 다른 감각으로부터 새로운 입력을 받을 수 있다.

세 번째는 '보상적 가장假裝'이다. 이는 뇌가 한 과제에 접근하는 데는 한 가지 이상의 방법이 있다는 사실을 이용한다. 어떤 사람들은 장소를 옮겨 다닐 때 시각적 표지물을 이용한다. '방향 감각이 좋은' 어떤 사람들은 공간 감각이 뛰어나기 때문에 표지물을 이용하지 않다가도, 뇌 손상으로 공간 감각을 잃으면 표지물에 의지할 수 있다. 뇌가소성이 인식될 때까지, 보상적 가장——보상 또는 '대체 전략'이라고도 불리며, 읽기 문제가 있는 사람들에게는 오디오 테이프를 들려주는 것 같은 방법——은 학습장애가 있는 어린이들을 돕는 주요 방법이었다.

네 번째는 '거울영역 인수'이다. 한쪽 반구의 일부가 파괴되면, 반대편 반구의 거울영역이 적응을 해서 그 정신적 기능을 최대한 인수한다.

이 마지막 개념은 그래프먼과 그의 동료 하비 레빈Harvey Levin이 폴

(가명)이라는 소년을 연구한 결과에서 싹텄다.[5] 폴은 생후 7개월에 차 사고를 당했다. 그는 머리를 부딪쳐서 두개골이 깨졌고 오른쪽 두정엽까지 타격을 받았다. 두정엽은 뇌의 가운데 꼭대기 부분으로 전두엽 뒤에 있다. 그래프먼의 팀이 폴을 처음 본 것은 그가 열일곱 살일 때였다.

놀랍게도 그에게는 계산과 수 처리에 문제가 있었다. 우리는 보통 오른쪽 두정엽 손상을 입은 사람들에게서는 시공간 정보 처리에 문제가 생길 것이라고 예상한다. 그래프먼과 다른 사람들이 입증한 바에 따르면 일반적으로 수학적 사실을 저장하고 간단한 산수를 하는 것은 뇌의 왼쪽 두정엽이다. 하지만 폴의 왼쪽 두정엽은 손상되지 않았다.

CAT 스캔은 폴의 손상된 오른쪽 뇌에 낭포가 있다는 사실을 보여주었다. 그래프먼과 레빈은 이어서 fMRI로 폴의 뇌를 스캔하면서, 폴에게 간단한 산수 문제를 주었다. 스캔은 왼쪽 두정엽의 활동이 매우 약하다는 것을 보여주었다.

그들이 이 이상한 결과로부터 내린 결론은 다음과 같다. 산수 문제를 푸는 동안 왼쪽 영역의 활성화가 약한 이유는, 오른쪽 두정엽이 더 이상 처리하지 못하는 시공간 정보를 이제 이 영역이 대신 처리하기 때문이라는 것이다.

차 사고는 폴이 수학을 배우기 이전인 7개월 되었을 때에 일어났으므로, 왼쪽 두정엽이 계산을 처리하는 영역으로 전문화되기 전이었다. 7개월 때부터 폴이 산수를 배우기 시작한 6년 후까지의 기간 동안 그에게는 경로 탐색이 훨씬 더 중요했고, 경로 탐색을 위해서는 시공간 처리가 필요했다. 따라서 시공간 활동은 뇌 안에서 오른쪽 두정엽에 가장 근접한 부분, 곧 왼쪽 두정엽에 둥지를 틀었다. 폴은 이제 세상을 활보할 수 있었지만, 대가를 치러야 했다. 그가 산수를 배워야 했을 때, 왼쪽 두정엽의 중심부는 이미 시공간 처리에 전념하고 있었던 것이다.

그래프먼의 이론으로 우리는 미셸의 뇌가 어떻게 발달했는지를 설명할 수 있다. 미셸의 뇌 조직 손실은 우반구가 어떤 일에도 전념하기 이전에 일어났다. 가소성은 가장 어린 시기에 절정을 이루므로, 미셸이 정해진 죽음에서 살아난 것은 아마도 그녀의 손상이 워낙 일찍 일어났기 때문일 것이다. 미셸에게는 뇌가 자궁 안에서 아직 형성되고 있을 때 우반구를 조정할 시간이 있었고, 돌봐준 어머니가 있었다.

보통은 시공간 활동을 처리하는 우반구가 미셸의 경우에 언어를 처리할 수 있었던 것은 그녀가 보고 걷기 이전에, 부분적으로 맹인이고 간신히 기는 상태에서 말을 배웠기 때문일 것이다. 폴에게서 시공간적 필요가 산수의 필요를 압도했듯이, 미셸에게서는 언어가 시공간적 필요를 압도했을 것이다.

반대편 반구로 정신적 기능이 이동할 수 있는 까닭은 발달 초기에는 우리의 두 반구가 매우 비슷하고 나중에서야 점차 전문화되기 때문이다.[6] 태어나서 1년 내에 아기의 뇌를 스캔한 것을 보면, 아기는 새로운 소리를 양쪽 반구에서 처리한다. 두 살쯤 되면 대개 새로운 소리는 언어에 전문화되기 시작한 좌반구에서 처리한다. 그래프먼은 시공간 능력도 언어 능력처럼 처음에는 양쪽 반구에 존재하다가 뇌가 전문화되면서 왼쪽에서는 억제되는 것이 아닐까 생각한다. 다시 말해서, 각 반구는 특정 기능에 전문화되는 경향이 있지만 그렇게 되도록 확실하게 배선된 것은 아니다. 우리가 정신적 기술을 학습하는 연령은 그 기술을 어떤 영역에서 처리하게 될지에 큰 영향을 미친다. 우리는 유아기에 주변 세상에 서서히 노출되며, 새로운 기술을 배울 때 그 기술을 처리하는 데 가장 능숙한 부위들은 아직까지 역할이 정해지지 않은 채로 있다.

그래프먼은 말한다. "이 이야기는 우리가 백만 명의 사람을 골라서 뇌의 같은 영역을 보면, 그 영역이 어느 정도 같은 기능이나 과정을 수행하는 것을 보게 된다는 뜻입니다." 하지만 그는 덧붙인다. "그 영역들이 정확히 같은 장소는 아닐 수 있습니다. 그리고 같아야 하는 것도 아닙니다. 우리들은 각자 서로 다른 인생 경험을 하게 되니까요."

미셸의 비범한 능력과 장애의 관계라는 수수께끼는 전두엽에 관한 그래프먼의 연구로 설명이 된다. 특히 전전두피질의 연구는 미셸이 생존을 위해 지불해야 했던 대가를 설명하는 데 도움을 준다. 전전두엽은 인간에게 아주 독특한 부분이며, 다른 동물에 비해 인간에게서 가장 잘 발달되어 있다.

그래프먼의 이론은 진화 과정에서 전전두피질이 매우 오랜 세월에 걸쳐 정보를 포착하고 보유하는 능력을 발달시킨 덕분에 인간에게 예견과 기억 모두가 발달했다는 것이다. 왼쪽 전두엽은 개별 사건의 기억을 저장하도록 전문화되었고, 오른쪽은 일련의 사건들이나 하나의 스토리에서 주제나 요점을 끌어내도록 전문화되었다.

예견은 일련의 사건들이 다 벌어지기 전에 주제를 파악하는 일을 포함하고 있으므로, 살아가는 데 대단한 이점이 된다. 호랑이가 몸을 웅크릴 때는 공격을 준비하고 있는 것이라는 사실을 안다면 생존하는 데 큰 도움이 될 것이다. 예견할 수 있는 능력을 지닌 사람은 일련의 사건을 전부 경험하지 않고도 어떤 일이 다가올지 짐작한다.

오른쪽 전전두엽에 손상이 있는 사람들은 예견에 결함이 생긴다. 그들은 영화를 볼 수는 있지만 요점을 파악하거나 줄거리가 어디로 가고 있는지 알지 못한다. 그들은 계획을 잘 세우지 못한다. 계획하는 일에는 일련의 사건들을 순서대로 정리해서 그 사건들이 원하는 결과나 목표, 요점으로 이어지도록 하는 일이 따라야 하기 때문이다. 이 사람들은 계획을 잘 실행하지도 못한다. 요점을 따라가지 못하기 때문에 쉽게 주의가 산만해지는 것이다. 그들은 보통 사회적으로도 잘 적응하지 못한다. 사회적 상호작용의 요점을 파악하지 못하고 은유와 비유를 이해하지 못하기 때문이다. 사회적 상호작용 또한 일련의 사건들이고, 이들이 은유와 비유를 이해하려면 다양한 세부사항들로부터 요점이나 주제를 이끌어낼 수 있어야 한다. 가령 한 시인이 '결혼은 전쟁터'라고 말한다면, 그가 의미하는 것이 실제로 폭발과 시체가 있는 전쟁이 아니라 남편과 아내의 격렬한 싸움임을 아는 것이 중요하다.

미셸이 어려움을 겪는 모든 영역——요점 파악하기, 속담, 은유, 개념, 추상적 사고 이해하기——은 오른쪽 전전두의 활동이다. 그래프먼이 표준적인 심리학 검사로 확인한 바에 따르면, 그녀는 계획하기, 사회적 상황 정리하기, 동기 이해하기(사회생활에 적용되는 일종의 요점 파악하기)에 어려움을 겪었으며, 다른 사람과 공감을 하거나 남의 행동을 예상하는 데도 문제가 있었다. 그래프먼이 생각하기에 그녀는 예견하는 능력이 상대적으로 모자라기 때문에 불안의 수준이 높아져 충동을 조절하기가 더 어려운 것 같다. 반면 그녀에게는 개별적인 사건과 그 사건이 일어난 정확한 날짜를 기억하는 백치천재의 능력이 있다. 이는 왼쪽 전전두의 기능이다.

그래프먼은 미셸이 폴과 같은 종류의 거울영역 적응을 했지만 그녀의 거울 부위는 전전두엽인 것이라고 생각한다. 보통 우리는 요점을 알아내는 일을 배우기 전에 사건의 발생을 기록하는 일에 숙달되기 때문에, 사건 기록——왼쪽 전전두에서 주로 발달하는 기능——에 지나치게 전념하고 있던 그녀의 오른쪽 전전두엽은 주제를 파악하는 법을 온전히 발달시킬 기회가 전혀 없었던 것이다.

나는 미셸을 본 뒤 그래프먼을 만나서 어째서 그녀가 다른 사람들보다 훨씬 더 사건들을 잘 기억하냐고 물었다. 왜 그녀는 그냥 보통 수준의 능력을 보이지 않을까?

그래프먼은 그녀의 사건을 기억하는 뛰어난 능력이 그녀에게 반구가 하나밖에 없다는 사실과 관련이 있을 것이라고 생각한다. 보통 두 반구는 끊임없이 의사소통을 한다. 각 반구는 다른 반구에게 자신의 활동을 알려줄 뿐만 아니라, 때로는 상대를 제한하고 상대의 튀는 행동을 상쇄하면서 자신의 짝을 수정하기도 한다. 그 반구가 병들어서 더 이상 상대 편을 억제할 수 없다면 어떻게 될까?

극적인 한 사례를 브루스 밀러Bruce Miller 박사가 서술했다. 밀러 박사는 캘리포니아 대학교 샌프란시스코 캠퍼스의 신경학 교수이다. 그는 뇌 왼쪽에 전측두엽 치매가 생긴 일부 사람들의 경우 단어의 의미를 이해하는 능력만 없어질 뿐, 자연적으로 비상한 미술적, 음악적, 시적 기술 ──보통 오른쪽 측두엽과 두정엽에서 처리되는 기술들──이 발달한다는 것을 보여주었다. 미술을 잘 하게 된 사람은 특히 정밀묘사에 뛰어났다. 밀러의 주장에 따르면, 좌반구는 보통 폭군처럼 행동하면서 오른쪽을 방해하고 억누른다. 좌반구의 기세가 꺾이면 우반구의 억제된 잠재력이 출현할 수 있다는 것이다.

실제로 장애가 없는 사람들도 한쪽 반구를 다른 반구로부터 해방시킴으로써 이익을 얻을 수 있다. 베티 에드워즈Betty Edwards가 1979년에 쓴 인기작 『오른쪽 두뇌로 그림그리기』는 밀러의 발견이 있기 여러 해 전에 언어적, 분석적 좌반구가 우반구의 예술적 성향을 억제하지 못하게 하는 방법을 개발하여 사람들에게 그림을 가르쳤다.[7] 리처드 스페리 Richard Sperry의 신경과학적 연구에서 영감을 얻은 에드워즈는 '언어적', '논리적', '분석적' 좌반구가 지각하는 방식은 그리기를 정말로 방해하고, 그리기에 더 뛰어난 우반구를 억누르는 경향이 있다고 가르쳤다. 에드워즈의 주요 전술은 학생에게 좌반구가 이해할 수 없을 과제를 줌으로써 좌반구의 우반구 억제 활동을 '낮추는' 것이었다. 예를 들어 그녀는 학생들에게 뒤집어놓은 피카소의 스케치를 보고 그리게 했는데, 바로 보고 그린 것보다 훨씬 더 훌륭한 작품이 나온다는 것을 발견했다. 학생들은 점차로 기술을 습득해가는 것이 아니라 느닷없이 그림 솜씨가 일취월장하곤 했다.

그래프먼의 시각에서 본다면, 미셸에게 월등한 사건 기록 능력이 발달한 이유는 그녀의 우반구에서 일단 발달한 사건 기록 능력을 억제할 좌반구가 없었기 때문일 수 있었다.[8] 보통 요점을 파악하고 나면 세부사항은 더 이상 중요하지 않기 때문에 사건 기록은 대개 억제되기 마련이다. 뇌 안에서는 한 번에 수천 가지 활동이 진행되고 있으므로, 우리가 제정신으로 짜임새 있게 자신을 조절하여 '동시에 모든 방향으로 내닫지' 않기 위해서는 뇌를 억제하고, 조절하고, 통제하는 것이 불가피하다. 뇌질환은 어떤 정신적 기능을 지워버릴 수도 있다는 것이 가장 두려운 점일지 모른다. 하지만 뇌의 질환 때문에, 우리에게서 우리가 바라지 않는 모습들이 나타나는 것도 똑같이 비참한 일이다. 뇌의 많은 부분은 억제하는 역할을 한다. 우리가 그 억제력을 잃으면 바람직하지 않은 욕구와 본능이 제멋대로 뛰쳐나와 우리를 수치스럽게 하고 관계와 가족을 짓밟는다.

몇 년 전 조던 그래프먼은 자신의 아버지가 뇌졸중 진단을 받은 병원에서 기록을 입수할 수 있었다. 그 병 때문에 아버지는 억제력을 잃고 결국 추락해갔다. 조던은 아버지의 뇌졸중이 오른쪽 전두피질에, 자신이 지난 4반세기를 바쳐 연구한 영역에서 일어났다는 것을 발견했다.

―――――

떠나기 전에 나는 미셸의 개인적인 방으로 안내받는다. "여기가 제 침실이에요." 미셸은 자랑스럽게 말한다. 파란색으로 칠한 방에는 곰 인형, 미키마우스와 미니마우스, 벅스 버니 따위의 수집품이 빼곡히 들어차 있다. 책장에는 사춘기 이전의 소녀들이나 좋아할 '베이비시터 클럽 시리즈'가 수백 권 꽂혀 있다. 그녀는 캐롤 버넷의 테이프 전집을 가지고 있고, 1960년대에서 1970년대까지의 이지 록을 무척 좋아한다. 방을 보면서 나는 그녀의 사회생활이 궁금해진다. 캐롤은 미셸이 외톨이로 자랐지만, 대신 책을 사랑했다고 설명한다.

"넌 주변에 다른 사람이 없기를 바라는 것 같았어." 캐롤이 미셸에게 말한다. 한 의사는 자신이 생각하기에 미셸이 약간의 자폐 증상을 보이지만 자폐는 아니라고 했고, 내가 보기에도 그녀는 자폐인이 아니다. 그녀는 친절하고, 사람들이 오고가는 것을 알아차리고, 따스하며 부모와 이어져 있다. 그녀는 사람들과의 관계를 갈망하고, 자신의 눈을 똑바로 보지 않는 사람을 보면 상처를 받는다. '정상적인' 사람들은 장애가 있는 사람들과 마주쳤을 때 너무나도 자주 그렇게 한다.

자폐증 이야기를 듣자, 미셸은 목소리를 높인다. "제가 언제나 혼자 있는 것을 좋아한 이유는 그게 문제를 일으키지 않는 길이었기 때문이라고요." 그녀는 다른 아이들과 놀려고 해보았지만, 그 아이들이 장애가 있는 누군가와, 특히 소리에 과민한 그녀와 어떻게 놀아야 할지를 몰랐던 많은 아픈 기억을 가지고 있었다. 나는 그녀에게 전부터 지금까지 계속 만나고 있는 친구가 있는지 물었다.

"아뇨." 그녀가 말한다.

"없어요, 전혀요." 캐롤이 무겁게 속삭인다.

나는 미셸에게 소년소녀들이 보다 사회성을 띠게 되는 시기인 중학교 2학년이나 3학년 때쯤 데이트에 관심을 가졌는지 물어보았다.

"아뇨, 아니에요. 전 안 그랬어요." 그녀는 자신이 한 번도 누군가에게 반해본 적이 없다고 말한다. 그녀는 정말로 그런 일에는 관심이 없었다.

"결혼을 꿈꿔본 적 있어요?"

"그런 적 없는 것 같아요."

―――――――

그녀의 편애와 기호와 갈망에는 주제가 있다. 베이비시터 클럽, 캐롤 버넷의 악의 없는 유머, 곰 인형 수집, 그밖에도 내가 미셸의 파란 방에서 본 모든 것들은 '잠재기'라는 발달 단계의 일부이다. 잠재기는 본능이 분출하는 사춘기의 폭풍 앞에 오는 비교적 고요한 시기이다. 내게는 미셸이 잠재기의 열망을 많이 보여주고 있는 것처럼 생각되었으며, 나는 곧 그녀가 완전히 성숙한 여성임에도 불구하고 왼쪽 반구의 부재가 그녀의 호르몬 발달에 영향을 미친 것이 아닐까 의심하기 시작했다. 어쩌면 이 기호들은 그녀가 보호받은 채로 성장한 결과거나, 그녀가 다른 사람의 동기를 이해하기 힘들다보니 본능이 잠잠하고 유머도 온건한 세계로 이끌린 것일 수도 있었다.

캐롤과 윌리는 장애가 있는 자식을 사랑하는 부모로서, 자신들이 가버린 뒤에도 미셸이 잘 살아갈 수 있도록 준비를 해두어야 한다고 생각한다. 캐롤은 미셸의 형제들에게 돌아가면서 공평하게 책임을 맡겨 미셸이 혼자 남겨지지 않도록 최선을 다하고 있다. 캐롤은 동네 장례식장에서 자료 입력을 하는 여자가 은퇴한 뒤에 미셸이 그 일을 맡기를 바라고 있다. 그렇게 되면 미셸이 두려워하는 여행을 하지 않아도 될 것이다.

이 집안에는 그것 말고도 견뎌내야 할 다른 불안과 거의 비극에 가까운 일들이 있었다. 캐롤은 암에 걸렸다. 캐롤이 스릴광이라고 표현하는 미셸의 오빠 빌은 많은 사고를 당했다. 빌이 럭비 팀의 주장으로 선출되던 날, 친구들은 축하한다고 그를 공중으로 던져 올렸고, 빌이 떨어져 머리를 땅에 부딪치면서 목이 부러졌다. 다행히 일류 수술 팀 덕분에 평생 마비되는 것만은 피할 수 있었다. 캐롤은 병원에 가서 빌에게 하느님께서 그의 주의를 끌려하신 거라고 이야기했다. 캐롤이 그 말을 하기 시작할 때, 나는 미셸을 보았다. 그녀는 말없이 평온한 모습으로 얼굴에 미소를 띠고 있었다.

"무슨 생각을 하고 있어요, 미셸?" 내가 물었다.

"제가 어때서요?"

"하지만 웃고 있잖아요. 이 얘기가 재미있어요?"

"네."

"네가 무슨 생각을 하고 있는지 내가 맞혀볼까?" 캐롤이 말했다.

"무슨 생각을 하는데요?"

"천국을 생각하고 있지 않니?"

"맞아요, 그런 것 같아요."

"미셸은," 캐롤이 말을 이었다. "신앙심이 아주 깊어요. 여러 면에서 무척 단순한 믿음이지요." 미셸은 천국이 어떨 것이라는 이상을 가지고 있고, 그녀는 천국을 생각할 때마다 이 미소를 띤다.

"잘 때 꿈을 꾸나요?" 내가 물었다.

"네." 그녀가 대답했다. "이따금씩요. 하지만 악몽은 아니에요. 대개는 공상적인 꿈을 꿔요."

"어떤 것들인데요?" 내가 물었다.

"거의 저 높은 곳에 관한 거예요. 천국이요."

내가 그녀에게 그 천국이 어떤지 이야기해줄 수 있냐고 하자, 그녀는 신이 났다.

"좋아요, 물론이죠!" 그녀는 대답했다. "그곳에는 제가 대단히 존경하는 분들이 계셔요. 제 소망은 이분들이 남녀 구분 없이, 가까운 곳에서 한 곳엔 여자들이, 다른 한 곳엔 남자들이 사는 거예요. 남자 두 분이 저를 여자들과 함께 살게 하자는 데 동의해요." 그녀의 어머니와 아버지도 그곳에 있다. 사람들은 모두 높이 솟은 아파트 건물에 살지만 그녀의 부모는 낮은 층에 살고, 미셸은 여자들과 함께 산다.

"미셸이 어느 날 저에게 털어놓았죠." 캐롤이 말했다. "'엄마가 서운해하지 말았으면 좋겠는데, 우리 모두 천국에 가면, 난 엄마랑 같이 살고 싶지 않아요' 그러더군요. 그래서 전 '그러려무나' 했어요."

내가 미셸에게 천국에서 사람들이 무엇을 하며 즐겁게 보내느냐고 묻자, 그녀는 대답했다. "여기서 사람들이 보통 휴가 때 하는 것들을 해요. 아시잖아요, 미니 골프 같은 거. 일 같은 거는 안 하고요."

"천국에서도 남자와 여자가 데이트를 하나요?"

"모르겠어요. 같이 어울리기는해요. 하지만 재미있게 놀기 위해서죠."

"천국에도 나무나 새와 같은 물질적인 것들이 보이나요?"

"그럼요! 보여요! 그리고 천국에서는 음식들이 모두 지방도 없고 열량도 없어서 먹고 싶은 것은 무엇이든지 먹을 수 있어요. 그리고 물건을 살 때 돈을 낼 필요도 없고요." 그 다음 그녀는 엄마가 언제나 자신에게 천국에 관해 이야기하던 무언가를 덧붙였다. "천국에서는 언제나 행복해요. 의학적인 문제 같은 건 하나도 없어요. 오직 행복만 있죠."

예의 그 미소가 보인다. 흘러넘치는 내면의 평화가. 미셸의 천국에는 그녀가 갈구하는 모든 것이 있다. 더 많은 인간적 접촉, 희미하게 고조되는 기미를 띠면서도 안전한 테두리 안에서 이루어지는 남녀 관계, 그녀에게 기쁨을 주는 모든 것이 있다. 그러나 이 모든 것은 내세에서 일어난다. 그곳에서 그녀는 더 독립적이며, 너무도 사랑하는 부모를 너무 멀지 않은 곳에서 찾을 수 있다. 의학적으로 아무 문제도 없고, 다른 반쪽 뇌를 소망하지도 않는다. 그녀는 그저 있는 그대로 충분하다.

# 부록 01
## 문화적으로 개조된 뇌

뇌와 문화의 관계는 무엇일까?

과학자들의 전통적인 대답은, 뇌가 사람의 모든 사고와 행동을 일으키며 문화를 생성한다는 것이었다. 하지만 우리가 배운 뇌가소성의 내용을 근거로 할 때, 이 대답은 더 이상 적절하지 않다.

문화는 그저 뇌가 만드는 것이 아니다. 정의에 따르면 문화는 정신을 형성하는 일련의 활동이기도 하다. 『옥스퍼드 영어사전』에는 '문화'의 정의로 한 가지 중요한 항목이 나와 있다. '정신, 능력, 태도 등을 계발하거나 발달시킴⋯⋯. 교육과 훈련을 통한 향상이나 개선⋯⋯. 정신, 취향, 태도의 훈련, 발달, 개선.' 우리는 관습, 예술, 사람들과 상호작용하는 방식, 과학기술의 사용, 이념, 믿음, 공유하는 철학, 종교의 학습과 같은 다양한 활동을 하는 가운데 문화인으로 자라나게 된다.

뇌가소적 연구는 우리에게 여태까지 지도를 그려온 모든 지속적인 활동, 신체 활동, 감각 활동, 학습, 사고, 상상을 포함한 모든 활동이 정신 뿐 아니라 뇌까지 변화시킨다는 것을 보여주었다. 문화적인 이념과 활동도 예외가 아니다. 우리 모두는 문화적으로 개조된 뇌라고 부를 만한 것을 가지고 있고, 문화가 발달할수록 그 문화는 계속해서 뇌에 새로운 변화를 일으킨다. 머제니치가 말하듯이, "우리의 뇌는 우리 조상의 뇌와는 상세한 면에서 엄청나게 다릅니다……. 문화적 발달의 각 단계에서…… 평균적인 인간은 복잡한 새 기술과 능력들을 학습해야 했으며, 그 모두에는 막대한 뇌 변화가 따릅니다……. 우리들 각자는 실제로 조상 대대로 개발된 엄청나게 정교한 기술과 능력의 집합을 우리의 일생 동안 학습할 수 있습니다……. 어떤 의미에서는 뇌가소성을 통해 이러한 문화적 진화의 역사를 재창조하고 있는 것이지요."[1]

따라서 뇌가소적 지식을 바탕으로 한 관점에서 볼 때, 문화와 뇌는 쌍방 통행로를 암시한다. 뇌와 유전이 문화를 생성하지만, 문화도 뇌를 형성하는 것이다. 때때로 이 변화는 극적일 수 있다.

### 바다 집시

바다 집시는 미얀마 군도와 태국의 서해안 쪽 열대 섬에서 무리를 지어 사는 유목민이다. 유랑하는 바다의 부족인 그들은 걷기 전에 수영부터 배우고 생애의 절반 이상을 망망대해 위의 보트 안에서 살아가며, 그 안에서 태어나고 죽는 일도 흔하다. 그들은 대합과 해삼을 양식해서 연명한다. 아이들은 종종 수면에서 10미터 아래까지 잠수해서 몇 입 거리밖에 안 되는 바다 생물을 포함해서 먹을 것을 따오곤 한다. 집시 아이들은 그 일을 수백 년 동안 해왔다. 그들은 심장 뛰는 속도를 늦추는 법을 배움으로써 대부분의 수영 선수들보다 두 배나 더 오래 물속에서 버틸 수 있다. 아무런 장비도 없이 그렇게 한다. 일족인 줄루족은 진주를 따라 20미터도 넘게 잠수를 하기도 한다.

하지만 여기서 이야기하려는 이 아이들의 놀라운 능력은 이들이 깊은 깊이에서 물안경도 없이 명료하게 볼 수 있다는 점이다. 대부분의 인간은 수면 아래에서는 보지 못한다. 햇빛이 물을 통과하면서 굴절되어 망막에 제대로 닿지 않아 상이 흐려지기 때문이다.[2]

스웨덴의 연구자인 안나 이슬렌Anna Gislén은 물속에서 플래카드를 읽는 바다 집시의 능력을 연구해서, 그들이 유럽의 아이들보다 두 배나 더 정확하다는 사실을 발견했다.[3] 바다 집시들은 자신의 수정체 모양을 조절하는 법을 배웠다. 더 중요한 사실은 동공의 크기를 조절하는 법을 배워서 그 크기를 22퍼센트까지 수축시킬 수 있다는 것이다. 이는 놀라운 발견이다. 인간의 동공은 수면 아래에서는 반사적으로 커지고, 동공 조정은 뇌와 신경계가 조절하는 고정적이고 본능적인 반사라고 여겨져 왔기 때문이다.[4]

바다 집시들이 물속에서 보는 이 능력은 독특한 유전적 자질의 산물이 아니다. 이슬렌은 그 이후로 스웨덴의 어린이들에게 동공을 수축해서 물속에서 보는 법을 가르쳐왔다. 뇌와 신경계를 특별한 방식으로 훈련시키면, 견고하게 배선되어서 바꿀 수 없다고 여겨지던 회로도 바꿀 수 있음을 보여주는 또 하나의 사례이다.

## 문화적 활동이 뇌 구조를 바꾼다

바다 집시들의 물밑 시력은 문화적 활동이 어떻게 뇌 회로를 바꿀 수 있는지 보여주는 한 가지 예에 지나지 않는다. 이 경우 문화는 불가능해 보이는 새로운 지각을 유도해냈다. 집시들의 뇌를 스캔해본 적은 아직 없지만, 뇌 구조를 바꾸는 문화적 활동을 보여주는 연구는 여러 곳에서 찾아볼 수 있다. 음악은 뇌에 엄청나게 많은 것을 요구한다. 프란츠 리스트가 작곡한「파가니니 연습곡 6번」의 열 번째 변주곡을 연주하는 피아니스트는 자그마치 1분당 1,800개의 음을 연주해야 한다.[5] 토브와 다른 사람들의 연구 결과에 따르면, 현악기를 연주하는 음악가는 연습을 많이 할수록 왼손의 뇌 지도가 더 커지고, 현의 음색에 반응하는 뉴런과 지도도 늘어난다.[6] 트럼펫 연주자의 경우는 '금속성' 소리에 반응하는 뉴런과 지도가 늘어난다.[7] 뇌 영상을 보면, 음악가들의 몇몇 뇌 영역——예컨대 운동피질과 소뇌——은 음악가가 아닌 사람들의 것과 다르다.[8] 7세 이전에 연주를 시작한 음악가는 두 반구를 연결하는 뇌 영역이 더 크다는 것도 볼 수 있다.

미술사가인 바사리 Gioegio Vasari는 미켈란젤로가 시스틴 성당 천정화를 그렸을 때 거의 천정까지 발판을 쌓고 20개월 동안 그림을 그렸다고 한다. 바사리는 "미켈란젤로는 고개를 뒤로 꺾은 채 서서 말할 수 없이 불편하게 작업을 하고 시력을 해친 나머지 여러 달 동안 그 자세가 아니면 책을 읽거나 설계도를 볼 수 없었다"[9]라고 썼다. 이는 그의 뇌가 스스로를 재배선해서 이상한 자세에서만 볼 수 있도록 적응한 사례였을 것이다. 바사리의 주장이 믿을 수 없는 것처럼 보일 수도 있지만, 연구 결과에 따르면, 세상을 뒤집어 보여주는 반전 프리즘 안경을 쓴 사람들은 조금만 지나면 뇌가 변화하기 시작하고 지각의 중심이 '뒤집혀', 자신이 똑바로 서 있는 것으로 지각하고 심지어 책을 거꾸로 들고 읽기까지 한다.[10] 그들이 안경을 벗으면, 미켈란젤로가 그랬던 것처럼, 다시 적응을 할 때까지는 마치 세상이 뒤집힌 것처럼 보인다.

뇌를 재배선하는 것은 '수준 높은 문화' 활동만이 아니다. 런던 택시기사들의 뇌 스캔을 보면, 런던 거리를 더 오래도록 누비고 다닌 기사일수록 공간적 표상을 저장하는 뇌의 부분인 해마 부피가 더 크다.[11] 여가 활동조차도 뇌를 변화시킨다. 명상을 하는 사람들과 명상 지도자들은 주의를 집중할 때 활성화되는 피질의 부위인 뇌섬insula이 더 굵다.[12]

음악가나 택시 기사, 명상 지도자와 달리 바다 집시는 망망대해 위의 수렵채집이라는 전체 문화 아래서 살아가므로 모두가 물밑 시력을 공유한다.

　모든 문화에서 구성원들은 어떤 공통 활동, 곧 '그 문화의 특징적인 활동'을 공유하는 경향이 있다. 바다 집시들의 경우는 물밑에서 보는 것이다. 정보 시대에 살고 있는 우리의 경우, 특징적인 활동에는 읽기, 쓰기, 컴퓨터 사용, 전자 매체 사용 등이 들어간다. 특징적인 활동은 보기, 듣기, 걷기와 같이 보편적인 인간 활동과는 다르다. 보편적인 활동은 최소한의 자극만으로도 발달하고, 그 문화 밖에서 자란 흔치 않은 사람들까지 모든 인간이 공유하는 것이다. 특징적인 활동에는 훈련과 문화적 경험이 필요하고 그 결과 특수하게 배선된 새로운 뇌가 발달한다. 인간은 물밑에서 명료하게 볼 수 있도록 진화하지 않았다. 우리 조상들은 '수중생활용 눈'을 비늘과 지느러미와 함께 뒤에 남겨둔 채 바다에서 나와 육지에서 볼 수 있도록 진화했다. 물밑 시력은 진화의 선물이 아니다. 진화가 우리에게 선물한 것은 광대한 범위의 환경에 적응하게 해주는 뇌 가소성이다.


## 우리의 뇌는 홍적세에 붙들려 있을까?

우리의 뇌가 어떻게 문화적 활동을 수행하게 되는가에 관한 현재의 인기 있는 설명은 진화심리학자들이 제시하고 있다. 이 일단의 연구자들은 모든 인간이 기본적으로 같은 뇌 모듈(뇌의 분과들), 또는 뇌 하드웨어를 공유하며, 이 모듈들은 특정한 문화적 과제를 수행하기 위해 발달했다고 주장한다. 예를 들어 어떤 모듈은 언어를 위해, 어떤 모듈은 짝짓기를 위해, 어떤 모듈은 세상을 분류하기 위해 발달했다는 것이다. 이 모듈은 홍적세, 즉 대략 180만 년 전에서 일만 년 전까지의 기간에 진화되었다. 그 시대의 인류는 수렵채집으로 살았고 모듈은 본질적으로 변하지 않는 유전적 요인으로서 대물림되었다. 우리 모두가 이 모듈을 공유하기 때문에, 인간 본성과 심리의 주요 측면들은 상당히 보편적이다. 그런 다음 추가 사항으로 이 심리학자들은, 따라서 성인의 뇌는 홍적세 이후 해부학적으로는 불변이라고 덧붙인다. 이 추가 사항은 지나친 주장이다. 왜냐하면 이 주장은 역시 우리의 유전적 유산의 일부인 가소성을 고려하지 않기 때문이다.[13]

수렵채집인의 뇌는 우리 자신의 뇌만큼 가소적이었고, 결코 홍적세에 '붙들려' 있지 않았다. 그들의 뇌는 변화하는 조건에 대응하기 위해 구조와 기능을 재조직할 능력이 있었다. 사실상 우리가 홍적세로부터 빠져나올 수 있었던 것도 스스로를 개조하는 능력 덕분이었다. 고고학자인 스티븐 미슨Steven Mithen이 '인지적 유동성'이라고 부른 이 과정의 바탕은 아마도 뇌가소성일 것이라고 나는 주장한다.[14] 우리 뇌의 모듈은 전부 어느 정도 가소적이고 개인이 살아가는 과정을 거치면서 결합되고 분화되어 수많은 기능을 수행할 수 있다. 파스쿠알-레오네가 실험에서 사람들의 눈을 가리고, 일반적으로 시각을 처리하는 후두엽이 소리와 촉감을 처리할 수 있음을 증명했듯이 말이다. 모듈의 변화는 현대 세계에 적응하는 데 필수적이다. 현대 세계는 우리의 수렵채집인 조상들이 한 번도 마주쳐본 적이 없는 것들에 우리를 노출시키기 때문이다. fMRI 연구는 우리가 자동차와 트럭을 인식할 때, 얼굴을 인식하는 데 사용하는 뇌의 모듈과 같은 모듈을 사용한다는 것을 보여준다.[15] 수렵채집인의 뇌는 분명히 자동차와 트럭을 인식하기 위해 진화하지 않았다. 얼굴 모듈이 이 형태들을 처리하는 데 상대적으로 가장 적합하기 때문에——전조등은 눈과 충분히 닮았고, 보닛은 코를, 라디에이터 그릴은 입을 닮았다——가소적 뇌가 적은 훈련과 구조 변경만으로 얼굴 인식 체계를 자동차를 처리하는 데 사용할 수 있을 것이다.

어린이가 읽고, 쓰고, 컴퓨터 작업을 하기 위해 사용해야만 하는 많은 뇌 모듈들은 문자가 있기 수천 년 전에 진화했다. 문자의 확산은 워낙 빨라서 뇌는 특별히 읽기만을 위해 유전적으로 정해진 모듈을 진화시킬 수 없었다. 어쨌거나 문자는 문맹인 수렵채집인에게 한 세대 안에 가르칠 수 있지만, 그 시간 안에 전체 부족이 읽기 모듈을 위한 유전자를 발달시킬 수 있는 방법은 없는 것이다. 오늘날의 어린이는 읽기를 배울 때 인류가 거쳐온 발달 단계들을 반복한다. 3만 년 전 인류는 동굴 벽에 그림 그리기를 배웠고, 그러려면 (이미지를 처리하는) 시각 기능과 (손을 움직이는) 운동 기능 간의 고리를 형성하고 강화시켜야 했다. 이 단계 뒤로 대략 기원전 3천 년경에 상형문자가 발명되었다. 상형문자는 표준화된 단순 이미지들을 사용해서 사물들을 표현했다. 이것은 큰 변화는 아니다. 다음으로, 이 상형문자의 이미지들은 문자로 전환되었고, 시각적 이미지 대신에 소리를 표현하기 위해 표음문자가 최초로 개발되었다. 이 변화를 위해서는 페이지를 가로질러 눈을 움직이는 운동 기능뿐만 아니라 문자의 이미지, 소리, 의미를 처리하는 서로 다른 기능들 간의 뉴런 연결을 강화해야 했다.

머제니치와 탈랄이 배웠듯이, 우리는 뇌 스캔에서 읽기 회로를 볼 수 있다. 따라서 특징적인 문화적 활동은 우리 조상에게 존재하지 않았던 특징적인 뇌 회로를 발생시킨다. 머제니치에 따르면, "우리의 뇌는 우리

이전에 있던 어떤 인류의 뇌와도 다릅니다……. 우리 뇌는 우리가 새로운 기술을 배우거나 새로운 능력을 개발할 때마다 물리적으로나 기능적으로나 상당한 규모로 개조됩니다. 현대의 문화적 전문화는 큰 변화를 일으킬 수 있습니다."[16] 그리고 뇌는 가소적이므로 모든 사람이 책을 읽을 때 같은 뇌 영역을 사용하진 않지만, 읽기를 위한 전형적인 회로는 존재한다. 이는 문화적 활동이 뇌 구조의 개조로 이어진다는 물리적 증거이다.

## 인간과 문화

우리는 당연히 물을 수 있다. 다른 동물들 역시 가소적 뇌를 가졌는데, 어째서 다른 동물은 아니고 인간만이 문화를 발달시켰을까? 분명, 침팬지와 같은 다른 동물에게도 기초적인 형태의 문화가 있는 것은 사실이다. 도구를 만들 수도 있고 후손에게 그 사용법을 가르칠 수도 있는가 하면, 상징을 사용하는 기초적인 조작을 수행할 수도 있다. 하지만 이는 매우 제한적이다. 신경과학자인 로버트 새폴스키Robert Sapolsky가 지적하듯이, 해답은 우리와 침팬지 간에 있는 아주 약간의 유전적 변이에 있다.[17] 인간은 침팬지와 98퍼센트의 DNA를 공유한다. 인간 게놈 프로젝트 덕분에 과학자들은 정확히 어떤 유전자들이 다른지를 알아낼 수 있었고, 그 가운데 하나가 얼마나 많은 뉴런을 만들 것인가를 결정하는 유전자라는 것이 밝혀졌다. 우리의 뉴런은 침팬지의 뉴런이나 심지어 바다달팽이의 뉴런과도 기본적으로 동일하다. 배아일 때 우리의 모든 뉴런은 세포 하나에서 시작하며 분열해서 둘이 되고, 다시 넷이 되고, 이 과정을 계속해나간다. 조절유전자는 그 분열 과정이 언제 멈출지를 결정한다. 인간과 침팬지가 다른 부분이 바로 이 유전자이다. 그 과정은 인간이 대략 천억 개의 뉴런을 넉넉히 가지게 될 때까지 여러 번 반복된다. 침팬지는 그 과정이 몇 회 일찍 멈추므로, 뇌의 크기가 인간 뇌의 3분의 1에 그친다. 침팬지의 뇌도 가소적이지만, 인간 뇌와 침팬지 뇌의 순전히 양적인 차이가 인간 뇌 안에서 '기하급수적으로 더 큰 숫자의 상호작용'을 초래한다. 뉴런은 저마다 수천 개의 세포와 연결될 수 있기 때문이다.

신경과학자 제럴드 에덜먼이 지적했듯이, 인간은 피질에만 300억 개의 뉴런이 있고 그 뉴런으로 천조 개의 시냅스 연결을 만들 수 있다. 에덜먼은 이렇게 쓴다. "가능한 신경회로의 수를 생각한다면, 우리는 천문학적인 숫자를 초월해서 10 뒤에 0이 최소한 백만 개는 오는 수를 다루게 될 것이다(알려진 우주에는 10 뒤에 0이 79개 정도 오는 숫자만큼의 입자들이 있다)."**18** 이 어마어마한 숫자는 어째서 우리가 인간의 뇌를 우주에서 알려진 가장 복잡한 물체로 묘사하는지, 어떻게 뇌에서 막대한 미세구조 변화가 실시간으로 일어날 수 있고, 어떻게 우리가 다양한 문화 활동을 포함해서 그토록 많은 종류의 정신적 기능과 행동을 수행할 수 있는지를 설명해준다.

## 생물학적 구조를 바꾸는 비진화론적 방식

뇌가소성을 발견하기 전까지 과학자들은 뇌가 구조를 바꾸는 유일한 방식은 종의 진화뿐이라고 믿어왔다. 종이 진화하는 데는 대개의 경우 수천 년이 훨씬 넘는 시간이 걸린다. 현대적인 다윈주의 진화론에 따르면, 한 종에서 생물학적으로 새로운 뇌 구조가 발달하는 것은 유전적 돌연변이가 일어나서 유전자 풀에 변이가 생겨날 때뿐이다. 이 변이가 생존에 도움이 된다면, 그 변이는 다음 세대에 대물림될 가능성이 좀더 높아진다.

하지만 가소성은 유전적 돌연변이와 변이를 넘어서, 비진화론적 수단으로 개체에 생물학적으로 새로운 뇌 구조를 도입하는 새로운 방식을 창조한다. 부모가 책을 읽으면, 어머니나 아버지 자신의 뇌의 미시적 구조가 변화한다. 독서는 자식에게 가르칠 수 있고, 이는 다시 아이의 뇌의 생물학적 구조를 변화시킨다.

뇌는 두 가지 방식으로 변화한다. 우선 모듈을 연결하는 회로들의 미세한 세부사항이 변경된다. 이것도 결코 작은 일은 아니다. 하지만 원래의 수렵채집인 뇌 모듈 자체도 변경된다. 가소적 뇌에서는 한 영역이나 한 뇌 기능에서의 변화가 뇌를 통과해 '흐르면서' 전형적으로 그 부분에 연결된 다른 모듈들을 변경시키기 때문이다.

청각피질에서의 변화——증가하는 발화율——가 그와 연결된 전두엽에서의 변화로 이어진다는 것을 증명한 머제니치는 말한다. "전두피질에서 일어나는 일을 변화시키지 않고 1차 청각피질을 변화시킬 수는 없습니다. 절대로 불가능합니다." 뇌에는 이 부분을 위한 가소적 규칙과 저 부분을 위한 가소적 규칙이 따로 존재하지 않는다(만일 규칙이 따로 존재한다면, 뇌에서 서로 다른 부분들은 상호작용할 수 없을 것이다). 독서가 이전에 한 번도 결합한 적 없는 시각 모듈과 청각 모듈을 결합시킬 때처럼, 두 모듈이 어떤 문화적 활동에서 새로운 방식으로 연결되면 양쪽 기능을 위한 모듈은 상호작용하며 변화해서 부분의 합보다 훨씬 큰 새로운 전체를 만들어낸다. 가소성과 국재론을 고려하는 뇌의 관점은 뇌를 하나의 복잡계로 본다. 제럴드 에델먼이 주장하듯이, 뇌라는 복잡계 안에서는 "작은 부분들이 불균일한 성분으로 이루어진 하나의 집합을 형성하고, 각 성분은 어느 정도 독립적이다. 하지만 이 부분들이 점점 더 큰 덩어리로 연결되면, 이러한 더 높은 차원의 통합에 따라 그 기능들이 통합되어 새로운 기능이 되는 경향이 있다".[19]

유사하게, 한 모듈이 망가지면, 연결된 다른 모듈들도 변경된다. 우리가 예를 들어 청각과 같은 한 감각을 잃으면, 다른 감각들이 더 활발해지고 더 민감해져서 손실을 벌충한다. 하지만 이 다른 감각들은 처리의 양을 늘릴 뿐만 아니라 질까지도 높임으로써 잃어버린 감각과 더 유사해진다. (뉴런의 발화율을 측정해서 뇌의 어느 부위가 활발한가를 결정하는) 가소성 연구자인 헬렌 네빌Helen Neville과 도널드 로슨Donald Lawson은 청각장애인들이 멀리서 다가오는 것의 소리를 듣지 못하는 약점을 보완하기 위해 주변 시야를 강화한다는 사실을 발견했다.[20] 주변 시야를 처리할 때, 들을 수 있는 사람들은 뇌 꼭대기 부근의 두정피질을 사용하는 반면, 듣지 못하는 사람들은 뇌의 뒤쪽에 있는 시각피질을 사용한다. 뇌의 한 모듈에서의 변화——여기서는 출력의 감소——는 다른 뇌 모듈의 구조적 변화와 기능적 변화로 이어지므로, 청각장애인의 눈은 주변을 지각하는 범위가 더 넓어지면서 귀에 훨씬 더 가깝게 행동하게 된다.

## 동물적 본능의 교화

함께 일하는 모듈이 서로를 개조한다는 이 원리는, 우리가 스포츠나 체스와 같은 경기를 하거나 예술 경연을 할 때처럼, 본능과 지성을 모두 동시에 표현하는 활동을 수행하기 위해서 어떻게 (본능의 모듈이 처리하는) 야만적인 약탈과 지배 본능을 (지성의 모듈이 처리하는) 좀더 인지적인 성향과 혼합시킬 수 있는지를 설명하게 할 수도 있다.

이러한 종류의 활동을 우리는 '승화'라고 부른다. 이는 야만적인 동물적 본능을 '교화'시키는, 지금까지도 신비에 싸인 과정이다. 승화가 어떻게 일어나는가는 항상 수수께끼였다. 분명 양육의 많은 부분에는 아이들에게 이러한 본능을 억제하거나 그 방향을 돌려 몸으로 부딪는 스포츠, 보드게임이나 컴퓨터게임, 영화, 문학, 미술과 같은 승인된 표현으로 방출하도록 가르치는 것이 포함되어 있다. 미식축구, 하키, 권투, 축구와 같은 공격적 스포츠에서 팬들은 종종 이런 야만적인 소망을 표현하지만 (죽여! 때려눕혀! 끝장내! 등등), 교화의 규칙이 본능의 표현을 완화하므로, 자기 팀이 점수를 얻으면 그것으로 만족한다.

다윈의 영향을 받은 사상가들은 한 세기가 넘도록 우리가 우리 안에 야만적인 동물적 본능을 가지고 있음을 인정해왔지만, 이러한 본능의 승화가 어떻게 일어나는가는 설명하지 못했다. 존 휴링스 잭슨John Hughlings Jackson과 프로이트와 같은 19세기의 신경학자들은 다윈의 뒤를 이어 뇌를 '낮은' 부분과 '높은' 부분으로 나누었다. 낮은 부분은 우리가 동물과 공유하는 것으로 야만적인 동물적 본능을 처리하며, 높은 부분은 인간에게 고유한 것으로 야수성의 표현을 억제하는 능력이 있다. 실제로 프로이트는 교화가 성적 본능과 공격적 본능의 부분적인 억제에 의지한 다고 믿었다. 그는 본능을 지나치게 억압하면 신경증이 발생할 수 있다고도 믿었다. 이상적인 해결책은 이 본능을 동료 인간들이 받아들이거나 높이 기리기도 하는 방식으로 표현하는 것이었다. 이런 일이 가능한 것은 본능도 가소적이므로 목표를 바꿀 수 있기 때문이었다. 그는 이 과정을 승화라고 불렀지만, 스스로 인정했듯이, 본능이 정확히 어떻게 좀더 지성적인 무언가로 전환될 수 있는지를 실제로 설명한 적은 한 번도 없었다.

우리는 가소적 뇌로 승화의 수수께끼를 풀 수 있다. 사냥감에 접근하는 것과 같은 수렵채집인의 과제를 수행하도록 진화한 영역들은 그 자체가 가소적이기 때문에 경쟁적 게임으로 승화될 수 있다. 우리의 뇌는 서로 다른 뉴런 집단과 모듈들을 새로운 방식으로 결합하도록 진화했기 때문이다. 우리 뇌의 본능적인 부분이 좀더 인지적인 부분과, 그리고 우리의 쾌감중추와 결합함으로써 문자 그대로 함께 배선되어 새로운 전체를 형성하는 것은 하나도 이상할 것 없는 현상이다.

이렇게 형성된 전체는 부분의 합과 다르고, 그 이상이다. 상호작용하기 시작한 두 영역은 서로에게 영향을 미치고 새로운 전체를 형성한다는 것이 뇌가소성의 기본 규칙이라는 머제니치와 파스쿠알-레오네의 주장을 상기해보라. 사냥감에 접근하는 것과 같은 본능이 체스판 위에서 상대의 왕을 구석으로 모는 것과 같은 교화된 활동과 결합하고, 본능을 위한 신경망과 지적 활동을 위한 신경망 또한 결합할 때, 두 활동은 서로를 조절하는 것처럼 보인다. 체스를 두는 활동이 여전히 사냥의 흥분되는 감정을 일부 일으킨다 하더라도, 그것은 더 이상 피에 굶주린 추격은 아니다. '낮은' 본능과 '높은' 지성의 이분법은 사라지기 시작한다. 낮은 것과 높은 것이 서로를 변형시켜 새로운 전체를 창조한다면 우리는 언제나 그것을 승화라 부를 수 있다.

교화란 수렵채집인의 뇌가 스스로에게 스스로를 재배선하는 법을 가르치는 일련의 기법이다. 그리고 우리 안에서 벌어지는 내전에서 교화가 무너지고 잔인한 본능이 온 힘을 발휘할 때, 그리고 절도, 강간, 파괴, 살인이 일상적으로 일어날 때, 우리는 교화가 높고 낮은 뇌 기능의 조합이라는 슬픈 증거를 볼 수 있다. 가소적인 뇌는 한데 합쳐진 뇌 기능을 언제든지 분리할 수 있기 때문에, 야만 상태로의 퇴화가 언제든지 일어날 수 있으며, 교화는 항상 세대마다 원점으로 돌아가 가르쳐야만 할 것이므로 기껏해야 한 세대의 깊이밖에 지니지 못한다.

## 뇌가 두 문화 사이에 붙잡힐 때

문화적으로 개조된 뇌는 쉽게 가소적 역설의 영향권에 들어간다. 가소적 역설은 우리를 더 유연하게 할 수도 있고 더 경직되게 할 수도 있다. 이는 다문화 세계에서 문화가 바뀔 때 큰 문제가 된다.

이민은 가소적 뇌에게 버거운 일이다. 한 문화를 학습하는 과정——문화변용——은 우리가 문화를 '습득'하면서 새로운 것들을 학습하고 새로운 뉴런 연결망을 만들어가는 '가산적' 경험이다. 가산적 가소성은 뇌 변화가 성장을 수반할 때 일어난다. 하지만 가소성은 '감산적'이기도 하므로, '있는 것을 빼앗을' 수도 있다. 청년기의 뇌가 뉴런의 가지를 쳐낼 때, 또 사용하지 않고 있는 뉴런 연결이 없어질 때에는, 이런 일이 일어난다. 가소적 뇌가 문화를 습득하고 반복해서 사용할 때마다 그 일에는 기회비용이 들어간다. 가소성은 경쟁적이기 때문에, 뇌가 그 과정에서 신경 구조의 일부를 잃는 것이다.

시애틀에 있는 워싱턴 대학의 패트리샤 쿨Patricia Kuhl이 실시한 뇌파 연구에 따르면, 인간의 유아는 우리 종의 수천 가지 언어에 속한 소리 특징을 어떤 것이든 구별해 들을 수 있다. 하지만 일단 청각피질 발달의 임계기가 닫히면, 단일한 문화에서 자란 유아는 그 능력의 많은 부분을 잃고, 사용되지 않는 뉴런은 가지가 쳐지면서 결국 그 문화의 언어가 뇌 지도를 지배하게 된다. 이제 그 뇌는 수천 가지 소리를 걸러낸다. 6개월 된 일본인 아기는 영어의 r과 l 소리를 미국인 아기와 똑같이 구별해 들을 수 있지만, 한 살이 되면 더 이상 구별하지 못한다. 그 아이가 나중에 이민을 간다면, 새로운 소리를 제대로 듣고 말하는 일에 어려움을 겪을 것이다.

이민은 엄청난 넓이의 피질 부동산을 재배선해야 하는, 대개 성인의 뇌에게는 가혹한 구조조정이다. 새로운 문화는 모국에서 발달의 임계기를 거친 신경망과 가소적으로 경쟁해야 하기 때문에, 이는 단순히 새로운 것을 학습하는 것보다 훨씬 더 어려운 문제이다. 이민자가 성공적으로 동화되는 데는 거의 예외 없이 최소한 한 세대가 걸린다. 새로운 문화에서 임계기를 거치는 이민자의 아이들만이 이민의 혼란과 상처를 덜 받기를 바랄 수 있다. 대개의 경우, 문화 충격은 곧 뇌 충격이다.[21]

문화적 차이는 매우 오래 지속된다. 모국의 문화를 학습해서 뇌 안에 배선하고 나면 타고난 많은 본능만큼 '자연스러워' 보이는 '제2의 천성'이 되기 때문이다. 음식, 가족 유형, 사랑, 음악 등에서 우리의 문화가 만들어낸 기호들은 습득된 기호이지만 '자연스러워' 보이는 경우가 흔하다. 우리가 비언어적 의사소통을 수행하는 방식——다른 사람과 얼마나 가까이 서는가, 말의 리듬과 볼륨, 대화에 끼어들기 전에 얼마나 오래 기다리는가——은 우리에게 모두 '자연스러워' 보인다. 이런 관습들은 워낙 깊이 우리 뇌 안에 배선되어 있기 때문이다. 문화가 바뀔 때, 우리는 이 관습들이 전혀 자연스러운 것이 아님을 알고 충격을 받는다. 사실 우리가 집을 옮기는 것 같은 그리 크지 않은 변화도 너무도 자연스럽게 느껴졌던 공간 감각 같은 기본적인 부분에 이상을 일으킨다. 우리는 이런 공간 감각과 우리가 의식하지 않고 수없이 수행한 일상적인 일들이 뇌가 스스로를 재배선하는 동안에 천천히 변경되어야 한다는 것을 깨달을 수 있다.

## 감각과 지각은 가소적이다

'지각 학습'이라는 학습은 뇌가 더 민감하게, 또는 바다 집시의 경우처럼 새로운 방식으로 지각하는 방법을 학습할 때면 언제나 일어나는 일이며, 그 과정에서 새로운 뇌 지도와 구조가 발달한다. 지각 학습은 머제니치의 패스트 포워드가 청각적 구별 문제가 있는 어린이들을 도와 개선된 새 뇌 지도를 발달시켜서 그들이 처음으로 평범한 말을 들을 수 있게 할 적에 일어나는 가소성 기반 구조 변화와도 관련이 있다.

우리는 우리가 보편적으로 공유하는 표준 인간 지각 장치로 문화를 흡수한다고 오랫동안 가정해왔지만, 지각 학습은 이 가정을 뒤집는다. 문화는 우리가 무엇을 지각할 수 있고 지각할 수 없는가를 결정하는 데 큰 역할을 한다.

캐나다의 인지신경학자인 멀린 도널드Merlin Donald는 가소성에 기반해 우리가 문화를 바라보는 사고방식을 어떻게 바꿔야 하는가를 생각하기 시작한 최초의 사람들 중 한 사람이다. 그는 2000년에 문화가 우리의 기능적 인지 구조를 바꾼다고 주장했다.[22] 우리가 읽기와 쓰기를 학습하는 동안 정신적 기능이 재조직된다는 뜻이다. 이제 우리는 이런 일이 일어나기 위해서는 해부학적 구조 역시 바뀌어야만 한다는 것을 알고 있다. 도널드는 문학이나 언어와 같은 복잡한 문화 활동이 뇌 기능을 변화시키기는 하지만, 시각이나 기억과 같은 가장 기본적인 뇌 기능을 바꾸지는 않는다고도 주장했다. 그에 따르면, "문화가 시각이나 기본 기억 능력에서 근본적인 어떤 것을 결정한다는 의견을 내는 사람은 아무도 없다. 그러나 문학의 기능 구조라면 분명 이야기가 다르다. 언어에서도 마찬가지일 것이다."

그러나 그러한 언급이 있은 지 몇 해 지나지 않아, 시각 처리나 기억 능력과 같은 뇌의 기본 능력까지도 가소적이라는 사실이 분명해졌다. 문화가 시각이나 지각과 같은 기본 뇌 활동을 변화시킬 수 있다는 생각은 급진적인 것이다. 거의 모든 사회과학자들—인류학자, 사회학자, 심리학자—이 다른 문화는 세계를 다르게 해석한다는 데 동의하는 한편, 수천 년 동안 대부분의 과학자와 보통 사람들은 미시간 대학의 심리학자리처드 니스벳Richard E. Nisbett이 설명한 것처럼 "한 문화권의 사람들이 다른 문화권의 사람들과 믿음이 다를 때, 그 이유가 그들의 인지 처리 과정이 다르기 때문일 수는 없다. 그보다는 그들이 세계의 다른 측면에 노출되었거나 다른 것들을 배웠음에 틀림없다"[23]고 가정해왔다. 20세기 후반 유럽의 가장 유명한 심리학자인 장 피아제Jean Piaget는 자신이 유럽 어린이들을 대상으로 한 뛰어난 실험을 통해, 지각과 추리는 모든 인간의 발달 과정에서 같은 방식으로 펼쳐지는 보편적인 과정이라는 것을 보여주었다고 믿었다. 학자, 여행가, 인류학자들은 오랫동안 동양의 사람들(중국 전통의 영향을 받은 아시아 사람들)과 서양의 사람들(고대 그리스 전통의 후계자들)이 다른 방식으로 지각한다는 것을 관찰했지만,[24] 과학자들은 이 차이가 그들의 지각 장치와 구조에서의 미시적 차이가 아니라 보이는 것에 대한 다른 해석에 근거한다고 가정했다.

예를 들어, 우리는 서양인들이 관찰 대상을 하나하나의 세세한 부분으로 나누면서 세계에 '분석적으로' 접근하는 것을 흔히 볼 수 있다.[25] 동양인들은 '전체'를 보는 방법으로 지각하고 모든 것의 상관성을 강조하면서 세계에 좀더 '전체론적으로' 접근하는 경향이 있다.[26] 분석적 서구인과 전체론적 동양인의 서로 다른 인지 양식은 뇌의 양 반구간의 차이와 맥락을 같이한다는 사실도 관찰되었다. 좌반구는 좀더 순차적이고 분석적인 처리를 수행하는 반면 우반구는 흔히 동시적이고 전체적인 처리에 전념하는 경향이 있다.[27] 세상을 보는 방식의 이러한 차이가 보이는 것의 다른 해석에 근거할까, 아니면 동양인과 서양인은 실제로 다른 것을 보는 것일까?

답은 불분명했다. 니스벳이 미국, 중국, 한국, 일본의 학자들과 공동 작업으로 동서양의 지각을 비교하는 실험을 설계할 때까지, 지각을 대상으로 한 거의 모든 연구는 서양 학계에서 서양인—전형적으로 연구자

소속 학교의 미국인 대학생——을 대상으로 했기 때문이다. 니스벳도 이 실험을 마뜩치 않아 했다. 그 역시 우리 모두가 같은 방식으로 지각하고 추리한다고 믿었기 때문이다.[28]

전형적인 실험에서 니스벳의 일본인 학생 다케 마스다는 미국과 일본의 학생들에게 물고기가 물속에서 헤엄치는 애니메이션을 보여주었다. 장면마다 다른 작은 물고기들보다 더 빨리 움직이거나 더 크거나, 더 밝거나 눈에 띄는 '초점 물고기'가 한 마리 있었다.

그 장면을 묘사해보라고 하자 미국인들은 대개 초점 물고기를 이야기했다. 일본인들은 덜 눈에 띄는 물고기, 배경의 바위나 동식물을 언급하는 경우가 미국인들보다 70퍼센트나 더 많았다. 다음에 마스다는 피실험자들에게 이 다양한 대상을 원래의 장면의 일부로서가 아니라 따로 떨어져 있는 상태로 보여주었다. 미국인들은 대상이 원래의 장면 속에 있든 그렇지 않든 알아볼 수 있었다. 일본인들은 대상이 원래의 장면 안에서 제시될 때 더 잘 알아볼 수 있었다. 일본인들은 대상을 그것이 무엇에 '묶여' 있었는가의 관점에서 지각했다. 니스벳과 마스다는 피실험자가 얼마나 빨리 대상을 지각하는가도 측정했다. 그들의 지각 처리가 얼마나 자동적인가를 시험한 것이다. 대상이 다른 배경을 뒤로 하고 있으면 일본인들은 실수를 했다. 미국인들은 그래도 실수하지 않았다. 지각의 이러한 측면들은 의식적으로 조절되는 것이 아니라 훈련된 뉴런 회로와 뇌 지도에 의존한다.

이 실험과 많은 유사 실험을 통해, 동양인들은 대상을 서로 관련된 상태로 또는 맥락 안에서 보면서 전체론적으로 지각하는 반면, 서양인들은 대상을 분리된 상태로 지각한다는 것을 확인할 수 있다. 동양인들은 넓은 시야의 광각렌즈를 통해 세상을 보고, 서양인들은 초점이 더 분명한 줌렌즈를 사용한다. 우리가 아는 모든 가소성의 내용은, 이 서로 다른 지각 방식이 하루에도 수백 번씩 반복 수행되는 가운데 틀림없이 감각과 지각을 책임지는 신경망의 변화로 이어진다고 제안한다. 감각하고 지각하는 동양인과 서양인의 뇌를 높은 해상도로 스캔해보면 답을 알 수 있을 것이다.

니스벳 팀이 한 추가의 실험으로 확인한 것에 따르면, 문화가 바뀔 때 사람들은 새로운 방식으로 지각하는 법을 학습한다.[29] 미국에서 여러 해를 보낸 일본인은 미국인과 구별할 수 없는 방식으로 지각하기 시작하므로, 지각의 차이는 분명히 유전을 기반으로 하지 않는다. 아시아계 미국 이민자의 아이들은 양쪽 문화를 반영하는 방식으로 지각한다.[30] 그들은 집에서는 동양의 영향권에 들어가고 학교와 다른 곳에서는 서양의 영향권에 들어가기 때문에, 어떤 때는 장면을 전체론적으로 처리하고, 어떤 때는 두드러진 대상에 초점을 맞춘다. 다른 연구에 따르면 두 문화가 공존하는 상황에서 자란 사람들은 실제로 동양적 지각과 서양적 지각 사이를 왔다갔다한다.[31] 미키마우스나 미국 의회 건물과 같은 서양적 이미지, 또는 절이나 용과 같은 동양적 이미지를 보여주는 실험에서, 영국과 중국의 영향을 모두 받으며 자란 홍콩 사람들은 동양적 방식과 서양적 방식 둘 다로 지각할 '준비'가 되어 있다는 사실을 알 수 있다. 그러므로 니스벳과 그의 동료들은 교차 문화적인 '지각 학습'을 예시하는 최초의 실험을 한 것이다.

문화가 지각 학습의 발달에 영향을 줄 수 있는 이유는 지각이 (많은 사람들이 가정하듯이) 수동적인 것이 아니라 외부 세계에 있는 에너지가 감각 수용체를 때려 뇌에 있는 '더 높은' 지각중추로 신호를 보낼 때 시작되는 '상향' 과정이기 때문이다. 지각하는 뇌는 능동적이고 언제나 스스로 조정한다. 보는 일은 만지는 일만큼 능동적이다. 대상을 손가락으로 더듬어보고 질감과 모양을 알아내는 것과 마찬가지인 것이다. 실제로,

정지해 있는 눈은 복잡한 대상을 지각하는 것이 거의 불가능하다.[32] 지각에는 언제나 감각피질과 운동피질이 둘 다 관련된다.[33] 신경과학자인 맨프레드 팔Manfred Fahle과 토마소 포지오Tomaso Poggio는 실험을 통해 '높은' 수준의 지각이 뇌의 '낮은' 감각 부분의 발달 방식에 영향을 준다는 것을 보여주었다.[34]

문화마다 지각하는 방식이 다르다는 사실이 모든 지각 행동은 똑같이 훌륭한 것이라거나 우리가 지각하는 '모든 것이 상대적'이라는 증거는 아니다. 분명 어떤 맥락에서는 좀더 좁은 시각이 필요하고, 어떤 맥락에서는 좀더 넓은 각도의 전체적인 지각이 필요하다. 바다 집시는 바다에 대한 경험과 전체적으로 파악하는 지각의 조합을 이용해서 생존해왔다. 바다의 분위기를 늘 느끼고 있는 그들은 2004년 12월 26일 쓰나미(지진해일)가 인도양을 덮쳐 수백만의 인명을 앗아갔을 때에도 모두 살아남았다. 그들은 바다가 이상하게 물러나기 시작하더니 이어서 평소와 달리 작은 파도가 치는 것을 보았다. 그들은 돌고래가 더 깊은 물을 찾아 헤엄치기 시작하고, 반면 코끼리는 높은 땅으로 떼 지어 도망치기 시작하는 것을 보았고, 매미 소리가 뚝 그친 것을 알았다. 바다 집시들은 옛부터 전해 내려오는 '사람을 잡아먹는 파도'의 이야기를 서로 하면서, 그것이 다시 왔다고 수군거리기 시작했다. 현대 과학이 이 모든 것을 취합하기 전에 그들은 가장 높은 지대를 찾아 바다에서 해안 쪽으로 달아나거나 그들이 살아남을 수 있는 매우 깊은 물속으로 들어갔다. 분석적인 과학의 영향 아래에 있는 더 현대적인 사람들은 그렇게 할 수 없었지만, 그들은 동양적 기준으로 보아도 예외적으로 넓은 그들의 광각렌즈를 사용해서 이 이상한 사건들을 모두 취합해 전체를 볼 수 있었다. 실제로 미얀마의 뱃사공들도 이 초자연적인 사건이 일어나고 있을 때 바다에 있었지만, 그들은 살아남지 못했다. 한 바다 집시가, 역시 바다를 잘 알고 있는 미얀마 사람들이 몰살당한 이유는 무엇이냐는 질문을 받았다.

그는 대답했다. "그들은 오징어 말고는 아무것도 보지 않고 있었어요. 그들은 아무것도, 하나도 보지 못했어요. 그 사람들은 보는 방법을 몰라요."[35]


## 뇌가소성과 사회적 경직성

예일 대학교 출신의 정신과 의사이자 연구자인 브루스 웩슬러Bruce Wexler는 자신의 책 『뇌와 문화』에서, 노화와 함께 일어나는 뇌가소성의 상대적인 감퇴가 많은 사회적 현상을 설명한다고 주장한다.[36] 어린 시절에 우리의 뇌는 즉시 세상에 반응해서 자신의 모습을 바꾸며 신경생리학적인 구조들을 발달시킨다. 그 구조는 세상의 그림 혹은 표상들을 포함한다. 우리의 기본적인 지각 습관과 믿음을 비롯해 복잡한 이념까지 모든 것을 포함한다. 모든 가소적 현상이 그렇듯이 이 구조들을 반복하면 초기에 강화되어 저절로 유지되는 경향이 있다.

나이 들어 가소성이 감퇴하면 우리는 설사 원한다고 해도 세상에 반응해서 변화하기가 점점 더 힘들어진다. 우리는 즐길 수 있는 친숙한 유형의 자극을 찾는다. 어울릴 사람으로 비슷하게 생각하는 사람을 찾고, 연구 결과에 따르면, 우리의 믿음 또는 세계관에 맞지 않는 정보는 무시하거나 잊든지 아니면 믿지 않으려고 하는 경향이 있다. 낯선 방식으로 생각하고 지각하는 것이 너무 괴롭고 힘들기 때문이다. 나이 든 사람은 점점 더 자기 안의 구조를 지키기 위해 행동하고, 자신의 내적 신경인지 구조와 세계 간에 불일치가 있으면, 세계를 바꾸려고 한다. 그는 자신의 환경을 축소경영하기 시작해서, 그것을 통제하고 친숙한 것으로 만든다.

하지만 이 과정은 더욱 악화되어 흔히 문화 집단 전체가 자신의 세계관을 다른 문화에 적용하고 강요하는 데까지 이어진다. 특히 세계화가 서로 다른 문화들을 가깝게 모아놓은 현대 세계에서는 폭력적으로 진행되는 경우가 많아 더욱 문제가 악화된다. 웩슬러의 요점은, 우리가 보는 교차 문화적 갈등의 많은 부분이 상대적인 가소성 감소의 산물이라는 것이다.

덧붙인다면, 전체주의적 체제는 사람들이 일정 나이가 지나면 쉽게 변화하지 않는다는 것을 직관적으로 아는 것 같다. 그 때문에 일찍부터 젊은이들에게 교리를 주입시키려고 그토록 많은 노력을 들이는 것이다. 예를 들어, 현존하는 가장 철저한 전체주의 체제인 북한은 아이들을 두 살 반서부터 네 살까지 학교에 집어넣는다.[37] 그 아이들은 깨어 있는 거의 모든 시간을 김정일과 김일성 숭배 예식에 파묻혀 지낸다. 그들이 부모를 볼 수 있는 시간은 오직 주말뿐이다. 그들에게 읽어주는 거의 모든 이야기는 지도자 동지에 관한 것이다. 초등학교 교과서의 40퍼센트가 전적으로 김일성과 김정일 부자에 관한 묘사로 채워져 있다. 이는 학교 수업 시간 내내 이어진다. 적에 대한 증오를 한 덩어리의 학습과 결합시키기 때문에 뇌 회로는 '적'이라는 지각을 자동적으로 부정적인 감정과 연결시키게 된다. 전형적인 수학 문제는 '인민군 병사 세 명이 미군 병사 서른 명을 죽였다. 세 인민군 병사가 똑같은 숫자의 적군을 죽였다면, 인민군 병사 한 명은 미군 병사를 몇 명씩 죽였을까?'와 같은 것이다. 사상을 주입받은 사람에게서 일단 한 번 이런 지각적 감정 네트워크가 확립되고 나면, 단순히 그들과 적들 사이에 '의견의 차이'가 생기는 것만이 아니라 일상적인 지각으로는 극복하기가 매우 힘든 가소적 기반의 해부학적 차이까지 생긴다.

웩슬러가 강조하는 것은 우리가 노화하면서 가소성이 상대적으로 약해져 없어진다는 것이다. 하지만 우리는 뇌가소성의 법칙들을 이용하는 숭배나 세뇌에서 사용하는 일정한 의식들이, 때로 성인기에도, 심지어 본인의 의지에 반해서까지 개인의 정체성을 변화시킬 수 있다는 것을 명심해야 한다. 인간은 망가뜨릴 수도 있고 개발할 수도 있다. 아니면 최소한 신경인지 구조를 '첨가'할 수 있다. 누군가 그의 일상생활을 완전히 통제하고 보상과 혹독한 벌로 그를 조건화시켜 다양한 이념적 문구를 억지로 반복하거나 외우게 하는 집중학습을 시킬 수 있다면 말이다. 월터 프리먼이 관찰했듯이, 어떤 경우는 이 과정이 실제로 예전에 존재하던 정신 구조를 '탈학습'시킬 수도 있다.[38] 이런 불쾌한 결과는 성인의 뇌가 가소적이 아니라면 불가능할 것이다.

## 취약한 뇌―미디어가 어떻게 뇌를 재조직하는가

인터넷은 현대의 인간이 수백만 가지 사건을 '연습'하며 보낼 수 있는, 천 년 전의 평균적인 인간은 절대로 노출된 적이 없는 많은 것들 가운데 한 가지에 불과하다. 우리의 뇌는 이 노출 때문에 엄청나게 개조된다. 하지만 독서, 텔레비전, 비디오 게임, 현대의 전자제품, 동시대의 음악, 동시대의 '도구' 등 역시도 우리 뇌를 개조한다.[39]  ― 마이클 머제니치, 2005

우리는 가소성이 더 일찍 발견되지 않은 몇 가지 이유를 논의했다. 살아 있는 뇌 안으로 들어가는 창문의 부재나 더 간단한 이론인 국재론과 같은 이유가 있었다. 하지만 우리가 깨닫지 못한 다른 이유도 있다. 이 이유는 특히 문화적으로 개조된 뇌와 관련이 있다. 멀린 도널드가 기술했듯이, 거의 모든 신경과학자들은 뇌를 볼 때 마치 뇌를 상자 안에 들어 있는 것처럼 하나의 고립된 기관으로 바라보았고, "정신은 전적으로 머리

안에서 존재하고 발달하며, 그 기본 구조는 생물학적으로 주어진다"[40]고 믿었다. 행동주의자들과 많은 생물학자들이 이 관점을 옹호했다. 발달심리학자들은 이를 거부하는 사람들에 속했다. 그들은 일반적으로 외부 영향이 뇌 발달에 얼마나 해로울 수 있는지에 민감했기 때문이다.

우리 문화의 특징적인 활동 가운데 하나인 텔레비전 시청은 뇌 발달 저해 문제와 상관이 있는 것 같다. 2,600명 이상의 유아를 대상으로 한 최근의 연구에 따르면, 한 살과 세 살 사이의 이른 나이에 텔레비전에 노출되는 것이 주의 집중 및 충동 조절 문제의 발생과 상관이 있었다.[41] 유아가 하루에 텔레비전을 시청하는 시간이 한 시간 늘어날 때마다, 7세 이전에 심각한 주의력 문제가 발생할 확률이 10퍼센트씩 증가했다. 심리학자 조엘 니그Joel T. Nigg가 주장하듯이, 이 연구는 텔레비전 시청과 이후의 주의 문제 사이의 상관관계에 영향을 줄 수 있는 다른 원인들을 완벽하게 통제하지 않았다.[42] 누군가는 주의 문제가 더 많은 어린이의 부모들이 그 아이들을 텔레비전 앞에 앉히는 것으로 문제를 해결하려 하기 때문이라고 주장할지도 모른다. 그렇지만 연구의 결과는 매우 시사적이고, 텔레비전 시청의 증가를 놓고 볼 때 그 이상의 연구가 필요하다. 두 살 이하의 미국 어린이의 43퍼센트가 날마다 텔레비전을 보고,[43] 4분의 1은 자신의 침실에 텔레비전이 있다.[44] 텔레비전이 보급된 지 20년이 지난 뒤, 어린아이들을 가르치는 선생님들은 학생들이 더 불안정해지고 점점 더 주의력이 떨어지는 것을 알아차리기 시작했다. 교육자인 제인 힐리Jane Healy는 자신의 책 『위기의 마음』에서 이 변화를 기록하면서, 이 변화가 아이들 뇌에서 일어나는 가소적 변화의 산물일 것이라고 추측했다.[45] 그 아이들이 대학에 들어가자, 교수들은 점점 더 '핵심 내용'에만 관심이 있고 긴 내용이든 짧은 내용이든 읽기를 겁내는 학생들 때문에 해마다 강의의 수준을 낮추어야 한다고 불평했다. 그러는 동안에 그 문제는 '성적 인플레이션'에 묻혀버렸고 교실마다 컴퓨터를 놓으라는 요구로 가속되었다. 그 요구의 목표는 학생들의 주의의 폭이나 기억력을 늘리는 것이 아니라 교실 컴퓨터의 램이나 기억 용량을 늘리는 것이다. 유전적인 주의력 결핍 장애ADD의 전문가인 하버드의 정신의학자 에드워드 할로웰Edward Hallowell은 많은 사람들에게서 유전적이지 않은 주의력 결핍 성향이 일어나는 현상을 전자 매체와 연결 지었다.[46] 이언 로버트슨Ian H. Robertson과 레드먼드 오코넬Redmond O'Connell은 주의력 결핍 장애를 치료하는 데 뇌 훈련을 사용해서 희망적인 결과를 얻었다.[47] 이런 일이 가능하다면 단순한 성향도 치료될 것이라 희망을 가질 이유가 있다.

대부분의 사람들은 미디어가 끼치는 해악은 그 내용에서 온다고 생각한다. 하지만 1950년대에 미디어 연구를 창시하고 인터넷이 발명되기 20년 전에 그 등장을 예측한 캐나다의 마샬 맥루한Marshall McLuhan은 미디어가 내용에 상관없이 우리 뇌를 변화시킬 것을 꿰뚫어본 최초의 인물로, "미디어는 메시지다"[48]라는 유명한 말을 남겼다. 맥루한은 개개의 미디어가 그것만의 독특한 방식으로 우리의 정신과 뇌를 재조직하며, 이 재조직의 결과는 내용이나 '메시지'의 효과보다 훨씬 더 중요하다고 주장했다.

카네기멜론 대학의 에리카 마이클Erica Michael과 마셀 저스트Marcel Just는 미디어가 정말로 메시지인지를 시험하는 뇌 스캔 연구를 실시했다.[49] 그들은 말을 듣는 것과 그 말을 읽는 것에 관여하는 뇌의 영역이 다르고, 이해하는 중추도 다르다는 사실을 보여주었다. 저스트가 말하듯이, "뇌는 읽기를 위한 메시지와 듣기를 위한 메시지를 다르게 구성한다. 이것이 함축하는 실용적인 의미는 미디어가 메시지의 일부라는 것이다. 오디오북을 듣는 것은 책을 읽는 것과 다른 기억의 집합을 남긴다.

라디오로 들은 뉴스는 신문에서 읽은 똑같은 기사와 다르게 처리된다". 이 발견은 기존의 이해 이론을 반박한다. 기존의 이론은 뇌 안의 단일 중추가 단어들을 이해하며, 뇌에 들어오는 정보는 같은 방식으로 같은 장소에서 처리될 것이므로 어떻게(어떤 감각이나 미디어를 통해) 들어오는가는 별로 문제되지 않는다고 주장한다. 마이클과 저스트의 실험에 따르면 미디어들은 저마다 다른 감각적 의미론적 경험을 만들어낸다. 그렇다면 우리는 그 뇌 안에서 서로 다른 미디어가 서로 다른 회로를 발달시킨다고 덧붙일 수도 있을 것이다.

미디어들은 우리의 개별적 감각의 균형에 변화를 일으켜 일부를 희생시키면서 일부를 증가시킨다. 맥루한에 따르면, 문자 이전의 인간은 듣기, 보기, 느끼기, 냄새 맡기, 맛보기가 '자연스럽게' 균형을 이루는 상태로 살았다. 말을 글로 적기 시작하면서 말하기는 읽기로 전환되었고 문자 이전의 인간은 소리의 세계로부터 시각의 세계로 옮겨갔다. 활자와 인쇄기는 그 과정을 재촉했고, 이제 전자 매체는 어떤 면에서는 소리를 다시 데려와 균형을 회복시키고 있다. 새로운 미디어는 저마다 고유한 형태의 자각을 창조한다. 어떤 형태의 감각은 '상승'하고, 어떤 형태의 감각은 '하강'한다. 맥루한은 "우리 감각들 간의 비율이 바뀌었다"[50]고 말한다. 우리는 사람들의 눈을 가린(시각의 하강) 파스쿠알-레오네의 연구를 통해, 감각 재조직이 얼마나 빠른 시간 안에 일어날 수 있는가를 알고 있다.

텔레비전이나 라디오, 인터넷과 같은 문화적 미디어가 감각의 균형을 바꾼다는 말은 그 자체로 해로움을 증명하지는 않는다. 텔레비전, 그리고 뮤직비디오와 컴퓨터게임과 같은 기타 전자 매체로부터 입는 해는 그것이 주의에 미치는 효과에서 온다. 치고받는 게임 앞에 앉아 있는 어린이와 십대들은 집중학습에 몰입해서 점진적으로 보상을 받는다. 비디오게임은 인터넷 포르노와 마찬가지로 가소적 뇌 지도 변화를 위한 모든 조건을 만족한다. 런던 해머스미스 병원의 한 연구팀은 전차를 조종하여 적에게 발포하면서 적의 포화를 피하는 전형적인 비디오게임을 구상했다. 실험은 이 게임을 하는 동안에 뇌에서 도파민——중독성 약물로도 촉발되는 보상 신경전달물질——이 방출된다는 것을 보여주었다.[51] 컴퓨터게임에 중독된 사람들은 다른 중독의 증상들을 모두 보인다. 그치면 갈망하고, 다른 활동을 무시하고, 컴퓨터 앞에 있으면 도취되고, 실제적인 관계를 거부하거나 최소로 하는 경향을 보이는 것이다.

텔레비전, 뮤직비디오, 비디오 게임은 모두 텔레비전의 기법을 사용해서 실생활보다 훨씬 빠른 속도로 펼쳐지며, 그 속도는 점점 더 빨라지고 있다.[52] 그 때문에 텔레비전에서 고속 장면전환을 바라는 사람들의 욕구는 점점 더 커져만 간다. 뇌를 바꾸는 것은 텔레비전의 형식——자르고, 편집하고, 확대하고, 상하좌우로 움직이고, 갑작스럽게 소음이 끼어드는——이다. 그 형식이 파블로프가 '정향 반응'이라고 부른 것을 활성화한다.[53] '정향 반응'은 우리가 주변 세계에서 갑작스러운 변화를, 특히 갑작스러운 움직임을 감지할 때마다 일어난다. 우리는 본능적으로 하고 있던 모든 일을 멈추고 방향을 돌려 주의를 기울여서 정황을 파악한다. '정향 반응'이 진화한 것은 의심할 여지없이, 우리의 선조들이 포식자인 동시에 피식자로서 위험에 처한 상황이나, 먹이나 성관계와 같은 갑작스러운 기회를 제공할 수도 있는 상황, 또는 단순히 새로운 상황에 반응할 필요가 있었기 때문이다. 그 반응은 생리적이다. 4초에서 6초 동안 심장 박동이 감소하는 것이다. 텔레비전은 이 반응을 우리가 일상생활에서 경험하는 것보다 훨씬 빠른 속도로 촉발한다. 그래서 우리는 심지어 친밀한 대화 중간에도 텔레비전 화면에서 눈을 떼지 못하고, 의도한 것보다 훨씬 더 오래 텔레비전을 보는 것이다. 전형적인 뮤직비디오, 일련의 액션, 광고들은 1초에 한 번꼴로 '정향 반응'을 일으키므로, 우리는 보는 동안 연속적인 '정향 반응'에서 헤어나오지 못한다. 사람들이 TV를 보면 고갈되는 느낌이 든다고 보고하는 것은 전혀 이상한 일이 아니다. 그런데도 우리는 그것에 길들여져서 느린 변화는 지루하게 느낀다. 그 대가로 독서, 복잡한 대화, 강의 듣기와 같은 활동은 더 어려워진다.

맥루한은 의사소통의 매체가 우리의 영역을 연장하는 동시에 우리를 침식해 들어온다는 것을 간파했다. 그가 내놓은 미디어의 제1법칙은, 모든 매체는 인간이 지닌 측면의 연장이라는 것이다. 우리가 생각을 기록하기 위해 종이와 펜을 사용할 때, 쓰기는 기억을 연장한다. 차는 발을 연장하고, 옷은 피부를 연장한다. 전자 매체는 우리 신경계의 연장이다. 전보, 무선 통신, 전화는 인간 귀의 영역을 연장하고, 텔레비전 카메라는 눈과 시야를, 컴퓨터는 중추신경계의 처리 용량을 연장한다. 그는 신경계를 연장하는 과정도 신경계를 변화시킨다고 주장했다.

미디어가 우리 안으로 침식해 들어와 뇌에 영향을 준다는 사실은 잘 드러나지 않지만, 우리는 이미 많은 예들을 보아왔다. 머제니치와 동료들이 음파를 전기 신호로 변환하는 매체인 인공 달팽이관을 고안했을 때, 이식 환자의 뇌는 그 신호를 읽기 위해 스스로를 재배선했다.

패스트 포워드는 무선 통신이나 상호적인 컴퓨터 게임처럼 언어와 소리, 영상을 전달하고 그 과정에서 뇌를 근본적으로 재배선하는 매체이다. 바크-이-리타가 맹인들에게 카메라를 달아서 그들이 형태와 얼굴, 원근감을 지각할 수 있었을 때, 그는 신경계가 커다란 전자 체계의 일부가 될 수 있다는 것을 보여준 것이다. 모든 전자 장치는 뇌를 재배선한다. 컴퓨터로 글을 쓰는 사람들은 손으로 쓰거나 구술을 해야 할 때면 어쩔 줄을 모르는 경우가 많다. 그들의 뇌는 생각을 빠른 속도로 필기체나 말로 옮기도록 배선되어 있지 않기 때문이다. 컴퓨터가 망가지면 사람들은 작은 신경쇠약에 걸린다. "정신이 나간 것 같은 느낌이라니까요!"라는 그들의 호소에는 많은 진실이 담겨 있다. 우리가 전자 매체를 이용하는 동안, 신경계는 밖으로 연장되고 매체는 안으로 연장된다.

전자 매체가 신경계를 바꾸는 데 그토록 효과적인 이유는, 전자 매체와 신경계가 둘 다 비슷한 방식으로 작동하고 기본적으로 호환이 가능해서 쉽게 연결되기 때문이다. 둘 다 연결을 지을 때면 순간적인 전기 신호 전송을 수반한다. 우리의 신경계는 가소적이기 때문에, 이 호환성을 이용해서 전자 매체를 합병해 커다란 하나의 체계로 만들 수 있다. 실제로 생물학적이든 인공적이든 그러한 체계에는 합병하는 본성이 있다. 신경계는 몸의 한 영역에서 다른 영역으로 메시지를 전달하는 내부 매체이고, 전자 매체가 인류를 위해 하는 것, 곧 완전히 다른 부분들을 연결하는 일을, 우리 자신과 같은 다세포 유기체를 위해 하도록 진화했다. 맥루한은 이 신경계와 자아의 전자적 연장을 다음과 같은 말로 풍자했다. "이제 인간은 두개골 밖에 뇌를 걸치고 피부 밖에 신경을 걸치기 시작하고 있다."[54] 그가 간명하게 정리한 유명한 말 중에는 "전기 기술이 나온 지 한 세기가 지난 오늘날, 우리는 우리의 행성에서는 시간과 공간 모두를 폐지하고 전 지구적으로 우리의 중추신경계 자체를 연장했다"[55]는 말도 있다. 시간과 공간이 폐지되는 이유는 전자 매체가 멀리 떨어진 장소를 순식간에 연결해서 그가 '지구촌'이라 부른 것을 만들어내기 때문이다. 이러한 연장이 가능한 것은 우리의 가소적 신경계가 자신을 전자 체계와 통합할 수 있기 때문이다.

# 부록 02
## 가소성과 진보의 개념

**뇌가 가소적이라는** 개념은 근대에 잠깐 동안 나타났다가 사라졌다. 하지만 이제 뇌가소성이 주류 과학의 사실로 확립되고 있다 할지라도, 비록 모든 뇌가소치료사들이 동료 과학자들로부터의 엄청난 반대를 겪긴 했지만 그럼에도 이 개념이 받아들여질 수 있었던 것은 근대의 좀 이른 등장이 남긴 흔적 덕분이었다.

일찍이 1762년에 스위스의 철학자 장 자크 루소Jean-Jacques Rousseau(1712~1778)는 당시의 기계적인 자연관을 비난하고, 자연은 살아 있고 역사를 지니고 있으며 시간이 가면서 변화하고 있다고 주장했다.[1] 그는 우리의 신경계가 기계와 같은 것이 아니라 살아 있고 변화할 수 있는 것이라고 말했다.[2] 교육에 관한 그의 저서 『에밀』──아동 발달을 상세히 기술한 최초의 책──에서 그는, '뇌의 조직'은 우리의 경험에 영향을 받으므로 우리는 근육을 훈련하듯이 감각과 정신 능력을 '훈련'할 필요가 있다는 생각을 제시했다.³ 루소는 우리의 감정과 열정까지도 상당 부분 어린 시절 초기에 학습된다고 주장했다. 그는 우리가 고정된 것으로 생각하는 우리 본성의 많은 측면들이 사실은 변화 가능하며 이 유연성은 인간의 결정적인 속성이라는 전제를 근거로, 인간의 교육과 문화를 근본적으로 변형할 것을 꿈꾸었다. 그는 "한 사람을 이해하려면 인류를 보고, 인류를 이해하려면 동물을 보라"고 썼다. 그는 우리를 다른 종과 비교하면서 그가 인간의 '완성가능성perfectibility'이라 부른 것을 보았고, 이를 뜻하는 불어 단어인 페어펙티빌리테perfectibilité를 대유행시켰다.⁴ 그는 이 단어를 써서 우리를 동물과 구별 짓는 인간 특유의 가소성 혹은 유연성을 표현했다. 그가 관찰한 것에 따르면 동물은 대개 태어난 지 몇 개월이 지났을 때의 모습을 나머지 일생 동안 유지한다. 하지만 인간은 '완성가능성' 때문에 일생 동안 변화한다.

그는 우리가 '완성가능성' 덕분에 여러 종류의 정신 능력을 발달시키고 존재하는 정신 능력들과 감각들 간의 균형을 변화시킬 수 있으며, 이는 우리 감각의 자연적인 균형을 무너뜨리기 때문에 문제가 될 수 있다고 주장했다. 우리의 뇌는 너무도 경험에 민감하기 때문에 좀더 쉽게 변형되기도 한다. 몬테소리 학교와 같은 감각 교육을 강조하는 교육기관은 루소의 관찰에서 자라나온 것이다. 그는 수세기 뒤 특정 기술과 매체가 감각의 비율이나 균형을 바꾼다고 주장한 맥루한의 전조이기도 했다. 우리가 순간적인 전자 매체, 텔레비전의 요점 정리, 읽고 쓰기에서 멀어지는 현상에서 주의의 폭이 좁게 '배선된' 지나치게 감정적인 사람들이 생겨났다고 이야기할 때, 우리는 루소의 언어로 우리의 인지를 방해하는 새로운 종류의 환경적 문제를 이야기하고 있는 것이다. 루소는 잘못된 종류의 경험이 우리의 감각과 상상 간의 균형을 어지럽힐 수 있다고 생각하기도 했다.⁵

루소의 동시대인으로 루소의 글에 익숙한 스위스의 철학자이자 박물학자였던 샤를 보네Charles Bonnet(1720~1793)[6]는 1783년에 이탈리아의 과학자인 미켈레 빈센조 말라카르네Michele Vincenzo Malacarne(1744~1816)에게, 신경조직도 근육처럼 훈련에 반응할지도 모른다는 의견을 써서 보냈다.[7] 말라카르네는 보네의 가설을 실험적으로 검증하는 일에 착수했다. 그는 같은 배의 알에서 깬 새들을 짝지어 절반은 몇 년 동안 집중적인 훈련으로 풍부한 자극을 주는 환경에서 길렀다. 다른 절반은 아무 훈련도 시키지 않았다. 그는 한 배에서 난 두 마리 개에게도 같은 실험을 했다. 동물들을 희생시켜서 뇌 크기를 비교한 말라카르네는 훈련을 받은 동물의 뇌가 더 크다는 것을, 특히 소뇌라는 뇌의 부분이 더 크다는 사실을 발견함으로써, 개체의 뇌 발달에 미치는 '자극이 풍부한 환경'과 '훈련'의 영향을 증명했다. 말라카르네의 업적은 거의 잊힐 뻔했지만 20세기에 로젠츠바이크 등의 연구로 부활해서 철저히 탐구되었다.[8]

### 완성가능성-뒤섞인 축복

1778년에 세상을 떠난 루소는 말라카르네의 결과를 알 수 없었지만, 그는 인류에게 완성가능성이 무엇을 의미하는가를 오싹할 정도로 정확하게 예견하는 능력을 보여주었다. 완성가능성은 희망을 주었지만 항상 축복인 것은 아니었다. 우리는 변화할 수 있기 때문에, 무엇이 타고난 것이고 무엇이 문화로부터 습득된 것인지 언제나 아는 것은 아니다. 우리는 변화할 수 있기 때문에, 문화와 사회의 영향을 과도하게 받아 진정한 본성에서 너무 멀리까지 표류해 우리 자신으로부터 동떨어지게 될 수 있다.

우리는 뇌와 인간 본성이 '향상'될 수 있다는 생각에 기뻐할 수도 있는 반면, 인간의 완성가능성 또는 가소성이라는 개념은 도덕적 문제의 벌집을 쑤셔놓는다.

 아리스토텔레스까지 거슬러 올라가는, 가소적 뇌를 믿지 않았던 예전의 사상가들은 '이상적인' 또는 '완벽한' 정신적 발달이 분명히 존재한다고 주장했다. 우리의 정신적 능력과 감정적 능력은 자연이 부여한 것이고, 그러한 능력을 사용하고 완성함으로써 건강한 정신적 발달이 이루어지는 것이었다. 인간의 정신적·감정적인 삶과 뇌가 유동적이라면, 우리는 더 이상 무엇이 이상적 또는 완벽한 정신적 발달인지를 확신할 수 없다는 사실을 루소는 이해하고 있었다. 세상에는 서로 다른 많은 종류의 발달이 있을 수 있었다. 완성가능성은 우리가 우리 자신을 완성한다는 것이 무엇을 뜻하는지를 더 이상 그다지 확신할 수 없음을 뜻했다. 이러한 도덕적 문제를 깨닫고 있던 루소는 '완성가능성'이라는 용어를 역설적인 의미로 사용했다.[9]

## 완성가능성에서 진보의 개념까지

우리가 뇌를 이해하는 방식의 변화는 궁극적으로 우리가 인간의 본성을 어떻게 이해하느냐에 영향을 끼친다. 루소 이후 완성가능성의 개념은 재빨리 '진보'의 개념과 묶였다. 프랑스의 철학자이자 수학자로 프랑스 혁명의 주역이었던 콩도르세Condorcet(1743~1794)는, 인간의 역사는 진보의 역사라고 주장하면서 진보를 우리의 완성가능성과 연결 지었다. 그는 "자연은 인간 능력의 완성에 아무런 기간도 정해놓지 않았다……. 인간의 완성가능성은 진정으로 무한하고…… 이 완성가능성의 진보에는…… 자연이 우리를 주조한 땅, 지구의 수명 이외의 다른 한계는 없다"[10]라고 썼다. 인간의 본성은 지적이고 도덕적인 의미에서 끊임없이 향상 가능한 것이므로, 인간은 자신의 가능한 완성에 정해진 한계를 부여해서는 안 되었다(이 관점은 궁극적인 완성을 추구하는 것보다는 조금 덜 야심적이지만 여전히 순진할 만큼 몽상적이었다).

진보와 완성가능성이라는 쌍둥이 개념은 토머스 제퍼슨Thomas Jefferson의 사상을 통해 미국에 왔다. 벤저민 프랭클린Benjamin Franklin이 콩도르세를 제퍼슨에게 소개한 것으로 보인다.[11] 미국의 건국자들 가운데 그 개념에 가장 열려 있던 제퍼슨은 "나는 인간의 특성을 일반적으로 좋게 생각하는 사람에 속한다······. 나는 또한 콩도르세와 마찬가지로······ 인간의 마음은 우리가 아직까지 짐작도 할 수 없는 정도까지 완성가능하다고 믿는다"[12]고 썼다. 모든 건국자들이 제퍼슨에게 동의한 건 아니었지만, 1830년에 미국을 방문한 프랑스의 알렉시스 드 토크빌Alexis de Tocqueville은, 미국인들은 다른 사람들과 달리 '인간의 무한한 완성가능성'을 믿는 것처럼 보인다고 언급했다.[13] 과학적 진보와 정치적 진보의 개념, 그리고 그 둘의 영원한 동맹인 개인의 완성가능성이라는 개념의 영향으로, 미국인들이 어떤 문제든 해결할 수 있고 뭐든지 할 수 있다는 태도를 가지며 자기계발, 자기변형, 자기도움에 관한 책에 그토록 관심을 가지는지도 모른다.

이 모든 것이 희망적으로 들리는 만큼, 이론에서 말하는 인간의 완성가능성이라는 개념에는 실제로 어두운 면도 있다. 프랑스와 러시아에서 진보의 개념에 푹 빠지고 인간의 가소성에 대한 순진한 믿음에 귀의한 몽상적인 혁명가들은 주위를 둘러보고 불완전한 사회를 봤을 때, '진보의 길을 막고 서 있다고' 사람들을 비난하는 경향이 있었다. 여기에는 공포정치와 강제수용소가 뒤따랐다. 우리 또한 임상적으로 뇌가소성을 말할 때, 이 새로운 과학으로 이익을 얻지 못하거나 변화하지 못하는 사람들을 비난하지 않도록 조심해야 한다. 뇌가소성이 일부가 생각했던 것보다 뇌가 더 유연하다는 사실을 가르치는 것은 분명하지만, 유연하다는 데서 완성가능하다는 수준까지 나아가면 위험하다. 가소적 역설은 뇌가소성이 우리 안의 모든 잠재적 유연성과 더불어 많은 경직된 행동과 일부 병리적 현상에도 책임이 있을 수 있다는 사실을 가르치고 있다. 우리 시대에 가소성이라는 개념에 관심의 초점이 맞춰질수록, 우리는 가소성이 우리가 나쁘게 생각하는 효과와 좋게 생각하는 효과——경직성과 유연성, 취약성과 예기치 않은 풍부함——모두를 생산하는 현상이라는 사실을 기억하는 게 현명할 것이다.

사상가 토마스 소웰Thomas Sowell은 다음과 같이 관찰했다. "수세기에 걸쳐 '완성가능성'이라는 단어의 사용이 사라져가는 동안에도, 그 개념은 대부분 원래의 모습 그대로 현재까지 살아남았다. '인간은 고도로 가소적인 실체'라는 개념은 아직도 현대의 많은 사상가들의 중심에 있다……"[14] 소웰의 상세한 연구서인 『비전의 갈등』은, 우리가 서양의 여러 주요 사상가들을 이 인간의 가소성을 받아들이거나 거부한 정도와 인간 본성을 얼마나 제한적으로 바라보았느냐에 따라 분류하거나 더 잘 이해할 수 있다는 것을 보여준다. 그동안 애덤 스미스Adam Smith나 에드먼드 버크Edmund Burke와 같은 좀더 '보수적'이거나 '우파적'인 사상가들은 인간 본성을 제한적으로 바라보는 시각을 옹호하는 듯한 경우가 많았으며, 콩도르세나 윌리엄 고드윈William Godwin과 같은 '진보적'이거나 '좌파적'인 사상가들은 인간 본성이 덜 제한되어 있다고 믿는 경향이 강했지만, 보수 진영의 시각이 더 가소적이고 진보 진영의 시각이 더 제한적인 시기나 쟁점들도 있다. 예를 들어, 근래에 많은 보수 사상가들은 동성애가 선택의 문제라고 주장하면서 마치 그것이 노력이나 경험으로 바뀔 수 있는 것처럼——곧, 가소적 현상이라고——말한 반면, 진보 사상가들은 대체로 그것이 '배선된' 것이고 '전부 유전자에 들어 있다'고 주장하는 경향이 있다. 하지만 모든 사람들이 인간 본성에 제한적이거나, 제한적이지 않은 관점을 엄격하게 가지고 있는 것은 아니며, 인간의 변화가능성, 완성가능성, 진보에 관해 혼합된 시각을 가진 사상가들도 있다.

뇌가소성과 가소적 역설을 가까이 들여다봄으로써 우리가 배운 것은, 인간의 뇌가소성이 우리 본성의 제한적인 측면과 자유로운 측면 둘 다에 기여한다는 점이다. 따라서 서양 정치사상의 역사가 상당 부분 다양한 시대와 사상가들이 인간 가소성이라는 문제를 이해하는 태도에 따라 굴곡을 겪은 것이 사실이지만, 우리 시대에 밝혀진 인간 뇌가소성의 사실들을 놓고 곰곰이 생각해볼 때, 가소성은 인간 본성이 제한적이냐 제한적이지 않냐는 관점을 확실하게 뒷받침하기에는 너무도 미묘한 현상이다. 왜냐하면 가소성은 어떻게 가꾸느냐에 따라 인간의 경직성과 유연성 둘 모두에 기여하기 때문이다.

## 관련 사이트

- 하이퍼포먼스 브레인 연구소(http://www.braintrainingcenter.co.kr)-패스트 포워드 및 기타 뇌 훈련 기법을 이용해 난독증, 학습 발달 장애, 주의력 결핍 과다행동장애 등의 질환을 치료하고, 학습을 돕는 프로그램을 운영.
- http://www.wicab.us-폴 바크-이-리타(1장)가 설립한 회사로 혀를 이용해 균형감각과 시감각을 파악할 수 있는 장비를 개발한다.
- 뉴로사이언스러닝(http://www.nslearning.co.kr)-마이클 머제니치가 설립한 사이언티픽러닝과 제휴하여 한국에 패스트 포워드 프로그램(3장)을 소개하고 있다.
- 애로우스미스 학교(http://www.arrowsmithschool.org)- 바버라 애로우스미스(2장)가 설립한 학습장애 아동 치료 학교.
- 토브 클리닉(http://www.taubtherapy.com)-버밍햄에 있는 앨라배마 대학 병원에서 운영되고 있는 에드워브 토브의 CI 요법 클리닉(5장).
- http://www.advancedrecovery.org-CI 요법을 이용한 뇌졸중 치료 기관.

## 감사의 글

나는 여러 사람에게 커다란 빚을 지었다. 특히 두 사람에게 가장 큰 빚을 졌다.

내 아내 캐런 립튼-도이지는 매일같이 이 책의 방향을 안내하고 도움을 주었다. 책이 만들어지는 동안 나와 함께 아이디어를 의논했고, 지치지 않고 연구를 도와주었으며, 모든 초고를 수도 없이 읽었고, 생각할 수 있는 모든 종류의 지적 감정적 지원을 아끼지 않았다.

편집자 제임스 실버맨은 뇌가소성의 중요성을 즉각 깨닫고 나와 함께 3년이 넘게 작업했다. 그는 이 프로젝트의 가장 첫 순간부터 나를 독려하며 내 여행에 관해 최신 정보를 찾고, 내가 뇌가소성의 언어에 익숙해지면서 어떻게 쓸지를 잊어버리고 그 주제를 전문적인 용어로 설명하려고 할 때 나를 지켜보다가—분명 걱정하면서—내가 서서히 알아들을 수 있는 말로 돌아오도록 도와주었다. 그는 내가 상상해온 어떤 편집자보다도 세심하고, 부지런하고, 솔직했고, 이 프로젝트에 열정적으로 헌신했다. 책장마다 그의 존재와 조언과 솜씨가 배어 있다. 그와 함께 일한 것은 영광이었다.

각 장의 이야기를 나에게 들려준 모든 뇌가소치료사와 그들의 동료, 조수, 피실험자, 환자들께 감사한다. 그들이 자신들의 시간을 내준 만큼, 내가 그들이 이 새로운 분야의 탄생에서 느끼는 흥분을 전달할 수 있었기를 바란다. 이 책에서 나는 내 환자 몇 사람의 뇌가소적 변화 이야기를 했다. 그들에게 무한한 감사를 전한다. 그밖에도 여러 해 동안 나와 이야기한 많은 환자들이 있고, 그들의 변화는 인간 뇌가소성의 잠재력과 한계에 관한 나의 이해가 깊어지는 데 도움을 주었다.

다음 분들의 아낌없는 성원이 큰 용기를 주었고, 어느 누구 한 분도 도움이 덜 되었다고 깎아내릴 수 없다. 조프리 클라필드, 재클린 뉴웰 박사, 사이릴 레빗 교수, 코린 레빗, 필립 키리아쿠, 찰스 핸리 교수는 모두 초안을 읽고 지극한 도움이 되는 조언을 해주었다. 아서 피시, 월러 뉴웰 교수, 피터 겔먼, 조지 조너스, 마야 조너스, 마거릿 피츠패트릭 핸리, 마크 도이지 박사, 엘리자베스 야놉스키, 케네스 그린 교수, 섀런 그린 교수는 정신적인 후원자가 돼주었다.

컬럼비아 대학 정신의학과의 정신분석 훈련 및 연구센터 동료와 교사들에게 감사한다. 그들에게서 이 일련의 생각들이 시작되었다. 미리엄 싱어 박사, 마크 소렌슨, 에릭 마커스, 스탠 본, 로버트 글릭, 릴라 칼리니치, 도널드 메이어스, 로저 맥키넌, 요람 요벨이 그들이다. 함께 일한 건 아니지만 에릭 캔들 박사는 그의 저작과 컬럼비아 대학에서 나에게 끼친 크나큰 영향으로 그가 옹호한 프로젝트─생물학, 정신의학, 정신분석을 통합하려는 소망─를 더 잘 이해하도록 나를 이끌어주었다.

〈내셔널 포스트〉, 「새터데이 나이트」, 「맥클레인스」 지의 다이앤 드 페노일, 휴고 거든, 존 오설리번, 다이애나 시먼즈, 마크 스티븐슨, 케네스 와이트는 신경과학과 뇌가소성에 관해 일반 대중을 상대로 글 쓰는 일을 지원해주었다. 이 책에서 나오는 뇌가소성에 관한 아이디어들 중 일부는 먼저 그 출판물들에서 논의했던 내용이다.

야츠 야마구치를 비롯한 제이 그로스먼, 댄 키즐, 제임스 피츠패트릭 박사들은 이 기간 동안 나에게 대단히 도움이 되었고 친절하게 시간을 내 대화 상대가 되어주었다.

내가 인터뷰했지만 책에서 언급하지 않았거나 지나가면서만 언급한 사람들 중에 나와 함께 뇌 훈련에 많은 시간을 쏟은 마사 번스, 그리고 사이언티픽 러닝의 스티브 밀러와 윌리엄 젠킨스, 포지트 사이언스의 제프 지만과 헨리 만케, 토브 클리닉의 기텐드라 우스와테에게 감사한다.

노벨상 수상자로 가장 야심적인 의식 이론을 전개하며 뇌가소성에 중심적인 역할을 부여한 제럴드 에덜먼 박사는 내가 방문했을 때 친절하게 시간을 내주었다. 나는 가능하면 과학자나 임상의 업적과 환자를 짝짓는 방법으로 가소성을 서술하기로 했고 그의 업적은 이론적이므로, 이 책에 그의 업적에 바친 장은 한 장도 없지만 에덜먼 박사의 이론은 이 모든 이야기들에서 중요한 배경이 되었고, 뇌의 가소적 이론이 얼마나 멀리 갈 수 있는지를 보여주었다. 나는 라마찬드란에게 우리가 함께한 시간뿐만 아니라, 작고하기 얼마 전의 프랜시스 크릭, ──DNA의 공동 발견자──철학자 패트리샤 처칠랜드와 더불어 기억에 남을 점심식사를 하도록 주선해준 것을 감사한다. 그 자리에서 우리는 에덜먼 박사의 업적에 관해 활발하게 토론했고, 덕분에 나는 샌디에이고의 범상치 않은 신경과학계를 현장에서 볼 수 있었다.

수많은 학자와 전문가들이 이메일 문의에 응해주었다. 월터 프리먼 교수, 므리강카 수르, 리처드 프리드먼, 토마스 팽글, 이언 로버트슨, 낸시

빌, 올랜도 피지스, 안나 이슬렌, 셰릴 그래디, 애드리언 모리슨, 에릭 네슬러, 클리포드 오윈, 앨런 쇼어, 미르나 와이스만, 유리 다닐로프가 그들이다. 워싱턴 DC의 국립정신건강 연구소, 캐나다 보건복지부의 국민건강연구개발 프로그램을 포함한 수많은 기관에서 여러 해에 걸쳐 나에게 연구비와 상금을 준 덕분에 나는 과학적 발전과 저술을 계속할 수 있었다.

스털링 로드의 에이전트인 크리스 칼훈의 재치와 열정, 지적인 관심, 한결같은 활기찬 안내자 역할에 무한히 감사한다. 바이킹의 편집자 힐러리 레드먼은 뛰어난 실력으로 원고를 검토하면서 수많은 제안을 해 원고를 통일성 있게 만드는 데 도움을 주었다. 빈틈없고 박식한 안목으로 원고를 정리하고 편집해준 재닛 빌과 브루스 기포즈, 이 책의 주제와 내가 책에서 풍겼으면 하고 바라는 분위기까지 잡아낸 매혹적인 표지를 만들어준 자야 미셀리에게도 감사한다. 마지막으로 기록을 도와준 딸 브로나, 나와 함께 여러 종류의 뇌 훈련을 해보고 그것이 정말 효과가 있음을 보여준 아들 조슈아에게 고마움을 전하고 싶다.

이런 산더미 같은 지원에도 불구하고 실수를 하는 것은 인간적인 일이며, 실수에 대한 책임을 피하고 싶은 마음도 역시 인간적인 소망일 것이다. 그렇더라도, 놓치거나 실수한 것이 있다면 그 책임은 여전히 나에게 있다.

## 역자 후기

　　　　　　아직 완성되지 않은 홍보용 파일 상태였던 이 책의 번역을 제의받은 때는 2006년 11월, 미국에서의 출간을 4개월 앞두고 있을 때였다. 당시 출간을 예고하는 아마존 사이트에는 '올리버 색스'의 추천사 몇 줄이 책 소개의 전부였지만, 『아내를 모자로 착각한 남자』을 비롯한 여러 저서에서 신경과 환자들의 삶을 감성적으로 그린 작가의 추천만으로도 가슴 뭉클한 휴먼 다큐멘터리를 예감할 수 있었다. 원고를 단숨에 읽고 난 뒤로 책이 나오기까지, 나는 좋은 소식을 혼자만 알고 있는 사람처럼 이따금씩 안절부절 못했다.

　　저자의 말처럼, "우리가 뇌를 이해하는 방식의 변화는 궁극적으로 우리가 인간의 본성을 어떻게 이해하느냐에 영향을 끼친다." 단순히 '몰이해' 때문에 지금까지 얼마나 많은 사람들을 '미친' 사람으로, '불치' 환자로, 또는 '늙은이'로 체념해왔던 것일까? 마치 독립적인 인격체처럼, 쓰지 않으면 움직이고 싶어서 좀이 쑤시고 거울을 보고 속기까지 하는 '뇌가 곧 나'라면 거울이 속임수임을 뻔히 아는 나는 무엇이며, 그럼에도 속는 뇌는 또 무엇일까? 뇌를 속여서 상상으로 근육을 키울 수 있고 곰보 자국도 섹시하게 보이도록 할 수 있다면, 앞으로는 코치나 성형외과의보다 뇌가소치료사를 찾아야 할까……? 뇌에 인 파문이 꼬리를 문다.

한 번 읽고 나면 이전의 자신으로 돌아갈 수 없는 책들이 있다. 이 책에도 경고를 붙여야 할 것이다. 자신의 특출한 능력 때문에 인류를 구하는 임무를 버릴 수 없는 슈퍼맨처럼, 우리에게 죽는 순간까지 '새싹'이 자라는 뇌가 있는 한 포기해도 되는 장애 따윈 애초에 없는지도 모른다. 주의하라, 이 책의 주인공들을 만나고 나면 '할 수 없다'라는 욕은 입에 담을 수 없을 것이다.

# 주와 참고 문헌

### 1장 감각을 되찾은 여자

[1] N. R. Kleinfeld. 2003. For elderly, fear of falling is a risk in itself. *New York Times*, March 5.

[2] P. Bach-y-Rita, C. C. Collins, F. A. Saunders, B. White, and L. Scadden. 1969. Vision substitution by tactile image projection. *Nature*, 221(5184): pp. 963~964.

[3] 자연의 개념을 발명한 그리스 사람들은 모든 자연을 살아 있는 거대한 유기체로 보았다. 모든 것은 공간을 차지하고 있으니 물질로 이루어진 것이고, 움직이고 있으니 살아 있는 것이며, 질서가 있으니 지능이 있다고 할 수 있었다. 이것이 인류가 전개한 최초의 중요한 자연 개념이었다. 요컨대 그리스인들은 자신들을 대우주로 투사해서 우주가 살아 있는 자신들의 반영이라고 말한 것이다. 자연은 살아 있기 때문에, 그들은 원리적으로 가소성의 개념이나 사고의 기관이 자랄 수 있다는 개념에 반대한 적이 없었던 셈이다. 소크라테스는 플라톤의 『국가』에서, 사람은 운동선수가 근육을 훈련시키듯이 자신의 정신을 훈련시킬 수 있다고 주장했다.

갈릴레오의 발견 이후, 기계장치로서의 자연이라는 두 번째의 중요한 자연 개념이 등장했다. 기계론자들은 우주에 기계의 이미지를 투사해서 우주를 거대한 '우주 시계'로 묘사했다. 그런 다음 그들은 그 이미지를 내면화하여 인간에 적용했다. 예를 들어, 의사였던 쥘리앵 오프루아 드 라메트리Julien Offray de La Mettrie (1709~1751)는 『인간기계론』에서 인간을 기계장치로 환원했다.

하지만 그때, 새로운 제3의 더 원대한 자연 개념이 등장했다. 뷔퐁Buffon 등이 고취한 그 개념은 자연에 생명을 돌려주었다. 그것은 펼쳐지고 있는 역사적 과정으로서의 자연, 혹은 역사로서의 자연이라는 개념이었다. 이 관점에서 보면 우주는 기계장치가 아니라 진화하고 있는 역사적 과정으로서, 세월이 가면서 변화하는 것이다. 자연의 역사라는 개념은 다윈의 진화론을 위한 발판이 되었다. 그러나 우리가 말하려는 요점은 이 관점이 원리적으로 가소적 변화라는 개념에 반대하지 않았다는 것이다. 이는 부록 2와 그 부록을 위한 첫 번째 주에서 더 상세히 논의된다. R. G. Collingwood. 1945. *The idea of nature*. Oxford: Oxford University Press;

R. S. Westfall. 1977. *The construction of modern science: Mechanism and mechanics*. Cambridge: Cambridge University Press, p. 90을 참조.

**4** 기계 은유에도 중요한 업적이 없는 것은 아니다. 기계 은유는 신비주의에서 벗어나 좀더 냉정하게 관찰을 기반으로 하는 뇌 연구를 가능하게 했다. 하지만 그럼에도 불구하고 살아 있는 뇌를 바라보기에는 언제나 빈곤한 방식이었고, 기계론자들 자신도 그것을 알고 있었다. 하비는 기계장치만큼이나 생기력vital force에도 관심이 있었고, 데카르트는 자신이 묘사한 복잡한 대뇌 장치가 영혼의 힘으로 살아 움직인다고 주장한 것으로 유명하다. 그렇지만 그는 어떻게 그럴 수 있는지는 설명하지 못했다. 그 대가는 컸다. 그는 우리를 살아 있고 변화할 수 있는 비물질적인 영혼과 변화할 수 없는 물질적 뇌로 '갈라' 놓았던 것이다. 다시 말해, 데카르트는 한 기지 넘치는 철학자가 말한 '기계 속의 유령'이라는 개념을 내놓은 것이다. 덧붙여 말하자면, 데카르트의 신경계 모형은 뿜어져 나오는 물이 신화적 인물들의 조각상을 살아 움직이게 하는 생제르맹앙레Saint-Germain-en-Laye의 분수에서 영감을 받은 것이다.

**5** 19세기 초부터 과학자들은 무엇이 우리의 감각을 저마다 다르게 만드는가 이해하고자 애썼고, 대단한 논쟁이 뒤따랐다. 어떤 사람들은 우리의 신경 전부가 똑같은 종류의 에너지를 실어 나르며, 시각과 촉각의 유일한 차이점은 양적인 것이라고 주장했다. 즉, 눈의 감각은 촉감보다 훨씬 더 정밀하고 민감하기 때문에 충돌하는 빛을 붙잡을 수 있다는 것이다. 어떤 사람들은 감각들은 저마다 다른 형태의 에너지를 실어 나르고, 한 감각의 신경은 다른 감각의 신경이 하는 기능을 수행 또는 대체할 수 없다고 주장했다. 이 관점은 우세해져서 1826년에는 요하네스 뮐러Johannes Müller의 제안에 따라 '신경의 특이 에너지 법칙'으로 격상되었다. 그는 '각 감각의 신경은 다른 감각기관에는 적절하지 않은 한정된 한 가지의 감각 능력밖에 없는 것으로 보인다. 그러므로 한 감각의 신경은 다른 감각 신경의 기능을 대신해서 수행할 수 없다'고 썼다. J. Müller. 1838. *Handbuch der Physiologie des Menschen*, bk. 5, Coblenz, reprinted in R. J. Herrnstein and E. G. Boring, eds. 1965. *A source book in the history of psychology*. Cambridge, MA: Harvard University Press, pp. 26~33, 특히 p. 32.

뮐러는 그 관점에 법칙의 자격을 주었지만, 특정한 신경의 특이 에너지가 신경 자체로부터 일어나는지 혹은 뇌나 척수로 인해 일어나는지는 확실히 모르겠다고 인정했다. 그가 부여한 자격은 쉽게 잊혀졌다.

뮐러의 학생이자 후계자인 에밀 뒤 보아-레이몽드Emile du Bois-Reymond (1818~1896)는 시신경과 청신경을 어떻게든 교차 연결할 수 있다면, 우리는 소리를 보고 빛의 인상을 들을 수 있을 것이라고 추론했다. E. G. Boring. 1929. *A history of experimental psychology*. New York: D. Appleton-Century Co., p. 91. 또한

S. Finger. 1994. *Origins of neuroscience: A history of explorations into brain function.* New York: Oxford University Press, p. 135를 참조.

**6** 기술적으로 엄밀히 말하자면 피부와 망막 둘 다의 2차원 표면상에 화상이 형성될 수 있다. 두 가지 모두 정보를 동시에 감지할 수 있기 때문이다. 또한 둘 다 정보를 시간에 따라 순차적으로 감지할 수 있기 때문에, 둘 다 움직이는 화상을 형성할 수 있다.

**7** S. Finger and D. Stein. 1982. *Brain damage and recovery: Research and clinical perspectives.* New York: Academic Press, p. 45.

**8** A. Benton and D. Tranel. 2000. Historical notes on reorganization of function and neuroplasticity. In H. S. Levin and J. Grafman, eds., *Cerebral reorganization of function after brain damage.* New York: Oxford University Press.

**9** O. Soltmann. 1876. Experimentelle studien über die functionen des grosshirns der neugeborenen. *Jahrbuch für kinderheilkunde und physische Erzeihung,* 9: pp. 106~148.

**10** K. Murata, H. Cramer, and P. Bach-y-Rita. 1965. Neuronal convergence of noxious, acoustic and visual stimuli in the visual cortex of the cat. *Journal of Neurophysiology,* 28(6): pp. 1223~1239; P. Bach-y-Rita. 1972. *Brain mechanisms in sensory substitution.* New York: Academic Press, pp. 43~45, 54.

**11** 피질의 상대적인 균질함은 쥐를 가지고 연구하는 과학자들이 '시각'피질 조각을 보통은 촉각을 처리하는 뇌의 부분에 이식할 수 있고, 이 이식 부위가 촉각을 처리하기 시작한다는 사실로 증명된다. J. Hawkins and S. Blakeslee. 2004. *On intelligence.* New York: Times Books, Henry Holt & Co., p. 54를 참조.

**12** 1977년, 새로운 기법이 (사람은 좌반구를 가지고 말한다는 브로카의 주장에 맞서) 건강한 오른손잡이의 95퍼센트가 좌반구에서 언어를 처리하고, 나머지 5퍼센트는 우반구에서 처리한다는 것을 보여주었다. 왼손잡이의 70퍼센트는 좌반구에서 언어를 처리하지만 15퍼센트는 우반구에서, 15퍼센트는 양측에서 언어를 처리한다. S. P. Springer and G. Deutsch, G. 1999. *Left brain right brain: Perspectives from cognitive neuroscience.* New York: W. H. Freeman and Company, p. 22.

**13** 플로랑스는 새의 뇌의 많은 부분을 제거하면 새가 정신적 기능을 잃는다는 것을 보여주었다. 하지만 그는 꼬박 일 년 동안 자신의 동물을 관찰하면서, 잃어버린 기능이 종종 돌아온다는 사실도 발견했다. 그는 남아 있는 부분이 잃어버린 기능을 넘겨받으면서 뇌가 스스로를 재조직한 것이라는 결론을 내렸다. 플로랑스는 신경계와 뇌를 부분의 합 이상인 역동적인 전체로 이해해야 하며, 정신적 기능이 뇌 안에서 불변의 위치를 차지하고 있다고 가정하는 것은 성급한 것이라고 주장했다. M.-J.-P. Flourens. 1824/1842. *Recherches expérimentales sur les propriétés et* *les fonctions du systeme nerveux dans les animaux vertébrés.* Paris: Ballière. 바크-이-리타는 과학자 칼 래쉴리, 폴 바이스, 찰스 셰링턴의 연구에서도 영감을 받았다. 그들 모두는 뇌와 신경계가 부분적으로 제거되거나 끊어져도 잃어버린 기능을 되찾을 수 있다는 것을 보여주었다.

[14] 이 논문은 결국 P. Bach-y-Rita. 1967. Sensory plasticity: Applications to a vision substitution system. *Acta Neurologica Scandinavica*, 43: pp. 417~426으로 발표되었다.

[15] P. Bach-y-Rita. 1972. *Brain mechanisms and sensory substitution.* New York: Academic Press. 이 논문은 꾸준히 활자화된 그의 논의들 중 최초의 것이었다.

[16] M. J. Aguilar. 1969. Recovery of motor function after unilateral infarction of the basis pontis. *American Journal of Physical Medicine*, 48: pp. 279~288; P. Bach-y-Rita. 1980. Brain plasticity as a basis for therapeutic procedures. In P. Bach-y-Rita, ed., *Recovery of function: Theoretical considerations for brain injury rehabilitation.* Bern: Hans Huber Publishers, pp. 239~241.

[17] S. I. Franz. 1916. The function of the cerebrum. *Psychological Bulletin*, 13: pp. 149~173; S. I. Franz. 1912. New phrenology. *Science*, 35(896): pp. 321~328; p. 322를 참조.

[18] 우리는 이제 학습의 공고화 단계에서 뉴런들이 새로운 단백질을 만들면서 자신의 구조를 바꾸고 있는 것이 아닌가 생각한다. E. Kandel. 2006. *In search of memory.* New York: W. W. Norton and Company, p. 262를 참조.

[19] 캐나다의 모리스 티토Maurice Ptito와 덴마크 오르후스 대학의 론 쿠퍼스Ron Kupers의 공동 연구.

[20] M. Sur. 2003. *How experience rewires the brain.* Presentation at "Reprogramming the Human Brain" Conference, Center for Brain Health, University of Texas at Dallas, April 11.

[21] A. Clark. 2003. *Natural-born cyborgs: Minds, technologies, and the future of human intelligence.* Oxford: Oxford University Press.

## 2장 더 나은 뇌 만들기

[1] K. Kaplan-Solms and M. Solms. 2000. *Clinical studies in neuro-psychoanalysis: Introduction to a depth neuropsychology.* Madison, CT: International Universities Press, pp. 26~43; O. Sacks. 1998. The other road: Freud as neurologist. In M. S. Roth, ed., *Freud: Conflict and culture.* New York: Alfred A. Knopf, pp. 221~234.

[2] D. Bavelier and H. Neville. 2002. Neuroplasticity, developmental. In V. S. Ramachandran, ed., *Encyclopedia of the human brain*, vol. 3. Amsterdam: Academic

Press, p. 561.

[3] M. J. Renner and M. R. Rosenzweig. 1987. *Enriched and impoverished environments*. New York: Springer-Verlag.

[4] M. R. Rosenzweig, D. Krech, E. L. Bennet, and M. C. Diamond. 1962. Effects of environmental complexity and training on brain chemistry and anatomy: A replication and extension. *Journal of Comparative and Physiological Psychology*, 55: pp. 429~437; M. J. Renner and M. R. Rosenzweig, 1987, p. 13.

[5] M. J. Renner and M. R. Rosenzweig, 1987, pp. 13~15.

[6] W. T. Greenough and F. R. Volkmar. 1973. Pattern of dendritic branching in occipital cortex of rats reared in complex environments. *Experimental Neurology*, 40: pp. 491~504; R. L. Hollaway. 1966. Dendritic branching in the rat visual cortex. Effects of extra environmental complexity and training. *Brain Research*, 2(4): pp. 393~396.

[7] M. C. Diamond, B. Lindner, and A. Raymond. 1967. Extensive cortical depth measurements and neuron size increases in the cortex of environmentally enriched rats. *Journal of Comparative Neurology*, 131(3): pp. 357~364.

[8] A. M. Turner and W. T. Greenough. 1985. Differential rearing effects on rat visual cortex synapses. I. Synaptic and neuronal density and synapses per neuron. *Brain Research*, 329: pp. 195~203.

[9] M. C. Diamond. 1988. *Enriching heredity: The impact of the environment on the anatomy of the brain*. New York: Free Press.

[10] M. R. Rosenzweig. 1996. Aspects of the search for neural mechanisms of memory. *Annual Review of Psychology*, 47: pp. 1~32.

[11] M. J. Renner and M. R. Rosenzweig, 1987, pp. 54~59.

[12] B. Jacobs, M. Schall, and A. B. Scheibel. 1993. A quantitative dendritic analysis of Wernicke's area in humans. II. Gender, hemispheric, and environmental factors. *Journal of Comparative Neurology*, 327(1): pp. 97~111.

[13] M. J. Renner and M. R. Rosenzweig, 1987, pp. 44~48; M. R. Rosenzweig, 1996; M. C. Diamond, D. Krech, and M. R. Rosenzweig. 1964. The effects of an enriched environment on the histology of rat cerebral cortex. *Journal of Comparative Neurology*, 123: pp. 111~119.

## 3장 뇌 재설계하기

[1] M. M. Merzenich, P. Tallal, B. Peterson, S. Miller, and W. M. Jenkins. 1999. Some neurological principles relevant to the origins of—and the cortical plasticity-

based remediation of—developmental language impairments. In J. Grafman and Y. Christen, eds., *Neuronal plasticity*: Building a bridge from the laboratory to the clinic. Berlin: Springer-Verlag, pp. 169~187.

**2** M. M. Merzenich. 2001. Cortical plasticity contributing to childgood development. In J. L. McClelland and R. S. Siegler, eds., *Mechanisms of cognitive development: Behavioral and neural perspectives*. Mahwah, NJ: Lawrence Erlbaum Associates, p. 68.

**3** 체성감각피질은 웨이드 마셜Wade Marshall이 고양이와 원숭이에게서 처음으로 지도화했다.

**4** W. Penfield and T. Rasmussen. 1950. *The cerebral cortex of man*. New York: Macmillan.

**5** J. N. Sanes and J. P. Donoghue. 2000. Plasticity and primary motor cortex. *Annual Review of Neuroscience*, 23: pp. 393~415, 특히 p. 394 참조; G. D. Schott. 1993. Penfield's homunculus: A note on cerebral cartography. *Journal of Neurology*, Neurosurgery and Psychiatry, 56: pp. 329~333.

**6** 노벨상 수상자인 에릭 캔들은 '1950년대에 내가 의대생이었을 때, 우리는 체성감각피질의 지도가…… 고정되어 있고 평생 동안 바뀌지 않는다고 배웠다'고 쓴다. 그러한 가르침은 1990년대까지 많은 학교에서 계속되었다. E. Kandel. 2006. *In search of memory*. New York: W. W. Norton & Co., p. 216을 참조.

**7** G. M. Edelman and G. Tononi. 2000. *A universe of consciousness*. New York: Basic Books, p. 38.

**8** fMRI와 같은 뇌 스캔은 1밀리미터의 뇌 영역 안에서의 활동을 측정할 수 있다. 하지만 뉴런 한 개의 직경은 일반적으로 1밀리미터의 천분의 일이다. S. P. Springer and G. Deutsch. 1999. *Left brain right brain: Perspectives from cognitive neuroscience*. New York: W. H. Freeman & Co., p. 65.

**9** P. R. Huttenlocher. 2002. *Neural plasticity: The effects of environment on the development of the cerebral cortex*. Cambridge, MA: Harvard University Press, p. 141, 149, 153.

**10** T. Graham Brown and C. S. Sherrington. 1912. On the instability of a cortical point. Proceedings of the Royal Society of London, Series B, *Containing Papers of a Biological Character*, 85(579): pp. 250~277.

**11** D. O. Hebb. 1963. K. S. Lashley에 대한 소개 중에 언급, *Brain mechanisms and intelligence: A quantitative study of the injuries to the brain*. New York: Dover Publications, xii. (원판, University of Chicago Press, 1929).

**12** R. L. Paul, H. Goodman, and M. M. Merzenich. 1972. Alterations in mechanoreceptor input to Brodmann's areas 1 and 3 of the postcentral hand area of Macaca mulatta after nerve section and regeneration. *Brain Research*, 39(1): pp. 1~19. 다음도 보라. R. L. Paul, M. M. Merzenich, and H. Goodman. 1972. Representation of slowly and rapidly adapting cutaneous mechanoreceptors of the hand in Brodmann's areas 3 and 1 of *Macaca Mulatta*. *Brain Research*, 36(2): pp. 229~249.

[13] R. P. Michelson. 1985. Cochlear implants: Personal perspectives. In R. A. Schindler and M. M. Merzenich, eds., Cochlear implants. New York: Raven Press, p. 10.

[14] M. M. Merzenich, J. H. Kaas, J. Wall, R. J. Nelson, M. Sur, and D. Felleman. 1983. Topographic reorganization of somatosensory cortical areas 3b and 1 in adult monkeys following restricted deafferentation. *Neuroscience*, 8(1): pp. 33~55.

[15] M. M. Merzenich, R. J. Nelson, M. P. Stryker, M. S. Cynader, A. Schoppmann, and J. M. Zook, 1984. Somatosensory cortical map changes following digit amputation in adult monkeys. *Journal of Comparative Neurology*, 224(4): pp. 591~605.

[16] T. N. Wiesel. 1999. Early explorations of the development and plasticity of the visual cortex: A personal view. *Journal of Neurobiology*, 41(1): pp. 7~9.

[17] 존 카스는 시각 신경과학에 있었던 성인의 가소성에 반대하는 초기의 편견에 정면으로 도전했다. 그는 성인 시각피질의 지도를 작성한 다음, 시각피질로 들어가는 망막 입력을 차단했다. 그는 다시 지도를 작성하여 몇 주 안에 새로운 수용영역이 손상된 영역의 피질 지도 공간 안으로 이동했음을 보일 수 있었다. 그의 논문은 「사이언스」지의 한 검토자가 불가능한 발견이라고 고려 대상에서 제외시켰지만, 결국에는 발표되었다. J. H. Kaas, L. A. Krubitzer, Y. M. Chino, A. L. Langston, E. H. Polley, and N. Blair. 1990. Reorganization of retinotopic cortical maps in adult mammals after lesions of the retina. *Science*, 248(4952): pp. 229~231. 머제니치는 D. V. Buonomano & M. M. Merzenich 1998. Cortical plasticity: From synapses to maps. *Annual Review of Neuroscience*, 21: pp. 149~186에서 가소성의 과학적 증거를 종합했다.

[18] M. M. Merzenich, J. H. Kaas, J. T. Wall, M. Sur, R. J. Nelson, and D. Felleman. 1983. Progression of change following median nerve section in the cortical representation of the hand in areas 3b and 1 in adult owl and squirrel monkeys. *Neuroscience*, 10(3): p. 639~665.

[19] 바크-이-리타가 한 말을 상기하라. 그는 뇌가 스스로를 재배선하는 한 방법은 오래된 경로를 '표출'하는 것이고, 뇌 안의 한 신경 경로가 끊어지면 고속도로가 막

했을 때 운전자가 오래된 옛 시골길을 재발견하듯이 이미 존재하던 경로가 대신 사용된다고 생각했다. 그리고 오래된 시골길처럼, 이 오래된 지도는 대체한 지도보다 원시적이었다. 아마도 사용되지 않아서였을 것이다.

[20] M. M. Merzenich, J. H. Kaas, J. T. Wall, M. Sur, R. J. Nelson, and D. Felleman. 1983. Progression of change following median nerve section in the cortical representation of the hand in areas 3b and 1 in adult owl and squirrel monkeys. *Neuroscience*, 10(3): p. 649.

[21] D. O. Hebb. 1949. *The organization of behavior: A neuropsychological theory*. New York: John Wiley & Sons, p. 62.

[22] 프로이트는 두 개의 뉴런이 동시에 발화하면, 이 발화는 그 뉴런의 진행 중인 연합을 촉진한다고 말했다. 1888년에 그는 그것을 동시성에 의한 연합의 법칙이라고 불렀다. 프로이트는, 뉴런들을 연결하는 것은 때맞추어 함께 일어나는 발화라고 강조했다. P. Amacher. 1965. *Freud's neurological education and its influence on psychoanalytic theory*. New York: International Universities Press, pp. 57~59; K. H. Pribram and M. Gill. 1976. *Freud's "project" re-assessed: Preface to contemporary cognitive theory and neuropsychology*. New York: Basic Books, pp. 62~66; S. Freud, 1895. Project for a Scientific psychology를 보라. Translated by J. Strachey, *Standard edition of the complete psychological works of Sigmund Freud*, vol. 1. London: Hogarth Press, pp. 281~397.

[23] M. M. Merzenich, W. M. Jenkins, and J. C. Middlebrooks. 1984. Observations and hypotheses on special organizational features of the central auditory nervous system. In G. Edelman, W. Einar Gall, and W. M. Cowan, eds., *Dynamic aspects of neocortical function*. New York: Wiley, pp. 397~424; M. M. Merzenich, T. Allard, and W. M. Jenkins. 1991. Neural ontogeny of higher brain function: Implications of some recent neurophysiological findings. In O. Franzén and J. Westman, eds., *Information processing in the somatosensory system*. London: Macmillan, pp. 193~209.

[24] S. A. Clark, T. Allard, W. M. Jenkins, and M. Merzenich. 1988. Receptive fields in the body-surface map in adult cortex defined by temporally correlated inputs. *Nature*, 332(6163): pp. 444~445; T. Allard, S. A. Clark, W. M. Jenkins, and M. M. Merzenich. 1991. Reorganization of somatosensory area 3b representations in adult owl monkeys after digital syndactyly. *Journal of Neurophysiology*, 66(3): pp. 1048~1058.

[25] 사용한 스캔 기법은 자기뇌전도MEG라 불린다. 뉴런이 활동하면 전기 활동도 발생하고 자기장도 발생한다. 자기뇌전도, 혹은 MEG는 이 자기장을 검출해서 우

리에게 그 활동이 일어나고 있는 장소를 말해줄 수 있다. A. Mogilner, J. A. Grossman, U. Ribary, M. Joliot, J. Volkmann, D. Rapaport, R. W. Beasley, and R. Llinás. 1993. Somatosensory cortical plasticity in adult humans revealed by magnetoencephalography. *Proceedings of the National Academy of Sciences, USA*, 90(8): pp. 3593~3597.

**26** X. Wang, M. M. Merzenich, K. Sameshima, and W. M. Jenkins. 1995. Remodelling of hand representation in adult cortex determined by timing of tactile stimulation. *Nature*, 378(6552): pp. 71~75.

**27** S. A. Clark, T. Allard, W. M. Jenkins, and M. M. Merzenich. 1986. Cortical map reorganization following neurovascular island skin transfers on the hand of adult owl monkeys. *Neuroscience Abstracts*, 12: p. 391.

**28** 지형학적 지도를 만들 때, 자연은 두 가지 교묘한 번역을 수행한다. (손에 붙어 있는 손가락들의) 공간적 조직을 조직된 시간 순서로 바꾼 다음, 그것을 다시 (뇌 지도 상에 있는 손가락들의) 공간적 조직으로 바꾸는 것이다. 뇌가 지형학적 질서를 새로 만드는 위력은 2000년에 프랑스에서 가장 놀라운 방식으로 증명되었다. 1996년에 양손이 잘린 리옹 출신의 한 남자는 양쪽에 새 손을 이식받았다. 그가 아직 손이 잘린 채로 있는 동안 프랑스인 의사들은 그의 운동피질을 지도화하기 위해 fMRI 스캔을 실시했다. 스캔 결과, 예상대로 그의 뇌 지도에는 손에서 오는 신경 입력을 완전히 잃어버린 반응으로, 비정상적으로 조직된 지형 지도가 발달되어 있었다. 양손 이식 이후, 의사들은 2개월, 4개월, 6개월 뒤에 지도를 작성하고서, 이식된 손을 '감각피질이 정상적으로 인식하고 활성화하게' 되었으며 지도가 정상적인 지형으로 발달했음을 발견했다. P. Giraux, A. Sirigu, F. Schneider, and J-M. Dubernard. 2001. Cortical reorganization in motor cortex after graft of both hands. *Nature Neuroscience*, 4(7): pp. 691~692.

**29** 우리의 지도가 지도에 들어오는 입력의 타이밍에 따라 형성된다는 것을 깨달으면서, 머제니치는 자신의 첫 번째 실험의 수수께끼를 풀었다. 그때 그는 원숭이의 손으로 가는 신경들을 절단했고, 신경들이 뒤섞였는데도—'배선이 교차'되었는데도—그 원숭이는 정상적으로 지형학적인 지도를 조직했다. 신경들이 뒤섞이고 나서도 손가락으로부터 오는 신호는 정해진 시간 순서—엄지 다음에 검지, 검지 다음에 중지—로 들어오는 경향이 있었으므로, 자연히 지형학적인 지도 조직으로 이어진 것이다. M. M. Merzenich, 2001, p. 69를 참조.

**30** W. M. Jenkins, M. M. Merzenich, M. T. Ochs, T. Allard, and E. Guíc-Robles. 1990. Functional reorganization of primary somatosensory cortex in adult owl monkeys after behaviorally controlled tactile stimulation. *Journal of Neurophysiology*, 63(1): pp. 82~104.

**31** M. M. Merzenich, P. Tallal, B. Peterson, S. Miller, and W. M. Jenkins. 1999. Some neurological principles relevant to the origins of—and the cortical plasticity-based remediation of—developmental language impairments. J. Grafman and Y. Christen, eds., *Neuronal plasticity: Building a bridge from the laboratory to the clinic*. Berlin: Springer-Verlag, pp. 169~187, 특히 p. 172에서. 팀은 뉴런이 첫 번째 신호를 처리한 지 15밀리초 후에 두 번째 신호를 처리할 수 있다는 것을 발견했다. 그들은 뇌가 정보를 처리하고 통합할 수 있는 시간 단위가 수십 밀리초에서 수십 분의 1초 사이에 분포한다는 것을 측정하기도 했다. 이 발견은 다음 질문에 답을 준다. 우리가 함께 발화하는 뉴런은 함께 배선된다고 말할 때, '함께' 발화한다는 말의 의미는 정확히 무엇일까? 정확히 동시일까? 자신과 다른 사람들의 연구 결과를 검토함으로써 머제니치와 젠킨스는 '함께'가 뉴런이 수천 분의 1초에서 수십 분의 1초 안에 발화해야 한다는 뜻이라는 판단을 내렸다. M. M. Merzenich and W. M. Jenkins. 1995. Cortical plasticity, learning, and learning dysfunction. B. Julesz and I. Kovács, eds., *Maturational windows and adult cortical plasticity. SFI studies in the sciences of complexity*. Reading, MA.: Addison-Wesley, 23: pp. 247~264에서.

**32** M. P. Kilgard and M. M. Merzenich. 1998. Cortical map reorganization enabled by nucleus basalis activity. *Science*, 279(5357): pp. 1714~1718; reviewed in M. M. Merzenich et al., 1999.

**33** M. Barinaga. 1996. Giving language skills a boost. *Science*, 271(5245): pp. 27~28.

**34** P. Tallal, S. L. Miller, G. Bedi, G. Byma, X. Wang, S. S. Nagarajan, C. Schreiner, W. M. Jenkins, and M. M. Merzenich. 1996. Language comprehension in language-learning impaired children improved with acoustically modified speech. *Science*, 271(5245): pp. 81~84.

**35** 패스트 포워드에 관한 이 연구는 국가적인 미국 현지 시험이었다. 452명의 학생을 대상으로 한 다른 연구에서도 유사한 결과가 나왔다. S. L. Miller, M. M. Merzenich, P. Tallal, K. DeVivo, K. LaRossa, N. Linn, A. Pycha, B. E. Peterson, and W. M. jenkins. 1999. *Fast ForWord* training in children with low reading performance. *Nederlandse Vereniging voor Lopopedie en Foniatrie: 1999 Jaarcongres Auditieve Vaardigheden en Spraak-taal*(1999 네덜란드 언어학회 연례 회의록).

**36** E. Temple, G. K. Deutsch, R. A. Poldrack, S. L. Miller, P. Tallal, M. M. Merzenich, and J. Gabrieli. 2003. Neural deficits in children with dyslexia ameliorated by behavioral remediation: Evidence from functional MRI. *Proceedings of the National Academy of Sciences, USA*, 100(5): pp. 2860~2865.

**37** S. S. Nagarajan, D. T. Blake, B. A. Wright, N. Byl, and M. M. Merzenich. 1998. Practice-related improvements in somatosensory interval discrimination are temporally specific but generalize across skin location hemisphere, and modality. *Journal of Neuroscience*, 18(4): pp. 1559~1570.

**38** M. M. Merzenich, G. Saunders, W. M. Jenkins, S. L. Miller, B. E. Peterson, and P. Tallal. 1999. Pervasive developmental disorders: Listening training and language abilities. In S. H. Broman and J. M. Fletcher, eds., *The changing nervous system: Neurobehavioral consequences of early brain disorders*. New York: Oxford University Press, pp. 365~385, 특히 p. 377.

**39** M. Melzer and G. Poglitch. 1998. Functional changes reported after *Fast ForWord* training for 100 children with autistic spectrum disorders. Presentation to the American Speech Language and Hearing Association, November.

**40** Z. J. Huang, A. Kirkwood, T. Pizzorusso, V. Prociatti, B. Morales, M. F. Bear, L. Maffei, and S. Tonegawa. 1999. BDNF regulates the maturation of inhibition and the critical period of plasticity in mouse visual cortex. *Cell*, 98: pp. 739~755. 또한 M. Fagiolini and T. K. Hensch. 2000. Inhibitory threshold for critical-period activation in primary visual cortex. *Nature*, 404(6774): pp. 183~186; E. Castrén, F. Zafra, H. Thoenen, and D. Lindholm. 1992. Light regulates expression of brain-derived neurotrophic factor mRNA in rat visual cortex. *Proceedings of the National Academy of Sciences, USA*, 89(20): pp. 9444~9448을 참조.

**41** M. Ridley. 2003. *Nature via nurture: Genes, experience, and what makes us human*. New York: HarperCollins, p. 166; J. L. Hanover, Z. J. Huang, S. Tonegawa, and M. P. Stryker. 1999. Brain-derived neurotrophic factor overexpression induces precocious critical period in mouse visual cortex. *Journal of Neuroscience*, 19:RC40: pp. 1~5.

**42** J. L. R. Rubenstein and M. M. Merzenich. 2003. Model of autism: Increased ratio of excitation/inhibition in key neural systems. *Genes, Brain and Behavior*, 2: pp. 255~267.

**43** 뇌 스캔 연구는 자폐아들의 뇌가 정상아들보다 크다는 것을 보여주었다. 그 차이는 거의 전적으로, 신호를 더 빠르게 전달하도록 돕는 신경 둘레 지방막의 과도한 성장에서 기인한다고 머제니치는 말한다. 그는 이 차이가, BDNF가 다량으로 방출되는 '6개월과 10개월 사이'에 생긴다고 말한다.

**44** L. I. Zhang, S. Bao, and M. M. Merzenich. 2002. Disruption of primary auditory cortex by synchronous auditory inputs during a critical period. *Pro-*

ceedings of the National Academy of Sciences, USA, 99(4): pp. 2309~2314.
**45** 피질을 황폐화시킬 수 있는 것은 외부 소음만이 아니다. 머제니치는 유전적인 많은 조건들이, 뉴런이 뇌가 하는 다른 활동의 배경 소음에 맞서서 강하고 깨끗한 신호를 보내는 능력을 방해함으로써 뇌에 백색소음과 같은 영향을 미친다고 믿는다. 그는 이 문제를 내부 소음이라고 부른다.
**46** N. Boddaert, P. Belin, N. Chabane, J. Poline, C. Barthélémy, M. Mouren-Simeoni, F. Brunelle, Y. Samson, and M. Zilbovicius. 2003. Perception of complex sounds: Abnormal pattern of cortical activation in autism. *American Journal of Psychiatry*, 160: pp. 2057~2060.
**47** S. Bao, E. F. Chang, J. D. Davis, K. T. Gobescke, and M. M. Merzenich. 2003. Progressive degradation and subsequent refinement of acoustic representations in the adult auditory cortex. *Journal of Neuroscience*, 23(34): pp. 10765~10775.
**48** M. P. Kilgard and M. M. Merzenich. 1998. Cortical map reorganization enabled by nucleus basalis activity. *Science*, 279(5357): pp. 1714~1718.
**49** 뇌 훈련이 유용하기 위해서는 '일반화'를 할 수 있어야 한다. 예를 들어, 우리가 사람들에게 시간 처리를 향상시키는 훈련을 시키려 한다고 하자. 우리가 시간 간격(75, 80, 90밀리초 등등)을 더 잘 인식하도록 사람들을 훈련시켜야 한다면, 시간 처리 향상 훈련에는 평생이 걸릴 것이다. 하지만 머제니치의 팀은, 자신들이 사람들의 뇌를 두세 가지 간격만 효과적으로 인식하도록 훈련시켜도 다른 많은 간격을 인식하도록 하는 데 충분하다는 것을 발견했다. 다시 말해서, 훈련이 일반화를 이루어서 그 사람은 이제 모든 범위의 시간 간격에 대한 시간 처리 능력이 향상된 것이다.
**50** H. W. Mahncke, B. B. Connor, J. Appelman, O. N. Ahsanuddin, J. L. Hardy, R. A. Wood, N. M. Joyce, T. Boniske, S. M. Atkins, and M. M. Merzenich. 2006. Memory enhancement in healthy older adults using a brain plasticity-based training program: A randomized, controlled study. *Proceedings of the National Academy of Sciences, USA*, 103(33): pp. 12523~12528.
**51** W. Jagust, B. Mormino, C. DeCarli, J. Kramer, D. Barnes, B. Reed. 2006. Metabolic and cognitive changes with computer-based cognitive therapy for MCI. Poster presentation at the Tenth International Conference on Alzheimer's and Related Disorders, Madrid, Spain, July 15~20.

## 4장 성과 사랑은 뇌를 어떻게 바꿀까

**1** 이성애자 일부는 상대 성에 속하는 사람을 구할 수 없을 때(예컨대 감옥이나 군대에서) 동성에 끌리게 된다는 것은 잘 알려져 있고, 이 끌림은 '덤'인 경향이 있다.

남성 동성애 연구자인 리처드 프리드먼Richard C. Friedman에 따르면, 남성 동성애자가 이성에게 끌릴 때 이성은 거의 항상 동성의 대신이 아니라 '덤'이다(개인적인 대화에서).

[2] 이 가소성은 프로이트가 성을 본능에 반대되는 것으로서 '욕구'라고 부른 한 가지 이유이다. 욕구란, 본능을 기반으로 하지만 대부분의 본능보다 더 가소적이고 정신의 영향을 더 많이 받는 강력한 충동이다.

[3] 시상하부는 또한 먹기, 수면, 중요한 호르몬을 조절한다. G. I. Hatton. 1997. Function-related plasticity in hypothalamus. *Annual Review of Neuroscience*, 20: pp. 375~397. J. LeDoux. 2002. *Synaptic self: How our brains become who we are*. New York: Viking; S. Maren. 2001. Neurobiology of Pavlovian fear conditioning. *Annual Review of Neuroscience*, 24: pp. 897~931, 특히 p. 914.

[4] J. L. Feldman, G. S. Mitchell, and E. E. Nattie. 2003. Breathing: Rhythmicity, plasticity, chemosensitivity. *Annual Review of Neuroscience*, 26: pp. 239~266.

[5] E. G. Jones. 2000. Cortical and subcortical contributions to activity-dependent plasticity in primate somatosensory cortex. *Annual Review of Neuroscience*, 23: pp. 1~37.

[6] G. Baranauskas. 2001. Pain-induced plasticity in the spinal cord. In C. A. Shaw and J. C. McEachern, eds., *Toward a theory of neuroplasticity*. Philadelphia: Psychology Press, pp. 373~386.

[7] B. S. McEwen. 1999. Stress and hippocampal plasticity. *Annual Review of Neuroscience*, 22: pp. 105~122.

[8] J. W. McDonald, D. Becker, C. L. Sadowsky, J. A. Jane, T. E. Conturo, and L. M. Schultz. 2002. Late recovery following spinal cord injury: Case report and review of the literature. *Journal of Neurosurgery (Spine* 2) 97: pp. 252~265; J. R. Wolpaw and A. M. Tennissen. 2001. Activity-dependent spinal cord plasticity in health and disease. *Annual Review of Neuroscience*, 24: pp. 807~843.

[9] 머제니치는, 감각 처리 영역──청각피질──에 변화가 일어났을 때 그 변화가 청각피질에 연결되어 있으며 계획하는 역할을 하는 전두엽 일부도 변화시킨다는 것을 보여주는 실험을 했다. 머제니치는 "전두피질에 변화를 일으키지 않으면서 1차 청각피질을 변화시킬 수는 없다. 그것은 절대 불가능하다"고 말한다.

[10] M. M. Merzenich, personal communication; H. Nakahara, L. I. Zhang, and M. Merzenich. 2004. Specialization of primary auditory cortex processing by sound exposure in the "critical period." *Proceedings of the National Academy of Sciences, USA*, 101(18): pp. 7170~7174.

[11] S. Freud. 1932/1933/1964. *New introductory lectures on psycho-analysis*. Translated

by J. Stratchey. In *Standard edition of the complete psychological works of Sigmund Freud*, vol. 22. London: Hogarth Press, p. 97.

**12** 플라톤의 에로스는 프로이트의 리비도(혹은 그가 나중에 에로스라고 부른 것)와 완전히 같지는 않지만, 일부 겹치는 부분이 있다. 에로스는 우리가 인간으로서 불완전하다는 자각에 반응해서 느끼는 갈망이다. 그것은 자신을 완성하려는 갈망이다. 우리가 자신의 불완전함을 극복하고자 시도하는 한 방법은 사랑할 다른 사람을 찾아서 그와 성 관계를 갖는 것이다. 하지만 플라톤의 『향연』에서 화자는 또한 이 같은 에로스가 많은 형태를 띨 수 있고, 그중 일부는 얼핏 보기에는 성애적으로 보이지 않으며, 성애적인 갈망에는 많은 종류의 다른 대상이 있을 수 있다고 강조한다.

**13** A. N. Shore. 1994. *Affect regulation and the origin of the self: The neurobiology of emotional development*. Hillsdale, NJ: Lawrence Erlbaum Associates; A. N. Schore. 2003. *Affect dysregulation and disorders of the self*. New York: W. W. Norton & Co.; A. N. Schore. 2003. Affect regulation and the repair of the self. New York: W. W. Norton & Co.

**14** M. C. Dareste. 1891. Recherches sur la production artificielle des monstruosités [Studies of the artificial production of monsters]. Paris: C. Reinwald; C. R. Stockard. 1921. Developmental rate and structural expression: An experimental study of twins, "double monsters," and single deformities and their interaction among embryonic organs during their origin and development. *American Journal of Anatomy*, 28(2): pp. 115~277.

**15** 생의 첫 해에 뇌의 무게는 평균적으로 출생 시에는 400그램 정도이고 열두 달 째에는 1000그램 정도이다. 우리가 이른 시기의 애정과 다른 사람의 보살핌에 그토록 의존하는 부분적인 이유는 우리 뇌의 많은 부분이 태어난 이후에야 발달을 시작하기 때문이다. 우리가 감정을 조절하도록 도와주는 전전두피질의 뉴런들은 생후 첫 2년 안에 연결되지만, 다른 사람의 도움이 있을 경우에만 그렇게 된다. 다른 사람이란 대개의 경우 엄마를 뜻하며, 엄마는 문자 그대로 아기의 뇌를 주조한다.

**16** 때때로 퇴행은 전혀 예측되지 않는다. 다른 측면에서 다 자란 성인이 자신의 행동이 얼마나 '유아적'이 될 수 있는지 알게 되면 충격을 받을 것이다.

**17** 8장에서, 나는 우리가 단순히 상상을 함으로써 뇌 지도를 변화시킬 수 있다는 것을 증명하는 과학적 증거를 제시한다.

**18** T. Wolfe. 2004. *I Am Charlotte Simmons*. New York: HarperCollins, pp. 92~93.

**19** E. Nestler. 2001. Molecular basis of long-term plasticity underlying addiction. *Nature Reviews Neuroscience*, 2(2): pp. 119~128.

[20] S. Bao, V. T. Chan, L. I. Zhang, and M. M. Merzenich. 2003. Suppression of cortical representation through backward conditioning. *Proceedings of the National Academy of Sciences, USA*, 100(3): pp. 1405~1408.

[21] T. L. Crenshaw. 1996. *The alchemy of love and lust*. New York: G. P. Putnam's Sons, p. 135.

[22] E. Nestler. 2003. *Brain plasticity and drug addiction*. Presentation at "Reprogramming the Human Brain" Conference, Center for Brain Health, University of Texas at Dallas, April 11.

[23] K. C. Berridge and T. E. Robinson. 2003. The mind of an addicted brain: Neural sensitization of wanting versus liking. In J. T. Cacioppo, G. G. Bernston, R. Adolphs, et al., eds., Foundations in social neuroscience. Cambridge, MA: MIT Press, pp. 565~572.

[24] 어떤 동물이나 사람이 어떤 음식의 맛을 좋아하는지 좋아하지 않는지는 표정으로 판단할 수 있다. 베리지와 로빈슨은 동물이 음식을 먹는 동안 도파민 수준을 조작함으로써 그 동물이 그 음식을 좋아하지 않을지라도 그것을 더 먹고 싶게 만들 수 있다는 것을 보여주었다.

[25] N. Doidge. 1990. Appetitive pleasure states: A biopsychoanalytic model of the pleasure threshold, mental representation, and defense. In R. A. Glick and S. Bone, eds., *Pleasure beyond the pleasure principle*. New Haven: Yale University Press, pp. 138~173.

[26] 어떤 우울증 환자들은 쾌감을 전혀 경험하지 못하고, 욕구증진 체계와 성취 체계가 모두 기능하지 않는다. 그들은 좋은 시간을 보내리라는 기대를 품지 못하고, 식사나 기타 즐거운 활동에 끌려 나가더라도 그것을 즐기지 못한다. 하지만 우울증에 걸린 다른 어떤 사람들은, 즐거운 시간을 기대하지는 못하는 반면, 식사나 사교 행사에 끌려 나가면 기운이 솟는 것을 느낀다. 욕구증진 체계는 제대로 작동하지 않음에도 불구하고 성취 체계는 적절하게 작동하기 때문이다.

[27] S. Thomas. 2003. How Internet porn landed me in hospital. *National Post*, June 30, A14. *Spectator*, June 28, 2003에 실린 "Self abuse"라는 기사의 *National Post* 판을 인용.

[28] E. Person. 1986. The omni-available woman and lesbian sex: Two fantasy themes and their relationship to the male developmental experience. In G. I. Fogel, F. M. Lane, and R. S. Liebert, eds., *The psychology of men*. New York: Basic Books, pp. 71~94, 특히 p. 90.

[29] 스탕달은 어린 소녀들이 극장에서 어떻게 르 캉Le Kain과 같은 유명한 '추남' 배우에게 빠져드는지도 묘사했다. 연기 속의 추남 배우는 강렬한 호감을 불러일으

컸다. 연기가 끝날 무렵이면 소녀들은 "어쩜 저렇게 멋질까!" 하고 탄성을 질렀다. Stendhal. 1947. *On love* Translated by H. B. V. under the direction of C. K. Scott-Moncrieff. New York: Crosset & Dunlap, p. 44, pp. 46~47를 참조.

**30** R. G. Heath. 1972. Pleasure and pain activity in man. *Journal of Nervous and Mental Disease*, 154(1): pp. 13~18.

**31** N. Doidge, 1990.

**32** 같은 책.

**33** 같은 책.

**34** 우리의 쾌감중추와 통증중추가 서로를 억제하는 경향이 있다는 것은, 불행히도 우울하거나 혐오중추가 발화하고 있는 사람은 평소에 즐기던 것을 즐기기가 더 어려워진다는 의미도 된다.

**35** M. Liebowitz. 1983. *The chemistry of love*. Boston: Little, Brown & Co.

**36** A. Bartels and S. Zeki. 2000. The neural basis for romantic love. *NeuroReport*, 11(17): pp. 3829~3834; 다음도 참조. H. Fisher. 2004. *Why we love: The nature and chemistry of romantic love*. New York: Henry Holt & Co.

**37** 뇌에 어떤 물질——이 경우 도파민——이 넘치면 내성이 일어나 그에 반응해서 그 물질을 위한 뉴런의 수용체는 '하향 조절'되거나, 숫자가 줄어들기 때문에, 같은 효과를 얻는 데 더 많은 물질이 필요해진다.

**38** E. S. Rosenzweig, C. A. Barnes, and B. L. McNaughton. 2002. Making room for new memories. *Nature Neuroscience*, 5(1): pp. 6~8.

**39** S. Freud. 1917/1957. *Mourning and melancholia*. Translated by J. Stratchey. In *Standard edition of the complete psychological works of Sigmund Freud*, vol. 14. London: Hogarth Press, pp. 237~258, 특히 p. 245.

**40** W. J. Freeman. 1999. *How brains make up their minds*. London: Weidenfeld & Nicolson, 160; J. Panksepp. 1998. *Affective neuroscience: The foundations of human and animal emotions*. New York: Oxford University Press, p. 231; L. J Young and Z. Wang. 2004. The neurobiology of pair bonding. *Nature Neuroscience*, 7(10): pp. 1048~1054.

**41** A. Bartels and S. Zeki. 2004. The neural correlates of maternal and romantic love. *NeuroImage*, 21: pp. 1155~1166.

**42** A. B. Wismer Fries, T. E. Ziegler, J. R. Kurian, S. Jacoris, and S. D. Pollak. 2005. Early experience in humans is associated with changes in neuropeptides critical for regulating social behavior. *Proceedings of the National Academy of Sciences, USA*, 102(47): pp. 17237~17240.

**43** M. Kosfeld, M. Heinrichs, P. J. Zak, U. Fischbacher, and E. Fehr. 2005.

Oxytocin increases trust in humans. *Nature*, 435(7042): pp. 673~676.
**44** 고대 그리스인들은 가족과 친구에게 항상 이성적이지는 않은 강렬한 애착을 품는 경향을 간결하게 '내 것에 대한 사랑'으로 묘사했다. 옥시토신은 그런 사랑을 촉진하는 여러 신경화학물질들 중 하나인 것으로 보인다.
**45** C. S. Carter. 2002. Neuroendocrine perspectives on social attachment and love. In J. T. Cacioppo, G. G. Bernston, R. Adolphs, et al., eds., pp. 853~890, 특히 p. 864.
**46** 개인적인 대화.
**47** T. R. Insel. 1992. Oxytocin—a neuropeptide for affiliation: Evidence from behavioral, receptor, autoradiographic, and comparative studies. *Psychoneuroendocrinology*, 17(1): pp. 3~35, 특히 p. 12; Z. Sarnyai and G. L. Kovács. 1994. Role of oxytocin in the neuroadaptation to drugs of abuse. *Psychoneuroendocrinology*, 19(1): pp. 85~117, 특히 p. 86.
**48** W. J. Freeman. 1995. *Societies of brains: A study in the neuroscience of love and hate*. Hillsdale NJ: Lawrence Erlbaum Associates, pp. 122~123; W. J. Freeman, 1999, pp. 160~161.

프리먼은 에스트로겐이나 갑상선호르몬과 같이 행동에 영향을 주는 호르몬이 효과가 있기 위해서는 일반적으로 몸에서 꾸준히 방출되어야 한다고 지적한다. 하지만 옥시토신은 잠깐 동안만 방출되므로, 옥시토신의 역할은 새로운 행동이 기존의 행동을 대신하는 새로운 상황을 사전에 준비하는 것임을 강력하게 시사한다.

탈학습이 포유류에게 특히 중요한 이유는 번식과 새끼 양육의 주기가 워낙 길어서 그만큼 깊은 유대가 필요하기 때문일 것이다. 어미가 전적으로 한 새끼에게 쏟던 관심을 다음 새끼에게로 돌리려면 자신의 목표와 의도, 그에 관련된 뉴런 회로에 대량의 변화를 주어야 한다.

**49** W. J. Freeman, 1995, pp. 122~123.
**50** 결혼을 원하면서도 너무 까다로워진 노총각이나 노처녀의 고집에 대한 한 가지 전형적인 설명은, 그들이 혼자 사는 동안 점점 더 고집스러워져서 사랑에 빠지지 못한다는 것이다. 하지만 그들은 아마도 사랑에 빠지지 못해서 가소적 변화를 촉진할 옥시토신의 분출을 겪어본 적이 없기 때문에도 점점 더 고집스러워질 것이다. 유사한 맥락에서, 이전에 성숙한 방식으로 사랑에 빠져본 경험——이기심을 탈학습하고 자신을 타인에게 활짝 열게 해주는——이 얼마나 사람들을 좋은 부모가 되도록 준비시킬 수 있는지 물을 수 있다. 만일 성숙한 사랑의 경험 모두에 우리가 이전의 보다 이기적인 의도를 탈학습하고 덜 자기중심적이 되도록 도와줄 잠재력이 있다면, 성숙한 성인의 사랑은 좋은 부모가 될 수 있을지 가늠하는 최고의 잣대들 중 하나가 될 것이다.

**51** M. M. Merzenich, F. Spengler, N. Byl, X. Wang, and W. Jenkins. 1996. Representational plasticity underlying learning: Contributions to the origins and expressions of neurobehavioral disabilities. In T. Ono, B. L. McNaughton, S. Molochnikoff, E. T. Rolls, and H. Nishijo, eds., *Perception, memory and emotion: Frontiers in neuroscience*. Oxford: Elsevier Science, pp. 45~61, 특히 p. 50.

**52** N. N. Byl, S. Nagajaran, and A. L. McKenzie. 2003. Effect of sensory discrimination training on structure and function in patients with focal hand dystonia: A case series. *Archives of Physical Medicine and Rehabilitation*, 84(10): pp. 1505~1514.

머제니치는 영어를 발음 실수 없이 말하려 애쓰는 일본인들이 자신의 뇌 덫에서 벗어나도록 도와주었다. 이 문제의 기초가 그 음가에 해당하는 청각피질이 분화되지 않은 데 있음을 알고, 머제니치와 그의 동료들은 피질을 분화시키는 데 착수했다. 패스트 포워드와 같은 종류의 접근법을 써서 그는 'r' 소리와 'l' 소리를 근본적으로 개조하여 그 차이를 전체적으로 과장함으로써 일본인들이 차이를 알아차릴 수 있게 했다. 그런 다음 팀은 피험자들이 듣고 있는 동안 그 소리를 점차 정상으로 돌렸다. 화자들은 평상시와는 다르게 연습하는 내내 언제나 매우 세심한 주의를 기울이는 것이 필수였다. 소리 구분을 학습하는 훈련에는 약 열 시간에서 스무 시간이 걸렸다. "우리는 어떤 성인도 억양까지 완벽하게 제2언어를 말하도록 가르칠 수 있지만, 매우 집중적인 훈련이 필요하다"고 머제니치는 말한다.

**53** '도착倒錯'이라는 개념은 우리의 성적 욕구가 대개는 일정한 통로 안에서 자연스럽게 흐르는 강물과 같다는 뜻을 담고 있다. 그러다가 무슨 일인가 일어나서 경로를 벗어나 방향을 바꾸거나 뒤트는 것이다. 자신을 '변태'라고 부르는 사람들은 변태가 속이 뒤틀린 무언가라는 점에 동의한다.

**54** 물론, 도착에서 공격성과 섹슈얼리티가 결합된다는 생각을 거부하는 사람들도 있는 것도 사실이다. 문학 평론가인 캐밀 파야Camille Paglia는 섹슈얼리티란 본래 공격적이라고 주장한다. "우리가 추구하거나 달성하는 성적 자유는 언제나 사도마조히즘에서 그리 멀지 않을 것이라는 게 나의 이론이다"라고 그녀는 말한다. 그녀는 섹스를 오로지 달콤하고 감각적인 것으로 믿고 섹스를 폭력적으로 만드는 것은 가부장제 사회라고 주장하는 페미니스트들을 공격한다. 파야에게 섹스는 힘에 관한 것이다. 사회는 성적 폭력의 근원이 아니다. 근원은 억누를 수 없는 자연의 힘인 성 자체이다. 파야가 도착에 공격성이 풍부하다는 사실을 거부하는 사람들보다 현실적인 것은 분명하다. 하지만 성은 근본적으로 공격적이고 사도마조히즘적이라는 가정에서 그녀는 인간 성의 가소성을 고려하지 않는다. 단지 성과 공격성이 가소적 뇌 안에서 연합할 수 있고 '자연스러운' 것처럼 보인다고 해서 사도마조히즘이 성과 공격성의 유일한 표현이라는 뜻은 아니다. 우리가 보았듯이,

섹스 도중에 방출되는 옥시토신과 같은 어떤 화학물질로 인해 서로를 더 따스하게 보살피게 될 수도 있다. 완전히 구현된 성이 항상 폭력적이라고 말하는 것은 성이 항상 부드럽고 달콤하다고 말하는 것과 마찬가지로 정확하지 않다. C. Paglia. 1990. *Sexual personae*. New Haven: Yale University Press, p. 3.

**55** R. J. Stoller. 1991. *Pain and passion: A psychoanalyst explores the world of S & M*. New York: Plenum Press.

**56** 같은 책, p. 25.

**57** 더 정확히 하자면, 스톨러는 '페티시즘의 숭배대상은 물건으로 가장하고 있는 어떤 스토리이다'라고 썼다.

### 5장 뇌졸중 환자의 부활

**1** P. W. Duncan. 2002. Guest editorial. *Journal of Rehabilitation Research and Development*, 39(3): pp. ix~xi.

**2** P. W. Duncan. 1997. Synthesis of intervention trials to improve motor recovery following stroke. *Topics in Stroke Rehabilitation*, 3(4): pp. 1~20; E. Ernst. 1990. A review of stroke rehabilitation and physiotherapy. *Stroke*, 21(7): pp. 1081~1085; K. J. Ottenbacher and S. Jannell. 1993. The results of clinical trials in stroke rehabilitation research. *Archives of Neurology*, 50(1): pp. 37~44; J. de Pedro-Cuesta, L. Widen-Holmquist, and P. Bach-y-Rita. 1992. Evaluation of stroke rehabilitation by randomized controlled studies: A review. *Acta Neurologica Scandinavica*, 86: pp. 433~439.

**3** 오만한 왓슨은 더할 수 없이 틀렸고, 우리의 사고와 기술은 실제로 새로운 경로를 형성하고 옛 경로들을 심화한다는 것을 뇌가소치료사들이 보여줄 것이다. J. B. Watson. 1925. *Behaviorism*. New York: Norton.

**4** 우리가 하는 모든 것이 반사라는 생각의 뿌리는 셰링턴 이전에 있었고, 이 뿌리를 이해하는 것은 어째서 그 생각이 유지되었는가를 이해하는 데 도움이 된다. 독일의 생리학자인 에른스트 브뤼케Ernst Brücke는 기능하는 모든 뇌가 반사 기능을 수반한다는 의견을 제시했다. 브뤼케는 신경계를 영적이고 신비하지만 모호한 '생기력'과 관련해서 묘사하는, 당시에 유행하던 경향을 경계했다. 브뤼케와 그의 추종자들은 신경계를 뉴턴의 작용과 반작용 법칙, 그리고 전기에 관해 알려진 사실들과 일치하는 용어로 묘사하길 원했다. 그들이 생각할 때 신경계가 일종의 체계가 되려면 기계적이어야 했다. 물리적 자극이 감각신경을 따라 운동신경까지 가는 흥분을 일으키고, 흥분된 운동신경이 반응을 일으키는 반사의 개념은 행동주의자들에게 매우 호소력이 있었다. 여기에는 마음을 끌어들이지 않는 복잡한 작용이 있었기 때문이다. 이 사상가들에게 마음은 수동적인 구경꾼이 되었고, 마음이 어

떻게 신경계에 영향을 주거나 받는지는 여전히 불분명한 채로 남아 있게 되었다. B. F. 스키너는 행동주의에 관한 저서들 중 한 권에서 주요 부분을 반사 이론에 바쳤다.

5 토브는 결국, 독일인 뭉크H. Munk가 1909년에 구심로 차단을 실행했으며, 그가 원숭이의 온전한 팔을 구속하고 구심로가 차단된 팔을 사용하면 상을 주었을 때 원숭이가 스스로 먹이를 먹었다는 사실을 발견했다.

6 그는 다음과 같이 썼다. "……우리의 시스템은 가장 높은 수준의 자기조절 시스템이다. 즉, 스스로 유지하고, 보수하고, 재조정하고, 개선하기까지 한다. 우리의 방법을 사용한 고차 신경 활동의 연구에서 내가 언제나 받는 가장 강하고, 주요한 인상은, 이 활동의 극단적인 가소성, 그것의 엄청난 가능성들이다. 즉, 아무것도 가만히 고집스럽게 머물지 않으므로, 시스템은 적절한 조건을 깨닫기만 한다면, 언제든지 필요한 모든 것을 손에 넣어서 모든 것을 더 낫게 변화시킬 수 있을 것이다." D. L. Grimsley and G. Windholz. 2000. The neurophysiological aspects of Pavlov's theory of higher nervous activity: In honor of the 150th anniversary of Pavlov's birth. *Journal of the History of the Neurosciences*, 9(2): pp. 152~163, 특히 p. 161에서 인용. 원문은 I. P. Pavlov. 1932. The reply of a physiologist to psychologists. *Psychological Review*, 39(2): pp. 91~127, 127.

7 G. Uswatte and E. Taub. 1999. Constraint-induced movement therapy: New approaches to outcomes measurement in rehabilitation. In D. T. Stuss, G. Winocur, and I. H. Robertson, eds., *Cognitive neurorehabilitation*. Cambridge: Cambridge University Press, pp. 215~229.

8 E. Taub. 1977. Movement in nonhuman primates deprived of somatosensory feedback. In J. F. Keogh, ed., *Exercise and sport sciences reviews*. Santa Barbara: Journal Publishing Affiliates, 4: pp. 335~374; E. Taub. 1980. Somatosensory deafferentation research with monkeys: Implications for rehabilitation medicine. In L. P. Ince, ed., *Behavioral psychology in rehabilitation medicine: Clinical applications*. Baltimore: Williams & Wilkins, pp. 371~401.

9 E. Taub, 1980.

10 K. Bartlett. 1989. The animal-right battle: A jungle of pros and cons. *Seattle Times*, January 15, A2.

11 C. Fraser. 1993. The raid at Silver Spring. *New Yorker*, April 19, p. 66.

12 E. Taub. 1991. The Silver Spring monkey incident: The untold story. *Coalition for Animals and Animal Research*, Winter/Spring, 4(1): pp. 2~3.

13 C. Fraser, 1993, p. 74.

14 토브의 실험실을 파체코가 있는 기간 동안 불시에 방문했던 농무부 수의사 한 사

람이 파체코가 묘사한 불만족스러운 조건은 찾지 못했다고 증언을 했다. 토브에게 동물을 학대하거나 비인간적으로 다룬 죄가 없다는 사실은 밝혀졌지만 그는 남아 있는 고소 때문에 여전히 3,500달러의 벌금형을 받았다. 원고 측은 그가 구심로가 차단된 여섯 마리의 원숭이를 직접 다루는 대신 외부 수의사의 도움을 받았어야 했다고——구심로가 차단된 동물에 관해 전문 지식을 가진 수의사라고는 어디에도 없었다——주장했다. 따라서 원숭이 한 마리당 한 건씩 여섯 건이 남아 있었던 것이다.

1심에서 토브가 유죄 판결을 받은 죄는 경범죄였으므로, 그는 이제 배심원의 심리를 받게 되었다. 1982년 6월, 그 2심이 끝날 무렵, 남아 있던 여섯 건 중 다섯 건, 다시 말해서 원래의 119건 중 118건의 고소가 취하되었다. 유일하게 남아 있는 고소에서 주장하는 내용은, 실험실에서 네로라는 한 원숭이에게 적절한 수의과적 조치를 취하지 않아서 네로의 뼈가 감염되었다는 것이었다. 토브는 그 원숭이에게 뼈 감염이 없다는 사실을 보여주는 병상일지가 있다고 적었다. E. Taub, 1991, p. 6.

[15] T. Dajer. 1992. Monkeying with the brain. *Discover*, January, pp. 70~71. 토브를 도와준 과학자들은 거의 없었지만, 그 와중에도 닐 밀러Neal Miller와 버넌 마운트캐슬(머제니치의 스승)은 토브의 편에 서서 그의 항변을 도왔다.

[16] PETA에 공감하고 있던 한 여성은 대학이 토브를 데리고 있으면 백만 달러를 기부하겠다고 했던 서약을 철회하겠다고 말했다. 앨라배마 교수진의 일부는 토브가 무죄라 하더라도 지나치게 물의를 일으킨다고 주장했다.

[17] E. Taub, G. Uswatte, M. Bowman, A. Delgado, C. Bryson, D. Morris, and V. W. Mark. 2005. Use of CI therapy for plegic hands after chronic stroke. 2005년 11월 16일 워싱턴 DC에서 있었던 신경과학회에서 발표된 내용. 다음 초창기의 논문은 50퍼센트의 호전율을 보고했다. G. Uswatte and E. Taub. 1999. Constraint-induced movement therapy: New approaches to outcomes measurement in rehabilitation. In D. T. Stuss, G. Winocur, and I. H. Robertson, eds., *Cognitive neurorehabilitation*. Cambridge: Cambridge Unversity Press, pp. 215~229.

[18] E. Taub, G. Uswatte, D. K. King, D. Morris, J. E. Crago, and A. Chatterjee. 2006. A placebo-controlled trial of constraint-induced movement therapy for upper extremity after stroke. *Stroke*, 37(4): pp. 1045~1049. E. Taub, G. Uswatte, and T. Elbert. 2002. New treatments in neurorehabilitation founded on basic research. *Nature Reviews Neuroscience*, 3(3): pp. 228~236.

[19] E. Taub, N. E. Miller, T. A. Novack, E. W. Cook, W. C. Fleming, C. S. Nepomuceno, J. S. Connell, and J. E. Crago. 1993. Technique to improve chronic motor deficit after stroke. *Archives of Physical Medicine and Rehabilitation*, 74(4):

pp. 347~354.
[20] J. Liepert, W. H. R. Miltner, H. Bauder, M. Sommer, C. Dettmers, E. Taub, and C. Weiller. 1998. Motor cortex plasticity during constraint-induced movement therapy in stroke patients. *Neuroscience Letters*, 250: pp. 5~8.
[21] B. Kopp, A. Kunkel, W. Mühlnickel, K. Villringer, E. Taub, and H. Flor. 1999. Plasticity in the motor system related to therapy-induced improvement of movement after stroke. *NeuroReport*, 10(4): pp. 807~810.
[22] 가소성이 회복을 가능하게 하는 반면, 경쟁적 가소성은 전통적인 처치를 받는 사람들에게서 일부의 회복을 제한하는 인자가 될 수도 있을 것이다. 뇌는 잃어버린 운동 기능이나 잃어버린 인지 기능에 적응해서 그 기능을 넘겨받을 수 있는 뉴런들을 가지고 있으므로 그 뉴런들은 회복 도중에 어느 한 기능을 위해 사용될 수 있을 것이다. 토론토 대학의 연구자인 로빈 그린Robin Green은 이 현상을 연구하고 있다. 예비 데이터——토브의 처치를 받은 환자들이 아니라, 입원 신경재활 프로그램을 수행하는 환자들에 관한——는 뇌졸중으로 운동 결함과 인지 결함 둘 다를 가지고 있는 일부 환자들에게서는 그들이 향상되면서 거래가 일어난다는 것을 보여준다. 그들이 인지 영역에서 향상을 많이 할수록, 운동에서의 향상은 적게 일어나고, 그 반대도 마찬가지이다. R. E. A. Green, B. Christensen, B. Melo, G. Monette, M. Bayley, D. Hebert, E. Inness, and W. Mcilroy. 2006. Is there a trade-off between cognitive and motor recovery after traumatic brain injury due to competition for limited neural resources? *Brain and Cognition*, 60(2): pp. 199~201.
[23] F. Pulvermüller, B. Neininger, T. Elbert, B. Mohr, B. Rockstroh, M. A. Koebbel, and E. Taub. 2001. Constraint-induced therapy of chronic aphasia after stroke. *Stroke*, 32(7): pp. 1621~1626.
[24] 같은 책.
[25] E. Taub, S. Landesman Ramey, S. DeLuca, and K. Echols. 2004. Efficacy of constraint-induced movement therapy for children with cerebral palsy with asymmetric motor impairment. *Pediatrics*, 113(2): pp. 305~312.
[26] T. P. Pons, P. E. Garraghty, A. K. Ommaya, J. H. Kaas, E. Taub, and M. Mishkin. 1991. Massive cortical reorganization after sensory deafferentation in adult macaques. *Science*, 252(5014): pp. 1857~1860.

## 6장 잠긴 뇌를 열다

[1] Associated Press story, February 24, 1988. Cited in J. L. Rapoport. 1989. *The boy who couldn't stop washing*. New York: E. P. Dutton, pp. 8~9.

² 강박장애가 있는 사람이 자신의 공포가 지나치다는 것을 전혀 깨닫지 못하는 경우는 드물다. 그런 사람들은 때때로 강박장애와 정신병 또는 정신병에 가까운 상태를 둘 다 가지고 있다.
³ J. M. Schwartz and S. Begley. 2002. *The mind and the brain: Neuroplasticity and the power of mental force*. New York: ReganBooks/HarperCollins, p. 19.
⁴ 같은 책, p. xxvii, p. 63.
⁵ J. M. Schwartz and B. Beyette. 1996. *Brain lock: Free yourself from obsessive-compulsive behavior*. New York: ReganBooks/HarperCollins.
⁶ 꼬리핵은 조가비핵이라는 뇌 영역 바로 옆에 있다. 조가비핵은 꼬리핵과 비슷한 기능을 수행하지만 동작을 위해 작용한다. 조가비핵은 개별적인 동작들을 일련의 자동적 흐름으로 엮는다. 헌팅턴 병으로 조가비핵이 손상되면, 환자는 한 동작에서 다음 동작을 향해 자동으로 가지 못한다. 그들은 수행하는 모든 동작을 생각해서 해야 한다. 안 그러면 문자 그대로 옴짝달싹 못 하게 된다. 동작 하나하나가 맨 처음 배울 때처럼 힘겹다. 모든 동작 — 양치질, 잠자리에서 빠져나오기, 전화 받기 — 에 계속해서 온힘을 다해 주의를 기울여야 한다. J. J. Ratey and C. Johnson. 1997. *Shadow Syndromes*, New York: Pantheon Books, pp. 308~309.
⁷ 국립보건원 연구자들은 최근에, 강박장애 증상을 보이지 않던 일부 어린이들이 인후염을 앓은 뒤 돌연히 증상을 보이는 것을 발견했다. 일부 어린이들은 강박적으로 손을 씻게 되었다. MRI 뇌 스캔 결과 그 아이들의 꼬리핵은 정상보다 24퍼센트 더 크게 부어 있었다. 이 아이들은 흔한 A형 연쇄상구균에 감염됐었다. 아이들 몸의 면역 체계가 이와 싸우다가 감염균뿐만 아니라 꼬리핵까지 공격해서 자가면역병이 발생한 것이다. 자가면역병에 걸리면 항체가 침입한 유기체는 물론 자신의 몸까지 공격한다. 자가면역병의 일반적인 치료법은 면역 체계를 억제하는 약물을 쓰거나 그 체계에서 항체를 씻어내는 것이다. 이 요법을 쓰자 이 어린이들에게서 강박장애가 사라졌다. 인후염에 걸리기 전에 이미 강박장애가 있던 소수의 어린이들은 증세가 두드러지게 악화되었다. 꼬리핵이 부은 정도와 강박장애의 심각성이 비례한 점도 주목할 만하다.
⁸ J. M. Schwartz and S. Begley, 2002, p. 75.
⁹ J. M. Schwartz and B. Beyette, 1996.
¹⁰ J. S. Abramowitz. 2006. They psychological treatment of obsessive-compulsive disorder. *Canadian Journal of Psychiatry*, 51(7): pp. 407~416, 특히 p. 411, 415.
¹¹ 같은 책, p. 414.
¹² J. M. Schwartz and S. Begley, 2002, p. 77.
¹³ J. M. Schwartz and B. Beyette, 1996, p. 18.
¹⁴ 우리는 50킬로그램을 들려 할 때, 첫 번에 성공하리라 기대하지 않는다. 가벼운

무게부터 시작해서 조금씩 무게를 늘려나간다. 성공하는 날까지는 사실상 50킬로그램을 드는 데 매일같이 실패한다. 하지만 우리가 기를 쓰고 있는 그 날들에 우리의 성장이 일어난다.

### 7장 통증, 뇌의 착각

[1] R. Melzack. 1990. Phantom limbs and the concept of a neuromatrix. *Trends in Neuroscience*, 13(3): pp. 88~92; P. Wall. 1999. *Pain: The science of suffering*. London: Weidenfeld & Nicholson.

[2] P. Wall, 1999, p.10.

[3] T. L. Dorpat. 1971. Phantom sensations of internal organs. *Comprehensive Psychiatry*, 12: pp. 27~35.

[4] H. F. Gloyne. 1954. Psychosomatic aspects of pain. *Psychoanalytic Review*, 41: pp. 135~159.

[5] P. Ovesen, K. Kroner, J. Ornsholt, and K. Bach. 1991. Phantom-related phenomena after rectal amputation: Prevalence and clinical characteristics. *Pain*, 44: pp. 289~291.

[6] R. Melzack, 1990; P. Wall, 1999.

[7] 보통 통증은 문제를 예방한다. 우리가 엄청나게 뜨거운 커피를 홀짝이다가 혀를 데면, 커피를 꿀꺽꿀꺽 들이켜서 더 많이 다칠 가능성은 줄어든다. '선천성 무통증'이라는 병 때문에 통증을 느끼지 못하는 상태로 태어난 아이들은 처음에는 대수롭지 않았던 잔병으로 어려서 죽는 일이 흔하다. 예를 들어, 관절이 손상된 줄 모르고 걷기를 멈추지 않아서 뼈 감염으로 죽는 것이다.

[8] V. S. Ramachandran, D. Rogers-Ramachandran, and M. Stewart. 1992. Perceptual correlates of massive cortical reorganization. *Science*, 258(5085):pp. 1159~1160.

[9] H. Flor, T. Elbert, S. Knecht, C. Wienbruch, C. Pantev, N. Birbaumer, W. Larbig, and E. Taub. 1995. Phantom-limb pain as a perceptual correlate of cortical reorganization following arm amputation. *Nature*, 375(6531): pp. 482~484.

[10] V. S. Ramachandran and S. Blakeslee. 1998. *Phantoms in the brain*. New York: William Morrow. 또한, 개인적인 대화에서.

[11] V. S. Ramachandran and S. Blakeslee, 1998, p. 33.

[12] 펜실베이니아 대학의 마사 파라Martha Farah는 자궁 안에서 완전히 웅크리고 있는 아기는 흔히 다리가 엇갈린 채로 접혀서 성기를 누르게 된다는 것을 알았다. 따라서 다리와 성기는 서로를 건드리면서 함께 자극을 받고, 이어서 함께 지도화될 것이다. 함께 발화하는 뉴런은 함께 배선되기 때문이다.

[13] J. Katz and R. Melzack. 1990. Pain "memories" in phantom limbs: Review and

clinical observations. *Pain*, 43: pp. 319~336.

[14] W. Noordenbos and P. Wall. 1981. Implications of the failure of nerve resection and graft to cure chronic pain produced by nerve lesions. *Journal of Neurology, Neurosurgery and Psychiatry*, 44: pp. 1068~1073.

[15] 그 환상 현상이 가공의 것이기 때문에, 쥐면서 통증을 느끼는 사람은 현실을 사용해서 쥐기와 통증을 연합하는 기억을 없애지 못한다. 그러므로 그는 과거에 갇혀 있다. 로널드 멜잭이 R. Melzack, 1990에서 제안.

[16] V. S. Ramachandran and D. Rogers-Ramachandran. 1996. Synaesthesia in phantom limbs induced with mirrors. *Proceedings of the Royal Society B: Biological Sciences*, 263(1369): pp. 377~386.

[17] P. Giraux and A. Sirigu. 2003. Illusory movements of the paralyzed limb restore motor cortex activity. *NeuroImage*, 20: pp. S107~111.

[18] 독일 하이델베르크 대학의 헤르타 플로어Herta Flor는 라마찬드란의 연구에 고무되어 거울요법을 써서 환상지 통증이 있는 절단 환자를 치료하고 그들의 머리에서 무슨 일이 일어나는지 보기 위해 fMRI 스캔을 실시했다. 처음에는 절단된 손의 감각지도와 운동지도에서 아무 활동도 보이지 않았다. 하지만 요법이 진행되면서 잘린 손의 감각지도가 다시 활동하기 시작했다. 이 연구는 아직 공식 발표되지는 않았지만 「이코노미스트」지에서 보도되었다. *The Economist*, 2006. Science and technology: A hall of mirrors; Phantom limbs and chronic pain. July 22, 380(8487): p. 88.

[19] S. Shaw and N. Rosten. 1987. *Marilyn among friends*. London: Bloomsbury, p. 16.

[20] R. Melzack and P. Wall. 1965. Pain mechanisms: A new theory. *Science*, 150(3699): pp. 971~979.

[21] 과학자들은 이제 뇌 안에서 통증에 반응하는 많은 영역을 고려하고 있다. '통증 메트릭스'라 불리는 그 영역에는 시상, 체성감각피질, 뇌섬, 전대상피질 등이 속해있다.

[22] Study by H. Beecher, Cited in P. Wall, 1999.

[23] 1981년 로널드 레이건 대통령 암살 미수 사건 당시 많은 사람들이 통증의 문 현상을 목격했다. 9밀리 총알이 가슴을 관통했을 때 레이건은 아무것도 느끼지 못하고 그대로 서 있었다. 그도, 그를 보호하기 위해 차 안으로 그를 밀어 넣은 경호원도 그가 총을 맞은 사실을 몰랐다. 레이건은 CBS 다큐멘터리에서 말했다. "난 영화에서 말고는 전에 총을 맞아본 적이 없어요. 영화를 찍을 때는 항상 아픈 것처럼 연기를 했지요. 이제는 항상 아픈 것은 아니라는 사실을 알게 됐죠." 같은 책, 1999에서 인용.

**24** T. D. Wager, J. K. Rilling, E. E. Smith, A. Sokolik, K. L. Casey, R. J. Davidson, S. M. Kosslyn, R. M. Rose, and J. D. Cohen. 2004. Placebo-induced changes in fMRI in the anticipation and experience of pain. *Science*, 303(5661): pp. 1162~1167.

**25** R. Melzack, T. J. Coderre, A. L. Vaccarino, and J. Katz. 1999. Pain and neuroplasticity. In J. Grafman and Y. Christen, eds., *Neuronal plasticity: Building a bridge from the laboratory to the clinic*. Berlin: Springer-Verlag, pp. 35~52.

**26** 과민성은 맥켄지 J. MacKenzie가 제안했다. J. MacKenzie, 1893. Some points bearing on the association of sensory disorders and visceral diseases. *Brain*, 16: pp. 321~354.

**27** R. Melzack, T. J. Coderre, A. L. Vaccarino, and J. Katz, 1999, p. 37.

**28** R. Melzack, T. J. Coderre, A. L. Vaccarino, and J. Katz, 1999, p. 46.

**29** V. S. Ramachandran and S. Blakeslee, 1998, p. 54.

**30** V. S. Ramachandra. 2003. *The emerging mind: The Reith lectures 2003*. London: Profile Books, pp. 18~20.

**31** 라마찬드란이 묘사한 사례에서, 만성 통증과 병적인 보호가 일어난 이유는 동작을 위한 운동 명령이 통증중추 안에 직접 배선되어 있어서, 움직이고자 하는 생각조차도 통증을 일으키고 방어 상태에 들어가게 했기 때문이다. 나는 사람들이 나쁜 짓을 하는 상상만으로 죄책감을 느낄 때, 선제 방어와 통증과 같은 무언가가 일어나는 것이 아닐까 생각한다. 금지된 소망을 위한 운동 명령은 불안중추 안에 직접 배선되어, 실행되기도 전에 고민을 유발한다. 죄책감을 일으키는 이런 능력 덕분에 우리는 기분만 나빠지는 것이 아니라 나쁜 행동을 예방할 수 있는 것일 터이다.

**32** C. S. McCabe, R. C. Haigh, E. F. J. Ring, P. W. Halligan, P. D. Wall, and D. R. Black. 2003. A controlled pilot study of the utility of mirror visual feedback in the treatment of complex regional pain syndrome (type1). *Rheumatology*, 42: pp. 97~101. 그들은 반사교감신경이상증, 작열통, 동통성발육이상을 포함하는 복합국소동통증후군 complex regional pain syndrome, CRPS을 연구했다.

**33** G. L. Moseley. 2004. Graded motor imgery is effective for long-standing complex regional pain syndrome: A randomised controlled trial. *Pain*, 108: pp. 192~198.

**34** S. Bach, M. F. Noreng, and N. U. Tjéllden. 1988. Phantom limb pain in amputees during the first twelve months following limb amputation, after preoperative lumbar epidural blockade. *Pain*, 33: pp. 297~301; Z. Seltzer, B. Z. Beilen, R. Ginzburg, Y. Paran, and T. Shimko. 1991. The role of injury discharge in the induction of neuropathic pain behavior in rats. *Pain*, 46: pp. 327~336; P.

M. Dougherty, C. J. Garrison, and S. M. Carlton. 1992. Differential influence of local anesthesia upon two models of experimentally induced peripheral mononeuropathy in rats. *Brain Research*, 570: pp. 109~115.

[35] R. Melzack, T. J. Coderre, A. L. Vaccarino, and J. Katz, 1999, pp. 35~52, 43~45. 헤르타 플로어는 같은 논리로 메만틴memantine이라는 약을 처방함으로써 절단 수술 환자의 수술 후 통증을 경감시켰다. 환상지 통증은 체계 안에 갇힌 기억이라는 라마찬드란의 생각에 따라, 메만틴을 써서 기억을 형성하는 데 필수적인 단백질의 활동을 차단한 것이다. 그녀는 절단 전이나 절단 직후 4주 이내에 약을 주면 효과가 있다는 것을 발견했다. *The Economist*, 2006에 보도되었다.

[36] E. L. Altschuler, S. B. Wisdom, L. Stone, C. Foster, D. Galasko, D. M. E. Llewellyn, and V. S. Ramachandran. 1999. Rehabilitation of hemiparesis after stroke with a mirror. *Lancet*, 353(9169): pp. 2035~2036.

[37] K. Sathian, A. I. Greenspan, and S. L. Wolf. 2000. Doing it with mirrors: A case study of a novel approach to neurorehabilitation. *Neurorehabilitation and Neural Repair*, 14(1): pp. 73~76.

## 8장 상상의 힘

[1] 변화하는 자기장이 그 주위에 전류를 유도한다는 것을 발견한 사람은 19세기의 마이클 패러데이Michael Faraday이다.

[2] A. Pascual-Leone, F. Tarazona, J. Keenan, J. M. Tormos, R. Hamilton, and M. D. Catala. 1999. Transcranial magnetic stimulation and neuroplasticity. *Neuropsychologia*, 37: pp. 207~217.

[3] A. Pascual-Leone, J. Valls-Sole, E. M. Wassermann, and M. Hallet. 1994. Responses to rapid-rate transcranial magnetic stimulation of the human motor cortex. *Brain*, 117: pp. 847~858.

[4] A. Pascual-Leone, B. Rubio, F. Pallardo, and M. D. Catala. 1996. Rapid-rate transcranial stimulation of left dorsolateral prefrontal cortex in drug-resistant depression. *Lancet*, 348(9022): pp. 233~237.

[5] 전기경련요법electroconvulsive therapy, 즉 ECT와 달리 TMS는 환자를 마취할 필요도 없고 발작을 일으키지도 않는다. 기억 문제와 같은 단기적 인지 부작용도 덜 일으킨다.

[6] A. Pascual-Leone, R. Hamilton, J. M. Tormos, J. P. Keenan, and M. D. Catala. 1999. Neuroplasticity in the adjustment to blindness. In J. Grafman and Y. Christen, eds., *Neuronal plasticity: Building a bridge from the laboratory to the clinic*. New York: Springer-Verlag, pp. 94~108, 특히 p. 97.

**7** 파스쿠알-레오네는 운동피질 지도를 작성하기 위해 피질의 일부를 자극하고 어떤 근육이 움직이는지 관찰하여 기록했다. 그런 다음 그는 TMS 전극을 피실험자 머리에서 1센티미터 이동해서, 그 자극이 같은 근육을 움직이는지 다른 근육을 움직이는지 관찰했다. 감각지도의 크기를 정하기 위해서는 피실험자의 손가락 끝을 건드린 다음 피실험자에게 그것이 느껴지는지 물었다. 그런 다음 피실험자의 뇌에 TMS를 방출해서 그 감각이 차단되는지 봤다. 감각이 차단된다면, 차단시킨 뇌의 영역이 감각지도의 일부인 것이다. 건드리고 있다는 느낌을 차단하는 데 얼마나 많은 자기 자극이 들어가는가를 봄으로써, 그는 그 감각지도가 얼마나 많은가를 감잡을 수 있었다. 그는 또한 TMS 전극을 두피의 다른 위치로 옮겨 다니면서 지도의 경계를 결정했다. A. Pascual-Leone and F. Torres. 1993. Plasticity of the sensorimotor cortex representation of the reading finger in Braille readers. Brain, 116: pp. 39~52; A. Pascual-Leone, R. Hamilton, J. M. Tormos, J. P. Keenan, and M. D. Catala. 1999. pp. 94~108.

**8** 생각이 뇌의 물리적 구조를 바꿀 수 있다는 생각의 기초는 500년 전 토마스 홉스 Thomas Hobbes(1588~1679)가 제시한 이후 철학자 알렉산더 베인Alexander Bain 과 지그문트 프로이트, 신경해부학자인 라몬 이 카할에 의해 발전했다.

홉스는 우리의 상상이 감각과 관련이 있으며, 그 감각은 뇌에서 물리적 변화로 이어진다는 의견을 내놓았다. T. Hobbes. 1651/1968. *Leviathan*. London: Penguin, pp. 85~88; 그의 작품인 『육체론』도 참조. 그는 사람을 건드리면 그 충격은 운동의 형태를 띠고 신경을 따라 내려가서 감각적 인상으로 이어진다고 주장했다. 그는 빛이 눈을 때려도 같은 일이 일어난다고 주장했다. 빛의 충격이 신경에서 '운동'을 일으키는 것이다. 운동이 신경계로 연장된다는 이 개념은 실제로 우리가 감각의 '인상(impression, '자국' 또는 '각인'이라는 뜻을 가진다/옮긴이)'이라 말할 때 우리의 언어 속에 아직도 살아 있다. 인상은 대개 움직이는 힘이 압력을 가하면서 일어나기 때문이다. 홉스는 상상을 '붕괴하고 있는 감각에 불과한 것'으로 정의했다. 따라서 우리가 무언가를 본 다음 눈을 감으면, 여전히 상상할 수 있기는 하지만, '붕괴하고 있기' 때문에 더 희미하다. 그는 우리가 켄타우로스와 같이 공상적인 것을 '상상(imagine)'할 때, 단지 두 이미지(image)를 합치는 (combine) 것이라고 주장했다. 켄타우로스는 사람과 말이 합쳐진 이미지이기 때문이다.

신경이 건드림, 빛, 소리 등에 반응해서 '움직인다'는 생각은 전기를 이해하기 오래 전 시대의 추측으로는 그렇게 어긋난 생각은 아니었다. 그는 신경이 모종의 물리적 에너지를 뇌로 전달한다고 정확하게 직관했기 때문이다(그는 아마 이탈리아 여행길에 방문했던 갈릴레오의 도움을 받았을 것이다. 어쩌면 홉스는 갈릴레오의 제안에 따라, 갈릴레오가 발견한 새로운 운동의 물리 법칙을 마음과 감각의 이

해에 적용하기 시작했는지도 모른다).

유사하게, 상상은 '붕괴하고 있는 감각에 불과한 것'이라는 홉스의 주장도 지극히 통찰력 있는 주장이었음이 증명되었다. 우리는 PET 스캔을 통해 상상하는 시각 이미지가 외부 자극으로 생기는 실제 이미지와 동일한 시각중추에서 발생한다는 것을 볼 수 있다.

홉스는 유물론자였다. 즉, 신경계와 뇌, 마음 모두가 같은 원리로 작동한다고 생각했으므로, 생각의 변화가 어떻게 신경의 변화로 이어질 수 있는지 이해하는 데 원리적으로 아무 문제도 없었다. 그의 생각은 마음과 뇌가 완전히 다른 법칙으로 작동한다고 주장한 동시대의 르네 데카르트의 생각과 대치되는 것이었다. 데카르트가 생각한 마음, 혹은 그가 때때로 이성적인 영혼이라 부른 대상은 비물질적으로 사고하고, 물질적인 뇌와 동일한 물리 법칙을 따르지 않는다. 우리의 존재가 이렇게 이원적으로 구성되므로, 우리는 데카르트를 따르는 사람들을 '이원론자'라고 부른다. 하지만 데카르트는 비물질적인 마음이 어떻게 물질적인 뇌에 영향을 줄 수 있는가를 한 번도 그럴듯하게 설명할 수 없었다. 수세기 동안 대부분의 과학자들이 데카르트를 따른 결과, 생각이 물리적인 뇌의 구조를 바꿀 수 있다는 개념 자체가 불가능해 보였다.

200년이 지난 1873년, 철학자 알렉산더 베인은 홉스의 생각을 다음 단계로 가져가, 생각이나 기억, 습관, 일련의 아이디어가 일어날 때마다 뇌의 '세포 접합부에 성장이 일어난다'는 의견을 내놓았다. A. Bain. 1873. *Mind and body: The theories of their relation*. London: Henry S. King. 생각은 '시냅스'라 불리게 된 것에서의 변화로 이어진다. 그 다음, 프로이트는 자신의 신경과학 연구를 바탕으로 '상상' 역시 신경 연결부의 변화로 이어진다고 덧붙였다.

1904년, 스페인의 신경해부학자 산티아고 라몬 이 카할은 신체적 훈련뿐만 아니라 정신적 훈련도 이 신경망에서의 변화로 이어질 것으로 추측했다. 아래 주와 본문을 보라.

**9** S. Ramón y Cajal. 1894. The Croonian lecture: La fine structure des centres nerveux. *Proceedings of the Royal Society of London*, 55: pp. 444~468, 특히 pp. 467~468.

**10** 라몬 이 카할은 "훈련되지 않은 인간은…… 피아니스트의 솜씨에 범접할 수 없다. 새로운 능력의 습득에는 다년간의 정신적 신체적 훈련이 필요하기 때문이다. 이 복잡한 현상을 완전히 이해하기 위해서는, 기존에 확립된 생체 경로의 강화에 더해 수상돌기와 신경 끝부분의 분지分枝와 점진적 성장으로 인해 새로운 경로가 확립된다는 것을 인정하는 게 필수적이다……. 그러한 발전은 연습에 반응해서 일어나고, 개발하지 않는 뇌 영역에서는 멈추어 퇴화할 것이다"라고 썼다. S. Ramón y Cajal. 1904. *Textura del sistema nervioso del hombre y de los sertebrados*.

A. Pascuale-Leone. 2001. The brain that plays music and is changed by it. In R. Zatorre and I. Peretz, eds., *The biological foundations of music*. New York: Annals of the New York Academy of Sciences, pp. 315~329. 특히 p. 316에서 인용.

**11** A. Pascual-Leone, N. Dang, L. G. Cohen, J. P. Brasil-Neto, A. Cammarota, and M. Hallett. 1995. Modulation of muscle responses evoked by transcranial magnetic stimulation during the acquisition of new fine motor skills. *Journal of Neurophysiology*, 74(3): pp. 1037~1045. 특히 p. 1041.

**12** B. Monsaingeon. 1983. Écrits/Glenn Gould, vol. 1, Le dernier puritain. Paris: Fayard; J. DesCôteaux and H. Leclère. 1995. Learning surgical technical skills. *Canadian Journal of Surgery*, 38(1): pp. 33~38.

**13** M. Pesenti, L. Zago, F. Crivello, E. Mellet, D. Samson, B. Duroux, X. Seron, B. Mazoyer, and N. Tzourio-Mazoyer. 2001. Mental calculation in a prodigy is sustained by right prefrontal and medial temporal areas. *Nature Neuroscience*, 4(1): pp. 103~107.

**14** E. R. Kandel, J. H. Schwartz, and T. M Jessell, eds. 2000. *Principles of Neural Science*, 4th ed. New York: McGraw-Hill, p. 394; M. J. Farah, F. Peronnet, L. L. Weisberg, and M. Monheit. 1990. Brain activity underlying visual imagery: Event-related potentials during mental image generation. *Journal of Cognitive Neuroscience*, 1: pp. 302~316; S. M. Kosslyn, N. M. Alpert, W. L. Thompson, V. Maljkovic, S. B. Weise, C. F. Chabris, S. E. Hamilton, S. L. Rauch, and F. S. Buonanno. 1993. Visual mental imagery activates topographically organized visual cortex: PET investigations. *Journal of Cognitive Neuroscience*, 5: pp. 263~287. 그러나 다음 논문은 예외로, 시각적 상상에서 1차 시각피질이 활성화된다는 증거가 발견되지 않았다. P. E. Roland and B. Gulyas. 1994. Visual imagery and visual representation. *Trends in Neurosciences*, 17(7): pp. 281~287.

**15** K. M. Stephan, G. R. Fink, R. E. Passingham, D. Silbersweig, A. O. Ceballos-Baumann, C. D. Frith, and R. S. J. Frackowiak. 1995. Functional anatomy of mental representation of upper extremity movements in healthy subjects. *Journal of Neurophysiology*, 73(1): pp. 373~386.

**16** G. Yue and K. J. Cole. 1992. Strength increases from the motor program: Comparison of training with maximal voluntary and imagined muscle contractions. *Journal of Neurophysiology*, 67(5): pp. 1114~1123.

**17** J. K. Chapin. 2004. Using multi-neuron population recordings for neural prosthetics. *Nature Neuroscience*, 7(5): pp. 452~455.

**18** M. A. L. Nicolelis and J. K. Chapin. 2002. Controlling robots with the mind.

*Scientific American*, October, pp. 47~53.

[19] J. M. Carmena, M. A. Lebedev, R. E. Crist, J. E. O'Doherty, D. M. Santucci, D. F. Dimitrov, P. G. Patil, C. S. Henriquez, and M. A. L. Nicolelis. 2003. Learning to control a brain-machine interface for reaching and grasping by primates. *PLOS Biology*, 1(2): pp. 193~208.

[20] L. R. Hochberg, M. D. Serruya, G. M. Friehs, J. A. Mukand, M. Saleh, A. H. Caplan, A. Branner, D. Chen, R. D. Penn, and J. P. Donoghue. 2006. Neuronal ensemble control of prosthetic devices by a human with tetraplegia. *Nature*, 442(7099): pp. 164~171; A. Pollack. 2006. Paralyzed man uses thoughts to move cursor. *New York Times*, July 13, front page. 이 획기적인 발견은 도너휴가 미하일 세루야Mijail D. Serruya와 함께 한 연구에 뒤이은 것이었다. 그 연구에는 붉은털 원숭이를 가르쳐서 원숭이가 여섯 개의 뉴런만을 써서 생각으로 컴퓨터 스크린상의 커서를 움직이게 하는 것이 포함돼 있었다. M. D. Serruya, N. G. Hatsopoulos, L. Paninski, M. R. Fellows, and J. P. Donoghue, 2002. Instant neural control of a movement signal. *Nature*, 416: pp. 141~142.

[21] A. Kübler, B. Kotchoubey, T. Hinterberger, N. Ghanayim, J. Perelmouter, M. Schauer, C. Fritsch, E. Taub, and N. Birbaumer. 1999. The thought translation device: A neurophysiological approach to communication in total motor paralysis. *Experimental Brain Research*, 124: pp. 223~232; N. Birbaumer, N. Ghanayim, T. Hinterberger, I. Iversen, B. Kotchoubey, A. Kübler, J. Perelmouter, E. Taub, and H. Flor. 1999. A spelling device for the paralyzed. *Nature*, 398(6725): pp. 297~298.

[22] J. Decety and F. Michel. 1989. Comparative analysis of actual and mental movement times in two graphic tasks. *Brain and Cognition*, 11: pp. 87~97; J. Decety. 1996. Do imagined and executed actions share the same neural substrate? *Cognitive Brain Research*, 3: pp. 87~93; J. Decety. 1999. The perception of action: Its putative effect on neural plasticity. In J. Grafman and Y. Christen, eds., pp. 109~130.

[23] M. Jeannerod and J. Decety, 1995. Mental motor imagery: A window into the representational stages of action. *Current Opinion in Neurobiology*, 5: pp. 727~732에서 검토됨.

[24] 드세티는 또한 사람들이 무거운 짐을 지고 걷는 상상을 할 때, 그들의 자율신경계 ──호흡 속도와 심박──가 활성화된다는 것을 보여주었다.

[25] A. Pascual-Leone and R. Hamilton. 2001. The metamodal organization of the brain. In C. Casanova and M. Ptito, eds., *Progress in Brain Research*, Vol. 134.

San Diego, CA: Elsevier Science, pp. 427~445.

**26** 감각과 뇌의 그러한 조작은 그렇게 드물지 않다. 인류학자인 에드먼드 카펜터 Edmund Carpenter는 마셜 맥루한(부록 1에서 논의됨)과 함께 연구하면서 다음을 관찰했다. "모든 문화는 감각 조절 능력이 있다. 예를 들어 토착 문화들은 소리를 최대화하기 위해 시야를 최소화한다. 또한 그래서 무희는 종종 일부러 장님이 되며 아니면 노래할 때 일부러 귀를 막는 것을 발견할 수 있다. 여러 문화에서 이런 관습들을 발견할 수 있다. 미술관에는 '만지지 마시오'라는 안내문이 쓰여 있다. 사람들은 음악회에 가서 눈을 감는다. 도서관에서는 [읽기를] 최대화하기 위해 '정숙'하라고 한다." 데이비드 소블맨David Sobelman 각본, 케빈 맥마흔Kevin McMahon 감독의 2002년 영화 〈맥루한의 발자취〉와 캐나다국립영화원, 음성분과 에드먼드 카펜터와의 음성인터뷰.

**27** 데카르트는 이성적 영혼은 물리적인 것이 아니라는 자신의 의견을 믿은 것이 아니라 교회를 거스르지 않기 위해서 그렇게 말했을 뿐이라고 주장하는 사람들도 있다. 교회는 영혼을 초자연적인 현상으로 여겼다. 영혼은 불멸로서 죽음과 물리적, 물질적 육신을 초월해 살아남는 것이므로 물리적인 것일 수 없었다.

데카르트는 현대 과학을 이용해서 모든 살아 있는 것들을 설명함으로써 인간성의 변혁을 추구하는 운동의 일익이었다. 이 프로젝트는 곧바로 당시 교회와의 분쟁으로 이어졌다. 교회에는 자연, 생명, 육체, 뇌, 마음에 관한 교회 나름의 설명이 있었기 때문이다. 데카르트에게는 조심해야 할 이유가 있었다. 물리적 세계에 관한 갈릴레오의 이론과 관찰이 교회의 가르침에 도전하는 것처럼 보였을 때, 종교 재판소는 갈릴레오에게 고문 장치들을 보여주었던 것이다. 이 사실을 알고 나서 데카르트는 자신의 글 중 많은 부분을 감추기로 했다. 이후에 데카르트는 그가 무신론자라고 주장하는 여러 박해자들보다 계속해서 한 발 더 앞서 있었다. 생애의 마지막 13년 동안 그는 스물네 곳의 다른 주소에서 살았다.

데카르트는 자신이 믿는 것을 항상 정확히 쓰지 않고 정치적 현실을 고려했다는 암시들을 남겼다. 그는 "나는 나의 철학이 어디서든 받아들여질 수 있도록, 아무에게도 충격을 주지 않는 방식으로 나의 철학을 저술했다"고 썼다. R. Descartes. 1596~1659. *Oeuvres*. C. Adam and P. Tannery, eds. 1910. Paris: L. Cerf, 5: p. 159. 그는 자신의 묘비명을 오비디우스의 시에서 골랐다. 'Bene qui latuit, bene vixit', 즉 '잘 숨었던 자, 잘 살았노라'이다. A. R. Damasio. 1994. *Descartes' error: Emotion, reason and the human brain*. New York: G. P. Putnam's Sons.

**28** C. Clemente. 1976. Changes in afferent connections following brain injury. In G. M. Austin, eds., *Contemporary aspects of cerebrovascular disease*. Dalla, TX: Professional Information Library, pp. 60~93.

**29** 뇌 잠금장치 치료를 발명한 제프리 슈워츠는 정신 활동이 어떻게 뉴런 구조를 바꿀 수 있는지 설명하려는 시도로 양자역학을 사용하는 이론을 제시했다. 나로서는 평가할 능력이 부족하다. J. M. Schwartz and S. Begley. 2002. *The mind and the brain: Neuroplasticity and the power of mental force*. New York: ReganBooks/HarperCollins.

### 9장 프로이트 다시 보기

**1** E. R. Kandel. 2003. The molecular biology of memory storage: A dialog between genes and synapses. In H. Jörnvall, ed., *Nobel Lectures, Physiology or Medicine, 1996~2000*. Singapore: World Scientific Publishing Co., p. 402. 또한 http:/nobelprize.org/nobel_prizes/medicine/laureates/2000/kandel-lecture.html.

**2** E. R. Kandel. 2006. *In search of memory: The emergence of a new science of mind*. New York: W. W. Norton & Co., p. 166.

**3** E. R. Kandel. 1983. From metapsychology to molecular biology: Explorations into the nature of anxiety. *American Journal of Psychiatry*, 140(10): pp. 1277~1293, 특히 p. 1285.

**4** 같은 책; E. R. Kandel, 2003, p. 405.

**5** 어떤 자극이 무해하다는 것을 깨닫게 되는 학습을 '습관화'라 한다. 이는 배경 소음을 무시하는 것을 학습할 때 우리 모두가 하는 학습의 한 형태이다.

**6** 캔들이 증명한 것은 고전적인 파블로프 조건화의 신경과학 버전이다. 이 증명은 그에게 매우 중요한 것이었다. 아리스토텔레스, 영국의 경험론 철학자, 프로이트 모두, 학습과 기억이란 마음이 우리가 경험하는 사건과 생각, 자극을 연합한 결과라고 주장했다. 행동주의를 창시한 파블로프가 발견한 고전적 조건화는 동물이나 사람이 두 자극을 연합하는 것을 배우는 학습의 한 형태이다. 전형적인 예는 종소리와 같은 기분 좋은 자극 다음에 즉시 충격과 같은 불쾌한 자극에 노출시키는 것이다. 이를 무수히 반복하면, 그 동물은 곧 종소리만 들어도 공포로 반응하기 시작한다.

**7** E. R. Kandel, J. H. Schwartz, and T. M. Jessel. 2000. *Principles of neural science*, 4th ed. New York: McGraw-Hill, p. 1250. 훈련 효과의 관점에서 그들은 달팽이에게 연달아 40배의 약한 자극을 주면, 그 결과로 나타나는 아가미 반사의 습관화는 하루 동안 지속된다는 것도 발견했다. 따라서 적절한 학습 간격은 장기 기억 발달의 주요 요인이다. E. R. Kandel. 2006. *In search of memory: The emergence of a new science of mind*. New York: W. W. Norton & Co., p. 193.

**8** E. R. Kandel, J. H. Schwartz, and. T. M. Jessel, 2000, p. 1254.

**9** E. R. Kandel, 2006, p. 241.

[10] 이는 크레이그 베일리Craig Baily와 메리 첸Mary Chen이 한 작업이었다. 만일 같은 세포가 습관화를 위한 장기 기억을 발달시켰다면, 1,300개의 연결에서 850개의 시냅스 연결을 가지는 방향으로 갔을 것이고, 그중 100개 정도만이 활성을 띠었을 것이다. 같은 책, p. 214.

[11] E. Kandel. 1998. A new intellectual framework for psychiatry. *American Journal of Psychiatry*, April, 155(4): pp. 457~469, 460. 유사한 선상에서 신경과학자 조지프 르두Joseph LeDoux는, 정신병은 다양한 영역과 기능의 시냅스들 간에 일어나는 불량 연결의 징후로 생각할 수 있으며, '만일 자아가 연결을 바꾸는 경험으로 해체될 수 있다면, 아마도 연결을 다지거나, 바꾸거나 새로 만드는 경험으로 재조립될 수도 있을 것'이라고 주장했다. J. LeDoux. 2002. *The synaptic self: How our brains become who we are*. New York: Viking, p. 307.

[12] S. C. Vaughan. 1997. *The talking cure: The science behind psychotherapy*. New York: Grosset/Putnam.

[13] E. R. Kandel. 2001. Autobiography. Frängsmyr, ed., *Les Prix Nobel: The Nobel Prizes 2000*. Stockholm: The Nobel Foundation. 또한 인터넷 상의 http://nobelprize.org/nobel_prizes/medicine/laureates/2000/kandel-autobio.html에서.

[14] E. R. Kandel. 2000. Autobiography.

[15] 같은 책.

[16] 프로이트는 그의 탁월한 능력에도 불구하고, 빈 대학에서 높은 평가를 받지 못했다. 부분적으로는 그의 생각 때문이었고 부분적으로는 그가 유대인이었기 때문이었다. 그는 1885년에 강사가 되었고, 교수가 되기까지 17년이 걸렸다. 교수 임용까지의 평균 기간은 8년이었다. 그 기간 동안 그에게는 부양할 가족이 있었다. P. Gay. 1988. *Freud: A life for our time*. New York: W. W. Norton & Co., pp. 138~139.

[17] S. Freud. 1981. *On aphasia: A critical study*. New York: International Universities Press.

[18] S. Freud. 1895/1954. Project for a scientific psychology. Translated J. Strachey. *Standard edition of the complete psychological works of Sigmund Freud*, vol. 1. London: Hogarth Press.

[19] 칼 프리브람Karl Pribram과 노벨상 수상자인 제럴드 에덜먼도 그런 예찬자들 중 하나다.

[20] 프로이트가 당시의 단순한 국재론을 거부한 뒤 가소적 개념을 전개한 것은 결코 우연이 아니다. 새로운 과제를 학습하는 동안 뇌가 뇌 전체에 퍼져 있는 뉴런들을 새로운 방식으로 연결하는 새로운 기능 체계를 구성한다고 주장한 그는 이런 재

구성이 뉴런 수준에서 어떻게 펼쳐질 것이며, 기억과 기타 정신적 기능에 어떻게 영향을 미칠 수 있을지를 철저하게 탐구할 필요성을 느꼈다. 본질적으로, 그는 뇌의 더 역동적인 관점을 개발했고, 바로 그 관점이 루리아의 연구와 신경심리학의 탄생을 고무했다. S. Freud, 1891; O. Sacks, 1998, The other road: Freud as neurologist. M. S. Roth, ed., *Freud: Conflict and culture*. New York: Alfred A. Knopf, pp. 221~234에서. '프로젝트'는 1954년이 되어서야 발표되었고, 6년 후 캔들은 학습이 시냅스에서의 변화로 이어진다는 것을 보여주려고 노력하기 시작했다('프로젝트'의 배경을 알아보려면 다음을 보라. P. Amacher. 1965. *Freud's neurological education and its influence on psychoanalytic theory*. New York: International Universities Press, pp. 57~59; S. Freud, 1895/1954, p. 319, 338; K. H. Pribram and M. M. Gill. 1976. *Freud's "Project" re-assessed: Preface to contemporary cognitive theory and neuropsychology*. New York: Basic Books, pp. 62~66, 80). 캔들도 정신적 활동이 뉴런들 간의 연결을 강화하거나 새로운 연결의 형성으로 이어질 수 있을지 모른다는 산티아고 라몬 이 카할의 1894년 제안을 알고 있었다. 카할은 썼다. "정신 훈련은 원형질 기관과 사용 중인 뇌 부위들에서의 신경 곁가지 발달을 더 크게 촉진한다. 이렇게 해서 세포 집단들 간에 앞서 존재하던 연결들은, 말단의 가지가 배가됨으로써 보강될 수 있을 것이다……. 하지만 앞서 존재하던 연결들은 새로운 곁가지의 형성과…… 확장으로 보강될 수 있을 것이다." S. Ramón y Cajal. 1894. The Croonian lecture: La fine structure des centres nerveux. *Proceedings of the Royal Society of London*, 55: pp. 444~468, 특히 p. 466.

21 연상에서 기억망과 신경망의 관계는 암시적이며, 다음 문헌에서 좀더 상세하게 조목조목 설명하고 있다. M. F. Reiser. 1984. *Mind, brain, body: Toward a convergence of psychoanalysis and neurobiology*. New York: Basic Books, p. 67.

22 예를 들어, '프로젝트'에서 프로이트는 접촉 장벽, 다시 말해 시냅스에 관해 논의한 뒤 기억에 관한 논의로 나아가 다음과 같이 적는다. "신경조직의 주요 특징은 기억이다. 즉, 단일 사건에 의해 영구히 변경되는 능력이다." S. Freud. 1895/1954, p. 299; K. H. Pribram, and M. M. Gill. 1976, pp. 64~68.

23 프로이트는 다음과 같이 썼다. "성적 본능은 그 가소성, 즉 목표를 바꿀 수 있는 능력, 재배치 능력 때문에 우리의 이목을 끈다. 이 능력들은 한 가지 본능적 만족이 다른 만족으로 대체되거나 언제든지 연기될 여지를 준다." S. Freud. 1932/1933/1964. New introductory lectures on psychoanalysis. Translated by J. Strachey. In *Standard edition of the complete psychological works of Sigmund Freud*, vol. 22. London: Hogarth Press, p. 97.

24 A. N. Schore. 1994. *Affect regulation and the origin of the self: The neurobiology of*

*emotional development*. Hillsdale, NJ: Lawrence Erlbaum Associates; A. N. Schore. 2003. *Affect dysregulation and disorders of the self*. New York: W. W. Norton & Co.; A. N. Schore. 2003. *Affect regulation and the repair of the self*. New York: W. W. Norton & Co.

[25] J. M. Masson, trans. and ed. 1985. *The complete letters of Sigmund Freud to Wilhelm Fliess*. Cambridge, MA: Harvard University Press, p. 207.

[26] S. Freud. 1909. Notes upon a case of obsessional neurosis. In *Standard edition of the complete psychological works*, vol. 10, p. 206.

[27] F. Levin. 2003. Psyche and brain: The biology of talking cures. Madison, CT: International Universities Press.

[28] A. N. Schore, 1994.

[29] A. N. Schore. 2005. A neuropsychoanalytic viewpoint: Commentary on a paper by Steven H. Knoblauch. *Psychoanalytic Dialogues*, 15(6): pp. 829~854.

[30] J. S. Sieratzki and B. Woll. 1996. Why do mothers cradle babies on their left? *Lancet*, 347(9017): pp. 1746~1748.

[31] A. N. Schore. 2005. Back to basics: Attachment, affect regulation, and the developing right brain: Linking developmental neuroscience to pediatrics. *Pediatrics in Review*, 26(6): pp. 204~217.

[32] A. N. Schore. 2005. A neuropsychoanalytic viewpoint.

[33] A. N. Schore, 1994.

[34] 완전한 이름은 '전전두피질의 우측 안와영역'이다.

[35] A. N. Schore, 2005. 개인적인 대화.

[36] R. Spitz. 1965. *The first year of life: A psychoanalytic study of normal and deviant development of object relations*. New York: International Universities Press.

[37] E. R. Kandel. 1999. Biology and the future of psychoanalysis: A new intellectual framework for psychiatry revisited. *American Journal of Psychiatry*, 156(4): pp. 505~524.

[38] 해마도 공간적 체계화와 관련이 있으며, 아마도 해마가 우리의 외현기억을 위한 맥락을 제공해서 우리로 하여금 그 기억을 회상하도록 도울 것이다. 하지만 이것은 추론이다. 「히포캠퍼스」지의 최근 호에 이 문제를 탐구하는 여러 편의 논문들이 실렸다. J. R. Manns and H. Eichenbaum. 2006. Evolution of declarative memory. *Hippocampus*, 16: pp. 795~808을 참조.

[39] 정신적 상처를 받은 과거로부터의 이미지가 그 이후 마음속에 얼어붙어서 변하지 않고 남아 있을 수 있다는 생각은 7장에서 본, 다친 팔다리를 깁스에 넣었다가 절단하고 나서 얼어붙은 환상지가 생기는 환자에게 일어나는 일과 다르지 않다. 부

모가 더 이상 존재하지 않기 때문에, 아이는 정신적 이미지를 바꾸는 데 도움을 줄 피드백으로 실제의 부모를 이용할 수 없다. 아주 어린 시절에 잃어버린 부모의 이미지는 환상지처럼 아이에게 들러붙을 수 있고, 생생한 존재로서 느닷없이 튀어나와 괴로움을 줄 수 있다.

**40** 맥길 대학의 카림 네이더Karim Nader가 부분적으로 캔들의 연구에 고무되어 실시한 근래의 연구에 따르면, 기억은 활성화되었을 때 변화하기 쉬운 상태로 들어가며, 그때 변경될 수 있다. 사실상, 불러일으킨 기억은 저장 상태로 돌아가기 전에 다시 공고화되어야 하므로 새로운 단백질이 만들어져야 한다. 이것이 바로 정신요법에서 트라우마를 회상하거나 전이를 반복해서 심리적 변화를 유도할 수 있는 또 다른 이유일 것이다. 즉, 기억의 뉴런 연결을 변경해서 재기록하고 변화시키려면 그 기억을 다시 활성화시켜야만 한다. K. Nader, G. E. Schafe, and J. E. Le Doux. 2000. Fear memories require protein synthesis in the amygdala for reconsolidation after retrieval. *Nature*, 406(6797): pp. 722~726; J. Debiec, J. E. Le Doux, and K. Nader. 2002. Cellular and systems reconsolidation in the hippocampus. *Neuron*, 36(3): pp. 527~538.

**41** A. Etkin, C. Pittenger, H. J. Polan, and E. R. Kande. 2005. Toward a neurobiology of psychotherapy: Basic science and clinical applications. *Journal of Neuropsychiatry and Clinical Neurosciences*, 17: pp. 145~158.

**42** S. L. Rauch, B. A. van der Kolk, R. E. Fisler, N. M. Alpert, S. P. Orr, C. R. Savage, A. J. Fischman, M. A. Jenike, and R. K. Pitman. 1996. A symptom provocation study of PTSD using PET and script-driven imagery. *Archives of General Psychiatry*, 53(5): pp. 380~387.

**43** M. Solms and O. Turnbull. 2002. *The brain and the inner world*. New York: Other Press, p. 287.

**44** 미르나 바이스만Myrna Weissman 박사는 우울증의 위험 인자를 고찰함으로써 대인 정신요법을 개발했고, 또한 정신분석학자인 존 보울비와 해리 스택 설리번의 연구에 영향을 받았다. 그 두 사람은 관계와 상실이 정신(개인의 의사소통)에 어떤 영향을 미치는가에 초점을 맞추었다. 대인 정신요법과 변화에 관한 이 연구는 A. L. Brody, S. Saxena, P. Stoessel, L. A. Gillies, L. A. Fairbanks, S. Alborzian, M. E. Phelps, S. C. Huang, H. M. Wu, M. L. Ho, M. K. Ho, S. C. Au, K. Maidment, and L. R. Baxter. 2001. Regional brain metabolic changes in patients with major depression treated with either paroxetine or interpersonal therapy: Preliminary findings. *Archives of General Psychiatry*, 58(7): pp. 631~640에서 볼 수 있다. 또 다른 우울증 환자 연구는 인지-행동 요법——우울증에서 나타나는 과장된 형태의 부정적 생각을 교정하는 치료법의 한 형태——이 전전두엽을 정상으

로 만드는 효과가 있다는 것을 보여준다. K. Goldapple, Z. Segal, C. Garson, M. Lau, P. Bieling, S. Kennedy, and H. Mayberg. 2004. Modulation of cortical-limbic pathways in major depression. *Archives of General Psychiatry*, 61: pp. 34~41.

**45** M. E. Beute. 2006. Functional neuroimaging and psychoanalytic psychotherapy— Can it contribute to our understanding of processes of change? Presentation, Arnold Pfeffer Center for Neuro-Psychoanalysis at the New York Psychoanalytic Institute, Neuro-Psychoanalysis Lecture Series. October 7.

**46** 어떤 사람들은 어머니의 장례식에 관한 L씨의 기억이 '진짜' 기억인지 아니면 단순히 그가 회상할 수 있는 소망인지를 물을 수 있을 것이다. 만일 단지 소망하는 환상이었다면, 그가 분석을 시작했을 때까지 가질 수 없었던 환상이었다. 하지만 환상이라 해도 소망하는 생각이었다고 하기는 힘들다. 그 일은 그에게 극히 고통스러운 경험이었고, 자신이 장례식에 있었다는 것을 증명했기 때문에 몽상적인 현실 거부는 확실히 아니었다. 이 장(과 다음 주)에서 보듯이, 현재의 연구는 26개월 된 일부 어린이도 외현기억을 가질 수 있다는 것을 보여준다.

이스라엘의 정신분석가이자 정신과 의사로 캔들의 실험실에서 일했던 요람 요벨Yoram Yovell이 지적하듯이, 생애의 주요 트라우마는 기억을 형성하면서 해마에 이중의 충격을 준다. 글루코코르티코이드는 방출되면 조각 기억을 유도한다. 하지만 스트레스를 주는 사건 때문에 방출되는 아드레날린과 노르아드레날린은 해마로 하여금 '섬광 기억'을 형성하게 할 수 있다. 섬광 기억은 선명하고 생생하게 드러나는 기억이다. 그것이 바로 트라우마를 경험한 사람들이 트라우마의 어떤 측면에서는 과도하게 생생한 기억을 가지고 있고 다른 측면에서는 조각 기억을 가지고 있는 이유이다. 죽은 어머니의 모습이 아마도 L씨에게 섬광 기억으로 남았을 것이다.

결국 L씨 자신의 조심스러운 말이 이를 가장 잘 표현한다. 즉, 열린 관의 이미지는 기억이라는 "꼬리표를 달고" 마음에 떠올랐지만, 그는 그 이미지를 이야기하는 첫 머리에 조심스럽게 "내 생각에"라는 말을 덧붙였던 것이다. Y. Yovell. 2000. From hysteria to posttraumatic stress disorder. *Journal of Neuro-Psychoanalysis*, 2: pp. 171~181; L. Cahill, B. Prins, M. Weber, and J. L. McGaugh. 1994. β-Adrenergic activation and memory for emotional events. *Nature*, 371(6499): pp. 702~704.

**47** P. J. Bauer. 2005. Developments in declarative memory: Decreasing susceptibility to storage failure over the second year of life. *Psychological Science*, 16(1): pp. 41~47; P. J. Bauer and S. S. Wewerka. 1995. One-to two-year-olds' recall of events: The more expressed, the more impressed. *Journal of Experimental Child Psychology*, 59: pp. 475~496; T. J. Gaensbauer. 2002. Representations of trauma in infancy:

Clinical and theoretical implications for the understanding of early memory. *Infant Mental Health Journal*, 23(3): pp. 259~277; L. C. Terr. 2003. "Wild child": How three principles of healing organized 12 years of psychotherapy. *Journal of the American Academy of Child and Adolescent Psychiatry*, 42(12): pp. 1401~1409; T. J. Gaensbauer. 2005. "Wild child" and declarative memory. *Journal of the American Academy of Child and Adolescent Psychiatry*, 44(7): pp. 627~628.

[48] 우리가 유아기의 사실과 사건에 관한 외현기억 체계 발달을 과소평가해온 이유는, 우리가 일반적으로 사람들에게 질문을 하고 말로 대답하게 함으로써 외현기억 체계를 검사하기 때문이다. 말을 못하는 유아는 당연히 어떤 특정한 사건을 의식적으로 회상할 수 있는지 없는지를 우리에게 말해줄 수 없다. 하지만 최근에 연구자들은 유아들이 사건의 반복을 인식하고 그것을 기억할 수 있을 때 말로 차게 함으로써 유아를 검사하는 방법을 찾아냈다. C. Rovee-Collier. 1997. Dissociations in infant memory: Rethingking the development of implicit and explicit memory. *Psychological Review*, 104(3): pp. 467~498; C. Rovee-Collier. 1999. The development of infant memory. *Current Directions in Psychological Science*, 8(3): pp. 80~85.

[49] C. Rovee-Collier. 1999.

[50] T. J. Gaensbauer. 2002. p. 265.

[51] 실제로 L씨가 "잃어버린 무언가를 찾고 있습니다. 무언지는 모르지만, 아마 나의 일부인 것 같아요……. 그걸 찾으면 알 수 있을 겁니다"라고 말하는 그의 핵심적인 꿈은 그가 기억과 회상에 문제가 있다는 것을 완벽하게 표현했다. 그는 자기가 혼자 힘으로 잃어버린 것을 회상할 수 없다는 것뿐만 아니라 앞에 나타나면 알아볼 수 있다는 것까지 알고 있었다. 인식은 회상보다 훨씬 더 기본적인 형태의 기억이다. 그런 의미에서 그의 꿈의 예측은 정확했다. 그가 마침내 자신이 무엇을 찾고 있는지를 알았을 때, 실제로 얼마간 자신의 중심에 충격을 받으며 그것을 알아보았기 때문이다.

[52] 노벨상 수상자인 프랜시스 크릭Francis Crick과 그래이엄 미치슨Graeme Mitchison은 꿈속에서 일종의 '역학습'이 일어난다는 의견을 내놓았다. 꿈꾸는 뇌의 과제중 하나는 우리가 지각적 기억을 발달시키는 과정에서 학습한 갖가지 쓸데없는 이미지들의 탈학습이라는 것이다. F. Crick and G. Mitchison. 1983. The function of dream sleep. *Nature*, 304(5922): pp. 111~114. G. Christos. 2003. *Memory and dreams: The creative mind*. New Brunswick, NJ: Rutgers University Press도 참조. '우리는 잊기 위해서 꿈꾼다'는 그들의 모델에서, 만일 꿈꾸는 뇌가 사건과 이미지들을 분류하려 애쓰고 있다면, 일부는 더 중요하고 기억할 가치가 있지만 훨씬 많은 것은 잊어버릴 필요가 있다고 판단하는 것이 합리적이다. 이 이론의 백미는

우리가 어째서 꿈을 잊는가를 설명한다는 점이다. 하지만 이 이론은 우리가 어떻게 꿈에서 그렇게 많은 것을 알아낼 수 있는지 또는 거듭 반복되는 트라우마의 꿈이 어째서 L씨의 머릿속에서 우리가 사라지지 않았을지를 설명하는 데는 약하다.

53 꿈은 흔히 뒤죽박죽이고 이해하기 힘들다. 특정한 '고차원의' 정신 기능들이 깨어 있을 때 작동하던 방식으로 작동하지 않기 때문이다. 매릴랜드 주 베데스다에 있는 국립보건원의 연구원인 앨런 브라운Allen Braun은 양전자방출단층촬영PET을 써서 꿈을 꾸고 있는 피험자의 뇌 활동을 측정했다. 그는 감정과 성적·생존적·공격적 본능, 개인 간 애착을 처리하는 변연계라는 영역이 높은 활성을 띤다는 것을 보여주었다. 쾌감의 추구(4장에서 쾌감계에 관해 논의했다)와 연관된 복측피개 영역도 활성화된다. 하지만 목표 달성과 자제력, 만족의 연기와 충동의 조절을 책임지는 전전두피질은 낮은 활성을 띤다.

뇌에서 감정적 본능을 처리하는 영역이 커지고 충동을 조절하는 부분이 상대적으로 억제되므로, 프로이트와 그 이전의 플라톤이 지적했듯이 우리가 보통은 억제하거나 깨닫지 못하는 소망과 충동이 꿈속에서 표현될 가능성이 높은 것은 이상한 일이 아니다.

하지만 어째서 우리는 현실에서는 경험한 적 없는 환각을 꿈꿀까? 깨어 있을 때 우리는 먼저 우리의 감각을 통해 세계를 받아들인다. 시각의 경우는 눈을 통해 입력이 들어온다. 그런 다음 뇌에 있는 1차 시각영역이 망막으로부터 직접 입력을 받는다. 다음으로 2차 시각영역이 색과 움직임을 처리하여 사물을 인식한다. 마지막으로, 지각 처리의 연속선에서 훨씬 더 내려간 3차 영역(후두-측두-두정 접합부)이 이 시각의 지각을 한데 모아 다른 감각 양상들과 연관을 짓는다. 따라서 우리가 확실하게 지각한 사건들은 서로들끼리, 그리고 추상적인 사고와 연관되고 그 과정에서 의미가 발생한다.

프로이트는 환각과 꿈속에서 정신이 '퇴행한다'고 주장했다. 그가 말하는 퇴행은 이미지를 반대 방향으로, 즉 역순으로 처리한다는 뜻이다. 우리는 외부 세계의 지각에서 출발한 다음 그에 관한 추상적 개념을 형성하는 것이 아니라, 추상적 개념에서 출발한다. 그 개념이 마치 세상에서 일어나고 있는 지각인 것처럼 명료하게 표상되는 것이다.

앨런 브라운은 꿈꾸는 사람의 뇌 스캔에서는, 들어오는 시각 입력을 처음으로 받는 뇌의 부분——1차 시각영역——이 꺼진다는 것을 보여주었다. 하지만 다른 종류의 시각 입력(색, 움직임 등)을 사물로 통합하는 2차 시각영역은 활동한다. 따라서 우리가 꿈속에서 경험하는 것은 외부 세계로부터 오는 이미지가 아니라 우리 안에서 나와 환각으로 경험되는 이미지이다. 이는 꿈속에서 지각이 반대 방향으로 처리된다는 주장과 일치한다.

적절한 꿈 해석은 기괴하고 서로 연관성이 없는 것처럼 보이는 꿈의 환각적 지각에서 출발해서, 그것을 만들어낸 더 추상적인 꿈 사고를 향해 역으로 추적해 들어간다.

신경정신분석가인 마크 솜즈Mark Solms의 뇌졸중 환자 연구는 꿈에 관해 많은 것을 밝혀준다. 이 환자들을 연구하면서 솜즈는, 꿈이 단지 혼란스러운 시각 이미지들로 이루어지는 것이 아니라 생각으로 이루어진다는 것을 보여주었다. 그는 시각 이미지를 생산하는 데 필수적인 뇌 영역에 손상을 입은 환자들을 연구했다. 깨어 있을 때의 생활에서 이 환자들은 '회상불능'이라 불리는 잘 알려진 신경학적 징후를 보이고 머릿속에 전체적인 시각 이미지를 형성하지 못한다. 이 영역에 뇌졸중이 일어났던 한 여성은 자기 가족의 얼굴을 알아볼 수 없었지만, 그들의 목소리는 알아들을 수 있었다. 솜즈는 그녀가 꿈에서도 목소리는 듣지만 이미지를 보지 못한다는 것을, 다시 말해서 보이지 않는 꿈을 꾼다는 것을 발견했다.

뇌종양을 제거한 뒤 유사한 결함이 생긴 다른 환자는 "우리 어머니와 다른 여자분이 나를 붙잡고 있는" 꿈을 꾼다고 보고했다. 그에게는 시각 이미지가 없었기 때문에, 그걸 어떻게 아냐고 솜즈가 묻자, 그는 '그냥 안다'고, 붙들려 있는 것을 분명히 느낀다고 대답했다. 그는 수술 이후로 자신의 꿈은 '생각하는 꿈'이 되었다고 말했다. 다시 말해서, 꿈의 시각적 심상 이면에는 일종의 생각이 일어나고 있는 것이다.

그렇다면 추상적 사고를 형성하는 뇌의 3차 영역에 손상을 입은 환자들의 꿈은 어떨까? 프로이트에 따르면, 뇌의 그 부분이 실제로 꿈이 발생하는 영역이다. 솜즈는 추상적 사고가 발생하는 그 3차 영역이 손상을 입으면, 더 이상 꿈을 꾸지 않게 된다는 것을 발견했다. 이 영역은 꿈을 만들어내는 데 결정적인 부위인 것이 분명하다.

솜즈는, 꿈이 일반적으로 이해하기 힘든 이유는 꿈속에서 추상적 개념들이 시각적으로 표현되기 때문이라는 이론을 세운다. 이것을 어떻게 해석할 수 있을까? 임상의들은 종종, '나는 특별해서 다른 사람들이 따라야 하는 규칙을 따를 필요가 없다'와 같은 추상적 개념은 '내가 날고 있다'는 시각적 장면으로 표현될 수도 있다는 것을 발견한다. '나는 마음 깊은 곳에서 야망을 주체할 수 없는 것이 두렵다'는 추상적 개념은 처형된 무솔리니의 시체가 나오는 꿈으로 표현될지도 모른다. K. Kaplan-Solms and M. Solms. *Clinical Studies in Neuro-Psychoanalysis*. New York: Karnac; M. Solms and O. Turnbull, 2002, pp. 209~210.

**54** R. Stickgold, J. A. Hobson, R. Fosse, and M. Fosse. 2001. Sleep, learning, and dreams: Off-line memory reprocessing. *Science*, 294(5544): pp. 1052~1057.

**55** 같은 책.

**56** M. G. Frank, N. P. Issa, and M. P. Stryker. 2001. Sleep enhances plasticity in the developing visual cortex. *Neuron*, 30(1): pp. 275~287.

**57** G. A. Marks, J. P. Shaffrey, A. Oksenberg, S. G. Speciale, and H. P. Roffwarg. 1995. A functional role for REM sleep in brain maturation. *Behavioral Brain Research*, 69: pp. 1~11.

**58** U. Wagner, S. Gais, and J. Born. 2001. Emotional memory formation is enhanced across sleep intervals with high amounts of rapid eye movement. *Learning and Memory*, 8: pp. 112~119.

**59** 우리가 꿈을 꾸는 동안 해마는 피질과 상호작용함으로써 장기기억을 만드는 활동을 한다.

깨어 있는 동안 지각적 경험을 하면, 우리는 그것을 피질에 기록한다. 친구의 모습은 시각피질의 세포를 켜고, 그의 목소리는 청각피질의 뉴런을 깨우고, 둘이 포옹하면 감각영역과 운동영역에 불이 들어온다. 감정을 다루는 변연계도 벌떡 일어난다. 이 서로 다른 모든 영역들이 동시에 신호를 흘려보내면, 우리는 이것을 친구로 인식한다. 이 신호들은 동시에 해마로 보내져, 잠시 저장되면서 하나로 '결합'한다(이 때문에 우리가 친구와의 대화를 기억할 때면 자동적으로 그의 얼굴까지 보인다). 친구를 본 것이 중요한 사건이라면, 해마는 그것을 단기기억에서 장기의 외현기억으로 전환한다. 하지만 그 기억은 해마에 저장되지 않는다. 오히려 처음에 왔던 피질 부분으로 되돌아가 맨 처음 그 기억의 다양한 장면이나 소리 등을 생산한 원래의 피질망에 저장된다. 따라서 기억은 뇌 전체에 넓게 퍼져 있다.

과학자들은 해마와 피질이 활동할 때 방출되는 뇌파를 측정할 수 있다. 잠자는 동안 이 다양한 영역이 발화하는 타이밍을 본 그들에게 흥미로운 발상이 떠올랐다. 렘수면 기간 동안 피질은 신호들을 해마로 전송한다. 이 단기기억들을 모두 처리한 해마는 비렘수면 기간 동안 신호를 다시 피질로 전송하고, 피질에서 장기기억으로 남게 된다. 꿈꾸는 동안 우리는 때때로, 발화하고 있는 다양한 피질 부위로부터 많은 조각의 경험이 전송되는 것을 의식적으로 경험하고 있는 것인지도 모른다. R. Stickgold, J. A. Hobson, and M. Fosse. 2001.

이 최근의 발견은 1970년대에 스탠리 팔롬보Stanley Palombo 박사가 했던 놀라운 연구에서 예견된 것이다. 그에게는 아버지가 돌아가신 직후 정신분석 치료를 받으러 온 한 환자가 있었다. 팔롬보 박사는 연구의 일부로서 그 환자를 정신분석 기간 동안 수면 실험실에서 여러 밤을 보내게 했다. 박사는 매번 렘수면 주기의 끝에서 그를 깨워 그의 꿈을 기록했다. 팔롬보는 매일 밤 그 과정을 거치는 동안 환자의 꿈은 낮 동안에 했던 새로운 경험을 되풀이하고, 환자는 그것을 점차 과거의 경험들과 짝지으면서 자신의 기억들 중 어떤 것에 연결해서 함께 저장할 것인가를 결정한다는 것을 발견했다. S. R. Palombo. 1978. *Dreaming and memory: A new information-processing model*. New York: Basic Books.

**60** 심리학자인 시모어 레빈Seymour Levine은 어미로부터 떨어진 쥐의 새끼는 거세

게 울부짖음으로써 즉시 불만을 표시하고 어미를 찾아 헤매다가 절망의 신호를 보인다는 것을 발견했다. 그 새끼들은 심장 박동과 체온이 떨어지고 주의력이 떨어졌다. 마치 스피츠가 관찰한, 눈은 먼 곳을 바라보는 채 넋이 나가 있고 무감각해 보였던 아이들 같았다. 이어서 레빈은 그 쥐들의 뇌가 '스트레스 반응'을 촉발하면서 '스트레스 호르몬'인 글루코코르티코이드를 다량으로 방출하는 것을 발견했다. 이 스트레스 호르몬은 단기간 동안은 몸에 좋다. 심박과 근육으로 보내는 혈류를 증가시킴으로써 위기에 대처할 힘을 일으키기 때문이다. 하지만 반복해서 방출되면, 스트레스 관련 질병이 생기고 몸이 일찍 쇠약해진다.

마이클 미니Michael Meaney, 폴 플로츠키Paul Plotsky 등이 실시한 최근의 연구는, 새끼를 2주 동안 매일 세 시간에서 여섯 시간씩 어미에게서 떼어놓으면, 어미는 곧 자신의 새끼를 무시하고, 새끼는 글루코코르티코이드 스트레스 호르몬 방출이 늘어나고 자라서도 계속된다는 것을 보여주었다. 이른 시기의 트라우마는 평생 동안 영향을 미칠 수 있고, 피해자는 그 이후로 더 쉽게 스트레스를 받는다.

생후 첫 두 주 동안 잠깐만 어미에게서 떼어놓은 새끼는 평소와 같이 울었고, 어미가 그 소리를 듣고 와서는 그 새끼를 떨어져 있지 않았던 새끼보다 더 많이 핥아주고, 더 많이 돌봐주고, 더 많이 데리고 다녔다. 어미가 이렇게 반응한 결과, 그 동물이 글루코코르티코이드를 분비하고 스트레스 관련 질병을 얻고 공포를 경험하는 경향은 낮아져, 남은 평생 동안 계속되었다. 애착 형성의 임계기 동안 어미의 훌륭한 보살핌이 갖는 위력은 그렇게 큰 것이다. 평생 지속되는 이 혜택은 가소성과 관련이 있을 것이다. 새끼들이 어미의 이 긴밀한 관심을 받는 때는 뇌의 스트레스 반응 체계 발달의 임계기 동안이기 때문이다. S. Levine. 1957. Infantile experience and resistance to physiological stress. *Science*, 126(3270): p. 405; S. Levine. 1962. Plasma-free corticosteroid response to electric shock in rats stimulated in infancy. *Science*, 135(3506): pp. 795~796; S. Levine, G. C. Haltmeyer, G. G. Karas, and V. H. Denenberg. 1967. Physiological and behavioral effects of infantile stimulation. *Physiology and Behavior*, 2: pp. 55~59; D. Liu, J. Diorio, B. Tannenbaum, C. Caldji, D. Francis, A. Freedman, S. Sharma, D. Pearson, P. M. Plotsky, and M. J. Meaney. 1997. Maternal care, hippocampal glucocorticoid receptors, and hypothalamic-pituitary-adrenal responses to stress. *Science*, 277(5332): pp. 1659~1662, 1661; P. M. Plotsky and M. J. Meaney. 1993. Early, postnatal experience alters hypothalamic corticotropin-releasing factor(CRF) mRNA, median eminence CRF content and stress-induced release in adult rats. *Molecular Brain Research*, 18: pp. 195~200.

[61] P. M. Plotsky and M. J. Meaney, 1993; C. B. Neferoff. 1996. The corticotropin-releasing factor(CRF) hypothesis of depression: New findings and new directions.

*Molecular Psychiatry*, 1: pp. 336~342; M. J. Meaney, D. H. Aitken, S. Bhatnagar, and R. M. Sapolsky. 1991. Postnatal handling attenuates certain neuroendocrine, anatomical and cognitive dysfunctions associated with aging in female rats. *Neurobiology of Aging*, 12: pp. 31~38.

[62] C. Heim, D. J. Newport, R. Bonsall, A. H. Miller, and C. B. Nemeroff. 2001. Altered pituitary-adrenal axis responses to provocative challenge tests in adult survivors of childhood abuse. *American Journal of Psychiatry*, 158(4): pp. 575~581.

[63] R. M. Sapolsky. 1996. Why stress is bad for your brain. *Science*, 273(5276): pp. 749~750; B. L. Jacobs, H. van Praag, and F. H. Gage. 2000. Depression and the birth and death of brain cells. *American Scientist*, 88(4): pp. 340~346.

[64] B. L. Jacobs, H. van Praag, and F. H. Gage. 2000.

[65] M. Vythilingam, C. Heim, J. Newport, A. H. Miller, E. Anderson, R. Bronen, M. Brummer, L. Staib, E. Vermetten, D. S. Charney, C. B. Nemeroff, and J. D. Bremner. 2002. Childhood trauma associated with smaller hippocampal volume in women with major depression. *American Journal of Psychiatry*, 159(12): pp. 2072~2080.

[66] 캔들에 따르면, "생애 초기에 유아가 어미로부터 떨어져서 생기는 스트레스는 주로 유아가 생애 초기에 가지고 있는 유일하게 잘 분화된 기억 체계인 절차기억 체계에 저장되는 반응을 일으킨다. 하지만, 이 절차기억 체계의 작용은 궁극적으로 해마를 손상시켜 서술적[즉 외현] 기억에 영속적인 변화를 일으키는 어떤 순환 고리의 변화로 이어진다." E. R. Kandel. 1999. Biology and the future of psychoanalysis: A new intellectual framework for psychiatry revisited. *American Journal of Psychiatry*, 156: pp. 505~524, 515. L. R. Squire and E. R. Kandel. 1999. *Memory: From molecules to memory*. New York: Scientific American Library; B. S. McEwen, and R. M. Sapolsky. 1995. Stress and coginitive function. *Current Opinion in Neurobiology*, 5: pp. 205~216도 참조.

[67] B. L. Jacobs, H. van Praag, and F. H. Gage. 2000. 이 논문은 로열 에든버러 병원의 프레말 샤Premal Shah와 동료들이 쓴 보고서를 인용한다. 보고서는 만성 우울증 환자는 해마의 부피가 더 작지만, 회복된 사람은 그렇지 않다는 것을 보여주었다.

[68] 같은 책.

[69] S. Freud. 1937/1964. Analysis terminable and interminable. In *Standard edition of the complete psychological works*, vol. 23, pp. 241~242.

[70] S. Freud. 1918/1955. An infantile neurosis. In *Standard edition of the complete*

*psychological works*, vol. 17, p. 116.

## 10장 뇌의 회춘

[1] S. Ramón y Cajal. 1913, 1914/1991. *Cajal's degeneration and regeneration of the nervous system*. J. DeFelipe and E. G. Jones eds. Translated by R. M. May. New York: Oxford University Press, p. 750.

[2] P. S. Eriksson, E. Perfilieva, T. Björk-Eriksson, A. Alborn, C. Nordborg, D. A. Peterson, and F. H. Gage. 1998. Neurogenesis in the adult human hippocampus. *Nature Medicine*, 4(11): pp. 1313~1317.

[3] H. van Praag, A. F. Schinder, B. R. Christie, N. Toni, T. D. Palmer, and F. H. Gage. 2002. Functional neurogenesis in the adult hippocampus. *Nature*, 415(6875): pp. 1030~1034; H. Song, C. F. Stevens, and F. H. Gage. 2002. Neural stem cells from adult hippocampus develop essential properties of functional CNS neurons. *Nature Neuroscience*, 5(5): pp. 438~445.

[4] 쥐에게서 뉴런 줄기세포를 발견한 것은 큰 의미가 있었다. 쥐(와 생쥐)는 인간과 90퍼센트 이상의 DNA를 공유하기 때문이다.

[5] G. Kempermann, H. G. Kuhn, and F. H. Gage. 1997. More hippocampal neurons in adult mice living in an enriched environment. *Nature*, 386(6624): pp. 493~495.

[6] G. Kempermann, D. Gast, and F. H. Gage. 2002. Neuroplasticity in old age: Sustained fivefold induction of hippocampal neurogenesis by long-term environmental enrichment. *Annals of Neurology*, 52: pp. 135~143.

[7] H. van Praag, G. Kempermann, and F. H. Gage. 1999. Running increases cell proliferation and neurogenesis in the adult mouse dentate gyrus. *Nature Neuroscience*, 2(3): pp. 266~270.

[8] M. V. Springer, A. R. McIntosh, G. Wincour, and C. L. Grady. 2005. The relation between brain activity during memory tasks and years of education in young and older adults. *Neuropsychology*, 19(2): pp. 181~192.

[9] R. Cabeza. 2002. Hemispheric asymmetry reduction in older adults: The HAROLD model. *Psychology and Aging*, 17(1): pp. 85~100.

[10] R. S. Wilson, C. F. Mendes de Leon, L. L. Barnes, J. A. Schneider, J. L. Bienias, D. A. Evans, and D. A. Bennett. 2002. Participation in cognitively stimulating activities and risk of incident Alzheimer disease. *JAMA*, 287(6): pp. 742~748.

[11] J. Verghese, R. B. Lipton, M. J. Katz, C. B. Hall, C. A. Derby, G. Kuslansky, A. F. Ambrose, M. Sliwinski, and H. Buschke. 2003. Leisure activities and the risk of

dementia in the elderly. *New England Journal of Medicine*, 348(25): pp. 2508~2516.
**12** 알츠하이머가 성인기 초기에 시작되지만 오랫동안 검출되지 않는 것인지도 모른다는 생각은 알츠하이머가 발병한 사람들이 20대에 훨씬 단순한 언어를 사용했다는, 수녀를 대상으로 한 유명한 연구에서 나왔다.
**13** 나는 보충 식품 문제는 열외로 한다. 그것은 나의 관심사가 아니다. 예외적으로 말한다면 오메가 지방산이 들어 있는 생선이나 어유를 먹는 것이 좋다는 예전부터의 생각은 현명한 것 같다. 하지만 그밖에도 가능성 있는 보충 식품은 많이 있다. M. C. Morris, D. A. Evans, C. C. Tangney, J. L. Bienias, and R. S. Wilson. 2005. Fish consumption and cognitive decline with age in a large community study. *Archives of Neurology*, 62(12): pp. 1849~1853.
**14** S. Vaynman and F. Gomez-Pinilla. 2005. License to run: Exercise impacts functional plasticity in the intact and injured central nervous system by using neurotrophins. *Neurorehabilitation and Neural Repair*, 19(4): pp. 283~295.
**15** J. Verghese et al., 2003.
**16** A. Lutz, L. L. Greischar, N. B. Rawlings, M. Ricard, and R. J. Davidson. 2004. Long-term meditators self-induce high-amplitude gamma synchrony during mental practice. *Proceedings of the National Academy of Sciences*, USA 101(46): pp. 16369~16373.
**17** G. E. Vaillant. 2002. *Aging well: Surprising guideposts to a happier life from the landmark Harvard study of adult development*. Boston: Little, Brown, & Co.
**18** H. C. Lehman. 1953. *Age and achievement*. Princeton, NJ: Princeton University Press; D. K. Simonton. 1990. Does creativity decline in the later years? Definition, data, and theory. In M. Permutter ed., *Late life potential*. Washington, DC: Gerontological Society of America, pp. 83~112, 특히 p. 103.
**19** Cited in G. E. Vaillant, 2002, p. 214. From H. Heimpel. 1981. Schlusswort. In M. Planck, ed., *Hermann Heimpel zum 80. Geburtstag*. Institut für Geschichte. Göttingen: Hubert, pp. 41~47.

## 11장 부분의 합보다 큰 뇌

**1** 그래프먼은 레나타의 생각하고 읽는 능력을 향상시키기 위해 훑어보기, 질문하기, 읽기 시험으로 이어지는 검사법을 사용했다.
**2** 그래프먼이 연구한 베트남 참전용사의 대부분은 머리에 관통상을 입었다. 총알과 파편, 날아다니는 금속이 두개골과 뇌를 뚫었던 것이다. 관통상의 피해자는 종종 의식을 잃지 않으므로, 부상병의 절반쯤은 수술 순위를 배정받으러 제 발로 걸어

들어와 의사에게 도움이 필요하다고 말했다.
[3] J. Grafman, B. S. Jonas, A. Martin, A. M. Salazar, H. Weingartner, C. Ludlow, M. A. Smutok, and S. C. Vance. 1988. Intellectual function following penetrating head injury in Vietnam veterans. *Brain*, 111: pp. 169~184.
[4] J. Grafman and I. Litvan. 1999. Evidence for four forms of neuroplasticity. In J. Grafman and Y. Christen eds., *Neuronal plasticity: Building a bridge from the laboratory to the clinic*. Berlin: Springer-Verlag, pp. 131~139; J. Grafman. 2000. Conceptualizing functional neuroplasticity. *Journal of Communication Disorders*, 33(4): pp. 345~356.
[5] H. S. Levin, J. Scheller, T. Rickard, J. Grafman, K. Martinkowski, M. Winslow, and S. Mirvis. 1996. Dyscalculia and dyslexia after right hemisphere injury in infancy. *Archives of Neurology*, 53(1): pp. 88~96.
[6] 오른쪽 비언어적 반구에 손상을 입은 어린이(폴과 같은)들은 좌반구를 재조직할 때 도저히 미셸이 잃어버린 기능을 넘겨받기 위해 우반구를 재조직한 것만큼 훌륭하게 하지는 못한다. 이는 아마도 언어적 기능이 비언어적 기능보다 먼저 발달해서, '우반구'의 비언어적 기능이 왼쪽으로 이동하고자 할 때 좌반구가 이미 언어에 전념하고 있기 때문일 것이다.
[7] B. Edwards. 1999. *The new drawing on the right side of the brain*. New York: Jeremy P. Tarcher/Putnam, p. xi.
[8] 보통 왼쪽 전전두엽은 사건들의 순서를 기록한다. 그래프먼은, 오른쪽 전전두엽이 사건의 주제나 의미를 파악하고 나면, 모든 세부사항을 처음 그대로의 생생한 형태로 보존할 필요가 없기 때문에, 아마도 같은 오른쪽 전전두엽이 왼쪽에 있는 그 사건의 기억을 억제할 것이라는 이론을 세운다. 과거와 그 당시의 중요한 일을 기억하는 능력은 그래프먼의 말에 따르면 "세부사항과 의미 간의 타협안"이다. 미셸에게는 타협안이 적다. 그녀는 사건 기록을 억제할 반구를 따로 갖고 있지 않기 때문이다. 따라서 사건의 생생함이 지속되는 것이다.

**부록1 문화적으로 개조된 뇌**

[1] Interview in S. Olsen. 2005. Are we getting smarter or dumber? CNet News.com. http://news.com.com/Are+we+getting+smarter+or+dumber/2008-1008_3-5875404.html.
[2] 굴절이 일어나는 이유는 빛이 한 밀도의 물질로부터 다른 밀도의 물질로 통과하면서 꺾이기 때문이다. 인간의 눈은 물이 아니라 공기를 통과해 들어오는 빛을 수용하도록 진화한 육지용 눈이다.
[3] A. Gislén, M. Dacke, R. H. H. Kröger, M. Abrahamsson, D. Nilsson, and E. J.

Warrant. 2003. Superior underwater vision in a human population of Sea Gypsies. *Current Biology*, 13: pp. 833~836.
**4** 뇌와 교감 및 부교감 신경가지들이 동공 크기를 조정한다.
**5** T. F. Münte, E. Altenmüller, and L. Jäncke. 2002. The musician's brain as a model of neuroplasticity. *Nature Reviews Neuroscience*, 3(6): pp. 473~478.
**6** T. Elbert, C. Pantev, C. Wienbruch, B. Rockstroh, and E. Taub. 1995. Increased cortical representation of the fingers of the left hand in string players. *Science*, 270(5234): pp. 305~307.
**7** C. Pantev, L. E. Roberts, M. Schulz, A. Engelien, and B. Ross. 2001. Timbre-specific enhancement of auditory cortical representations in musicians. *NeuroReport*, 12(1): pp. 169~174.
**8** T. F. Münte, E. Altenmüller, and L. Jäncke, 2002.
**9** G. Vasari. 1550/1963. *The lives of the painters, sculptors and architects*, vol. 4. New York: Everyman's Library, Dutton, p. 126.
**10** 뇌가 낯선 상황에 적응하는 다른 예는 무수히 많다. 가소성 연구자인 이언 로버트슨은 NASA에서 우주비행사가 비행 뒤 균형을 되찾기까지 4일에서 8일이 걸린다는 것을 발견한 사실에 주목한다. 가소적 효과일 가능성이 높다는 것이다. 무중력 상태에서는 균형감각이 몸이 어디쯤에 위치하는지 알려주지 못하므로, 우주비행사는 눈에 의존할 수밖에 없다. 따라서 무중력은 두 가지 뇌 변화를 일으킨다. 입력을 받지 못한 균형계가 약화되고(사용하지 않으면 잃는 사례), 집중훈련을 받은 눈이 강화되어서 우주비행사에게 그가 있는 위치를 알려주는 것이다.
**11** E. A. Maguire, D. G. Gadian, I. S. Johnsrude, C. D. Good, J. Ashburner, R. S. J. Frackowiak, and C. D. Frith. 2000. Navigation-related structural change in the hippocampi of taxi drivers. *Proceedings of the National Academy of Sciences, USA*, 97(8): pp. 4398~4403.
**12** S. W. Lazar, C. E. Kerr, R. H. Wasserman, J. R. Gray, D. N. Greve, M. T. Treadway, M. McGarvey, B. T. Quinn, J. A. Dusek, H. Benson, S. L. Rauch, C. I. Moore, and B. Fischl. 2005. Meditation experience is associated with increased cortical thickness. *NeuroReport*, 16(17): pp. 1893~1897.
**13** 우리는 뇌가소성의 유전을 막 이해하기 시작하고 있다. 자극이 풍부한 환경에서 키운 생쥐에게 새로운 뉴런과 더 큰 해마가 발달한다는 것을 증명한 프레드릭 게이지와 그의 팀은, 생쥐가 새로운 뉴런을 만들 수 있을지 미리 알 수 있는 가장 유효한 잣대 중 하나가 유전적으로 결정된다는 사실도 발견했다.
**14** 인지고고학자인 스티븐 미슨은 인지적 유동성이 인류 선사시대의 커다란 수수께끼들 중 하나인 인간 문화의 갑작스러운 폭발을 설명할지도 모른다고 생각한다.

고고학적 증거로 볼 때, 호모 사피엔스가 지구상에서 걷기 시작한 약 10만 년 전부터 다음 5만 년 동안 인간 문화는 정지 상태였고, 우리에 앞서 거의 백만 년 동안 존재했던 선인류의 문화보다 더 복잡한 요소도 거의 없었다. 단조로운 문화가 지속된 이 오랜 기간 동안의 고고학적 유물들은 몇 가지 수수께끼를 던져주었다. 첫째, 뼈나 이빨, 뿔 역시 구할 수 있었는데도 도구를 만드는 데 오로지 돌이나 나무밖에 쓰지 않았다. 둘째, 일반적으로 사용하는 도구는 발명했으면서 특정한 목적을 위한 도끼나 도구는 전혀 개발하지 않았다. 모든 창끝이 같은 크기로, 같은 방식으로 만들어졌다. 셋째, 예컨대 단단한 돌로 된 끝, 이빨로 된 손잡이, 회수를 위한 가죽 끈, 던지고 나서 물에 뜨도록 부풀린 바다표범 가죽으로 만든 에스키모의 작살처럼 여러 재료를 조합해 만든 도구가 전혀 없었다. 마지막으로, 미술이나 장식, 종교의 기미가 전혀 없었다.

그러다가 5만 년 전 갑자기, 뇌의 크기나 근본적인 유전적 구성에 아무런 변화도 없이, 이 모든 것이 바뀌어 미술과 종교, 복잡한 기술들이 발달했다. 보트가 발명되어 인간들이 바다 건너 오스트레일리아로 건너갔고, 동굴 벽화가 등장했고, 동물과 인간의 형상을 합성한 상상의 생물을 뼈와 이빨에 조각하고 구슬과 목걸이로 인간의 몸을 치장하는 일이 흔해졌다. 그들은 죽은 사람을 구덩이에 묻기 시작했고, 이제 인간의 시체 옆에 죽은 동물을 같이 묻었다. 그 동물은 사후 생활을 위한 식량이라는 '부장품'으로, 종교의 첫 증거였다. 그들은 처음으로 특정한 목적을 위한 도구를 디자인했고, 창끝은 사냥감의 크기에 따라 맞춤 제작하면서 사냥감 가죽의 두께와 서식지까지 고려했다.

미슨의 주장에 따르면, 문화적 단조로움의 시기가 계속된 이유는 호모 사피엔스가 가지고 있는 세 가지 지능 모듈이 독립적으로 작용했기 때문이다. 첫 번째 모듈은 많은 동물과 공유하는 박물학적 지능이다. 그 덕분에 그들은 사냥할 동물의 습성과 날씨, 지리를, 땅에 생긴 자취와 특정한 종류의 배설물로 지나간 동물을 예측해서 찾아내는 방법을, 새가 떠나면 겨울이 올 것이라는 사실을 이해할 수 있었다. 두 번째 모듈은 기술적 지능으로, 돌과 같은 사물을 조작해서 창날로 만드는 법을 이해하는 지능이었다. 세 번째 모듈은 역시 동물과 공유하는 사회적 지능으로, 그 덕분에 그들은 서로 상호작용하면서 다른 인간의 감정을 읽고, 지배와 복종의 위계질서, 구애 의식, 아이 돌보는 법을 이해했다.

미슨의 이론에 따르면 문화적 단조로움이 존재했던 이유는 세 가지 지능 모듈이 마음속에 분리되어 있었기 때문이다. 따라서 초기 인간들이 결코 뼈나 이빨을 조각하지 않았던 까닭은, 뼈는 동물의 산물이었고 그들은 기술적 지능과 동물적 지능 간에 정신적 장벽을 가지고 있었으므로, 동물을 도구로 사용한다는 생각을 할 수 없었기 때문이다. 그들에게 서로 다른 목적을 위한 특정한 종류의 도구나 복잡한 도구가 없었던 까닭은, 그것을 창조하려면 박물학적 지능(가죽의 두께, 동물의 크기, 서로 다른 습관)을 기술적 지능과 통합해야 했기 때문이다. 구슬이나 목걸이, 기타 장신구(서구에서 결혼반지, 십자가, 다이아몬드가 하는 것과 마찬가지로 개인의 사회적 결연, 종교, 지위를 상징하는)가 발견되지 않은 것을 보면, 사회적 지능과 기술적 지능 간에도 장벽이 존재했던 것이 틀림없다.

5만 년 전, 이 장벽들이 무너졌다. 서로 다른 목적에 유용한, 복잡한 도구들이 등장했다. 미술은 남부 독일에서 발견된 사자인간의 조각상처럼 세 종류의 지능이 혼합된 양상을 보여주었다. 이 조각품(기술적 지능)은 사람의 몸을 묘사했고(사회적 지능), 사자의 머리와 매머드의 엄니를 조합(박물학적 지능)했다. 프랑스에서는 조개껍질을 모방해서 조각한 상아 구슬, 즉 박물학적 지능과 기술적 지능의 혼합물이 발견되었고, 동물을 새긴 새로운 도구들도 발견되었다. 때때로 '토템 신앙'이라 불리는 원시 종교가 발달했다. 이는 인간 사회 집단의 정체성을 토템 동물과 융합한다. 자연의 세계에 별안간 사회적 의미가 부여된 것이다.

미슨은 이 모든 창의성이 뇌 크기의 변화 없이 일어난 이유는 '인지적 유동성'이 세 가지 지능 모듈들 간의 장벽을 무너뜨리고 정신을 재조직했기 때문이라고 주장한다. 그렇다면 이 모듈들을 하나로 묶은 것은 무엇이었을까?

나는 뇌의 가소성이 이 세 가지 다른 뉴런 집단 혹은 모듈을 하나로 묶는 원인이었을 수 있다고, 뇌의 가소성은 인지적 유동성의 신경적 유사물이라고 주장한다. 어째서 모듈들이 더 일찍 묶이지는 않았을까? 가소성은 언제나 양날의 검이라 유연성은 물론 경직성으로도 이어질 수도 있기 때문이다. 만일 이 모듈들이 동물과 영장류에서 전문화된 목적을 위해 진화했다면, 그것은 계속해서 원래의 목적을 위해 사용되는 경향이 있었을 것이다. 맨 처음 달린 길 위에 궤도를 만든 썰매가 그대로 머무르는 경향이 있듯이 말이다. 하지만 그렇다고 해서 지능 모듈들이 결코 혼합될 수 없다는 뜻은 아니다. 아마도 우연히 그러한 혼합이 호모 사피엔스에게 뚜렷한 이익을 준다는 것이 발견될 때까지, 단지 분리된 채로 있었으리라는 것이다. S. Mithen. 1996. *The prehistory of the mind: The cognitive origins of art, history and science*. London: Thames & Hudson 참조.

**15** I. Gauthier, P. Skudlarski, J. C. Gore, and A. W. Anderson. 2000. Expertise for cars and birds recruits brain areas involved in face recognition. *Nature Neuroscience*, 3(2): pp. 191~197.

**16** Interview in S. Olsen, 2005.

**17** R. Sapolsky. 2006. The 2% difference. *Discover*, April, 27(4): pp. 42~45.

**18** G. M. Edelman and G. Tononi. 2000. *A universe of consciousness: How matter becomes imagination*. New York: Basic Books, p. 38.

**19** G. Edelman. 2002. A message from the founder and director. *Brain Matters*. San Diego: Neurosciences Institute, Fall, p. 1.

[20] H. J. Neville and D. Lawson. 1987. Attention to central and peripheral visual space in a movement detection task: An event-related potential and behavioral study. II. Congenitally deaf adults. *Brain Research*, 405(2): pp. 268~283.

[21] 성인으로서 새로운 문화를 학습하려는 사람은 최소한 언어를 위해서는 뇌의 새로운 부분들을 사용해야 한다. 뇌 스캔이 보여주는 바에 따르면, 한 언어를 배운 다음 시간이 지나서 다른 언어를 배우는 사람들은 두 언어를 별개의 영역에 저장한다. 2개 국어를 말하는 사람이 뇌졸중을 맞으면, 그들은 때때로 한 언어를 말하는 능력은 잃어버리고 다른 한 언어를 말하는 능력은 잃지 않는다. 그러한 사람들은 두 언어를 위해, 그리고 아마도 두 문화의 다른 측면을 위해서도, 별개의 신경망을 가지고 있는 것이다. 반면에 뇌 스캔은, 임계기 동안 두 언어를 동시에 배우면서 자란 아이들에게서는 양쪽 언어를 같이 표상하는 청각피질이 발달한다는 것도 보여준다. 이 때문에 머제니치는 어린 시절 초기에 가능한 한 다른 언어의 소리를 많이 학습하는 것이 좋다고 말한다. 그렇게 한 아이는 피질에 소리 도서관이 커다랗게 발달해서, 나중에 언어를 학습하기가 더 쉬워지는 것이다. 뇌 스캔 연구에 관해서는 S. P. Springer and G. Deutsch. 1998. *Left brain, right brain: Perspectives from cognitive science*, 5th ed. New York: W. H. Freeman & Co., p. 267을 참조.

[22] M. Donald. 2000. The central role of culture in cognitive evolution: A reflection on the myth of the "isolated mind." In L. Nucci, ed., *Culture, thought and development*. Mahwah, NJ: Lawrence Erlbaum Associates. pp. 19~38.

[23] R. E. Nisbett. 2003. *The geography of thought: How Asians and Westerners think differently and Why*. New York: Free Press. pp. xii~xiv.

[24] R. E. Nisbett, K. Peng, I. Choi, and A. Norenzayan. 2001. Culture and systems of thought: Holistic versus analytic cognition. Psychological Review. pp. 291~310.

[25] 고대 그리스어에서 온 '분석하다(analyze)'라는 단어는 '여러 조각으로 나누다'라는 뜻이고, 어떤 문제를 분석한다는 것은 그 문제를 여러 부분으로 나눈다는 뜻이다. 분석적 정신 습관은 그리스인들이 세상을 보는 방식에 영향을 미쳤다. 그리스의 과학자들은 물질이 원자라는 불연속 물체들로 이루어져 있다고 주장한 최초의 사람들이었다. 그리스의 의사들은 해부를 통해, 곧 몸을 여러 부분으로 자르는 방법으로 공부를 했고 제대로 기능하지 않는 부분을 제거하기 위해 수술을 개발했다. 원래 전형적으로 그리스적인 개념인 논리는 문제의 한 부분—논의의 구조—을 원래의 맥락으로부터 분리시킴으로써 문제를 해결한다.

[26] 중국인들은 물질을 불연속 원자들로 보는 대신에, 상호 침투하는 연속적인 실체로 보았다. 그들은 분리 상태의 한 대상에 초점을 맞추기보다는 그 대상의 전후관계를 이해하는 데 더 관심이 있었다. 중국의 과학자들은 힘의 장場과 사물들이 서로에게 어떻게 영향을 미치는지에 관심이 있었다. 그들은 일찍부터 자기 공명과

음향 공명에 대한 통찰력을 가지고 있었고, 서구인보다 오래 전에 달이 조수를 움직인다는 사실을 발견했다. 의학 면에서 중국인들은 한때 해부와 수술을 시행한 뒤 그것을 버리고 전체론적 의학(전일의학)을 개척해서 몸을 단일한 체계로 바라보는 편을 택했다.

27 좌반구는 추상적, 언어적, 분석적 (그리고 일부가 믿기로는 논리적) 사고를 처리하고 사물을 순차적으로 지각하는 데 더 많이 관련된다. 우반구는 좀더 전체적으로 사고하고 사물을 한꺼번에 또는 동시에 지각하므로, 종종 좀더 통합적, 직관적, 또는 게슈탈트적이라고 일컬어진다(S. P. Springer and G. Deutsch. 1998. *Left brain, right brain: Perspectives from cognitive science*, 5th edition. New York: W. H. Freeman and Company, p. 292). 하지만 설사 서양 문명은 좌반구를 선호하고 동양 문명은 우반구를 선호한다 하더라도, 그런 일이 일어나는 메커니즘은 여전히 존재할 것이 틀림없다. 이 메커니즘의 기반이 그냥 유전이 아닌 가소성에 있다고 믿을 이유는 충분하다. 사람들이 문명을 변화시키려고 하면, 그들의 지각도 변하기 때문이다.

28 R. E. Nisbett. 2003. 이성 연구의 전문가인 니스벳은 처음에 이성적인 사고도 지각처럼 보편적이고 선천적이며 뇌에 배선되어 있는 것이라고 믿었다. 이성이 배선되어 있다는 그의 믿음은 워낙 확고해서, 그는 이성적 사고를 가르칠 수 없다고 믿고서, 실제로 그럴 수 없다는 것을 증명하는 일에 착수했다. 실험에서 그는 사람들에게 추론의 규칙들을 가르쳐서 일상생활에서 사용해보도록 했다. 놀랍게도 그의 실험은 그 반대를 보여주었다. 즉, 추론은 학습될 수 있었던 것이다. 교육, 특히 미국에서의 교육이 추론을 위한 추상적 규칙을 가르치는 일에서 멀어지고 있었기에 이 발견의 의미는 컸다. 그렇게 된 부분적인 이유는 사람들이 가소성을 믿지 않았기 때문이었다. 당대의 가장 위대한 미국의 심리학자였던 윌리엄 제임스William James는 플라톤까지 거슬러 올라가는 고전적인 교육과정을 비판하면서 추상적인 추론 규칙의 학습을 비웃었다. 그것은 존재하지 않는 '정신의 근육'을 훈련시키는 것이 가능하다는 뜻이기 때문이었다. 플라톤의 『국가』에서, 수학을 공부하는 것은 '체육' 수업으로서, 즉 정신적 운동의 한 형태로서 묘사된다. Plato. 1968. *The Republic of Plato*. translated by A. Bloom. New York: Basic Books, 526b, p. 205.

29 시노부 기타야마는 니스벳이 개발한 여러 종류의 지각 실험을 써서, 몇 달 동안 일본에서 산 미국인들은 지각 검사에서 일본인과 같은 성적을 내기 시작한다는 것을 보여주었다. 몇 년 동안 미국에서 산 일본인들은 미국인과 구분할 수 없게 되었다. 이 시간 동안 지각 학습의 회로에서 가소적 변경이 일어나는 것이라고 예상할 수 있다. 물론 전체적이거나 분석적인 지각 방식을 이민자들에게 공식적으로 가르친 적은 없지만, 한 문명 안에 푹 잠기는 일은 지각 학습을 일으킨다. 환경

——언어, 기호, 미학, 철학, 과학에 대한 접근법, 일상생활——이 그 문명의 기본적인 지각적 전제들을 끊임없이 되풀이하기 때문에 방문자들의 뇌는 집중학습을 받지 않을 수가 없다. 토론토 대학의 필립 젤라조Philip Zelazo는 현재 중국과 서양에서 문화가 주의와 전두엽 기능 발달에 미치는 효과를 비교하는 일에 열중하고 있다. 그는 우리의 문화가 인지 발달에 강한 영향을 준다는 것을 발견했고, 신경 발달에도 영향을 미칠 것이라고 믿는다.

**30** R. E. Nisbett, 2003, *The geography of thought*.

**31** 같은 책.

**32** A. Luria. 1973. *The working brain: An introduction to neuropsychology*. London: Penguin, p. 100.

**33** 같은 책, A. Noë. 2004. *Action in perception*. Cambridge, MA: MIT Press.

**34** M. Fahle and T. Poggio. 2002. *Perceptual learning*. Cambridge, MA: A Bradford Book, MIT Press, p. xiii, 273; W. Li, V. Piëch, and C. D. Gilbert. 2004. Perceptual learning and top-down influences in primary visual cortex. *Nature Neuroscience*, 7(6): pp. 651~657.

**35** B. Simon. Sea Gypsies see signs in the waves. March 20, 2005. www.cbsnews.com/stories/2005/03/18/60minutes/main681558.shtml.

**36** B. E. Wexler. 2006. *Brain and culture: Neurobiology, ideology, and social change*. Cambridge, MA: MIT Press.

**37** P. Goodspeed. 2005. Adoration 101. *National Post*, November 7; P. Goodspeed. 2005. Mysterious kingdom: North Korea remains an enigma to the outside world. *National Post*, November 5.

**38** W. J. Freeman. 1995. *Societies of brains: A study in the neuroscience of love and hate*. Hillsdale, NJ: Lawrence Erlbaum Associates; W. J. Freeman. 1999. *How brains make up their minds*. London: Weidenfeld & Nicolson; R. J. Lifton. 1961. *Thought reform and the psychology of totalism*. New York: W. W. Norton & Co.; W. Sargant. 1957/1997. *Battle for the mind: A physiology of conversion and brainwashing*. Cambridge, MA: Malor Books.

**39** Michael Merizenich interviewed in S. Olsen. 2005. Are we getting smarter or dumber? CNet News.com. http://news.com.com/Are+we+getting+smarter+or+dumber/2008-1008_3-5875404.html.

**40** M. Donald, 2000, p. 21.

**41** D. A. Christakis, F. J. Zimmerman, D. L. DiGiuseppe, and C. A. McCarty. 2004. Early television exposure and subsequent attentional problems in children.

*Pediatrics*, 113(4): pp. 708~713.
**42** Joel T. Nigg. 2006. *What causes ADHD?*, New York: Guilford Press.
**43** V. J. Rideout, E. A. Vandewater, and E. A. Wartella. 2003. *Zero to six: Electronic media in the lives of infants, toddlers, and preschoolers*. Publication no. 3378. Menlo Park, CA: Kaiser Family Foundation, p. 14.
**44** J. M. Healy. 2004. Early television exposure and subsequent attention problems in children. *Pediatrics*, 113(4): pp. 917~918; V. J. Rideout, E. A. Vandewater, and E. A. Wartella, 2003, p. 7, 17.
**45** J. M. Healy. 1990. *Endangered minds: Why our children don't think*. New York: Simon & Schuster.
**46** E. M. Hallowell. 2005. Overloaded circuits: Why smart people underperform. *Harvard Business Review*, January, pp. 1~9.
**47** R. G. O'Connell, M. A. Bellgrove, P. M. Dockree, and I. H. Robertson. 2005. Effects of self alert training (SAT) on sustained attention performance in adult ADHD. Cognitive Neuroscience Society, Conference, April, poster.
**48** M. McLuhan, 1964/1994; W. T. Gordon ed., *Understanding media: The extensions of man, critical edition*. Corte Madera, CA: Ginkgo Press, p. 19.
**49** E. B. Michael, T. A. Keller, P. A. Carpenter, and M. A. Just. 2001. fMRI investigation of sentence comprehension by eye and by ear: Modality fingerprints on cognitive processes. *Human Brain Mapping*, 13: pp. 239~252; M. Just. 2001. The medium and the message: Eyes and ears understand differently. *EurekAlert*, August 14, www.eurekalert.org/pub_releases/2001-08/cmu-tma081401.php.
**49** E. McLuhan and F. Zingrone, eds. 1995. *Essential McLuhan*. Toronto: Anansi, pp. 119~120.
**50** M. J. Koepp, R. N. Gunn, A. D. Lawrence, V. J. Cunningham, A. Dagher, T. Jones, D. J. Brooks, C. J. Bench, and P. M. Grasby. 1998. Evidence for striatal dopamine release during a video game. *Nature*, 393(6682): pp. 266~268.
**51** TV 드라마 〈24〉에는 인물과 중심 줄거리와 부차 줄거리가 20년 전의 유사한 드라마보다 훨씬 많이 나온다. 44분짜리 에피소드 하나에 스물한 명의 인물이 나오고, 인물마다 분명히 정해진 스토리가 있다. S. Johnson. 2005. Watching TV makes you smarter. *New York Times*, April 24.
**52** R. Kubey and M. Csikszentmihalyi. 2002. Television addiction is no mere metaphor. *Scientific American*, February, p. 23.
**53** M. McLuhan. 1995. *Playboy* interview. In E. McLuhan and F. Zingrone, eds., pp. 264~265.

**54** M. McLuhan, 1964/1994.

### 부록 2 가소성과 진보의 개념

**1** 루소는 박물학자인 뷔퐁에게서 영감을 얻었다. 뷔퐁은 지구가 사람들이 생각했던 것보다 훨씬 나이가 많고, 지구의 암석에 한때 존재했지만 이제는 존재하지 않는 동물들의 화석이 들어 있는 것을 발견했다. 이는 한때 불변으로 생각되었던 동물의 몸까지도 변할 수 있음을 명백히 보여주는 것이었다. 루소의 시대에 모든 살아 있는 것들은 역사를 가진다고 보는 박물학이라 불리는 새로운 과학이 등장했다.

루소가 박물학과 가소성이라는 개념에 그만큼 열려 있었던 한 이유는 그가 고대 그리스 고전에 심취했기 때문이다. 앞서(1장의 세 번째 주) 보았듯이, 그리스인들은 자연을 거대한 살아 있는 유기체로 보았다. 자연 전체가 살아 있었으므로, 그들은 원리적으로 가소성이라는 개념에 반대한 적이 없었다. 앞서 보았듯이 소크라테스는 『국가』에서, 사람은 운동선수가 근육을 훈련시키듯이 정신을 훈련시킬 수 있다고 주장했다.

갈릴레오의 발견 이후, 기계장치로서의 자연이라는 두 번째로 위대한 자연 개념이 등장했다. 그 개념은 뇌에서 생명을 빼앗았고 가소성의 개념에 거의 원리적으로 반대하는 경향이 있었다.

뷔퐁, 루소 등이 촉발시킨 세 번째의 더 원대한 자연 개념은 자연에 생명을 돌려주면서, 그것을 시간이 가면서 변화하고 있는, 진화하는 역사적 과정으로 묘사하고, 고대 그리스인이 지녔던 자연관의 한 부분을 다시 불러왔다. R. G. Collingwood. 1945. *The idea of nature*. Oxford: Oxford University Press; R. S. Westfall. 1977. *The construction of modern science: Mechanisms and mechanics*. Cambridge: Cambridge University Press, p. 90.

**2** J. J. Rousseau. 1762/1979. *Emile, or on education*. Translated by A. Bloom. New York: Basic Books, pp. 272~282, 특히 p. 280.

**3** 같은 책, 132; p. 38, 48, 52, 138도 참조.

**4** 그는 그것을 득실이 함께 있는 것으로도 보고 다음과 같이 썼다. "어째서 혼자인 사람은 쉽게 바보가 될까? 그는 자신의 원시적 상태로 돌아가는 것이 아닐까? 짐승은 아무것도 습득한 것이 없으니 아무것도 잃을 것이 없어서 항상 본능을 유지하는 반면, 인간은 그의 완성가능성으로 인해 습득할 수 있었던 모든 것을 노화나 기타 사고를 통해 잃음으로써 짐승 자체보다 더 낮게 퇴보하는 것은 아닐까? 이 독특하고 거의 무한한 능력이 인간의 모든 불행의 원천이며, 시간의 힘을 빌려 인간을 고요하고 무구한 나날을 보내던 원래의 상태에서 끌어내는 능력이며, 수세기에 걸쳐서 계몽과 오류와 선과 악이 일어나게 하고, 결국 인간을 자기 자신과 대자연의 폭군으로 만드는 능력이라는 사실에 우리가 동의하지 않을 수 없다는 것은

슬픈 일이다." J. J. Roussear. 1755/1990. *The first and second discourses, together with the replies to critics and essay on the origin of languages*. Translated and edited by V. Gourevitch. New York: Harper Torchbooks, p. 149, 339.

[5] J. J. Rousseau, 1762/1979, pp. 80~81; J. J. Rousseau, 1755/1990, p. 149, 158, 168; L. M. MacLean, 2002. The free animal: Free will and perfectibility in Rousseau's *Discourse on Inequality*. Ph.D. thesis, University of Toronto, pp. 34~40.

[6] 보네는 수정되지 않은 난자가 정자 없이 혼자서 자신을 재생하는 번식의 한 형태에 관해 중요한 발견을 했다. 그는 재생에 특별히 관심이 있어서 게와 같은 동물들이 어떻게 떨어져나간 다리를 다시 만들어낼 수 있는지 연구했다. 게의 집게발이 재생될 때는 그 집게발 안의 신경조직도 당연히 재생되므로, 보네는 다 자란 신경조직의 성장에도 관심이 있었다. 흥미로운 것은, 보네도 루소처럼 스위스 제네바 출신이었는데, 그는 루소의 맹렬한 적이 되어 루소가 지면에 발표한 정치적 글들을 공격하고 금지시키려고 애썼다는 점이다.

[7] M. J. Renner and M. R. Rosenzweig. 1987. *Enriched and impoverished environments: Effects on brain and behavior*. New York: Springer-Verlag, pp. 1~2; C. Bonnet. 1779~1783. *Oeuvres d'histoire naturelle et de philosophie*. Neuchâtel: S. Fauche.

[8] M. J. Renner and M. R. Rosenzweig, 1987; M. Malacarne. 1793. *Journal de physique*, vol. 43: pp. 73, cited in M. R. Rosenzweig. 1996. Aspects of the search for neural mechanisms of memory. *Annual Review of Psychology*, 47: pp. 1~32, 특히 p. 4; G. Malacarne. 1819. *Memorie storiche intorno alla vita ed alle opere di Michele Vincenzo Giacinto Malacarne*. Padua: Tipografia del Seminario, p. 88.

[9] R. L. Velkley. 1989. *Freedom and the end of reason: On the moral foundation of Kant's critical philosophy*. Chicago: University of Chicago Press, p. 53.

[10] A.-N. de Condorcet. 1795/1955. *Sketch for a historical picture of the progress of the human mind*. Translated by J. Barraclough. London: Weidenfeld & Nicolson, p. 4.

[11] V. L. Muller. 1985. *The idea of perfectibility*. Lanham, MD: University Press of America.

[12] T. Jefferson. 1799. To William G. Munford, 18 June. In B. B. Oberg, ed., 2004. *The papers of Thomas Jefferson*, vol. 31: *1 February 1799 to 31 May 1800*. Princeton: Princeton University Press, pp. 126~130.

[13] A. de Tocqueville. 1835/1840/2000. *Democracy in America*. Translated by H. C. Mansfield and D. Winthrop. Chicago: University of Chicago Press, p. 426.

[14] T. Sowell. 1987. *A conflict of visions*. New York: William Morrow, p. 26.

# 찾아보기

BDNF 113~116, 327, 418
BrdU 322
CAT 스캔 337~338, 340, 354
CI(구속유도) 운동 요법 179 181, 197~
199, 202, 207~208, 210, 214~215,
229
fMRI(기능성 자기공명영상) 스캔 246,
250, 301, 354, 370, 413, 416, 432
H.M.의 사례 295~296, 313
MRI(자기공명영상) 스캔 178, 200, 209,
430
PET(양전자방출단층촬영) 스캔 124, 265
TMS(경두개자기자극) 257~259, 262~
263, 270, 273, 434~435
반복~(rTMS) 259

ㄱ
가소적 역설 15, 311, 378, 399~400
가속도계 20, 23
각인imprinting 80, 162
갈릴레오 갈릴레이 30~31, 408, 435, 462
감각계sensory system 75
감각 박탈 265
감각 수용체 34, 37, 185, 383

감각 재배치 353
감각치환 32, 39
　~ 수술칼 40
　~ 장갑 39
　~ 콘돔 39
감각피질sensory cortex 37~38, 47, 78,
97, 258, 275, 384, 416
강박장애obsessive-compulsive disorder,
OCD 218~229, 430
강박장애의 치료법 222~230
거울상 쓰기 51
거울영역 인수 353, 357
거울요법 253~255
거짓 국재 82
게이지, 프레드릭 러스티Gage, Frederick
Rusty 321~323, 327
격막septum 154
경피전기신경자극(TENS) 251
고드윈, 윌리엄Godwin, William 399
공감각 346
공황장애 301
교세포glial cell 321
교육 66, 69
　~에서의 뇌 기반 인지 평가 66~68

~의 고전적 방법 67
노화하면서 '인지적 비축'을 해두는 ~ 325
어린 시절 초기 89
루소와 ~ 394~395
구심로 차단deafferentation 185, 187~188
국립보건원National Institute of Health,
  NIH 145, 148, 192, 195, 212~213,
  339, 348, 430
국소 근육긴장이상 165~166
국재론localizationism 32, 38, 46, 75, 79,
  91, 288, 332~333, 351~352, 374
  ~에서의 인지적 처리 351
  ~에 반대되는 증거 36~37, 83~84
  프로이트의 ~ 거부 288, 441~442
  ~에서의 유전자 30, 351
  ~에서의 반구 편측화 333~334
  한 기능, 한 위치 36~37, 409
  연산자 이론 대 ~ 275
  ~의 기원 35~36
  폴 바크-이-리타의 ~ 거부 32, 36
군소aplysia 283
굴드, 글렌Gould, Glenn 264
굴드, 엘리자베스Gould, Elizabeth 322,
  324
굿맨, 허버트Goodman, Herbert 80, 82
균형계balance system 18~19, 21
그라니트, 랑나르Granit, Ragnar 38
그래디, 셰릴Grady, Cheryl 325
그래프먼, 조던rafman, Jordan 339~340,
  348~349, 351~359, 453~454
그린, 로빈Green, Robin 429
글루코코르티코이드glucocorticoid 309,

319, 445
긍정적 강화 189
기억memory 14, 49, 54~55, 74, 76, 99,
  102, 134, 290~291, 294~299, 305~
  308, 312~313 → 해마
  청각적 ~ 64, 67, 276, 316
  구체적인 사고자의 ~ 240
  ~에 미치는 문화적 영향 280~284
  ~과 어린 시절 초기의 트라우마 308~309
  외현적(서술적)~ 295~296, 306, 308,
    309~310, 443, 445~446
  섬광~ 438
  시간적으로 동결된 ~ 300, 443~444
  암묵적(절차적)~ 294~297, 306, 308~309
  유아기 ~ 306, 451
  장기 대 단기 ~ 265~266, 284~285, 296
  사진과 같은 ~ 346
  ~의 재공고화 444
  억압된 ~ 308
  다시 써진 ~ 290~291, 296, 306
  잠과 ~ 307~308
  ~의 트라우마 유발 295, 443~444
  무의식적인 절차~ 294~296, 306
  무의식적인 외상적 ~ 290~291, 308
  ~의 탈학습 158~159
『기억을 찾아서In Search of Memory』(캔
  들) 313
기타야마, 시노부Kitayama, Shinobu 459
꼬리핵caudate nucleus 224~225, 228,
  450
꿈 296~298, 303~305, 306~308,
  446~451

찾아보기 **465**

~에서의 추상적 개념 447~448
~의 뇌 스캔 367, 440
환각으로서의 ~ 447~448
악몽 306~307
반복해서 나타나는 ~ 281~282, 296, 306

ㄴ

『나는 계속 싸우리라I'll Fight on』(자제츠키) 57
『나는 샬로트 시몬스I Am Charlotte Simmons』(울프) 143
나보코프, 블라디미르Nabokov, Vladimir 167
난독증dyslexia 100, 103
낭포성 섬유증cystic fibrosis 170~171
네빌, 헬렌Neville, Helen 375
네슬러, 에릭Nestler, Eric 146
네이글, 매튜Nagle, Matthew 269
「네이처Nature」 28, 38, 45
노출과 반응 방지 요법 226
노테봄, 페르난도Nottebohm, Fernando 322
뇌brain → 구체적인 뇌 구성요소
  ~ 안의 모든 조직의 뇌가소성 133~134, 420
  ~안에서의 시간 처리 106, 419
  ~에 없는 통증 수용체 75
  ~의 뉴런집단선택이론 275
  ~의 부위들 352~354
  ~의 상대적인 균질성 37, 410
  ~의 억제 기능 307, 358~359
  ~의 연산자 이론 275~276

~의 처리 속도 74, 118, 120~121, 124, 410
~의 크기 69, 115, 396, 418, 457
근육과 같은 ~ 61, 68
다중감각적인 ~ 37
더 풍부하게도 하지만 더 취약하게도 할 수 있는 ~ 15
모듈로서의 ~ 20, 370~371, 374~375, 376
미성숙 68
배선된 것으로서의 ~ 12~13, 30~31, 36, 79, 82~83, 132, 288, 332, 367, 399, 459
복잡한 기계로서의 ~ 12~13, 73~74, 277, 321, 408~409, 462
스스로 재생되지 못하는 ~ 319~320, 350
어린 시절 초기의 ~ 발달 292~295, 421
뇌(신경)가소성neuroplasticity
  가산적 가소성 대 감산적 가소성 378
  구조와 기능을 바꾸는 ~ 11, 73~74
  ~의 경쟁적 본성 88~89, 148~149, 158~159, 214, 274~275, 352~353, 378~379, 429
  ~의 정의 13
  ~의 진화적 이익 85
  ~과 진보의 개념 394~400
  유아기와 어린 시절의 ~ 68, 78~80, 84, 110~112, 122, 135~138, 292~294, 308, 309~310, 355, 385
  ~의 부정적 효과 15 → 뇌 잠금장치 이론, 뇌 덫, 정신적 경직성, 스트레스 호르몬, 쓰지 않으면 잃는다
  모든 뇌 조직의 부동산인 ~ 134, 427
  ~의 유형 353~354

뇌간brain stem 43, 200
뇌 덫 165~166, 425
뇌섬insula 369, 432
뇌성마비cerebral palsy 207~209, 337
뇌 스캔brain scan 43, 45, 61, 77, 94, 116, 198, 240, 274, 294, 307, 331, 334, 338
   노화 관련 인지 처리의 ~ 125
   2개 국어를 하는 어린이의 ~ 89
   경계 뉴런의 ~ 353
   생애 첫 두 해의 ~ 292
   런던 택시 기사들의 ~ 368~369
   정신 훈련의 ~ 265~266
   음악가의 ~ 368
   강박장애의 ~ 223~224, 226
   정신요법 환자들의 ~ 301
   읽기 회로의 ~ 103, 371
   읽기 대 말하기의 ~ 389
『뇌와 문화Brain and Culture』(웨슬러) 385
『뇌 잠금장치Brain Lock』(슈워츠) 225
뇌 잠금장치 이론 224~225, 229~230
뇌졸중 14, 35, 56, 177~178, 181~182, 184, 187~188, 190~191, 195~199, 207~209, 215, 229, 243, 269~270, 336 → 토브, 토브 클리닉
   ~을 위한 뇌 훈련 40~43
   브로카 영역에서의 ~ 205
   ~을 위한 기존 요법 40
   ~으로부터의 '느린' 회복 44
   ~을 위한 거울요법 254
   페드로 바크-이-리타의 회복 40~44
   ~으로 인한 성격 변화 348~349

뇌 지도brain maps 72, 98~99, 118, 127, 134, 144, 198~199, 240, 254, 263, 273, 307, 379, 390
   ~가 만들어내는 신체상 246
   ~에 관한 펜필드의 연구 75~76
   ~에서의 큰 부위 변화 211~214
   ~의 지형학적 조직 95~96
   ~의 융합 94
   ~의 재분화 165~167
   미분화된 ~ 114~116, 165
   발의 ~ 240~241
   성기의 ~ 240~241
   손의 ~ 87~88, 92, 238~239
   신생아의 ~ 111
   언어의 ~ 378
   얼굴의 ~ 238~239
   유두의 ~ 241
   점자 읽는 손가락의 ~ 260
   청각피질의 ~ 111
   침입하는 ~ 88~90
뇌 지도와 발 241
뇌 훈련 45, 64~66, 68, 70, 73, 102, 120, 125, 326, 328 → 패스트 포워드
뉴런neuron
   사춘기의 ~ 가지치기 68, 137, 325, 378
   ~의 무산소 손상 350
   군소의 ~ 283
   축색돌기의 정의 81
   ~의 구성요소 81
   ~의 죽음 11, 13, 55, 120, 199, 309~310, 319~320, 350
   ~에서의 $\Delta$FosB 축적 146~147

수상돌기의 정의 81
~의 효율성 97~98
~이 받는 흥분성 신호 대 억제성 신호 81~82, 160
~의 연장되는 수명 324
~의 지방 피막 113, 115, 418
~의 성장 310
곤충의 ~ 76
~의 대사적 감퇴 125
~의 '함께 발화하는 뉴런은 함께 배선된다'는 원리 93~94, 96, 134, 148, 155, 158, 165, 229, 289, 417, 432
~의 수 77, 323
통증 억제 ~ 251
~의 말초 재생 81~82
~의 수용영역 98
렘수면과 ~ 308
부위 경계의 ~ 353~354
~의 신호 명확성 98~100, 121, 124, 419
뉴런 줄기세포 321~322, 324, 452
뉴런 집단선택 이론 275
뉴커크, 잉그리드Newkirk, Ingrid 191
니그, 조엘 T. Nigg, Joel T. 388
니스벳, 리처드 E. Nisbett, Richard E. 381~383
니콜렐리스, 미구엘Nicolelis, Miguel 267~268

ㄷ

다닐로프, 유리Danilov, Yuri 20, 23~26
다스, 고팔 D. Das, Gopal D. 321
다이어먼드, 매리앤 C. Diamond, Marian C. 412
대뇌피질cerebral cortex 42, 69, 74, 228, 257
데카르트, 르네Descartes, René 31, 249, 277~278, 409, 436
델타포스BΔFosB 146~147
도너휴, 존Donoghue, John 269, 438
도널드, 멀린Donald, Merlin 380, 387
도파민dopamine 102, 123~124, 145~148, 152, 155~156, 161
동물을 윤리적으로 대우하는 사람들의 모임People for the Ethical Treatment of Animal(PETA) 191~194, 212, 215, 428
두정엽parietal lobes 58, 75, 125, 354, 358
뒤 보아-레이몽드, 에밀du Bois-Reymond, Emil 409
드세티, 장Decety, Jean 270, 438
'따로 발화하면 따로 배선된다'는 원리 94, 96, 229
띠이랑cingulate gyrus 224

ㄹ

라마찬드란 V. S. Ramachandran, V. S. 233~236, 238~249, 251~252, 254, 432~434, 442
라몬 이 카할, 산티아고Ramón y Cajal, Santiago 262~263, 319~320, 435
래쉴리, 칼lashley, Karl 83~84, 411
레너, 로리 Lehner, Lori 194
레만, H. C. Lehman, H. C. 329
레비-몬탈치니, 리타 Levi-Montalcini,

Rita 112~113
레빈, 시모어Levine, Seymour 450
레빈, 하비Lewin, Harvey 353
렘REM(급속안구운동) 수면 308~309, 449
로렌츠, 콘라트Lorenz, Konrad 80
로버트슨, 이언 H. Robertson, Ian H. 72, 389, 455
로비-콜리어, 캐롤린Rovee-Collier, Carolyn 306
로슨, 도널드Lawson, Donald 375
로젠츠바이크, 마크Rosenzweig, Mark 59, 69, 396
『롤리타Lolita』(나보코프) 167
루리아, 알렉산드르Luria, Aleksandr 56~59, 70, 61~62, 346
루소, 장-자크Rousseau, Jean-Jacques 394, 396~397, 462
르두, 조지프LeDoux, Joseph 441
리브, 크리스토퍼Reeve, Christopher 134
리페르트, 요아힘Liepert, Joachim 198

ㅁ

마스다, 다케Masuda, Take 382
마운트캐슬, 버넌Mountcastle, Vernon 37, 77~78, 84, 428
마이네르트 기저핵nucleus basalis 113~114, 117~118, 121~122
마이클, 에리카Michael, Erica 389~390
마조히즘masochism 132, 167~168, 170~171, 173~174
막스, 제럴드Marks, Gerald 308

말라카르네, 미켈레 빈센조Malacarne, Michele Vincenzo 396
말초신경계 81~82 → 성 도착
맥, 미셸Mack, Michelle 331~342, 344~348, 355~363
맥루한, 마셜Mcluhan, Marshall 389~390, 392~393, 395
맥팔런드, 칼McFarland, Carl 195
머제니치, 마이클Merzenich, Michael 72~78, 80, 82~87, 89~101, 105~106, 110~121, 123~127, 134, 146, 158, 165~166, 211~212, 241, 316, 324, 328, 366, 371, 377, 379, 387, 392, 416~418, 420, 425, 458 → 자폐증, 패스트 포워드
멜잭, 로널드Melzack, Ronald 249
모슬리, G. L. Moseley, G. L. 253~254
모트, F. W. Mott, F. W. 185
뮐러, 요하네스Müller, Johannes 409
「미국 국립과학원회보Proceeding of National Academy of Science, USA(PNAS) 124
미니, 마이클Meaney, Michael 450
미세전극 77~78, 80, 84, 213, 267, 270, 283
미슨, 스티븐Mithen, Steven 370, 456~457
미시킨, 모티머Mishkin, Mortimer 213
미첼, 사일러스 위어Mitchel, Silas, Weir 237~238
미치슨, 그레이엄Mitchison, Graeme 446
밀너, 피터Millner, Peter 154

밀러, 닐Miller, Neal 428
밀러, 브루스Miller, Bruce 358
밀러, 스티브Miller, Steve 101, 404

ㅂ
바다 집시Sea Gypsies 366~367, 369, 379, 384
바사리, 조르조Vasari, Giorgio 368
바소프레신vasopressin 161
바이스, 폴Weiss, Paul 411
바이스만, 미르나Weissman, Myrna 444
바크-이-리타, 조지Bach-y-Rita, George 40~41, 43
바크-이-리타, 페드로Bach-y-Rita, Pedro 40, 42~43
바크-이-리타, 폴Bach-y-Rita, Paul 20~21, 24~28, 30, 32~34, 36~40, 43~44, 46~47, 85, 181, 262, 303, 350, 392, 411~414 → 촉각-시각 장치
반 프라그, 헨리에테Van Praag, Henriette 323, 327
반고리관semicircular canals 19
반구 331~364 → 좌반구, 우반구
　~의 비대칭 325
　~의 연결 368
　~의 계속적인 의사소통 332, 358
　~의 편측화 325, 333~334
　~에서의 거울 영역 인수 353~355, 357
　전문화하는 경향이 있는 ~ 355
반사 13, 186, 213, 426~427
　~로서의 동공 조정 367
　척수~ 185

반사교감신경위축증reflex sympathetic dystrophy 252
발 페티시즘 242
발달장애 114
백색소음white noise 115~117, 419
백치천재savant 332, 344~346, 357
버먼, A. J. Berman, A. J. 186
베르니케 영역 35
베르니케, 카를Bernicke, Carl 35
베인, 알렉산더Bain, Alexander 435~436
베일런트, 조지Vaillant, George 328
베일리, 크레이그Bailey, Craig 441
벤-구리온, 다비드Ben-Gurion, David 329
변연계limbic system 154, 301
보네, 샤를Bonnet, Charles 396
보링, 에드윈 G. Boring, Edwin G. 84
보상 123
　도파민에서 오는 ~ 102
　학습에서의 ~ 117
보상 기법 55, 59~60, 68
보상적 가장 353
보울비, 존Bowlby, John 301, 444
본, 수전Vaughn, Susan 286
본능 131~132, 135, 140, 307, 349, 359, 361, 375~377
버크, 에드먼드Burke, Edmund 399
뷔퐁, 조르주 루이 르클레르, 콩트 드 Buffon, George Louis Leclerc, Comte de 408, 462
브라운, 그레이엄Brawn, Graham 83
브라운, 앨런Braun, Allen 447
브로카 영역 35~36, 50, 66, 205

브로카, 폴Broca, Paul 35~37, 333
브뤼케, 에르네스트Brüke, Ernest 426
비셀, 토르스텐Wiesel, Torsten 78~80, 84, 91, 307
『비전의 갈등Conflict of Vision』(소웰) 399
빌, 낸시Byl, Nancy 165~166
빠른 품사 100, 102

ㅅ
사도마조히즘sadomasochism 140, 152
사디즘sadism 132, 168
사이몬튼, 딘 키스Simonton, Dean Keith 329
「사이언스Science」 103, 414
『산산이 부서진 세계의 남자The Man with a Shattered World』(루리아) 56
새폴스키, 로버트Sapolsky, Robert 372
색스, 올리버Sacks, Oliver 56
생각 번역기 267
샤, 프레말Shah, Premal 451
샤란스키, 아나톨리Sharansky, Anatoly 264
샤츠, 칼라Shatz, Carla 93
서양인 대 동양인의 분석적 지각 381~382
선조체Stritum 322
설리번, 해리 스택Sullivan, Harry Stack 301, 444
성 도착sexual perversion 132, 138, 167~169, 172~173 → 마조히즘, 사디즘, 사도마조히즘
성적 가소성 130~133, 135, 137, 169, 174, 289 → 성적 기호

성적 각본 132, 143, 148
성적 기호sexual taste 131~132, 138, 140~141, 149, 175 → 포르노그래피, 낭만적 사랑, 성 도착
성적 흥분 39, 136, 141, 148, 242
환상지와 ~ 241
성적 판타지 129, 143, 149, 151
세계화 155, 157
셰링턴 경, 찰스Sherrington, Sir Charles 83~84, 184, 186~187, 288, 411, 426
소뇌cerebellum 368, 396
소웰, 토마스Sowell, Tomas 399
솜즈, 마크Solms, Mark 301, 448
쇤펠트, 나트Schoenfeld, Nat 187
수르, 므리강카Sur, Mriganka 45~46
수상돌기dendrites 81
쉴더, 폴Schilder, Paul 18
쉴츠, 셰릴Schiltz, Cheryl 18~28, 46~47, 85
슈워츠, 제임스Schwartz, James 285
슈워츠, 제프리 M. Schwartz, Jeffrey M. 221~230
스미스, 애덤 Smith, Adam 399
스키너, B. F. Skinner, B. F. 183, 427
스탕달Stendhal 153, 422
스톨러, 로버트Stoller, Robert 173, 168, 426
스틱골드, 로버트Stickgold, Robert 448
스페리, 리처드Sperry, Richard 358
「스펙테이터Spectator」 149
스프링거, 멜라니Springer, Melanie 325
스피츠, 르네Spitaz, René 294

슬픔 159
습득된 기호 대 기호 139
시각, 시각계 34, 37, 58, 62, 125, 308, 371~372
　~에 연결된 균형계 19, 22, 26
　~에 미치는 문화적 효과 382~384
　꿈에서의 ~ 447~448
　좁아진 시야 51
　주변 ~ 376
　반전 프리즘 안경과 ~ 369
　~에서의 동공 조정 368
　물밑 ~ 368, 370
시각피질visual cortex 37~38, 45~46, 275, 308, 410, 414
　점자를 읽는 사람의 ~ 262, 273~274
　~의 뇌 지도 78~79, 414
　청각장애인의 ~ 375
　~에서의 감각 재배치 273~274
시간적 처리 103~106
시냅스 연결 68, 307, 309, 320, 324
　~의 새로운 형성 93, 261~263
　~의 가능한 수 373
　~의 강화 261~263, 282, 284, 286
시상하부hypothalamus 133
신경Nerve 31~42, 37, 39
　손상된 안면 운동~ 45
　~의 성장 속도 274
　손의 ~ 81~83, 87~88, 92
　시~ 46
　혀의 ~ 45
신경 경로 38, 137, 320
　~의 유지되는 본성 272~273 → 정신적 경

직성
　표출된 제2의 ~ 26~27, 261, 303, 410
『신경계의 변성과 재생Degeneration and Regeneration of the Nervous System』(라몬 이 카할) 320
신경발생Neurogenesis 321
신경심리학neuropsychology 56, 213, 313, 442
『신경언어학의 기본적 문제들Basic Problem of Neurolinguistics』(루리아) 56
신경전달물질 59, 81, 102, 120, 145 → 도파민
신경조절물질 160, 163
신체상body image 246~249
　~에서의 균형계 18
　실험적인 가공의 ~ 248
　왜곡된 ~ 247
신체기형장애body dysmorphic disorder 247
실명(맹인)blind 273
　~상태에서의 초감각적 청력 334~335
　~을 위한 감각치환 장치 29~30, 38~40
　~을 위한 인공 망막 32
　눈가리개 실험에서의 ~ 273~274, 370, 390
　유아 백내장으로 인한 ~ 80
　점자 읽기와 ~ 259~260, 262
실어증speech aphasia 205~206
『실어증에 관하여On Aphasia』(프로이트) 268
쓰지 않으면 잃는 원리 68, 88, 90, 134, 175, 189, 198, 253, 265, 307, 324, 329, 352

ㅇ
아글리오티, 살바토레Aglioti, Salvatore 242
아길라, 메리 제인Aguilar, Mary Jane 43~44
아세틸콜린 69, 102, 121~124
안와전두계orbitofrontal system 292~293, 297, 301
안와전두피질 224, 294
알츠하이머 119, 326
알트슐러, 에릭Altschuler, Eric 254
애로우스미스 학교Arrowsmith School 60~61, 64~67
억압repression 309, 349, 376
언어장애 100~101, 103, 108
얼굴 인식 체계 371
에덜먼, 제럴드Edelman, Gerald 275, 373~374, 441
에드워즈, 베티Edwards, Betty 358
에릭손, 페테르Erikson, Peter 321~322
에릭슨, 앤더스Ericsson, Anders 265~266
엔도르핀endorphin 147, 174
연산자 이론 275
『연애론On Love』(스탕달) 153
영, 바버라 애로우스미스Young, Babara Arrowsmith 49~55, 58~59, 60, 62~64, 66, 69
예견 356
오른손잡이와 왼손잡이의 인지적 처리의 위치 412
『오른쪽 두뇌로 그림그리기Drawing on Right Side of the Brain』(에드워즈) 358
오코넬, 레드먼드O'connell Redmond 389
옥시토신oxytocyn 160~163, 426
온타리오 교육연구소Ontario Institute for Studies in Education, OISE 55
올즈, 제임스Olds, James 154
올트먼, 조지프Altman, Joseph 321
완성가능성 395~398, 400
왓슨, 존 B. Watson, John B. 183, 426
외상후 스트레스 장애(PTSD) 218, 301
요골신경 87
요벨, 요람Yovell, Yoram 445
우반구 292, 353~359, 410
　~의 전두엽 292, 356~357, 454
　~의 전체론적 처리 292, 381~384, 459~460
　~의 억제 358~359
　미셸 맥의 ~ 332~348, 355~359
　~의 안와전두계 292~293
　~의 두정엽 354, 358
　~의 측두엽 358
　~의 시야 334
　~에서의 시공간 처리 325, 354~355
우울증depression 129~130, 157~159, 259, 279, 294, 297, 301, 309~310, 328, 422, 444
　~에서의 해마 축소 309~310
　~의 rTMS 치료 259
운동계motor system 75
운동피질motor cortex 36, 83, 123, 185, 258, 260, 267, 270, 368, 384, 414, 435

울시, 클린턴Woolsey, Clinton 80, 85
울프, 톰Woolfe, Tome 143~144
월, 패트릭Wall, Patrick 249, 253
웩슬러, 브루스Wexler, Bruce 385~386
위에, 꽝Yue, Guang 266
유대 80, 161~162, 293, 300, 426
유아기 기억상실증 306
유전자, 유전적 인자 14, 20, 114, 127, 272, 282, 284, 309, 366, 383, 388, 399, 455
　자폐증에서의 ~ 77, 114~115
　실명에서의 ~ 372~373
　침팬지 대 인간의 ~ 372~373
　국재론에서의 ~ 30, 351
　모듈 뇌 이론에서의 ~ 370
　강박장애에서의 ~ 224
　조절유전자 146, 372
　　~의 주형 기능 285~286
　　~의 전사 기능 285~286
　　학습에 의해 켜지는 ~ 372~374
　　~의 변이 373~374
『위기의 마음Endangered Minds』(힐리) 388
이슬렌, 안나Gislén, Anna 367
인공 달팽이관 73, 85~87, 392
인공 망막 32
임계기critical period 135~138, 149, 152~153, 161, 164, 169, 174~175, 450
　감정적 발달을 위한 ~ 292~294
　~의 연장 117~118
　~ 중의 주의집중 112~113, 116~118, 128
　각인의 ~ 80

언어 발달의 ~ 79~80, 88~89, 111~112, 117~118
~ 동안 어머니의 보살핌 292~295, 297, 309, 450~451
~ 동안의 마이네르트 기저핵 113~114, 117~118
옥시토신 분비의 ~ 161
~의 조기 마감 114, 116

ㅈ
자연
　변화하는 ~의 개념 30~31, 410~411, 462
　'제2의 본성' 139, 376
자유연상 56, 289, 296, 298
자율신경계 438
자제츠키, 리오바Zazetsky, Lyova 57, 61, 69~70
자폐증autism 106~108, 110, 112, 114~116, 360
잠과 가소적 변화 307~308, 446~449
잠재기latency period 361
장기 억압long-term depression, LTD 158
장기 증강long-term potentiation, LTP 158
재거스트, 윌리엄Jagust, William 124
잭슨, 존 휴링스Jackson, John Hughlings 376
저스트, 마셀Just, Marcel 389~390
전두엽frontal lobotomy 49, 65, 75, 125~126, 217~218, 223, 301, 325, 348, 351, 420
전운동피질premotor cortex 63, 68
전이transference 295, 297, 311

전전두엽prefrontal lobes 301, 325, 356~357, 445
전전두피질prefrontal cortex 301, 356, 421
전정기관vestibular apparatus 18~19, 21~25, 85
전정핵vestibular nuclei 19
전측두엽 358
점자 읽기 259~262
정신분석psychoanalysis 282~283, 287, 289, 296, 300~303, 305, 311~312
→ 프로이트
정신적 경직성 88~89, 272~273, 279, 457
　유연성 대 ~ 133, 311~312, 378, 399~400
　노화 관련 반복과 함께 증가하는 ~ 163, 311~312, 385~386, 424
　~에서의 반복 272~273, 311~312
　장애물과 ~ 273~274
정신 훈련 263~266, 327
정중신경 87~88, 91~92
정향 반응orienting response 391~392
제임스, 윌리엄James, William 459
제퍼슨, 토마스Jefferson, Thomas 398
젠킨스, 빌Jenkins, Bill 96~98, 101, 417
젠타마이신gentamicin 21, 24
젤라조, 필립Zelazo, Philip 460
조형(기법으로서의)shaping 191, 196, 199
졸트만, 오토Soltman, Otto 36
좌반구 58, 205, 292, 454
　~의 분석적 처리 332~333, 355, 454, 459
　~의 선천적 부재 331~348, 355~359
　~의 전두엽 35, 356~357

~의 전운동피질 63, 68
~에 의해 억제되는 우반구 358~359
~에 국재되는 말하기 35~36, 50, 66, 325, 355
~의 측두두정 피질 103
~의 시야 334
주의력 결핍 장애ADD 389
중격septum 322
중독addiction 143~152
　~에서 갈망 대 쾌감(좋아하는 것과 구별되는 원함) 146~147, 424
　~에서 오는 금단현상 147
　~에서의 내성 144, 147
　~에서의 도파민 145~147, 152
　~에서의 민감화 147
　비디오게임 ~ 391
　포르노그래피와 ~ 145, 149~151
중추신경계central nervous system 81~82, 393
지각 학습 379~380, 383
　노화와 ~ 383
　분석적 ~ 대 전체론적 ~ 381~383
　~을 통한 이념 주입 386
지도 확장 353
진화심리학자 369
집중학습 207, 229, 387, 390

**ㅊ**

채핀, 존Chapin, John 267~268
척골신경 87~88, 92
척수spinal cord 43, 75, 81, 134, 185, 188, 249~250, 267, 320, 322

척수 반사 184~185
척수 쇼크 189~190
청각피질auditory cortex 37, 46, 85~86, 114, 116, 275, 374, 418
첸, 메리Chen, Mary 441
초감각 40
촉각-시각 장치 29, 38, 45
축색돌기axon 81
측두엽temporal lobes 46, 58, 75, 325, 358
치매dementia 326, 358

ㅋ

카그라스 증후군Capsras syndrome 235
카란스키, 스탠리Karansky, Stanley 315~317, 327~328
카루, 톰Carew, Tom 284
카베자, 로베르토Cabeza, Roberto 325
카스, 존Kaas, Jon 87~88, 212, 414
카펜터, 에드먼드Carpenter, Edmund 439
캔들, 에릭Kandel, Eric 282~289, 295, 313, 413, 440
켈러, 프레드Keller, Fred 183~184, 337
켐퍼만, 거드Kempermann, Gerd 322~323
코타르, 쥘Cotard, Jules 36
코헨, 스탠리Cohen, stanley 113
코헨, 조슈아Cohen, Joshua 55~56, 60
콜, 켈리Cole, Kelly 266
콩도르세, 마르퀴 드Condorcet, Marquis de 397~398
쾌감중추 154~155, 157, 173, 377

쿨, 패트리샤Kuhl, Patricia 378
크래고, 진Crago, Jean 196
크릭, 프랜시스Crick, Francis 446
클라크, 앤디Clark, Andy 47
킬가드, 마이클Kilgard, Michael 117~118

ㅌ

탈랄, 파울라Tallal, Paula 100~101, 371
탈학습unlearning 89, 159~160, 162~164, 167, 244, 299, 300, 302, 308, 387, 426, 446
턴불, 올리버Turnbull, Oliver 301
텔레비전 시청 388
토마스, 션Thomas, Sean 149
토브, 에드워드Taub, Edward 179, 181~188, 190~199, 205, 207~215, 229, 238~240, 243, 254, 270, 368, 420~421 → CI 요법
토브 클리닉Taub Therapy Clinic 180, 195~198, 202~204, 209~210
토크빌, 알렉시스 드Tocqueville, Alexis de 398
〈토할 것 같은 충격: 슈퍼마조히스트 밥 플래너건의 삶과 죽음Sick: The Life and Death of Bob Flanagan, Supermasochist〉 170
통증계pain system 246, 249~253
통증의 문 조절 이론 249~251
퇴행regression 303~304, 421

ㅍ

파라, 마사Farah, Martha 431

파블로프, 이반Pavlov, Ivan 188, 391, 440
파사노, 메리Fasano, Mary 329
파스쿠알-레오네, 알바로Pascual-Leone, Alvaro 257~260, 262~263, 271~275, 311, 370, 377, 390, 435
파체코, 알렉스Pacheco, Alex 191~194
파킨슨 병Parkinson's disease 46, 182, 270
팔, 맨프레드Fahle, Manfred 384
팔롬보, 스탠리Palombo, Stanley 449
파야, 캐밀Paglia, Camille 425
패스트 포워드Fast forWord 73, 101~109, 117, 122, 124, 316, 380, 392, 417, 425
펜필드, 와일더Penfield, Wilder 74~76, 92, 238, 241, 258
편도체amygdala 133
편측성 333
편측화 325
포르노그래피pornography 140~151, 175
포지오, 토마소Poggio, Tomaso 384
폰 루덴, 니콜von Ruden, Nicole 199~205
폰스, 팀Pons, Tom 212~213, 238
폴, 론Paul, Ron 80, 82
표출unmasking 27, 137, 261, 274, 303~304, 414
풀퍼뮐러, 프리데만Pulvermüller, Friedemann 205
프란츠, 셰퍼드 아이보리Franz, Shepherd Ivory 44
프랭크, 마르코스Frank, Marcos 307~308
프랭클린, 벤저민Franklin Benjamin 398
프레리 들쥐 161~162
프레이저, 캐롤라인Fraser, Caroline 194

프로스트, 도널드Frost, Donald 54
프로이트, 지그문트Freud, Sigmund 56, 80, 93, 135~137, 152, 156, 160, 227, 281, 288~291, 295, 300, 303, 310, 376, 415, 421, 435~436, 440~441, 447~448
프리드먼, 리처드 C. Friedman, Richard C. 418
프리먼, 월터 J. Freeman, Walter J. 160~163, 387, 424
플라톤Plato 135, 408, 421, 447, 459
플래너건, 밥Flanagan, Bob 170, 172, 174
플로랑스, 마리-장-피에르Flourens, Mari-Jean-Pierre 37, 410
플로어, 헤르타Flor, Herta 432, 434
플로츠키, 폴Plotsky, Paul 456
피아제, 장Piaget, Jean 381
피질 쇼크 154

ㅎ

하버드 성인발달 연구Harvard Study of Adult Development 328
하비, 윌리엄Harvey, William 31, 409
학습 35, 73~74, 93, 283~284, 296, 307, 394~395, 440 → 임계기, 지각 학습, 탈학습
습득된 제2언어 79, 88~89, 122~123, 207, 451
~에서의 고전적 조건화 440
의 공고화 45, 102, 261, 307, 411
자극이 풍부한 환경에서의 ~ 59, 69, 323~324, 396

~에서의 주의 집중 113~114, 122~123,
  199, 207, 326
~에 의해 영향을 받는 유전자 285
~에서의 습관화 440~441
고속 ~ 117~118
~에서의 장기 증강 158
숙달된 기술 대 ~ 122, 324
~의 정체 45
피아노 연주 ~ 97, 262~263
잠과 ~ 307
~에 의해 강화되는 시냅스 연결 284~285
학습된 공포 284
학습된 비사용 189~190, 206~207, 215, 243
학습된 통증 252
학습장애 53~55, 61, 70, 73, 101, 234, 338 → 패스트 포워드
할로웰, 에드워드Hallowell, Edward 389
'함께 발화하면 함께 배선된다'는 원리 93~94, 96, 134, 148, 155, 158, 165, 229, 289, 417, 432
함부르거, 빅토르Hamburger, Viktor 112
합지증(물갈퀴 손가락 증후군)syndactyly 94

해리dissociation 300
해마hippocampus 134, 295, 308~310, 313, 319, 323, 350, 369, 449, 455
해밀턴, 로이Hamilton, Roy 274
행동주의behaviorism 183, 186, 188, 267, 427, 440
허블, 데이비드Huble, David 78~80, 84, 91, 307
헵, 도널드 O. Hepp, Donald O. 92~93, 289
헵의 법칙 92~93, 289 → '함께 발화하면 함께 배선된다'는 원리
홉스, 토마스Hobbes, Thomas 435~436
환상지phantom limbs 236~238, 241~242, 246
환상지 통증phantom pain 236~237, 241~246, 249, 254, 432, 434 → 환상지
후각망울olfactory bulb 236
후두엽occipital lobes 46, 58, 370
히스, 로버트Heath, Robert 154~155
힐리, 제인Healy, Jane 388

옮긴이 김미선

1966년 서울에서 태어나 연세대 화학과를 졸업했다. 대덕연구단지 내 LG연구소에서 근무했으며, 숙명여대 TESOL 과정 수료 번역가로 활동하고 있다. 현재 '뇌'라는 키워드와 맞물린 분야를 공부하고 있다. 『의식의 탐구』, 『꿈꾸는 기계의 진화』 등을 번역했다.

기적을 부르는 뇌
-뇌가소성 혁명이 일구어낸 인간 승리의 기록들

1판 1쇄 2008년 7월 21일
1판 2쇄 2018년 11월 1일

지은이 노먼 도이지
옮긴이 김미선

펴낸곳 도서출판 지호
출판등록 2007년 4월 4일 제2018-000061호
주소 서울시 서대문구 증가로19길 10, 203호
전화 02-6396-9611
팩스 02-6488-9611
이메일 chihobook@naver.com

ISBN 978-89-5909-041-9